# 医疗建筑结构设计研究及工程应用

宋鸿誉　张　敏　沈银良
朱宏程　陆春华　施澄宇　著

中国建筑工业出版社

**图书在版编目（CIP）数据**

医疗建筑结构设计研究及工程应用 / 宋鸿誉等著．
北京：中国建筑工业出版社，2025.9. --ISBN 978-7
-112-31420-1

Ⅰ. TU246.1

中国国家版本馆 CIP 数据核字第 2025K6Z276 号

　　本书系统总结了医疗建筑结构设计研究及工程应用，结合启迪设计集团股份有限公司近期完成的医疗建筑工程结构设计案例，全面阐述了医疗建筑基本概念及发展趋势、医疗建筑设计特点、医疗建筑对结构设计影响研究、大型复杂医疗建筑结构设计研究、高烈度区医疗建筑结构设计研究、满足设防地震正常使用医疗建筑结构设计研究、装配式医疗建筑结构设计研究、应急医疗建筑结构设计研究等内容。

　　本书可供建筑工程勘察设计行业从事医疗建筑设计的结构专业技术人员参考，也可供高等院校土木工程类专业的师生阅读。

责任编辑：刘婷婷　冯天任
书籍设计：锋尚设计
责任校对：李美娜

**医疗建筑结构设计研究及工程应用**

宋鸿誉　张　敏　沈银良　朱宏程　陆春华　施澄宇　著

\*

中国建筑工业出版社出版、发行（北京海淀三里河路9号）

各地新华书店、建筑书店经销

北京锋尚制版有限公司制版

廊坊市文峰档案印务有限公司印刷

\*

开本：787毫米×1092毫米　1/16　印张：22¼　字数：582千字

2025年8月第一版　　2025年8月第一次印刷

定价：**78.00元**

ISBN 978-7-112-31420-1

（45309）

# 序

非常高兴,受邀为启迪设计集团股份有限公司的《医疗建筑结构设计研究及工程应用》一书作序。这是一本切合当前我国医疗建筑高标准、高品质发展需求的力作,值得祝贺!

近年来,医疗建筑建设发展较快,民众对医疗服务的需求增长更快、品质要求更高,对医疗建筑的建设提出了更高要求。医疗建筑具有专业性强、技术要求高、综合性强等特点,结构设计是医疗建筑设计中非常重要的一个部分,关系到医疗建筑的安全性、功能性、灵活性、舒适性、经济性等方面。

启迪设计集团股份有限公司将医疗养老大健康板块作为公司业务的主要板块之一,汇集了一批医疗建筑设计服务领域博学多才的行业精英,成立了医疗建筑设计专业服务的设计团队,潜心研究医疗建筑设计服务,大量富有成效的设计实践积累了丰富的经验。2020年挂牌成立"苏州市医疗建筑应急转换工程技术研究中心",2020年获得江苏省抗疫防控先进单位,多年获得中国勘察设计协会"医疗建筑设计专业领先企业"。

启迪设计集团股份有限公司数十年来,结合了医疗建筑开发建设的多项工程实践,在充分调研医疗建筑建设发展的基础上,对医疗建筑设计特点、医疗建筑对结构设计影响、大型复杂医疗建筑结构设计、高烈度区医疗建筑结构设计、满足设防烈度正常使用医疗建筑结构设计、装配式医疗建筑结构设计、应急医疗建筑结构设计等关键课题进行了系统研究和应用,取得了丰硕的成果,形成了系列自主知识产权,研究成果获多项优质工程奖和优秀设计奖,建设完成的多个医疗建筑项目取得了良好的社会效益和经济效益。

《医疗建筑结构设计研究及工程应用》系统总结了启迪设计集团股份有限公司近年来在医疗建筑开发建设领域中的结构设计主要研究成果和工程应用,代表着我国医疗建筑开发建设的前沿技术。本书的出版为进一步促进和推动我国医疗建筑高标准、高品质发展建设提供了技术支撑,具有重要的现实意义和宝贵的参考价值。

郁银泉

全国工程勘察设计大师

2025年5月

# 前　言

随着我国社会经济发展、文化水平的提高，广大民众对身心健康更为关注，对医疗服务的品质需求也在不断提高。近二十年来，城市化进程进一步加快，人员聚集效应显著，医疗建筑建设虽有了较快发展，但仍不能满足广大民众对医疗服务的需求，特别是2020年初新冠疫情发生后需求增长更快、品质要求更高。现代医疗建筑是医疗服务的物质基础，高品质要求对医疗建筑的建设标准和质量提出了更高要求。

医疗建筑工程行业具有专业性强、技术要求高、涉及面广、综合性强等显著特点。目前，医疗建筑因工艺、设备、医疗用房功能的多样性和复杂性，在医疗建筑结构设计方面，还缺少统一的设计标准。由于设计条件变化、设计标准不统一，以致存在部分医疗建筑设计不合理，造成资源浪费、功能适宜性差，不能满足医疗建筑高品质的要求。

数十年来，启迪设计集团股份有限公司（原苏州设计研究院有限责任公司）在医疗建筑设计领域孜孜以求，不断探索、不断总结，积极实践。集团汇集了一批医疗建筑设计服务领域博学多才的行业精英，成立了医疗建筑设计专业服务的设计团队，潜心研究医疗建筑设计服务，完成的各类医疗建筑设计服务已达几十项，成效斐然。2020年挂牌成立"苏州市医疗建筑应急转换工程技术研究中心"，2020年获得江苏省抗疫防控先进单位，多次获得中国勘察设计协会"医疗建筑设计专业领先企业"。集团通过大量富有成效的设计实践积累了丰富的经验，取得了良好的社会效益，其中，阿图什市人民医院分院项目2019年获得江苏省优秀工程设计抗震防灾二等奖，苏州市第五人民医院临时病房搭建、负压病房改造项目2020年获全国优秀"抗疫建筑"奖，张家港北部医疗中心获江苏省第十七届建筑创作一等奖，昆山中西医结合医院主楼项目、昆山市公共卫生中心项目分别获得2022—2023年度国家优质工程奖等。研究成果和工程应用为医疗建筑结构设计提供了技术经验，也可进一步地提高医疗建筑建设的高品质发展。

本书编写目的是总结启迪设计集团股份有限公司（简称"启迪设计"，股票代码300500）数十年来在医疗建筑设计服务领域结构设计方面的研究成果，进一步推动医疗建筑高标准、高品质发展，并为同仁交流提供借鉴和案例。

本书由启迪设计集团股份有限公司宋鸿誉、张敏、沈银良、朱宏程、陆春华和施澄宇共同编写完成。全书编写分工：第1章由宋鸿誉执笔；第2章由宋鸿誉执笔；第3章第3.1～3.5节由朱宏程执笔；第3章第3.6节由沈银良执笔；第3章第3.7节由宋鸿誉执笔；第4章由陆春华执笔；第5章由张敏执笔；第6章由施澄宇执笔；第7章由沈银良执笔。全书章节策划、安排及统稿由张敏、宋鸿誉负责。

本书编写得到了启迪设计集团股份有限公司程伟、张海纯、王开放、仲启迪等同事的大力支持和帮助，他们以不同的方式对本书部分章节做出了贡献，对他们表示深深的谢意；同时，也借本书衷心感谢所有指导、帮助过我们的业主、专家和同仁。

本书的顺利出版凝聚了中国建筑工业出版社刘婷婷、冯天任两位编辑的不懈努力和辛勤工作，在此致以最诚挚的谢意！

特别感谢全国工程勘察设计大师郁银泉先生在百忙之中对本书编写给予指导并作序，在此致以最诚挚的谢意！

由于作者水平有限，书中难免有片面或不妥之处，敬请广大读者批评指正。

著者

2025年5月　于苏州

# 目　录

第 1 章

# 概　述

# 1.1 医疗建筑基本概念及发展趋势

## 1.1.1 医疗机构

### 1. 卫生行政部门

卫生行政部门，是指各级政府中负责医疗卫生行政工作的部门。

卫生行政部门，主要负责医疗卫生方面的政策制定、环境监管工作，具体的执法和业务工作由下属事业单位实施。2018年前，部门包括国家卫生和计划生育委员会，各省、直辖市、自治区卫生和计划生育委员会，各市、县卫生和计划生育局。自2018年起，卫生和计划生育委员会改制组建为卫生健康委员会，因此，当前的卫生行政部门主要是各级卫生健康委员会和卫生健康局。

卫生行政部门的主要职能包括制定和实施国家医疗卫生方面的政策法规，进行食品安全综合协调和风险监测，组织查处重大食品安全事故，发布重大食品安全信息，制修订国家和地方食品安全标准，以及新产品的许可和检验规范的制定等。

此外，卫生行政部门的监管职责范围广泛，包括但不限于卫生行政许可、公共卫生监督、医疗卫生监督以及其他范围的监督。这些职责确保了医疗卫生的规范运作和公众健康的安全。

### 2. 卫生机构

卫生机构（组织），是指从卫生行政部门取得《医疗机构执业许可证》，或从民政、工商行政、机构编制管理部门取得法人单位登记证书，为社会提供医疗保健、疾病控制、卫生监督等服务或从事医学科研、医学教育等的卫生单位和卫生社会团体。本书所指的卫生机构（组织）不包括卫生行政机构、香港和澳门特别行政区以及台湾所属卫生机构（组织）。

卫生机构（组织），按类别分为医院、社区卫生服务中心（站）、卫生院、门诊部（诊所、医务室、村卫生室）、急救中心（站）、采供血机构、妇幼保健院（所、站）、专科疾病防治院（所、站）、疾病预防控制中心（防疫站）、卫生监督所、卫生监督检验（监测、检测）所（站）、医学科学研究机构、医学教育机构、健康教育所（站）、其他卫生机构和卫生社会团体16大类。

机构分类管理划分为非营利性医疗机构、营利性医疗机构和其他卫生机构三类。

卫生机构类型，有医疗卫生机构、公共卫生机构、医学教育和科研机构。

医疗卫生机构，是提供医疗服务的机构，包括医院、社区卫生服务中心、疾病预防控制中心等。这些机构负责提供预防、医疗、康复等全方位的服务，保障人民的健康。

公共卫生机构，是负责公共卫生工作的机构，如卫生监督所、妇幼保健机构等。这些机构的工作涉及食品、药品安全监管，母婴健康，以及公共环境的卫生监管等。

医学教育和科研机构，如医学院校、医学研究中心等。这些机构主要负责医学教育、科研和新技术开发，为卫生事业的发展提供人才和技术支持。

### 3．医疗机构

医疗机构，是指根据《医疗机构管理条例》以及《医疗机构管理条例实施细则》依法设立的从事疾病诊断、治疗活动的卫生机构的总称。

医疗机构总体分为医院、基层医疗机构和专业公共卫生机构三大类。

医院是医疗机构中的重要的组成部分，以预防、治疗疾病为主要任务，并设有临床治疗设施。

### 4．医疗机构与卫生机构的区别

医疗机构主要是指从事疾病诊断和治疗活动的机构，而卫生机构则包括以疾病预防和控制活动为主的机构。医疗机构主要承担疾病诊断和治疗任务，部分医疗机构还兼有临床教学和科研任务；而卫生机构则涉及更广泛的卫生工作，包括预防和控制疾病。

### 5．医疗建筑

医疗建筑是指医疗机构的具有医疗服务功能的建筑及相关联的配套建筑。

医疗建筑有别于一般建筑，被称为特殊建筑的一种。这一特殊性来源于"医疗体系"所具有的专业性、多样性、复杂性等。

医疗建筑需要把复杂的医疗体系的专业知识与建筑专业知识结合起来，还要适应不断变化的医疗体系，预测医疗需求，具备适应现在和未来医疗功能需求变化的能力。

## 1.1.2　医院分类

医院按专业配置情况，可分为综合医院、专科医院、中医医院、中西医结合医院、民族医院、疗养院、护理院（站）。

综合医院，设置多个医学分科，承担医疗、预防保健任务和急、难、险、重病人的抢救治疗任务。其功能配置应包括大内科、大外科、妇产科、儿科、五官科五科以上的科室；设有门诊部及24小时服务的急诊部和住院部；设有药剂、检验、放射等医技部门，以及相应的专业人员和设施。

专科医院，是指设置一个或少数几个医学分科的医院，医学特色突出。包括口腔医院、眼科医院、耳鼻喉科医院、肿瘤医院、心血管病医院、胸科医院、血液病医院、妇产（科）医院、儿童医院、精神病医院、传染病医院、皮肤病医院、结核病医院、麻风病医院、职业病医院、骨科医院、康复医院、整形外科医院、美容医院等专科医院，不包括中医专科医院、各类专科疾病防治院和妇幼保健院。

中医医院，指中医（综合）医院和中医专科医院，不包括中西医结合医院和民族医院。

附属医院，在上述分类的基础上，同时承担了临床教学和科研的任务，医院的先进技术研究与临床治疗措施水平比普通医院要高，解决疑难杂症的创新性手段更强，医疗设施的配备相对更完善。

医院，根据经营性质可分为公立医院和民营医院。公立医院按组织划分方式可分为：省、自治区、直辖市医科大学医院，产业附属医院（铁路、工矿医院），军区附属医院（海陆空部队医院），社区医院等。

## 1.1.3 医院分级

根据卫生部颁布的《医院分级管理办法》，我国采用三级医疗预防体系。

医院按功能、任务不同，由高到低划分为三、二、一级。

三级医院：是向几个地区提供高水平专科性医疗卫生服务和执行高等教学、科研任务的区域性以上的医院。

二级医院：是向多个社区提供综合医疗卫生服务和承担一定教学、科研任务的地区性医院。

一级医院：是直接向一定人口的社区提供预防、医疗、保健、康复服务的基层医院、卫生院。

每级医院按其技术力量、管理水平、设施条件、科研能力等情况，由高到低划分为甲、乙、丙三等，其中三级医院增设特等。在实际执行中，一级医院一般不分等。医院等级与所属行政级别的大致关系见图1.1-1。

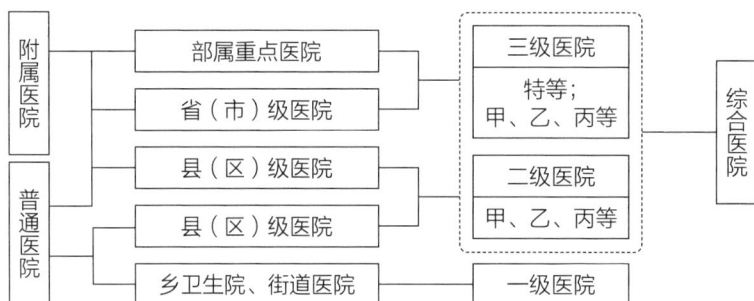

图1.1-1 医院等级与所属行政级别大致关系

一、二、三级医院的划定、布局与设置，由区域（即市县的行政区划）卫生主管部门根据人群的医疗卫生服务需求统一规划决定。

中央、省级可以设置少量承担医学科研、教学功能的医学中心或区域医疗中心，以及承担全国或区域性疑难病症诊治的专科医院等医疗机构；县（市）主要负责设置县级医院、乡村卫生和社区卫生服务机构；其余公立医院由市负责设置。

医院分级是对医疗工艺设计影响最大的因素，其中三级综合医院规模大、医疗服务流程复杂，因此医疗工艺流程复杂。

各级综合医院科室配置见表1.1-1。

各级综合医院科室配置 表1.1-1

| 医院分级 | 总床位数 | 功能与对象 | 必须设置的医技科室 | 必须设置的临床科室 |
|---|---|---|---|---|
| 三级 | ≥500 | 综合性大型医院，向几个地区提供高水平专科性医疗卫生服务和执行高等教学、科研任务的区域性以上的医院 | 急诊、内科、外科、妇（产）科、预防保健科、儿科、眼科、耳鼻喉科、口腔科、皮肤科、传染科、中医科、康复科 | 药剂科、检验科、放射科、手术室病理科、输血科、理疗科、消毒供应室、病案室、核医学科、营养部和相应的临床功能检查室 |

续表

| 医院分级 | 总床位数 | 功能与对象 | 必须设置的医技科室 | 必须设置的临床科室 |
|---|---|---|---|---|
| 二级 | 100~499 | 县区级医院，向多个社区提供综合医疗卫生服务和承担一定教学、科研任务的地区性医院 | 急诊、内科、外科、妇（产）科、预防保健科、儿科、眼科、耳鼻喉科、口腔科、皮肤科、传染科。其中，眼科、耳鼻喉科、口腔科可合并建科，皮肤科可并入内科或外科。附近已有传染病医院的，可不设传染科 | 药剂科、检验科、放射科、手术室病理科、血库（可与检验科合设）理疗科、消毒供应室、病案室 |
| 一级 | 20~99 | 街道医院，直接向一定人口的社区提供预防、医疗、保健、康复服务的基层社区医院 | 急诊、内科、外科、妇（产）科、预防保健科 | 药房、化验室、X光室、消毒供应室 |

## 1.1.4 医疗建筑发展趋势

随着科技的飞速发展和人们对健康医疗需求的日益增长，未来医疗设施发展的主要趋势有以下几个方面。

### 1. 功能复合化、布局集中化

随着城市化的推进，面向区域人口的医疗城、医疗中心的建设需求日益凸显，这要求医疗建筑除了具有基本的医疗功能外还引入疗养、文化、生活、教育、科研等多种功能。集中式布局是医疗建筑应对复杂的医疗功能组合的空间构成方式之一，其优点是医疗流程短、水平及垂直联系便捷、节约土地。集中式布局的功能关系极为紧凑，各部门之间均为内部联系，流线极为短捷，省时增效，节约用地和管线。在现代医疗科技和经济实力的支持下，这种模式有较大的应用和发展空间。

### 2. 智能化与数字化

智能化系统：未来的医疗建筑将更多地运用智能化技术，通过智能化的医疗设备、信息系统和远程监测系统，提高诊疗效率、管理效率，改善患者体验。例如，智能导诊系统可以帮助患者快速找到科室和医生，智能化病房管理可以实时监测病床和护士站等资源的使用情况。

数字化医疗：数字化医疗将成为未来医疗设施的重要组成部分，包括电子病历、远程医疗、移动医疗等。这些技术将使医疗信息的获取、共享和使用更加便捷和高效，提升医疗服务的整体质量。

### 3. 绿色环保与可持续性

绿色环保：未来的医疗建筑将更加注重绿色环保，通过使用可再生资源、引进节能设备、推广绿色建材等措施，降低能源消耗和环境污染。同时，建筑内外的绿化也将得到更多关注，以提供更好的空气质量和舒适的环境。

可持续性：医疗设施将更加注重可持续性发展，包括对资源的合理利用、环境的保护和社会责任的履行。

### 4．人性化与家庭化

人性化：未来的医疗建筑将更加注重人性化，以患者为中心，关注患者的生理和心理需求；将在空间布局、装饰、色彩、光线等方面进行优化，创造一个舒适、温馨、安全的医疗环境。

家庭化：随着医疗服务向家庭延伸的趋势，家庭化将成为未来医疗设施的重要方向。未来的医疗建筑需要在病房布局、远程医疗服务、家庭化医疗设备等方面进行创新，让患者在家庭环境中获得更加舒适和个性化的医疗服务。

### 5．社区化与多元化

社区化：未来的医疗设施将更加注重与社区的联系和互动，通过提供健康教育、预防保健、康复服务等多元化服务，满足社区居民的多样化需求，创造出一个既服务于医疗需求又融入社区生活的医疗环境。

多元化：未来的医疗设施将提供更加多元化的服务，包括跨学科合作、综合医疗、康复服务等，创造出一个既满足医疗需求又促进医疗创新和发展的医疗环境。

未来医院建筑的设计将根据上述这些发展趋势进行创新和融合，为医疗行业提供更高质量、更高效益、更人性化的医疗服务，满足日益增长的医疗需求。

# 1.2  医疗建筑设计特点

## 1.2.1  建筑特点

医疗建筑是功能性最强的建筑类型之一，满足医疗工艺要求是医疗建筑设计的关键。在这一前提下，成功的医疗建筑设计还需要充分协调多方面的因素，包括：建筑空间、环境营造、绿色节能、灵活适应性等。

综合医院功能构成的核心是基本医疗部门，除此之外，承担科研和教学任务的医院还包括相应的科研教学设施，各个医院也可根据自身需要规划相应的延伸医疗和服务配套设施。

综合医院功能构成：

（1）基本医疗服务部门：门诊、急诊、医技、药学、住院、院内生活、行政管理、保障系统；

（2）延伸医疗服务：预防保健、健康体检、康复；

（3）特殊临床功能单元：生殖医学中心、生物细胞治疗中心、高压氧中心、直线加速器、核医学及核医学治疗病房、钴60治疗机等；

（4）附属科研教学：科研、教学；

（5）服务配套：商业配套、陪护住宿。

医院系统功能设施：

（1）医院智能化系统；

（2）医用气体系统、自动物流传输系统；

（3）标识导向系统；

（4）无障碍辅助系统；

（5）院区停车系统；

（6）医疗专用家具系统；

（7）生活垃圾和废水、医用垃圾和废水等收集系统。

医疗建筑与其他建筑相比还具有以下独特的特点。

## 1．安全性要求高

医疗建筑的功能与人们的生命安全息息相关，所以医疗建筑的设计需要着重考虑抗震、防火等安全因素。特别是结构设计应保证医疗建筑的安全性，具备足够的抗震性能和防火性能，以应对灾害和紧急情况应急救援。

医疗建筑需要保证患者和医护人员在建筑内的安全。手术室、药房等需要保持洁净、无尘的环境，以防止交叉感染。

## 2．功能性要求高

医疗建筑的空间要求通常比较严苛，比如手术室、重症监护室等特殊空间的设计需要更加细致。

医疗设备的先进性对医疗建筑的结构设计提出了更高的要求，如手术室需要承载大型医疗设备的重量，并满足其运行时的振动和噪声要求。

## 3．灵活性要求高

医疗建筑需要兼顾医疗和科研的功能，这就要求医疗建筑的设计具有更高的灵活性和多功能性。不同的医疗科室有不同的功能和布局需求，医疗建筑应具备良好的空间灵活性，以适应不同科室的需求变化。

## 4．舒适性要求高

医疗建筑需要提供良好的采光和通风条件，以提供舒适的工作和治疗环境，改善患者的康复环境，提高医护人员的工作效率。

## 5．经济性要求高

相比于普通建筑，医疗建筑的投资造价往往较高。医疗建筑的设计应在保证安全性和功能性的基础上，尽可能满足经济效益的要求，如选用经济合理的材料和构造方式。

医疗建筑的结构设计是医疗建筑设计中非常重要的一个部分，它关系到医院的安全性、功能性、灵活性、舒适性、经济性等方面。

## 1.2.2    抗震设防

医院在抗震救灾中起到救治、救护、急救的重要作用，不仅要保证罕遇地震时不发生倒塌破坏，还要保证设防地震时能够正常运转或尽快恢复。

### 1．建筑抗震设防分类

根据《建筑工程抗震设防分类标准》GB 50223—2008第4.0.3条，医疗建筑的抗震设防类别，应符合下列要求：

（1）三级医院中承担特别重要医疗任务的门诊、医技、住院用房，抗震设防类别应划为特殊设防类。

（2）二、三级医院的门诊、医技、住院用房，具有外科手术室或急诊科的乡镇卫生院的医疗用房，县级及以上急救中心的指挥、通信、运输系统的重要建筑，县级及以上的独立采供血机构的建筑，抗震设防类别应划为重点设防类；

（3）工矿企业的医疗建筑，可比照城市的医疗建筑示例确定其抗震设防类别。

值得注意的是，现代医疗建筑除了门诊、医技、住院楼外，还设有附属医疗设备用房，如变配电所、动力中心、氧气站、污水处理站、动物实验室等。这些建筑作为完整医疗体系的一部分，在自然灾害发生时同样不能停止运转，所以其抗震设防标准应与主要建筑相同。

### 2．设防标准

重点设防类：指地震时使用功能不能中断或需尽快恢复的生命线相关建筑，以及地震时可能导致大量人员伤亡等重大灾害后果，需要提高设防标准的建筑。

重点设防类，应按高于本地区抗震设防烈度一度的要求加强其抗震措施；但抗震设防烈度为9度时应按比9度更高的要求采取抗震措施；地基基础的抗震措施，应符合有关规定。同时，应按本地区抗震设防烈度确定其地震作用。

特殊设防类：指使用上有特殊设施，涉及国家公共安全的重大建筑工程和地震时可能发生严重次生灾害等特别重大灾害后果，需要进行特殊设防的建筑。

特殊设防类，应按高于本地区抗震设防烈度提高一度的要求加强其抗震措施；但抗震设防烈度为9度时应按比9度更高的要求采取抗震措施。同时，应按批准的地震安全性评价的结果且高于本地区抗震设防烈度的要求确定其地震作用。

### 3．抗震管理条例

《建设工程抗震管理条例》（国务院令第744号，2021年9月1日施行）第十六条、第二十一条规定：

第十六条　建筑工程根据使用功能以及在抗震救灾中的作用等因素，分为特殊设防类、重点设防类、标准设防类和适度设防类。学校、幼儿园、医院、养老机构、儿童福利机构、应急指挥中心、应急避难场所、广播电视等建筑，应当按照不低于重点设防类的要求采取抗震设防措施。

位于高烈度设防地区、地震重点监视防御区的新建学校、幼儿园、医院、养老机构、儿童福利机构、应急指挥中心、应急避难场所、广播电视等建筑应当按照国家有关规定采用隔震减震等技术，保证发生本区域设防地震时能够满足正常使用要求。

国家鼓励在除前款规定以外的建设工程中采用隔震减震等技术，提高抗震性能。

第二十一条 ……

位于高烈度设防地区、地震重点监视防御区的学校、幼儿园、医院、养老机构、儿童福利机构、应急指挥中心、应急避难场所、广播电视等已经建成的建筑进行抗震加固时，应当经充分论证后采用隔震减震等技术，保证其抗震性能符合抗震设防强制性标准。

## 1.2.3 设计流程

### 1．建设基本流程

建设基本流程由策划、决策、设计、施工、竣工验收、交付使用和运行评估等阶段组成。整个流程大致可以分为规划设计、施工建设和运行评估三个阶段。

### 2．规划设计阶段基本流程

（1）前期策划：项目策划；

项目建议书；

可行性研究报告。

（2）工艺设计：工艺规划设计；

工艺方案设计；

工艺条件设计。

（3）任务书编制。

（4）建筑设计：方案设计；

初步设计；

施工图设计。

（5）专项设计：幕墙工程设计；

景观工程设计；

泛光照明设计；

装饰工程设计；

标识专项设计；

物流专项设计；

手术室专项设计；

防辐射专项设计；

医用气体专项设计；

污水处理专项设计；

停机坪专项设计；

其他专项设计。

（6）专项审批。

## 3．医疗工艺设计基本流程

### （1）概念

医疗工艺，是指医疗流程和医疗设备的匹配，以及其他相关资源的配置；医疗流程，是指医疗服务的程序和环节。医疗工艺流程分为医院内各医疗功能单元之间的流程和各医疗功能单元内部的流程。

医疗工艺设计，应确定医疗业务结构、功能和规模，以及相关医疗流程、医疗设备、技术条件和参数。医疗工艺设计是医院建筑设计的基本依据之一。

医疗工艺设计，分为三个阶段，即工艺规划设计、工艺方案设计、工艺条件设计。

工艺规划设计主要服务于医院项目建议书阶段，为项目立项提供宏观的支持。工艺规划设计通过对周边医疗资源的调查，结合自身的资金管理等情况，确定医院的定位、规模等宏观目标，设计的重点是医疗策划。

工艺方案设计阶段主要为编制项目设计任务书及建筑方案设计服务。工艺方案设计根据工艺规划设计确定的定位、规模，对医疗区、科室的面积规模进行定量；并确定医院的一级流程，细化科室内部房间数量及面积大小，提出科室内的二级流程要求，同时确定医疗设备的数量要求。

工艺条件设计主要为初步设计及施工图设计服务，明确各项医疗专项及医疗设备的土建技术条件及参数。

工艺设计的三个阶段分别针对医院建设项目的不同阶段，由宏观至微观提出医疗功能需求。

三个阶段之间没有绝对的界限，设计过程中经常会产生交叉重叠。

医疗工艺设计，既影响着总图、建筑、室内、结构、给水排水、强电、弱电、暖通、动力等专业，同时又受制于这些专业，各专业之间必须相互协同作业，互为条件，同时满足各专业的功能需求和规范，才能完成医院总体和建筑单体设计。

### （2）工艺流程分级

1）一级流程：确定医院分类、制定医院建设指标、确定医院等级、规定医院的基本设施和其他功能设施、建立医院各项设施、功能单元和系统之间相互关系的总体性规划设计，被定义为医院建筑总体医疗工艺设计，其工艺流程为一级流程。

2）二级流程：确定各医疗功能单元建设等级及规模、建立单元或部门内部功能设施和系统之间相互关系的设计，被定义为单元部门医疗工艺设计，其工艺流程为二级流程。

在一般建造标准的医院建筑设计中，医疗工艺设计仅限于一级流程和二级流程。

3）三级流程：当建筑装饰标准、医疗设施标准、感染控制要求和操作流程的规定提高到一定程度，需要通过室内设计规定某些特殊诊疗和工作用房内的操作流程和进行相应的机电末端定位设计时，这一层面的工艺流程被称为三级流程。该层次的工艺流程设计在医院建筑设计中不具有规范性，需根据用户使用习惯，在室内布置时保持一定的灵活性。

随着医院室内家具设计与室内设计的一体化，可以通过组合家具中的流程设计来实现和规定特殊诊疗和工作用房内的操作流程，这在一定程度上取代了室内三级流程设计，这种设计在分类上不属于建筑设计范畴，而是对建筑设计的补充。

**（3）医疗工艺设计阶段**

医疗工艺设计的主要目标是确定符合医院需要的、合理有效的功能空间关系。

通常理解的医疗工艺设计包括工艺规划设计、工艺方案设计与工艺条件设计。与医院设计前期工作对应的是工艺规划设计，与医院建筑设计工作对应的是工艺方案设计和工艺条件设计。

**1）工艺规划设计**

工艺规划设计包含以下工作内容：前期资料整理、量化指标测算、功能单位及医疗指标测算、建设规模测算、功能房型研究、功能面积分配、设计任务书编写。因此本阶段的最终成果是设计任务书。

**2）工艺方案设计**

工艺方案设计主要是要落实医疗策划与功能需求，平衡建筑资源匹配，确保概念性方案能够满足医疗服务功能需求，设计理念与医疗要求不相矛盾。工艺方案设计将空间指标和条件转化为图幅信息，直接实现医疗流程、医疗设备、医疗资源配置及匹配的目标。

工艺方案设计主要包含功能单元的梳理和工艺流程的确定，均有阶段性成果。本阶段的最终成果为医疗卫生审查汇报文本。

**3）工艺条件设计**

工艺条件设计是将医疗要求具体化、详细化的工作，主要是在工艺方案设计的基础上，确定每个功能房间内部的医疗工作流程，并根据医疗工作开展的要求确立与建筑实现有关的设计条件，最终将这些条件反映在专项图纸中的工作。其他各专业应按照工艺条件设计对应满足相应的医疗需求。

工艺条件设计时间覆盖从初步设计开始直到施工图设计完成的阶段。

医疗工艺条件设计的工作内容包括：功能布点原则设计，医院家具平面设计，医疗净化通风点位、医疗给水排水点位、医疗气体点位、网络电话点位设计，功能插座、标识系统设计，医疗工艺设计说明编制。其中，医院家具平面设计和医疗净化通风点位、医疗给水排水点位、医疗气体点位设计对建筑主体影响较大，应在初设阶段确定完成。功能布点原则设计，网络电话点位设计，功能插座、标识系统设计，医疗工艺设计说明编制可在建筑主体施工图阶段一并完成。工作内容的完成次序可根据项目的具体情况调整。

## 1.2.4 设计影响因素

医疗建筑是建筑功能最为复杂的房屋项目类型之一，不同于一般公共建筑项目，具有多专业、多系统、功能要求复杂、需求变化多等特点，对工程设计具有较大影响。

### 1. 功能复杂、专业性强

医疗建筑功能用房一般包括门诊、急诊、医技、病房、行政、后勤保障、院内生活、科研教学等；不同功能区域用房对土建、装饰、安装等的要求与一般公共建筑有很大不同，不仅涉及一般公共建筑所共有的建筑、结构、给水排水、强弱电、通风空调、室内外装饰、景观等专业，还涉及一般公共建筑所不具有的医疗工艺流线的组织和科室的布置、医疗洁净工程、辐射防护工程、医用气体系统、物流传输系统和实验室工艺系统等医疗专项工程，以及大型医疗设备安装等，涵盖建筑、医疗、生物、理化等多个专业学科。

### 2．多专业协同、技术要求高

医疗建筑是一个复杂的多专业集成系统，需要医疗工艺、建筑、结构、机电、多个医疗专项、装饰、景观、绿色建筑等多专业协同工作，专业化程度高，系统配置复杂，分包项目多，相互间的工作界面划分较难，技术要求高。

### 3．医疗专项复杂、医疗设备多

医疗建筑包含的医疗专项系统较多，每个医疗专项系统功能复杂、医疗设备多，对建筑流线布局、防护屏蔽、结构降板、荷载、水电及暖通空调要求高。

### 4．设计要求高、管理难度大

医疗建筑设计要求较高、专业性较强、专项设计交叉多，在设计时需考虑众多复杂因素，存在配合工作量大、协同难度高、成果稳定难等问题，给设计管理带来巨大困难。

### 5．需求变化多、设计变更多

医疗建筑专业性较强、专项设计交叉多，随着各医院各科室的介入及各专项设计的推进，多种新需求层出不穷；另外，各个大型医疗设备的采购定型也会带来新的配置需求，从而导致频繁的设计变更。

第2章

# 医疗建筑
# 对结构设计影响研究

# 2.1 医疗功能用房对结构设计影响分析

与普通建筑不同，医疗建筑的医疗功能房间有专业术语，还常用简写。首先需弄清专业术语简写的含义和功能。

## 1. 核医学科常用简写专业术语

核医学科常用简写专业术语的全称和释义见表2.1-1。

核医学科常用简写专业术语的全称和释义 表2.1-1

| 简写 | 英文全称/中文名称 | 功能释义 | 备注 |
|---|---|---|---|
| X-ray | X-ray Radiography<br>X线（光）摄影 | X线（光）检查的一种，主要用途是探测骨骼的病变，对于探测软组织的病变也相当有用 | 有辐射 |
| CR | Computed Radiography<br>计算机X线摄影 | X线检查的一种。在脑出血、脑梗以及脊柱畸形、椎间盘突出等检查比较常用 | 有辐射 |
| DR | Digital Radiography<br>数字化X线摄影 | 数字化X线检查 | 有辐射 |
| CT | Computed Tomography<br>计算机X线断层扫描技术 | 可以将人体内部结构分层地扫描出来，对全身各个组织器官都适用，对已发现的阳性病变CT检查也可以更详细地说明病变的部位、范围，准确度较X线更高（尤其在肿瘤的诊断中占重要地位） | 有辐射 |
| ECT | Emission Computed Tomography<br>发射型计算机断层扫描 | 利用放射性核素的一种检查方法。基本原理：将放射性药物引入人体，经代谢后在脏器内或病变部位和正常组织之间形成放射性浓度差异，探测这些差异，通过计算机处理再成像。ECT成像是一种具有较高特异性的功能显像和分子显像，除显示结构外，着重提供脏器的功能信息 | 有辐射 |
| PET-CT | Positron Emission Tomography-<br>Computed Tomography<br>正电子发射计算机断层扫描 | 利用放射性核素的一种检查方法。可以反映病变的基因、分子、代谢及功能状态，利用正电子核素标记的葡萄糖等人体代谢物作为显像剂 | 有辐射 |
| SPECT | Single-Photon Emission<br>Computed Tomography<br>单光子发射计算机断层扫描 | 可以测量显示细胞和分子的生物学活动，精确定位病变的位置、性质和程度。可以进行断层探测，得到三维立体图像，如骨骼显像、心脏灌注断层显像、甲状腺显像、局部脑血流断层显像、肾动态显像及肾图检查、阿尔茨海默病早期诊断等 | 有辐射 |
| DSA | Digital Subtraction Angiography<br>数字减影血管造影 | X线检查新技术。通过注入造影剂让血管成像，比如介入检查就会运用这种技术，在脑血管、冠状血管（营养心肌的血管）等运用较多；可以避免骨骼、脏器的影响，比较直观地判断血管的走形及变化情况 | 有辐射 |
| MRI | Magnetic Resonance Imaging<br>磁共振成像 | 与CT的横断面扫描不同，MRI可做横断、矢状、冠状和任意切面的成像。在神经、脑出血、脑梗以及脊柱畸形、椎间盘突出等检查中比较常用。如果打造影剂，MRI有辐射；如果不打造影剂，MRI无辐射 | 无辐射（打造影剂时有辐射） |

## 2．其他功能房间的常用简写专业术语

其他功能房间常用简写专业术语的全称和释义见表2.1-2。

其他功能房间常用简写专业术语的全称和释义　　　　表2.1-2

| | 简写 | 英文全称 | 中文名称 |
|---|---|---|---|
| 监护病房 | ICU | Intenseive Care Unit | 重症监护病房 |
| | GICU | General Intensive Care Unit | 综合性重症监护病房 |
| | SICU | Surgery Intensive Care Unit | 外科重症监护病房 |
| | MICU | Medical Intensive Care Unit | 内科重症监护病房 |
| | EICU | Emergency Intensive Care Unit | 急症重症监护病房 |
| | BICU | Burn Intensive Care Unit | 烧伤重症监护病房 |
| | RICU | Respiratory Intensive Care Unit | 呼吸重症监护病房 |
| | KICU /UICU | Kidney Intensive Care Unit/Urological  Intensive Care Unit | 肾病重症监护病房 |
| | NICU | Neonatal Intensive Care Unit | 新生儿重症监护病房 |
| | OICU | Obstetrics Intensive Care Unit | 产科重症监护病房 |
| | PICU | Pediatric Intensive Care Unit | 儿科重症监护病房 |
| | AICU | Anesthesia Intensive Care Unit | 麻醉重症监护病房 |
| | TICU | Transplant Intensive Care Unit | 移植重症监护病房 |
| | CCU | Coronary Care Unit | 心血管监护病房 |
| | CPICU | Cardiopulmonary Intensive Care Unit | 心肺重症监护病房 |
| | CSICU | Cardic Surgery Intensive Care Unit | 心脏外科重症监护病房 |
| | NSICU | Neurosurgical Intensive Care Unit | 神经外科重症监护病房 |
| | PACU | Post-Anesthesia Care Unit | 术后麻醉恢复室（苏醒室） |
| 产房 | LDR | Labor-Delivery-Recovery | 待产、分娩、恢复一体化产房 |
| | LDRP | Labor-Delivery-Recovery-Postpartum | 待产、分娩、恢复、产后康复一体化家庭式产房 |
| 实验类 | FCM | Flow Cytometry | 流式细胞分析 |
| | PCR | Polymerase Chain Reaction | 聚合酶链式反应（基因扩增实验室） |
| | HIV | Human Immunodeficiency Virus | 人类免疫缺陷病毒（HIV初选实验室） |
| | GCP | Good Clinical Practice | 药物临床试验管理规范 |

| | 简写 | 英文全称 | 中文名称 |
|---|---|---|---|
| 诊疗 | MDT | Multi-Disciplinary Treatment | 多学科会诊 |
| | STD Clinic | Clinic of Sexually Transmitted Disease | 性病诊室 |
| | ERCP | Endoscopic Retrograde Cholangio-Pancreatography | 内镜下逆行胰胆管造影 |
| | PICC | Peripherally Inserted Central Catheter | 经外周静脉置入的中心静脉导管 |
| | TPN | Total Parenteral Nutrition | 全胃肠外营养 |
| | PT | Physical Therapy | 运动治疗 |
| | OT | Occupational Therapy | 作业治疗 |
| 静配中心 | PIVAS | Pharmacy Intravenous Admixture Services | 静脉药物调配中心 |
| 供应中心 | CSSD | Central Sterile Supply Department | 消毒供应中心 |

## 3．医疗设备专业术语

与普通建筑不同，医疗建筑中还有较多的医疗设备。医疗设备种类繁多、功能强大、用途广泛，分类方式也较多，按照医疗设备的用途可分为诊断类设备、治疗类设备和辅助类设备。

诊断类设备包括：X线诊断设备、超声诊断设备、功能检查设备、内窥镜检查设备、核医学设备、实验诊断设备和病理诊断装备等。

治疗类设备包括：放射治疗设备、核医学治疗设备、透析治疗设备、理化设备、激光设备、体温冷冻设备、手术设备、病房护理设备、急救设备和其他治疗设备（如高压舱）等。

辅助类设备包括：中心吸引及供氧系统、消毒灭菌设备、制药机械设备、血库设备、医用数据处理设备、医用录像摄影设备等。

常用大型医疗设备见表2.1-3。

常用大型医疗设备　　　　　　　　　　　　　　　　表2.1-3

| 用途类别 | 常用大型医疗设备 | 备注 |
|---|---|---|
| 诊断类 | X-ray、CR、DR | 有辐射 |
| | CT、ECT、SPECT | 有辐射 |
| | PET-CT | 有辐射 |
| | MRI | 有辐射 |
| | DSA | 有辐射 |

续表

| 用途类别 | 常用大型医疗设备 | 备注 |
|---|---|---|
| 诊断类 | 正电子发射型磁共振成像系统（PET-MR，包括一体化和分体式两种类型） | 有辐射 |
| | 306道脑磁图 | |
| 治疗类 | 内窥镜手术器械控制系统（手术机器人） | |
| | 伽马射线立体定位放射治疗系统（γ刀） | 有辐射 |
| | 质子放射治疗系统 | 有辐射 |
| | 磁共振引导放射治疗系统 | 有辐射 |
| | X线立体定向放射治疗系统（含Cyberknife） | 有辐射 |
| | 断层放射治疗系统 | 有辐射 |
| | 医用直线加速器（LA） | 有辐射 |
| | 医用回旋加速治疗系统（MM50） | 有辐射 |
| | 钴-60治疗机 | 有辐射 |
| | 模拟定位机 | 有辐射 |
| | 体外冲击波碎石机 | X线定位：有辐射<br>B超定位：无辐射 |
| | 高压氧舱 | |

## 2.1.1　医疗功能用房楼面降板

### 1．特殊设备用房

与普通建筑不同，医疗建筑由于医疗设备工艺的特殊性，有大量的降板设计要求。例如放射诊断治疗CT、ECT、PET-CT、DR、DSA、MRI等房间，由于设备安装需要专门的设备检修管沟，整体的设备检查房间及控制室需要降板，方便设备管线的安装就位，设备安装完毕后再回填。由于设备较重，宜采用混凝土回填。

常见放射诊断治疗功能房间降板要求见表2.1-4。

常见放射诊断治疗功能房间降板要求　　　　　　表2.1-4

| 功能房间 | 区域 | 降板高度（mm） |
|---|---|---|
| X-ray、CR、DR | 检查室、控制室 | 150~300 |
| 乳腺钼靶 | 检查室、控制室 | 150~300 |
| 胃肠造影 | 检查室、控制室 | 150~300 |
| CT | 检查室、控制室 | 150~300 |

| 功能房间 | 区域 | 降板高度（mm） |
|---|---|---|
| ECT、PET-CT、SPECT | 检查室、控制室 | 150～300 |
| DSA | 检查室、控制室 | 150～300 |
| MRI | 检查室、控制室、设备间 | 300 |
| 骨密度 | 检查室、控制室 | 150～300 |
| 碎石机 | 治疗室、控制室 | 150～300 |
| 模拟定位机 | 治疗室、控制室 | 300 |
| 直线加速器 | 治疗室、控制室、机房 | 300 |
| 回旋加速器 | 治疗室、控制室、机房 | 300 |

对于后期改造的房间，可不降板，在结构板上做设备基础（需对原结构进行计算复核），再设置架空地板，但这种做法可能使设备检查室及控制室与外部楼地面间产生高差，使用上较为不便。

### 2. 医疗功能有水房间

部分医疗功能有水房间，由于医疗工艺特殊，需要特别的给水排水设计，楼板需降板以满足给水排水管道铺设需求，管道为重力排水，有排水坡度。常见医疗功能有水房间降板高度见表2.1-5。

常见医疗功能有水房间楼板降板高度　　　　　　　　　表2.1-5

| 医疗房间 | 降板高度（mm） | 医疗房间 | 降板高度（mm） |
|---|---|---|---|
| 口腔科（带牙椅） | 150～200 | 血液净化中心 | 300～600（配液、湿库房、水处理至病房） |
| 检验中心实验区 | 300～400 | | |
| 静配中心 | 300～400 | 化疗病房的卫生间 | 300～600（同层集中排水） |
| 中心（消毒）供应 | 300～400 | 水疗熏蒸等区域 | 300～400 |
| 净化机房 | 100 | | |

### 3. 非医疗功能有水房间

由于部分病人体质较弱或行动不便，医疗建筑中卫生间设计需考虑病人使用方便。

供病人使用的蹲式卫生间不应有高差，设计时考虑方便病人使用，楼板需降板300～350mm，将蹲坑面与地面做平。

座式卫生间及非病人使用的卫生间，设计可按防水等建筑做法降板100～120mm。

淋浴间一般设置排水沟，需降板250～300mm。

对于洗消间、污洗间、水处理间等，当设置排水沟时，需降板250～300mm。

当排水管道不能进入下部房间而需要同层排水时，还需满足同层排水的降板设计要求。

### 4．直接上层有排水的房间

#### （1）有较高卫生要求房间的直接上层

在餐厅、医疗用房等有较高卫生要求房间的直接上层，应避免出现厕所、卫生间、盥洗室、浴室等有水房间。当无法避免时，直接上层有水房间应采取同层排水和严格的防水措施。

同层排水的楼板需降板300～600mm，具体高度由给水排水专业确定提供。同层排水降板后，需建筑、结构、机电等专业协同校核下部空间的净高。

同层排水有时长度或区域可能较大，楼板降低可采用下列两种方式：

1）梁板同降；

2）板降梁不降（梁顶标高不高于非同层排水有水房间的板面标高）。

梁板同降方式方便排水管铺设，应首选这种方式，但梁底标高相对较低。当梁底下部净高不满足要求时，可采用板降梁不降方式，此时梁上需侧向水平预埋套管或预留洞口，再进行管道铺设。对于梁上侧向水平预埋套管或预留洞口，结构应有相应的设计，明确预埋套管规格或预留洞口大小、标高、水平位置和相应的补强措施，同时需满足承载力要求和抗震构造要求。

#### （2）有严格卫生、安全要求房间的直接上层

对于洁净或净化区域、大型或重要的医疗设备用房、电气、档案等有严格卫生、安全要求的房间，其直接上层不应出现有水房间。洁净或净化区域包括手术室、无菌室、供应（消毒）中心、感染科、血液病科、烧伤科、ICU、产房、新生儿室、导管室、血透室、生殖中心等。

当无法避免时，建筑专业常采取如下措施：除直接上层有水房间设置同层排水外，还需在房间顶部设置钢筋混凝土结构夹层，使房间上部不直接邻近上层有水房间，夹层中不得出现上层房间的排水管，此时应特别加强下部空间的净高复核。设计时需考虑夹层模板拆除的可行性，建筑需要在使用阶段进入夹层维护检修时，还需留出人员进出检修的空间尺寸。

钢筋混凝土结构夹层设计常采用吊梁吊柱的吊挂结构形式，吊柱间距一般控制在不大于3m，在吊梁纵筋满足锚固的情况下可控制在不大于4m，并控制吊梁截面高度不宜大于300mm，且不应大于400mm，在不影响建筑排水的情况下尽可能地上翻，以增加下部空间净高，具体需与建筑专业协调一致。

### 5．测听室

测听室静音要求比较高，有时需设计成隔声隔振地面，楼板需降板150～200mm。

### 6．高压氧舱

高压氧舱下需做下沉式2.0～2.5m高的夹层，便于管道连接与检修，也使高压氧舱的舱内地面能与大厅地面做平，方便病人进出。

## 2.1.2　医疗功能用房防辐射设计

### 1．有辐射的用房

医疗设备有辐射的用房有：

（1）放射科用房：X-ray、CR、DR、各类CT机、钼靶、骨密度、胃肠机、碎石机等；

（2）磁共振检查室用房：MRI、PET-MR等；

（3）介入治疗用房：DSA等；

（4）放射治疗用房：重离子治疗系统、质子治疗系统、后装机、钴-60治疗机、直线加速器、螺旋断层放射治疗系统、X刀、γ刀、射波刀、速锐刀、托姆刀等。

其他有辐射的用房有：核医学科用房。

根据辐射能量区分：

（1）能量较低的设备，如：DR、骨密度、牙片室等；

（2）能量较高的设备，如：CT、移动CT等；

（3）能量特别高的设备，如：重离子治疗系统、质子治疗系统、直线加速器等。

### 2．防辐射设计

放射防护应由专业单位进行专项设计及评估。

**（1）放射科设备射线的防护**

放射科设备射线的防护主要通过砖墙或砖墙+铅板进行防护。

医疗设备检查室为射线防护房间，虽机器自身有防护措施，但仍需考虑散射影像。检查室周边墙体、楼板和顶板均需进行防辐射设计。

1）土建设计

检查室楼板、顶板的板厚均不小于200mm；

检查室周边隔墙，应采用240mm实心砖砌筑；

在房间高度范围内不能留施工孔洞，如有预留设备安装口，待设备安装完成后需要衬以铅板。

2）防辐射专项评估设计

最终，需进行防辐射专项评估设计（或含磁屏蔽），根据医疗设备辐射计量进行防护能力计算，必要时需增加铅板。此外，墙外防护层的粉刷应由专业厂家配合施工。

另外，为达到磁共振基准磁场的要求，对建筑物钢筋混凝土结构中的钢筋用量应有一定的限制，具体按设备安装要求确定，否则会影响磁场的均匀性，降低图像质量。

磁共振诊断设备机房应尽可能避免与高低压配电房、电梯、自动扶梯、发电机、电机、直线加速器及汽车频繁经过的车道相邻，并且尽可能与大量人流聚集处间隔一段距离，避免其磁场干扰心脏起搏器的工作，危及患者生命。为降低外界射频干扰，磁共振检查室必须采取射频屏蔽措施。按照设备说明书采用相应的屏蔽技术，此外，进入屏蔽室的管线应采用非铁磁材料，排水管用非金属材料，电源经滤波器接入。

**（2）能量特别高设备射线的防护**

重离子治疗系统、质子治疗系统、直线加速器的能量较大，射线的防护应采用混凝土进行防护，混凝土宜采用高密度混凝土，如使用重晶石作为混凝土骨料，可以提高混凝土密度，增强混凝土的防护效果；也可在混凝土中埋置铁板，在达到相同防护效果的前提下，可以采用较小的混凝土厚度。

直线加速器机房，一般其主射线方向普通钢筋混凝土墙厚需达2600mm、顶板厚需达2600mm，副射线方向混凝土墙厚需达1300mm、顶板厚需达1300mm；重离子治疗系统、质子治疗系统机房，一般其主射线方向普通钢筋混凝土墙厚需达4000~4500mm；具体的尺寸需要和设备专业厂家共同确定。

这类机房的混凝土为大体积钢筋混凝土结构，较大的厚度在有利于屏蔽射线的同时，也可能会使墙板产生贯穿裂缝，而导致辐射外泄，因此，在设计和施工中应采取以下措施：

1）防护墙板的配筋

由于墙板较厚，计算上基本按构造配筋即可满足强度要求。为了防止裂缝，一般尽量采用小直径、密间距钢筋布置，中间加拉结钢筋。

2）墙上预留洞口

由于机房墙体厚，必须密切配合各专业预留墙洞口，管线预留沿墙厚纵、横方向设计成迷道（S形或U形），室内侧应避开主射线照射区域。

3）施工措施

合理分段留施工缝，可按底板、厚墙和顶板分次浇筑，施工缝结合现场情况预留。为了消除施工缝对于混凝土防护结构的削弱，将施工缝设为台阶状并设置止水钢板，防止射线的渗透。施工过程应参考大体积混凝土施工技术，从材料、配合比、施工方案、养护等多方面采取综合措施来预防裂缝的产生。

4）防护顶板

设计和施工还需考虑设备吊装孔的预留和封堵，吊装孔位置和大小需要由设备供应商确认，设备安装完后，吊装孔需要用预制钢筋混凝土梁封堵。此外，现浇顶板厚度大、自重大，对支撑模板要求高。

（3）核医学科的防护

核医学科病人在治疗过程中采用放射性元素，除病人的活动区域有所限定外，对于病人产生的废水等含放射性的物质应集中处理后才能排放，其管道铺设需做成同层排水，集中收集需设置衰变处理池。

## 2.1.3 大型医疗设备运输安装

大型医疗设备尺寸大、重量大，运输安装需考虑安装的运输路线、运输路线上的荷载要求、运输路线上空间尺寸要求及可能的吊装口，待安装完毕后再施工隔墙、门窗等。比如：磁共振设备单件自重很大，超导型主磁及氦容器需要整体运输，主磁体重约7~12t，运输安装通道最小尺寸为2.80m高、2.80m宽。

常见大型医疗设备技术参数见表2.1-6。

常见大型医疗设备技术参数 表2.1-6

| 名称 | 供应商 | 房间尺寸（m）（进深×开间×净高） | 设备重量（kg） | 运输尺寸（m）（长×宽×高） | 辐射防护要求 | 桥架/地沟尺寸（m） |
|---|---|---|---|---|---|---|
| DR | GE | 扫描室：6.1×4.5 控制室：2.0×2.0×3.2 设备间：3.2（净高） | 扫描床：602 悬吊球管：288 落地支架：464 | 扫描床：2.4×1.1×1.3 吊轨：6.1×0.4×0.2 | 最大电压：80kV 最大电流：1000mA | 深：0.15 |
| | 西门子 | 扫描室：5.3×4.0 控制室：5.3×2.0×3.1 设备间：3.1（净高） | 扫描床：360 悬吊球管：367 落地支架：184 | 3.2×0.8×0.8或4.3×0.9×0.73 | 最大电压：150kV 最大电流：800mA | 深：0.15 |
| | 飞利浦 | 扫描室：6.0×3.8 控制室：2.65（净高） 设备间：2.65（净高） | 扫描床：200 悬吊球管：240 落地支架：170 | 最大尺寸：2.6×9.8×1.8 | 一般为2.0mm铅当量 | 需按图 |
| CT | GE | 扫描室：7.2×4.5 控制室：3.0×4.5×2.8 设备间：2.8（净高） | 扫描架：1932 扫描床：623 | 扫描架：2.9×1.3×2.0 扫描床：3.0×0.76×1.1 | 最大电压：140kV 最大电流：715mA | 深：0.15 宽：0.20 |
| | 西门子 | 扫描室：6.5×6.0 控制室：6.0×3.0×2.6 设备间：4.0×4.0×2.6 | 机架：3095 病人床：700 机柜：600 | | 最大电压：140kV 最大电流：500mA | 深：0.20 宽：0.30 |
| | 飞利浦 | 扫描室：5.5×4.0 控制室：3.0×2.5×2.7 设备间：2.7（净高） | 机架：1980 病人床：385 | 1.5×2.1×2.3 | 最大电压：140kV 最大电流：500mA | 需按图 |
| MRI | GE（3.0T[①]） | 扫描室：8.5×5.5 控制室：3.0×4.0×4.0 设备间：7.4×3.5×4.0 | 磁体：11686 扫描床：159 电源柜：1487 | 磁体：2.4×3.7×2.7 | 屏蔽衰减：100dB 频率范围：150MHz 设失超管 | 深：0.15 宽：0.46 |
| | 西门子（1.5T） | 扫描室：6.1×4.0 控制室：3.3×2×2.75 设备间：3.0×2×2.75 | 磁体及扫描床：600 配电柜：1250+340 称重：10000 | 墙洞尺寸：2.8×2.8 临时平台：3.0×3.0 | 屏蔽衰减：90dB 频率范围：128MHz 设失超管 | — |
| | 飞利浦（3.0T） | 扫描室：7.0×5.5 控制室：2.5×3.0×3.5 设备间：4.5×3.5×3.5 | 磁体重：6730 病床：170 | 墙洞尺寸：2.5×2.6 | 设失超管 专业检测防护设计 | 需按图 |
| DSA | GE | 扫描室：9.0×7.0 控制室：3.0×7.0×3.2 设备间：2.4×7.0×3.2 | 扫描架：1500 病床：755 | 扫描架：12.9×11.4×2.3 | 最大电压：125kV 最大电流：800mA | 深：0.2 宽：0.3 |
| | 西门子 | 扫描室：7.6×5.9 控制室：2.9×5.9×2.9 设备间：2.9×2.5×2.9 | 悬吊C臂：904 诊断床：482 监视器吊架：256 | 4.3×0.9×0.73 | 最大电压：125kV 最大电流：1000mA | 深：0.1 宽：0.2 |
| | 飞利浦 | 扫描室：7.5×5.5 控制室：3.0×5.5×3.4 设备间：3.5×3.0×3.4 | 悬吊C臂：1085 诊断床：360 监视器吊架：320 | | 一般为2.0mm铅当量 | 需按图 |

| 名称 | 供应商 | 房间尺寸（m）（进深×开间×净高） | 设备重量（kg） | 运输尺寸（m）（长×宽×高） | 辐射防护要求 | 桥架/地沟尺寸（m） |
|---|---|---|---|---|---|---|
| PET-CT | GE | 扫描室：8.4×5.0 控制室：3.0×5.0×2.8 设备间：2.8（净高） | 扫描床：818 扫描机架：818 | 扫描床：4.1×0.9×1.4 CT机架：0.9×1.3×2.0 PET机架：2.8×1.1×2.9 | 最大电压：140kV 最大电流：715mA | 深：0.2 宽：0.3 |
| | 飞利浦 | 扫描室：8.0×5.5 控制室：3.0×5.5×2.9 设备间：2.9（净高） | 扫描架：1902 PET机架：1065 扫描床：566 | | 最大电压：140kV 最大电流：500mA | 需按图 |
| ECT | 西门子 | 扫描室：6.5×5.0 控制室：3.0×5.0×2.8 设备间：2.8（净高） | 扫描床：2453 扫描机架：400 | | 最大电压：140kV 最大电流：2.5mA | 深：0.1 宽：0.1 |
| 钼靶机 | GE | 扫描室：5.4×4.0 控制室：2.8（净高） 设备间：2.8（净高） | 扫描机架：555 | 扫描架：2.0×0.9×2.3 | 最大电压：130kV 最大电流：100mA | — |
| 胃肠机 | 西门子 | 扫描室：6.5×4.0 控制室：2.0×5.3×3.2 设备间：3.2（净高） | 扫描机架：1300 | 2.5×1.8×1.9 | 专业检测防护设计 | 深：0.2 宽：0.2 |

① T为磁通量密度的单位，中文名称为特（特斯拉）。

放射影像科选址一般应位于建筑底层空间（普通放射区在底层空间紧张的情况下也可放置在二层），较重或较大设备如MRI机房尽量靠近外墙区域布置，便于预留安装运输通道。

放射治疗机房因其防护条件较高，机房四周、地面及顶棚防护墙体比较厚，防护墙体和顶棚的承重要求也非常高，故放射治疗机房区域一般布置在门诊部区域且靠近医技部的地下室的合理位置，需要满足放疗设备运输通道条件。

# 2.2 医疗建筑荷载对结构设计影响分析

## 2.2.1 功能用房荷载

### 1. 楼地面均布活荷载

由于医疗建筑工艺、设备、房间功能的多样性，《工程结构通用规范》GB 55001—2021、《建筑结构荷载规范》GB 50009—2012的规定难以涵盖荷载设计的全部内容；结合在实际医疗建筑设计中与设备厂家的配合经验，总结出一些主要医疗房间的楼地面均布活荷载取值，如表2.2-1所示，有大型医疗设备的房间最终需根据实际选用的医疗设备按实际情况进行复核。

医疗功能用房楼地面均布活荷载　　　　表2.2-1

| 项次 | 类别 | | 标准值（kN/m²） | 组合值系数$\psi_c$ | 准永久值系数$\psi_q$ |
|---|---|---|---|---|---|
| 1 | 病房 | 普通病房 | 2.0 | 0.7 | 0.4 |
| | | ICU病房 | 3.0 | 0.7 | 0.5 |
| 2 | 诊室 | 普通诊室 | 2.5 | 0.7 | 0.5 |
| 3 | 检查室 | 一般检查室 | 2.5 | 0.7 | 0.5 |
| | | B超、彩超、多普勒等超声检查室 | 2.5 | | |
| | | 心电图、脑电图、肌电图等电生理检查室 | 2.5 | | |
| | | 胃肠镜等内镜检查室 | 2.5 | | |
| 4 | X光室 | 30mA移动式X光机 | 2.5 | 0.7 | 0.5 |
| | | 200mA诊断X光机 | 4.0 | | |
| | | 200kV治疗机 | 3.0 | | |
| | | X光存片室 | 6.0 | 0.9 | 0.8 |
| 5 | 口腔科 | 201型治疗台及电动脚踏升降椅诊室 | 3.0 | 0.7 | 0.5 |
| | | 205型、206型治疗台及3704型椅诊室 | 4.0 | | |
| 6 | 消毒室 | 1602型消毒柜 | 6.0 | 0.8 | 0.7 |
| | | 2616型、2617型消毒柜 | 5.0 | | |
| 7 | 手术室 | 一般手术室 | 3.0 | 0.7 | 0.5 |
| | | 复合（杂交）手术室 | 15.0 | | |
| 8 | 产房 | 设3009型产床 | 3.0 | 0.7 | 0.5 |
| 9 | 血库 | 设D-101型冰箱 | 6.0 | 0.9 | 0.8 |
| | | 生化实验室 | 5.0 | | |
| 10 | 药库 | 药库、药房、输液库 | 6.0 | 0.9 | 0.8 |
| 11 | 检验科 | 实验台部分 | 5.0 | 0.9 | 0.8 |
| | | 生化流水线部分 | 10.0 | | |
| 12 | CR、DR | 检查室 | 5.0 | 0.8 | 0.7 |
| 13 | CT | 检查室 | 6.0 | 0.8 | 0.7 |
| 14 | DSA | 检查室 | 5.0 | 0.8 | 0.7 |

续表

| 项次 | 类别 | | 标准值（kN/m²） | 组合值系数$\psi_c$ | 准永久值系数$\psi_q$ |
|---|---|---|---|---|---|
| 15 | MRI | 检查室 | 7.0 ~ 15.0 | 0.8 | 0.7 |
| | | 控制机房 | 7.0 | | |
| 16 | 直线加速器用房 | | 10 ~ 20 | 0.9 | 0.8 |
| 17 | 高压氧舱 | | 10 | 0.9 | 0.8 |
| 18 | 净化机房 | | 15 | 0.9 | 0.8 |

注：MRI的主要荷载为永磁体的集中荷载，1.5T级取不小于60kN，3.0T级取不小于120kN，7.0T级取不小于400kN。

## 2．顶棚吊挂附加活荷载

部分医疗设备悬挂在房间的顶板上，大型设备检查室及特殊手术室如DSA复合手术室有额外吊挂，部分设备可能采用移动式滑轨等方式吊挂安装，ICU要考虑无影灯和吊塔等吊挂。在顶板设计时应计入医疗设备顶棚吊挂的附加活荷载。医疗建筑管线相对较多，结构设计时应考虑其吊挂荷载。

常见的医疗功能用房顶棚吊挂附加活荷载见表2.2-2。

医疗功能用房顶棚吊挂附加活荷载　　　　　　　　表2.2-2

| 项次 | 类别 | 标准值（kN/m²） | 组合值系数$\psi_c$ | 准永久值系数$\psi_q$ | 备注 |
|---|---|---|---|---|---|
| 1 | ICU 急诊 | 0.5 | 0.7 | 0.5 | 考虑无影灯和吊塔等吊挂 |
| 2 | DR检查室 | 1.0 | 0.7 | 0.5 | 悬挂附加总荷载不小于10kN |
| 3 | CT检查室 | 4.0 | 0.8 | 0.7 | |
| 4 | MRI检查室 | 4.0 | 0.8 | 0.7 | |
| 5 | DSA检查室 复合手术室 | 2.5 | 0.7 | 0.5 | 悬挂C臂型：顶部附加总荷载不小于20kN |
| 6 | 普通手术室 | 0.5 | 0.7 | 0.5 | |

## 3．其他活荷载

医疗建筑作为公共建筑，人流大且密集，因此，活荷载的取值要适当，如医院门诊医技大空间的门厅、走廊、楼梯及露台等人流可能密集的部位，活荷载取值不宜低于3.5kN/m²。

为了给患者提供一个良好的就医环境，医院的屋顶大多设计成屋顶花园，其活荷载取值不宜低于4.0kN/m²。

医疗建筑中电梯种类繁多，有医梯、客梯、货梯、提升梯（药房使用）、无机房电梯等，其荷载不宜按规范简单取用，而应按设备厂家提供的参数复核。

在设计楼面梁、墙、柱及基础时，医院病房及办公楼的活荷载按《工程结构通用规范》GB 55001—2021进行折减。而医院的门诊楼及医技楼在土建完成后，其使用功能可能有较大调整，局部活荷载可能会增大，造成局部结构产生加固需求，但往往加固难度极大。所以，在设计楼面梁、墙、柱及基础时，医院门诊楼及医技楼的活荷载不建议折减，从而预留改变功能的余地。

## 2.2.2 特殊设备荷载

常见的大型医疗设备的重量见表2.1-6。

部分设备不同类型的重量可能有较大差异。如MRI设备，永磁体型的重量明显大于超导型的重量，超导型：1.5T总重5t左右，3.0T总重约为7～13t；永磁体型：仅永磁体自身重量，1.5T不小于6t，3.0T不小于12t，7.0T约为25～40t。一般情况下，应根据厂家提供的设备重量，按照实际结构布置计算等效荷载。当前大型三甲医院的主流机型为3.0T，但1.5T仍有相当数量，7.0T一般仅用于医学科研机构。

考虑到医疗设备升级和使用功能改变的可能性，实际设计时，宜根据具体情况适当留有余地。

# 2.3 医疗建筑体型对结构设计影响分析

## 2.3.1 平面体型

### 1. 结构单元划分

医疗建筑的抗震要求相对较高，宜采用对抗震有利的平面形状和结构布置，少设或不设防震缝，可设缝可不设缝时尽量不设缝。由于医疗建筑设备管线较多，设备管线在变形缝处均需采用柔性连接，少设变形缝也有利于设备专业对成本造价的控制。

一般来说，根据医疗建筑的工艺流程，门诊、急诊、医技联系较多，其他部分相对比较独立，设计中也常以功能分区划分结构单元。

对于体型复杂、平立面不规则的建筑，应根据不规则程度、技术经济等因素作综合比较分析，确定是否设置防震缝，划分结构单元。

防震缝应满足《建筑抗震设计标准》GB/T 50011—2010基本要求，医疗建筑的防震缝宽度，宜按高于本地区抗震设防烈度一度的要求进行确定。设计时宜留有足够的防震缝宽度，以避免设防地震下相邻部分互相碰撞而破坏。

### 2. 平面超长

对于一些由于建筑医疗工艺需求不宜设缝的结构单元，如病房楼、门急诊医技楼或医疗综合楼等，常常会出现平面结构超长。

**（1）病房楼**

病房楼，标准层为1个护理单元约40~50张床位时，建筑平面长度约为72m，标准层为2个护理单元时建筑平面长度可达140m，平面长度超出规范限值。建筑设计常采用标准层为2个护理单元共用1组电梯形式，以节约竖向交通面积，一般中间不允许设置变形缝。

昆山东部医疗中心，鸟瞰图见图2.3-1，病房楼地上19层，房屋高度84.8m，采用框架-剪力墙结构，病房楼与门急诊医技楼之间平面仅由连接通道相连，设置防震缝，病房楼为1个抗震结构单元。病房楼每层为2个护理单元共用1组电梯形式，平面呈矩形，标准层平面东西向长138.3m，南北向长27.8m，房屋东西向平面超长且超出规范限值较多。病房楼标准层平面图见图2.3-2。

图2.3-1　昆山东部医疗中心鸟瞰图

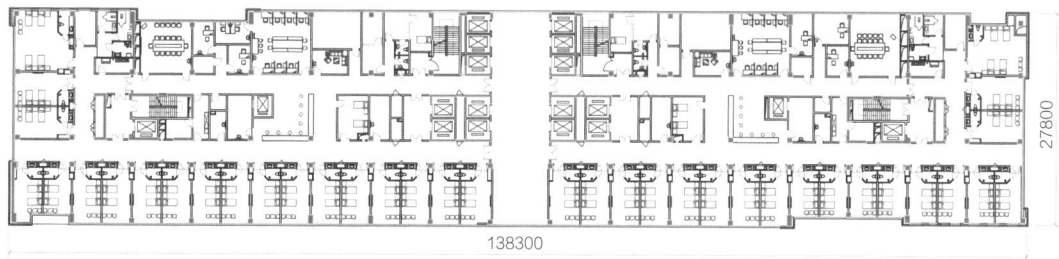

图2.3-2　昆山东部医疗中心病房楼标准层平面图（18F、19F）

**（2）医疗街形式的综合医院**

对于综合医院，门诊、急诊、医技部分往往组合在一起，建筑设计成医疗街形式，可以有效地组织交通流线，较好地满足医疗工艺需求，节约建筑面积。

中国中医科学院西苑医院苏州医院项目的1号医疗综合楼，裙房为门急诊医技部分，与病房楼之间设置变形缝，裙房为1个结构单元，东西向总长158.90m，南北向总长87.30m，两个方向平面长度均超过规范限值。1号医疗综合楼三层平面图见图2.3-3。

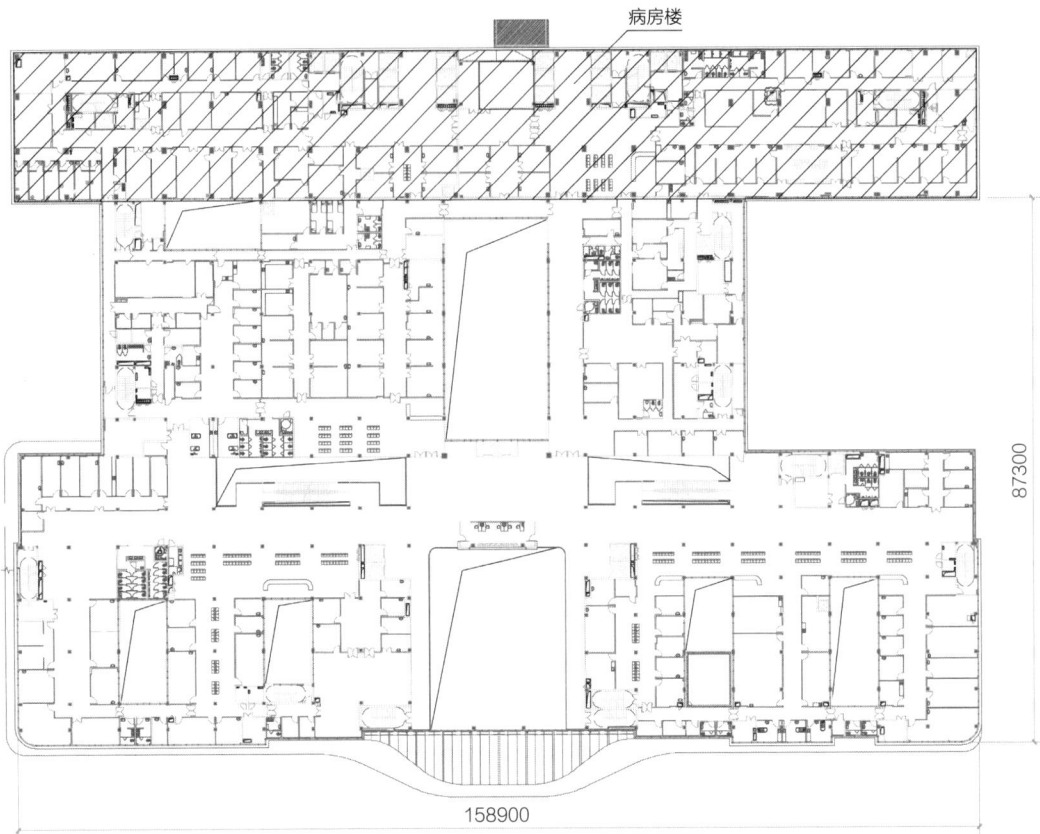

图2.3-3　中国中医科学院西苑医院苏州医院项目1号医疗综合楼三层平面图

**（3）裙房-塔楼形式的综合医院**

部分综合医院，门急诊医技与病房楼部分有效地结合在一起，下部裙房部分为门急诊医技部分，上部塔楼为病房部分。

无锡医疗健康产业园医疗综合楼，底盘裙房上部4个塔楼，塔楼10层、裙房4层，框架-剪力墙结构。裙房平面呈风车形，无法设置变形缝，形成多塔结构。裙房平面东西向、南北向总长均为220m，超出规范限值较多。医疗综合楼三层平面图见图2.3-4。

对于平面超长的结构，设计采取以下措施：

1）加强屋面保温措施；

2）每30~40m设置一道伸缩后浇带或伸缩后浇带和膨胀加强带一隔一设置；

3）加强超长方向梁板配筋；

4）要求施工中应采取有效措施（材料、配比、养护等）控制混凝土收缩裂缝；

5）对于超长较多（长度超过限值30%~50%或以上）的楼面，需补充温度收缩应力分析，根据应力校核水平构件的梁板配筋，校核竖向构件的框架柱或剪力墙配筋。如有必要时也可采用无粘结预应力来抵抗温度收缩应力。

## 3. 平面长宽比较大

当病房楼一层为2个护理单元呈长条形时，平面长宽比一般会大于4.0，有的甚至会超

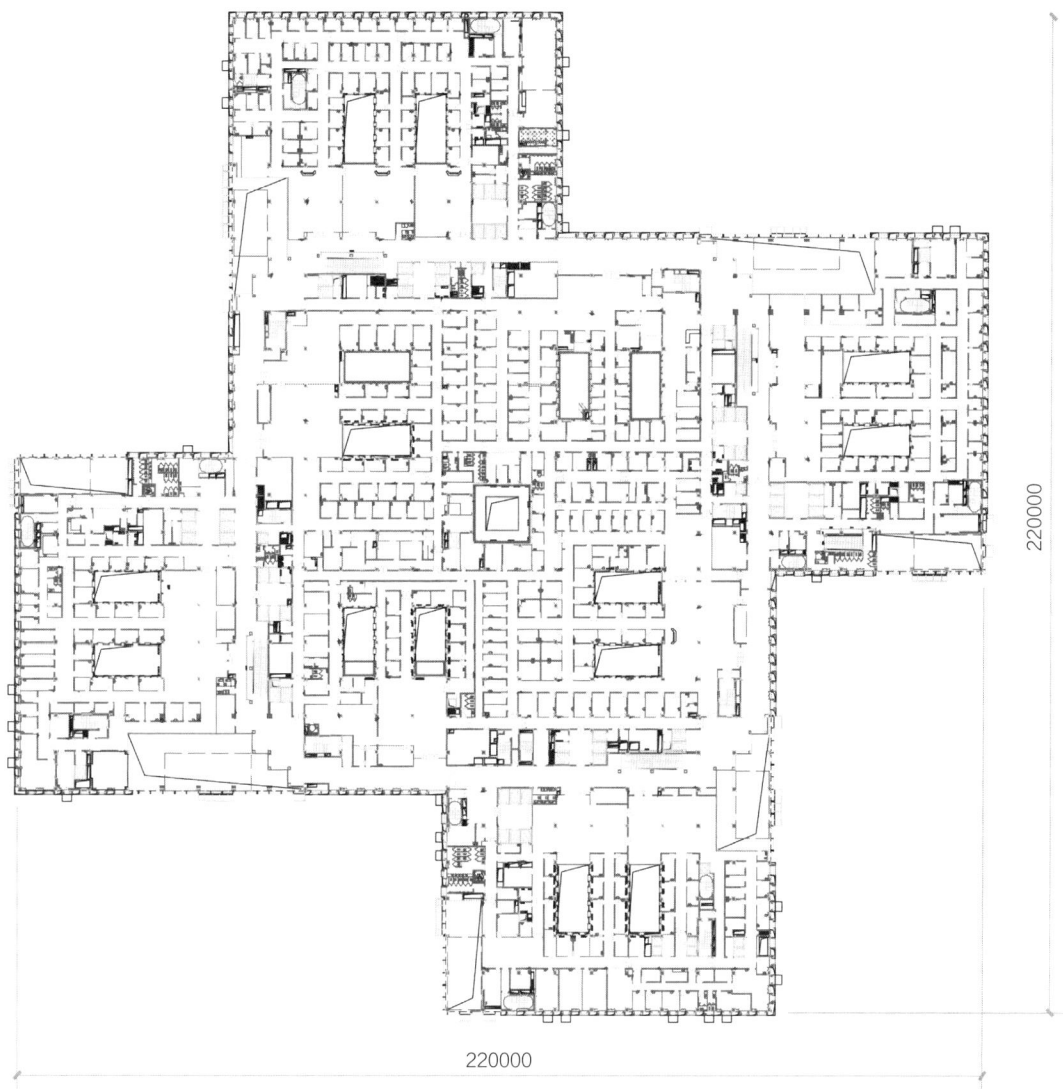

图2.3-4　无锡医疗健康产业园医疗综合楼三层平面图

过6.0。如昆山东部医疗中心，病房楼标准层平面东西向长138.30m，南北向长27.80m，见图2.3-2，长宽比为5.0，超过4.0，设计采取以下措施：

1）抗震设防烈度7度及以下时，控制横向剪力墙间距不大于$4B$（$B$为楼盖宽度）且不大于50m；

2）采用符合楼板平面内实际刚度变化情况的计算模型；

3）计入扭转影响，严格控制楼层竖向构件扭转位移比不大于1.40。对于高层建筑需控制扭转周期比不大于0.9（复杂高层和特别不规则高层不大于0.85）。

## 4．平面开大洞、楼板不连续

门急诊医技楼，由于医疗功能按区域组团式布置，主要交通流线为医疗街形式，再通过医疗通道进入各医疗功能区，建筑设计常常需要设置有采光通风功能的内庭院，还常有较大的门厅、中庭等。因此，平面上就会形成较多的楼面开大洞，平面开大洞一般会出现以下几种情况。

**（1）楼面开大洞相比于整个结构单元平面相对较小，未超过规范限值**

这种情况下，开大洞后部分区域也会形成楼板连接薄弱部位，对薄弱部位楼板采取以下措施：

1）薄弱部位楼板需加强，其相邻板块也需适当加强。

2）适当加强梁板配筋构造。

3）计算时按弹性楼板考虑。

**（2）楼面开大洞，形成楼板局部不连续**

当楼面开大洞，形成楼板局部不连续时，需采取以下措施：

1）连接薄弱部位楼板最小板厚取150mm，其相邻区域适当加强最小板厚取120mm，其相邻上下层区域楼面也需适当加强。

2）加强楼面的梁板配筋，连接薄弱部位楼板双层双向通长筋配筋率不小于0.25%；并适当加强上下层楼面的梁板配筋。在楼板洞口角部集中配置斜向钢筋。

3）计算时楼板按弹性板考虑。

**（3）楼面开大洞形成局部连接特别薄弱部位**

由于楼板开洞形成局部连接特别薄弱部位时，除上述措施外，还需采取以下措施：

1）对连接特别薄弱部位的楼板，按中震弹性复核楼板应力。

2）将连接特别薄弱部位切分，按切分模型和整体模型分别计算，构件承载力包络设计。

由于楼面开洞，往往会出现穿层柱，设计需作以下专项分析：

1）复核穿层柱的计算长度系数；必要时补充穿层柱稳定分析。

2）对于穿层柱，按邻近非穿层柱的水平剪力复核其承载力。

3）满足设定的性能目标要求。

## 5. 凹凸不规则

部分医疗建筑平面会出现凹凸不规则情况，如无锡医疗健康产业园医疗综合楼，A、B、C、D塔楼的屋顶平面均呈L形，属于凹凸不规则，C塔楼屋面平面图见图2.3-5。

针对凹凸不规则，设计采取以下措施：

1）凹凸不规则时，应采用符合楼板平面内实际刚度变化情况的计算模型。

2）计入扭转影响，严格控制楼层竖向构件扭转位移比不大于1.40。

3）阴角处楼板加厚，并加强梁板配筋构造。

4）当平面呈L形时，补充垂直弱轴方向计算进行包络设计。

## 6. 平面呈回字形

无锡医疗健康产业园医疗综合楼，A、B、C、D塔楼标准层平面，平面呈回字形，较小宽度处长宽比为31.60/17.00=1.86<2.0，楼板平面内刚度相对较好，基本未形成薄弱部位。C塔楼六层平面图见图2.3-6。

针对回字形平面，设计采取以下措施：

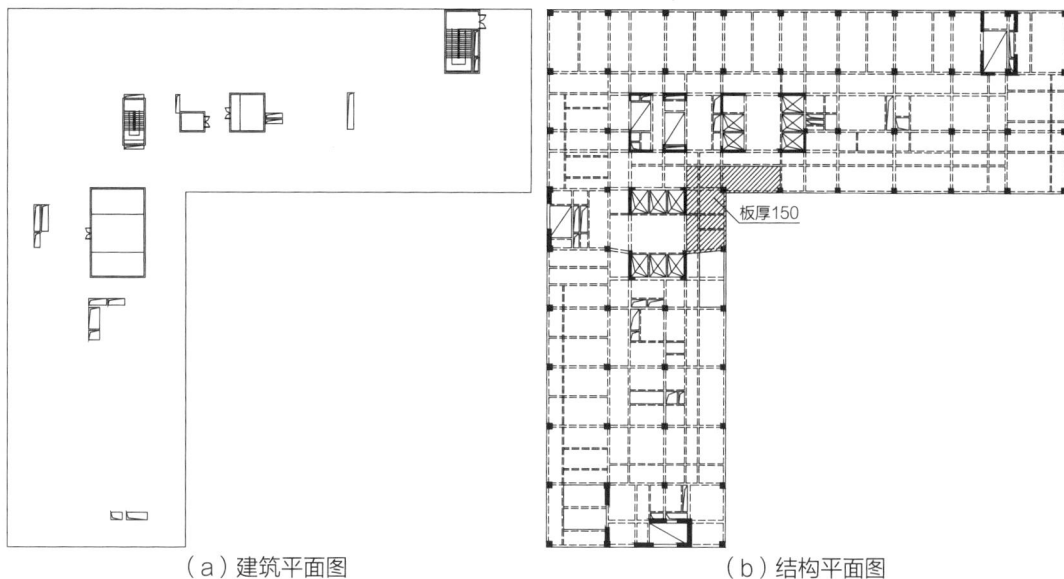

（a）建筑平面图　　　　　　　　　　　　（b）结构平面图

图2.3-5　无锡医疗健康产业园医疗综合楼C塔楼屋顶平面图

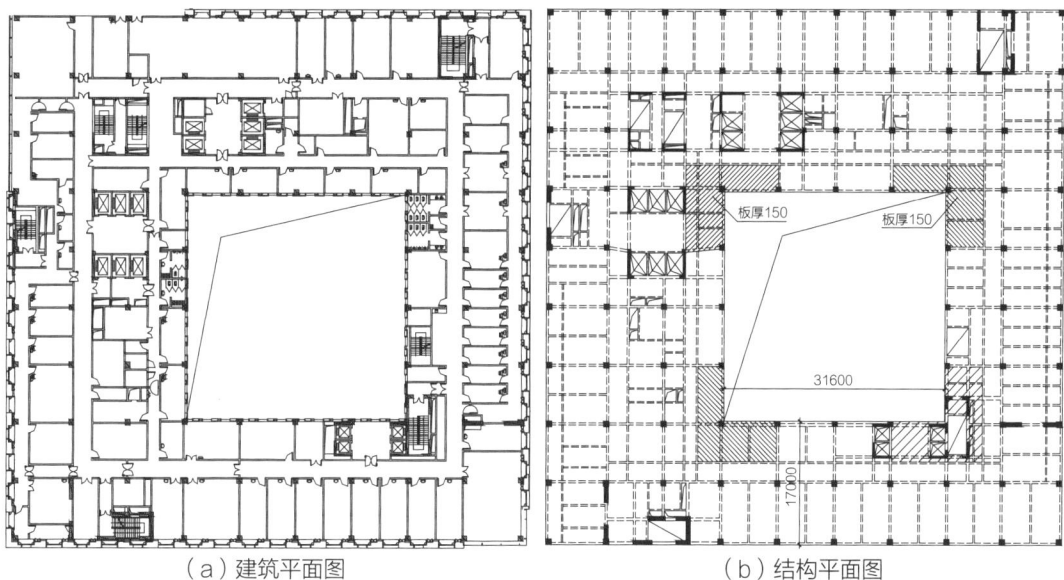

（a）建筑平面图　　　　　　　　　　　　（b）结构平面图

图2.3-6　无锡医疗健康产业园医疗综合楼C塔楼六层平面图

1）由于楼电梯间楼板开洞，楼板连接被削弱，为此，在楼电梯间周边布置剪力墙形成剪力墙筒体，加强连接。

2）楼板最小板厚取130mm，屋面板最小厚度取120mm，保证平面内协调变形的能力，楼板双层双向设置通长筋配筋率不小于0.20%；内侧阴角处板厚取150mm，双层双向通长筋配筋率不小于0.25%。

3）计算时回字形平面定义为弹性板，按楼板实际刚度计算。

4）补充45°方向计算并进行包络设计。

## 2.3.2 竖向体型

### 1. 竖向体型收进

根据《高层建筑混凝土结构技术规程》JGJ 3—2010（以下简称《高规》）第3.5.5条、第10.6.1条，《建筑抗震设计标准》GB/T 50011—2010（2024年版）（以下简称《抗标》）第3.4.3条，进行竖向体型规则性判别。结构上部楼层收进部位距室外地面的高度与房屋高度之比为$H_1/H$，上部楼层收进后的水平尺寸与下部楼层水平尺寸之比为$B_1/B$，有以下几种情况：

1）当$H_1/H>20\%$、$B_1/B<75\%$时，属于竖向体型收进，为复杂高层。

2）当$H_1/H\leq20\%$、裙房较大时，属于大底盘单塔楼结构，为复杂高层；大底盘单塔楼结构属于多塔楼结构的一个特例。

3）当$H_1/H>20\%$、$B_1/B\geq75\%$时，不属于竖向体型突变。

4）当$H_1/H\leq20\%$、裙房非较大时，不属于竖向体型突变。

对于如何界定裙房较大情况，规范并没有给出明确的规定。当裙房超出塔楼外延2~3跨且不小于20m时，一般可认为属于裙房较大情况。江苏省标准《高层建筑工程抗震设防超限界定标准》DB32/T 4399—2022第4.1.1条条文说明中，"带有较大裙房"是指裙房的某一方向的边长与塔楼相应方向边长的比值不小于1.5。

根据《高规》第10.6.3条和《超限高层建筑工程抗震设防专项审查技术要点》（建质〔2015〕67号）（简称《审查要点》）表3的内容，判别是否属于塔楼偏置（偏心收进）。

有时为了避免高层建筑"超限"，需减少不规则项，可在塔楼与裙房之间设置防震变形缝，以避免出现体型收进。

张家港港城康复医院，新建病房楼，塔楼上部为病房，塔楼总层数为12层，房屋高度50.00m，平面尺寸东西向长59.60m，南北向长20.00m；裙房为门诊医技，层数4层，房屋高度18.80m，平面尺寸东西向长59.60m、南北向长39.90m。不规则项已有楼板局部不连续（无法规避）、扭转不规则（难以规避）2项。设计在塔楼与裙房之间设置防震变形缝，避免出现竖向体型收进，从而避免了高层超限。

尹山湖医院扩建工程（建筑设计）项目，住院综合楼，地上塔楼13层，房屋高度为55.05m；裙房4层，房屋高度为19.95m。裙房和塔楼之间未设置抗震变形缝。$H_1/H=19.95/55.05=36.24\%>20\%$，平面南北向收进$B_1/B=24.70/45.90=53.81\%<75\%$，属于竖向体型收进的复杂高层结构，其他不规则仅有扭转不规则，不属于超限高层。

当高层建筑为超限高层时，应进行超限高层建筑抗震设计可行性论证，报超限高层抗震设防专项审查。

苏州大学附属第二医院应急急救与危重症救治中心大楼（B楼）项目，塔楼19层，房屋高度77.95m；裙房9层，房屋高度35.05m。$H_1/H=35.05/77.95=44.96\%>20\%$，平面南北向收进$B_1/B=32.10/76.20=42.13\%<75\%$，属于竖向体型收进复杂高层结构，且塔楼偏置。还出现扭转不规则、凹凸不规则（9F）、8F托柱转换、楼层承载力突变（2F），属于超限高层。

**（1）复杂高层**

对于复杂高层，采取以下计算分析与控制措施：

1）应采用至少两个不同力学模型的结构分析软件进行整体计算。

2）应采用弹性时程分析法进行补充计算。

3）采用弹塑性时程分析方法进行补充计算。

4）考虑平扭耦联计算结构的扭转效应，振型数不应小于15。

5）在考虑偶然偏心影响的规定水平地震作用下，楼层竖向构件最大的水平位移和层间位移，不应大于该楼层平均值的1.4倍。

6）结构扭转为主的第一自振周期$T_t$与平动为主的第一自振周期$T_1$之比，不应大于0.85。

7）受力复杂部位，尚宜进行应力分析，并按应力进行配筋设计校核。

对于竖向体型突变部位的楼板加强：竖向体型突变部位的楼板加强，楼板厚度不小于150mm，双层双向配筋，每层每个方向钢筋的配筋率不小于0.25%。体型突变部位上、下层结构的楼板也应加强构造措施（板厚不小于120mm，双层双向配置通长钢筋）。

**（2）大底盘单塔楼结构**

对于大底盘结构，除上述复杂高层计算分析与控制措施外，还应采取以下措施：

1）大底盘单塔楼结构，按整体模型和单塔楼切分模型分别计算，并采用较不利的结果进行结构设计。单塔楼切分模型在裙房层宜包括至少两跨裙房结构。整体模型和单塔楼切分模型计算，扭转为主的第一自振周期$T_t$与平动为主的第一自振周期$T_1$之比，不应大于0.85。

2）塔楼中与裙房相连的外围柱、剪力墙，从固定端至裙房屋面上一层的高度范围内，柱纵向钢筋的最小配筋率适当提高，剪力墙设置约束边缘构件，柱箍筋在裙房屋面上、下层的范围内全高加密。

3）当塔楼结构相对于底盘结构偏心收进时，应加强底盘周边竖向构件的配筋构造措施。

**（3）竖向体型收进高层建筑结构**

对于竖向体型收进高层建筑结构，除上述复杂高层计算分析与控制措施外，还应采取以下措施：

1）体型收进处采取措施减小结构刚度的变化，上部收进结构的底部楼层层间位移角不宜大于相邻下部区段最大层间位移角的1.15倍；当上部收进结构的底部楼层层间位移角大于相邻下部区段最大层间位移角的1.15倍时，宜强制定义为薄弱层，将水平地震剪力乘以1.25的放大系数。

2）体型收进部位上、下各2层塔楼周边竖向结构构件的抗震等级提高一级采用。当收进部位的高度超过房屋高度的50%时，应将抗震等级提高一级，当收进部位在20%~50%之间时，宜将抗震等级提高一级。

3）结构偏心收进时，应加强收进部位以下2层结构周边竖向构件的配筋构造措施。

## 2. 多塔结构

无锡医疗健康产业园医疗综合楼，底盘裙房上部4个塔楼，塔楼10层，裙房4层，框架-剪力墙结构。裙房平面呈风车形，无法设置变形缝，形成多塔结构。A、B、C、D塔平面尺寸相同，层数相同，位于底盘裙房四边，并呈旋转对称布置，E塔位于底盘中部且中轴对称，多塔与大底盘的质心基本重合，详见第5.4.3节。

对于多塔楼结构，除采取上述竖向体型收进高层建筑结构的措施外，还应按整体多塔模型和各塔楼分开的模型分别计算,并采用较为不利的结果进行结构设计(包络设计)。整体多塔模型、各分塔楼模型,结构扭转为主的第一自振周期$T_t$与平动为主的第一自振周期$T_1$之比不大于0.85。

### 3.设备夹层层高较小

由于医疗工艺特点,医疗建筑中常出现设备夹层,夹层相对于平面一般采用局部布置,也有整层布置的情况;由于受建筑用地容积率限制,夹层层高设计基本均小于2.20m。层高小于2.20m的设备夹层易引起结构竖向刚度突变、形成超短柱,对抗震较为不利。

为避免夹层对抗震不利的影响,设计常采取二次结构布置形式,按其传力途径通常分为以下两种方式。一种是下挂式,将夹层楼面的结构平面与主体结构的竖向构件之间均设置变形缝脱开,通过二次结构吊柱吊挂在夹层顶部楼面下;另一种是支承式,将夹层顶部楼面的结构平面与主体结构的竖向构件之间均设置变形缝脱开,通过二次结构支承柱支承在夹层楼面上。

设计时需控制夹层的竖向净高,以满足使用、检修要求。二次结构支承柱或吊柱的截面一般取300mm×300mm,间距一般控制在2~4m,二次结构楼面的梁截面高度一般取300~400mm,对受力较大的位置可增加柱。相同的夹层层高,采用支承式二次结构的夹层净高比下挂式二次结构夹层的净高要大。

需要指出的是,不论夹层采用下挂式还是支承式二次结构形式,二次结构楼面的上部隔墙(支承在二次结构楼面上)和二次结构楼面的下部隔墙(顶住二次结构楼面)均应在其与主体结构的竖向构件之间设置变形缝脱开,只有这样才能形成完整的二次结构,与主体结构之间才能有可靠的变形空间位置。

隔墙遇主体结构柱可沿柱四周留出变形缝宽度设置隔墙(可使用100mm厚砌体隔墙,也可使用较薄的板材),以使该处房间不出现地面和墙面变形缝,可以解决美观、防水等问题,缺点是局部增加了隔墙。

二次结构的变形缝设置需与建筑专业、医疗工艺协调一致,应以不影响医疗工艺为原则。当医疗工艺不允许设置变形缝,不能设计成二次结构形式时,此时结构设计应充分进行抗震可行性分析。

苏州大学附属第二医院应急急救与危重症救治中心大楼(B楼)项目,三层为净化设备夹层,层高仅为2.19m,其下层即二层为手术室、上层即四层为妇产科室,由于医疗功能需求,无法将三层设备夹层的楼面或顶板设置成二次结构形式。较小层高引起了结构竖向刚度突变、形成了短柱或超短柱,对抗震较为不利,对此进行了专项可行性分析研究,具体见第3.7节。

## 2.3.3 连接通道

医疗建筑交通联系较强,相对独立的部分需要设置连接通道(即连廊)。连廊形式较多,常有以下几种:

## 1. 独立连廊

连廊两端与主体房屋之间设置防震变形缝完全脱开，形成独立的抗震单元，即为独立连廊。

### （1）常规跨度的连廊

常规跨度连廊，无特殊要求时，一般采用钢筋混凝土框架结构。

连云港市康复（优抚）医院迁建工程，医疗综合楼与养老护理楼之间的连廊A，2层，高度9.0m，平面长18.35m、宽3.85m，两端设置防震缝与主体分开，采用框架结构（单跨）。

昆山东部医疗中心，科研楼与门急诊医技楼之间的连廊，3层高，房屋高度16.50m，实为2层，由于跨消防道路，建筑二层平面无梁板、三层连通，连廊长47.20m、宽4.20m，两端设置防震缝与主体分开，采用框架结构（单跨）。

单跨框架结构，抗震设防烈度为6度、7度时不宜超过3层、高度不宜超过12m；8度时不宜超过2层、高度不宜超过8m，并应采取有效的抗震加强措施：

1）单跨框架应加强配筋，抗震等级宜提高一级。

2）补充单跨框架柱的性能目标分析，中震抗剪弹性抗弯不屈服、大震满足截面控制条件。设防地震下，保证正常使用的连廊中震弹性、大震不屈服。

3）连廊高宽比较大时，应注意验算柱是否出现受拉工况，当柱出现受拉工况时须按受拉构件构造，并控制抗裂。

4）当柱出现受拉工况时，还应加强基础的复核控制零应力区或桩是否受拉，当验算地基反力最小值或桩受拉时，基础及土的自重$G$应取小值。

### （2）长度方向跨度较大的连廊

因过街、路、河等需要，连廊长度方向跨度较大时，此方向设置钢桁架，连廊宽度方向为钢框架结构（单跨）。

中国中医科学院西苑医院苏州医院项目，2号行政科研服务综合楼与1号医疗综合楼之间设置跨河道的架空连廊，两端均设置防震变形缝，缝宽150mm，连廊2层，高度11.30m，总长65.90m，宽7.80m；长度方向为单跨双挑，跨度38.40m，出挑分别为17.25m、10.25m，长度方向采用钢桁架，连廊钢桁架立面图见图2.3-7。

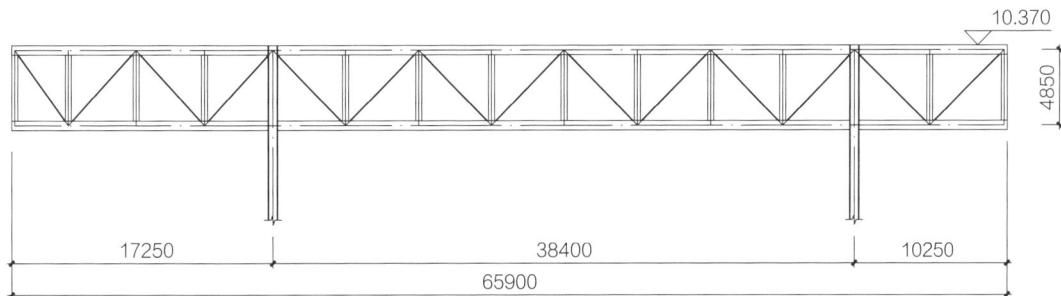

图2.3-7  连廊钢桁架立面图

设计采取下列措施：

1）钢桁架承载能力计算时按楼板零刚度考虑。

2）考虑以竖向地震作用为主的组合。

3）楼盖进行竖向舒适度计算。

4）抗震性能目标分析，中震弹性大震不屈服。

5）进行屈曲分析和变形分析。

6）进行抗连续倒塌分析。

7）进行罕遇地震弹塑性时程分析。

## 2．落地连廊一端与主体房屋连接另一端设变形缝

当落地连廊长度方向不长（一般为一或二跨）时，可以将连廊一端与主体房屋连接另一端设变形缝，以避免连廊两侧主体之间相互影响。这样设置相连结构单元会出现凹凸不规则和局部单跨框架，连廊梁板及其相邻梁板需进行加强，计算时应按弹性板考虑，局部单跨框架也需适当加强。

## 3．设置变形缝连廊支承与主体结构上

当建筑中不允许连廊（连接体）设置落地柱时，可将连廊支承在两端主体结构上。

### （1）连廊采用单挑或双挑

当连廊长度不大时，可以采用单挑，在建筑允许的情况下也可以采用双挑形式，可以最大限度地减少对主体结构的影响。

当悬挑为大悬挑结构或构件时，需采取以下措施：

1）复核悬挑端部的竖向变形，计算变形时应计入支座转角。

2）考虑竖向地震作用，复核大悬挑结构或构件及其支承构件的承载力。

3）对支承大悬挑结构或构件的竖向构件应加强。

### （2）连廊两端设置变形缝支承在主体结构上（弱连接）

连廊两端设置变形缝支承在主体结构上时，需设置滑动支座。

滑动支座的设置，应能确保连廊两端的两个结构单元在两个水平方向的风荷载或地震作用下都能够独立地水平变位。连廊支座布置方式见图2.3-8。

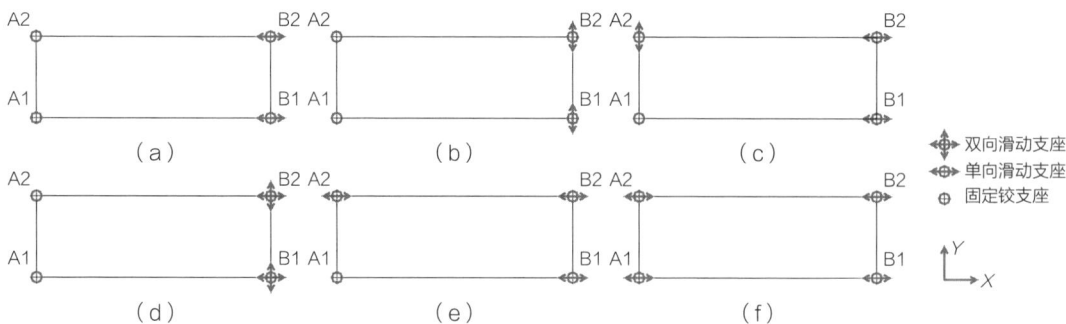

图2.3-8　连廊支座布置方式

可以看出，图2.3-8（a）、（b）、（c）的支座布置方式不能保证两端主体结构在两个方向都能独立水平变位，不应采用；图2.3-8（d）的支座布置方式能够使两端主体结构在两

个方向都能独立地水平变位；图2.3-8（e）、（f）的支座布置方式在水平面内单向滑动支座能有微小转角时，可以使两端主体结构在两个方向都能独立地水平变位；图2.3-8（f）的滑动支座需有限位。

连廊在两个水平方向上的风荷载或地震作用下，应根据支座条件，按实际传力路径，准确地将连廊水平荷载传递到主体结构上。图2.3-8（d）、（e）、（f）中的水平力传递方式并不相同，分析如下：

1）图2.3-8（d），Y向的水平风荷载或地震作用全部传至A端结构单元；荷载作用点在连廊中心；X向水平地震作用全部传至A端结构单元。

2）图2.3-8（e），Y向的水平风荷载或地震作用传至A端、B端；X向水平地震作用全部传至A端，由于偏心作用，将在B端产生Y向水平力。

3）图2.3-8（f），Y向的水平风荷载或地震作用传至A端、B端；X向水平地震作用通过支座滑动消耗部分再传至A端、B端。

固定铰支座和滑动支座，一般建议采用球形钢支座，球形钢支座还具有万向转动功能。当支座力较小时，也可采用长圆孔连接的滑动铰支座。

连廊跨度较大时，连廊长度方向可采用钢桁架或空腹钢桁架，在钢桁架底部两端设置支座，连廊横向应设计成刚架，将上部的横向水平力通过横向刚架传至连廊底部结构上，再最终传至支座上。

昆山东部医疗中心，病房楼与门急诊医技楼之间的连廊，二~四层连通，层高均为5.10m，一层标高为6.00m，连廊长29.80m、宽13.30m，两端变形缝缝宽220mm，在连廊两侧设置纵向钢桁架，连廊两端设置横向刚架，见图2.3-9。为防止连廊倾覆，在连廊两端顶部设置横向限位装置。

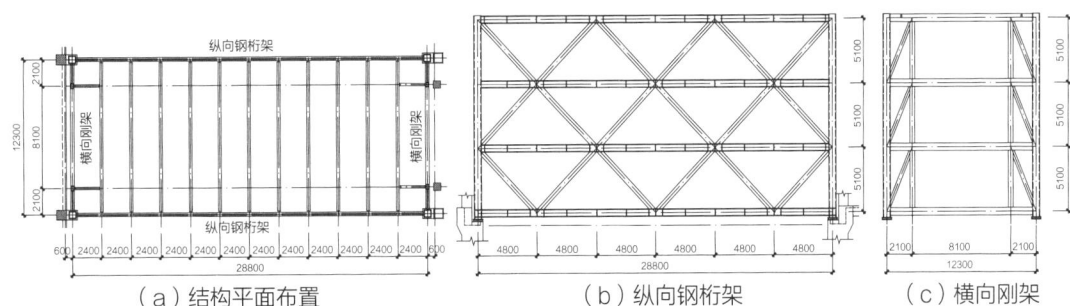

（a）结构平面布置　　　　　　　　（b）纵向钢桁架　　　　　（c）横向刚架

图2.3-9　连廊纵向钢桁架和横向刚架

张家港市北部医疗中心新建工程（张家港市中医院），医疗综合楼的C区（制剂、科研教学）与D区（门急诊医技）之间的连廊，三、四层连通，连廊长15.60m、宽6.40m，两端变形缝缝宽200mm，在连廊两侧设置纵向空腹钢桁架，连廊横向设置横向刚架，见图2.3-10。为防止连廊倾覆，在连廊两端顶部设置横向限位装置。

连廊跨度不大、荷载较小时，跨度方向也可采用单楼面钢梁，分层布置滑动支座。中国中医科学院西苑医院苏州医院项目，1号医疗综合楼的2栋塔楼（病房楼）之间，由下至上有4段连廊，各段均为1层，有顶盖，分别在六、九、十二、十五层连通，连廊长12.40m、宽5.10m，由下到上4段连廊变形缝宽度分别为150mm、150mm、200mm、

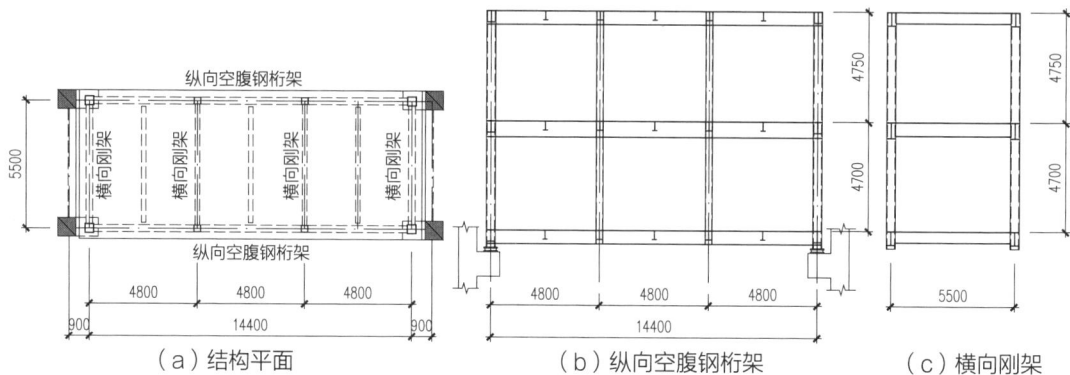

（a）结构平面　　（b）纵向空腹钢桁架　　（c）横向刚架

图2.3-10　连廊纵向空腹钢桁架和横向刚架

250mm。连廊各层均采用单楼面钢梁，见图2.3-11。

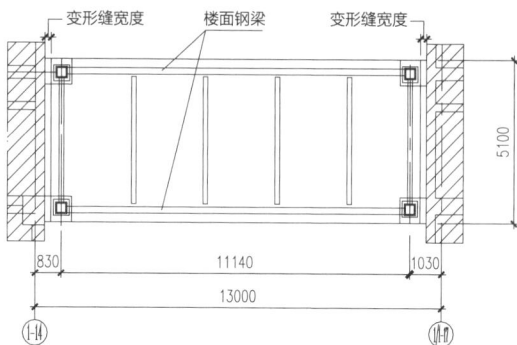

图2.3-11　连廊楼面钢梁

连廊两端的变形缝宽度应大于支座滑移量，支座滑移量应能满足两个方向主体结构在罕遇地震作用下的水平位移要求，并应采取防连廊坠落、撞击措施（限位装置）。

支承连廊的两端主体结构上支承构件，应采取以下加强措施：

1）加强连廊支座处附近区域梁板配筋。

2）支座处框架梁、框架柱抗震等级提高一级，柱箍筋全柱段加密配置，轴压比限值适当减小。

3）对连廊支座处的框架梁、柱补充抗震性能目标分析，性能目标取中震弹性、大震不屈服。

应特别重视加强支座处的竖向力和两个方向水平力的可靠传递，按力的传递进行内力分析校核，构件构造应与力的传递方式相匹配。

### 4．连廊两端刚性连接支承在主体结构上（连体结构）

当连廊两端无法设置变形缝，刚性连接支承在主体结构上时，连廊与主体结构整体成为连体结构，应按《高规》的连体结构进行相应的可行性分析和构件设计。

## 2.3.4　设备小夹层

由于医疗建筑工艺设计较为复杂，房间楼板与管线之间有时需要采取结构层隔离，所以出现了专门用于隔离设备管线的局部小夹层结构（相对面积较小），还常出现用于风井转换的局部小夹层。在设计中，应尽量减少梁高，以在保证楼层净高的同时尽量避免出现对抗震不利的短柱、薄弱层、刚度突变层等。小夹层结构若按主体钢筋混凝土结构来设计，易形成短柱。在设计中一般优先考虑采取下挂的二次结构形式，当按一次结构设计时需考虑其对楼面梁抗弯刚度和整体结构抗侧刚度的影响。

第 3 章

# 大型复杂医疗建筑结构设计研究

# 3.1 结构设计难点与对策

合理的建筑形体和布置在抗震设计中是头等重要的，因此设计提倡平面、立面简单对称。大量震害表明，简单、对称的建筑在地震时较不容易破坏。而且道理也很清楚，对于简单、对称的结构，容易估计其地震时的反应，容易采取抗震构造措施和进行细部处理。

因此，医疗建筑设计应重视其平面、立面和竖向剖面的规则性对抗震性能及经济合理性的影响，择优选用规则的形体，其抗侧力构件的平面布置宜规则对称，侧向刚度沿竖向宜均匀变化，竖向抗侧力构件的截面尺寸和材料强度宜自下而上逐渐减小，避免侧向刚度和承载力突变。

"规则"包含了对建筑的平面、立面外形尺寸，抗侧力构件布置、质量分布，以及承载力分布等诸多因素的综合要求。

大型医疗项目往往集急诊、门诊、医技、住院等功能于一体。由于平面尺度较大，医技楼为了充分采光，往往会设置一定的采光顶、采光中庭，住院病房楼由于护理单元的模块化、总体平面的布局要求及日照采光的影响，有一字形、L形、Y形等布置形式，造成建筑形体上的不规则。

## 3.1.1 平面不规则

### 1. 平面不规则的类型

1)《抗标》第3.4.3条对建筑形体及其构件布置的平面不规则性进行了划分，见表3.1-1。

《抗标》平面不规则的主要类型      表3.1-1

| 不规则类型 | 定义和参考指标 |
| --- | --- |
| 扭转不规则 | 在具有偶然偏心的规定水平力作用下，楼层两端抗侧力构件弹性水平位移（或层间位移）的最大值与平均值的比值大于1.2 |
| 凹凸不规则 | 平面凹进的尺寸，大于相应投影方向总尺寸的30% |
| 楼板局部不连续 | 楼板的尺寸和平面刚度急剧变化，例如，有效楼板宽度小于该层楼板典型宽度的50%，或开洞面积大于该层楼面面积的30%，或较大的楼层错层 |

2)《高规》第3.4节对结构平面布置提出了以下要求：

①平面宜简单、规则、对称、减少偏心。

②平面长度不宜过大，平面突出部分的长度$l$不宜过大、宽度$b$不宜过小，$L/B$、$l/B_{max}$、$l/b$宜符合表3.1-2的要求。

③建筑平面不宜采用角部重叠或细腰形平面布置。

④结构平面布置应减少扭转的影响。在考虑偶然偏心影响的规定水平地震作用下，楼层竖向构件最大的水平位移和层间位移，A级高度高层建筑不宜大于该楼层平均值的

1.2倍，不应大于该楼层平均值的1.5倍；B级高度高层建筑、超过A级高度的混合结构及《高规》第10章所指的复杂高层建筑不宜大于该楼层平均值的1.2倍，不应大于该楼层平均值的1.4倍。结构扭转为主的第一自振周期$T_t$与平动为主的第一自振周期$T_1$之比，A级高度高层建筑不应大于0.9，B级高度高层建筑、超过A级高度的混合结构及《高规》第10章所指的复杂高层建筑不应大于0.85。

　　⑤有效楼板宽度不宜小于该层楼面宽度的50%；楼板开洞总面积不宜超过楼面面积的30%；在扣除凹入或开洞后，楼板在任一方向的最小净宽度不宜小于5m，且开洞后每一边的楼板净宽度不应小于2m。

《高规》平面尺寸及突出部位尺寸的比值限值　　　　　　　表3.1-2

| 设防烈度 | $L/B$ | $l/B_{max}$ | $l/b$ |
|---|---|---|---|
| 6、7度 | ≤6.0 | ≤0.35 | ≤2.0 |
| 8、9度 | ≤5.0 | ≤0.30 | ≤1.5 |

　　3）《审查要点》附件1表2对平面不规则性进行了划分，见表3.1-3。

《审查要点》平面不规则性划分　　　　　　　　　表3.1-3

| 序 | 不规则类型 | 简要涵义 | 备注 |
|---|---|---|---|
| 1a | 扭转不规则 | 考虑偶然偏心的扭转位移比大于1.2 | 参见GB/T 50011第3.4.3条 |
| 1b | 偏心布置 | 偏心率大于0.15或相邻层质心相差大于相应边长15% | 参见JGJ 99第3.2.2条 |
| 2a | 凹凸不规则 | 平面凹凸尺寸大于相应边长30%等 | 参见GB/T 50011第3.4.3条 |
| 2b | 组合平面 | 细腰形或角部重叠形 | 参见JGJ 3第3.4.3条 |
| 3 | 楼板不连续 | 有效宽度小于50%，开洞面积大于30%，错层大于梁高 | 参见GB/T 50011第3.4.3条 |

## 2．设计对策

　　1）应采用空间结构计算模型进行抗震分析。在进行结构位移计算时，一般可假定楼板在其自身平面内为刚性楼板，设计时应采取相应的措施保证楼板平面内的整体刚度。凹凸不规则或楼板局部不连续造成的平面不规则对楼板面内刚度存在影响。如楼板可能产生较明显的面内变形，进行结构内力分析时，计算模型中应考虑楼板的弹性变形，一般情况下对楼板可采用弹性膜单元。

　　2）结构抗震分析时，应按照楼、屋盖的平面形状和平面内的变形状态将楼板属性分类定义为刚性板、分块刚性板、弹性膜或独立的弹性节点等，再按抗侧力系统的布置确定抗侧力构件间的共同工作状态并进行各构件的地震内力分析。

　　3）在考虑楼板弹性变形影响时，可采用下述处理方法：采用分块刚性模型加弹性楼板连接的计算模型；平面尺寸较小的建筑，也可以将整个楼面都考虑为弹性楼板。

4）应加强楼板的整体性，保证地震作用的有效传递，避免楼板削弱部位在大震下发生受剪破坏。应根据楼板的开洞位置和受力状况及所设定的性能目标进行楼板的受剪承载力或受剪截面验算。

5）部分结构的连接薄弱时，应考虑连接部位各构件的实际构造和连接的可靠程度，必要时可取结构整体模型和分开模型计算的不利情况，或要求某部分结构在设防烈度下保持弹性工作状态。

6）楼板缺失时应注意验算跨层柱的计算长度（特别是内部无板但外侧带悬挑梁段时）。长短柱并存时，外框的长柱可按短柱的剪力复核其承载力，必要时，短柱应复核罕遇地震下的极限承载力。

7）仅局部有少量楼板或开洞对楼盖整体性影响很大时，该层不能视为一个计算楼层，宜与相邻层并层计算。

8）开洞较大时，局部楼板宜按中震复核平面内受剪承载力。

9）应验算狭长楼板周边构件的承载力，并按照偏拉构件进行设计。

## 3.1.2 竖向不规则

### 1. 竖向不规则的划分

1）《抗标》第3.4.3条对建筑形体及其构件布置的竖向不规则性进行了划分，见表3.1-4。

《抗标》竖向不规则的主要类型　　　　　　　　　　表3.1-4

| 不规则类型 | 定义和参考指标 |
| --- | --- |
| 侧向刚度不规则 | 该层的侧向刚度小于相邻上一层的70%，或小于其上相邻三个楼层侧向刚度平均值的80%；除顶层或出屋面小建筑外，局部收进的水平向尺寸大于相邻下一层的25% |
| 竖向抗侧力构件不连续 | 竖向抗侧力构件（柱、抗震墙、抗震支撑）的内力由水平转换构件（梁、桁架等）向下传递 |
| 楼层承载力突变 | 抗侧力结构的层间受剪承载力小于相邻上一楼层的80% |

2）《高规》第3.5节对结构竖向布置提出了以下要求：

①高层建筑的竖向体型宜规则、均匀，避免有过大的外挑和收进。结构侧向刚度宜下大上小，逐渐均匀变化。

②抗震设计时，高层建筑相邻楼层的侧向刚度变化应符合下列规定：对框架结构，楼层与其相邻上层的侧向刚度（层剪力与层位移之比）比值$\gamma_1$不宜小于0.7，与相邻上部三层刚度平均值的比值不宜小于0.8；对框架-剪力墙、板柱-剪力墙结构、剪力墙结构、框架核心筒结构、筒中筒结构，楼层与其相邻上层的侧向刚度（层剪力与层间位移角之比）比值$\gamma_2$不宜小于0.9，当本层层高大于相邻上层层高的1.5倍时，该比值不宜小于1.1，对结构底部嵌固层，该比值不宜小于1.5。

③A级高度高层建筑的楼层抗侧力结构的层间受剪承载力不宜小于其相邻上一层受剪

承载力的80%，不应小于其相邻上一层受剪承载力的65%；B级高度高层建筑的楼层抗侧力结构的层间受剪承载力不应小于其相邻上一层受剪承载力的75%。

④抗震设计时，结构竖向抗侧力构件宜上下连续贯通。

⑤抗震设计时，当结构上部楼层收进部位到室外地面的高度$H_1$与房屋高度$H$之比大于0.2时，上部楼层收进后的水平尺寸$B_1$不宜小于下部楼层水平尺寸$B$的75%；当上部结构楼层相对于下部楼层外挑时，上部楼层水平尺寸$B_1$不宜大于下部楼层的水平尺寸$B$的1.1倍，且水平外挑尺寸$a$不宜大于4m。

⑥楼层质量沿高度宜均匀分布，层质量不宜大于相邻下部楼层质量的1.5倍。

⑦应避免同一楼层同时出现侧向刚度不规则（软弱层）和楼层承载力不规则（薄弱层）。

3）《审查要点》附件1中表2对竖向不规则性进行了划分，见表3.1-5。

《审查要点》竖向不规则性划分　　　　　　表3.1-5

| 序 | 不规则类型 | 简要涵义 | 备注 |
| --- | --- | --- | --- |
| 4a | 刚度突变 | 相邻层刚度变化大于70%（按《高规》考虑层高修正时，数值相应调整）或连续三层变化大于80% | 参见GB/T 50011第3.4.3条，JGJ 3第3.5.2条 |
| 4b | 尺寸突变 | 竖向构件收进位置高于结构高度20%且收进大于25%，或外挑大于10%和4m，多塔 | 参见JGJ 3第3.5.5条 |
| 5 | 构件间断 | 上下墙、柱、支撑不连续，含加强层、连体类 | 参见GB/T 50011第3.4.3条 |
| 6 | 承载力突变 | 相邻层受剪承载力变化大于80% | 参见GB/T 50011第3.4.3条 |

## 2．设计对策

1）应采用空间结构计算模型。

2）对于多层建筑的软弱层、薄弱层的地震剪力应乘以不小于1.15的增大系数。对于高层建筑软弱层、薄弱层以及竖向抗侧力构件不连续的楼层（整体转换层）在地震作用标准值作用下的剪力应乘以1.25的增大系数，适当提高其安全度。

3）竖向抗侧力构件不连续时，该构件传递给水平转换构件的地震内力应根据烈度高低和水平转换构件的类型、受力情况、几何尺寸等，乘以1.25~2.0的增大系数。

4）侧向刚度不规则时，相邻层的侧向刚度比应符合相应结构类型的规范要求。平面不规则且竖向不规则的建筑，应根据不规则的类型和数量，有针对性地采取各项抗震措施。特别不规则的建筑，应经专门研究，采取更有效的加强措施或对薄弱部位采用相应的抗震性能化设计方法。

5）对于高层建筑，竖向体型突变部位的楼板宜加强，楼板厚度不宜小于150mm，双层双向配筋，每层每个方向钢筋的配筋率不小于0.25%。体型突变部位上、下层结构的楼板也应加强构造措施。

6）对于高层建筑，体型收进处宜采取措施减小结构刚度的变化，上部收进结构的底部楼层层间位移角不宜大于相邻下部区段最大层间位移角的1.15倍。

7）对于高层建筑，体型收进部位上、下各2层塔楼周边竖向结构构件的抗震等级宜提高一级采用。

8）对于高层建筑，结构偏心收进时，应加强收进部位以下2层结构周边竖向构件的配筋构造措施。

### 3.1.3 大跨度及长悬臂结构

#### 1．大跨度及长悬臂结构的定义

根据《抗标》第5.1.1条的条文说明，大跨度和长悬臂结构是指9度和9度以上时，跨度大于18m的屋架、1.5m以上的悬挑阳台和走廊；8度时，跨度大于24m的屋架、2m以上的悬挑阳台和走廊。

《高规》第4.3.2条的条文说明明确大跨度及长悬臂结构是指跨度大于24m的楼盖结构、跨度大于8m的转换结构、悬挑长度大于2m的悬挑结构。

#### 2．设计对策

1）高层医疗建筑中的大跨度、长悬臂结构，7度（0.15g）、8度抗震设计时应计入竖向地震作用。7度（0.10g）时，应考虑大跨度、长悬臂结构的部位以及重要性程度，相应计入竖向地震作用。

2）考虑竖向地震作用计算时，应增加以竖向地震作用为主的组合工况。

3）对跨度大于24m的钢筋混凝土屋架，竖向地震作用标准值，可取其重力荷载代表值和竖向地震作用系数的乘积。竖向地震作用系数见表3.1-6。

竖向地震作用系数　　　　　　　　　　　　　　　表3.1-6

| 结构类型 | 烈度 | 场地类别 | | |
|---|---|---|---|---|
| | | I | II | III、IV |
| 跨度大于24m钢筋混凝土屋架 | 8 | 0.10（0.15） | 0.13（0.19） | 0.13（0.19） |
| | 9 | 0.20 | 0.25 | 0.25 |

注：括号中数值用于设计基本加速度为0.30g的地区。

4）对长悬臂及其他大跨度结构的竖向地震作用标准值，可采用静力法估算竖向地震的影响，7度、0.10g时，可取该结构、构件重力荷载代表值的5%；7度0.15g时，可取8%；8度和9度可分别取10%和20%；8度、0.30g时，可取15%。

5）跨度大于24m的楼盖结构、跨度大于12m的转换结构和连体结构、悬挑长度大于5m的悬挑结构，结构竖向地震作用效应标准值宜采用时程分析方法或振型分解反应谱方法进行计算。时程分析计算时输入的地震加速度最大值可按规定的水平输入最大值的65%采用，反应谱分析时结构竖向地震影响系数最大值可按水平地震影响系数最大值的65%采用，设计地震分组可按第一组采用。

# 3.2 抗震性能化设计

抗震性能化设计的内容最早出现在2010版《抗标》和《高规》中，距今已十余年。与传统设计法（三水准两阶段）相比，性能化设计的新概念、新内容较多，计算过程复杂。传统设计法是"低弹性承载力-高延性"的单一解决方案；性能化设计追求承载力和延性的最佳平衡，可提供"低弹性承载力-高延性"或"高弹性承载力-低延性"的多种解决方案。

结构抗震性能化设计已成为设计不可或缺的一部分内容。《抗标》与《高规》都对这部分有专门的介绍。但两本规范有一些区别，《抗标》类似于总纲，《高规》的抗震性能设计相当于操作细则。宏观层面以《抗标》的内容为主，构件层面以《高规》的内容为主。

## 3.2.1 性能目标

### 1. 性能化设计的核心

钢筋混凝土结构性能化设计的核心是确定性能目标，应符合下列要求：

1）性能目标应经过技术和经济可行性综合分析论证。性能目标与建筑使用功能和附属设施功能的要求、投资大小、震后损失和修复难易程度等有关，需综合考虑抗震设防类别、设防烈度、场地条件、结构类型和不规则性等因素，一般需进行初步设计，进而对技术经济的可行性进行论证。

2）宜偏安全地确定性能目标。鉴于目前强震下非线性计算模型及参数尚存在不少经验因素，缺少从强震记录、设计施工资料到实际震害的验证，对结构性能的判断难以做到十分准确，因此在选用性能目标时宜偏安全一些。

### 2.《抗标》性能目标及性能水准

《抗标》附录第M.1.1条依据震害，尽可能将结构构件在地震中的破坏程度，用构件的承载力和变形的状态做适当的定量描述，以作为性能设计的参考指标。汇总整理后，见表3.2-1。

《抗标》性能目标及性能水准　　　　　　　　　　　　表3.2-1

| 性能目标 | 多遇地震 | | 设防地震 | | | 罕遇地震 | | |
|---|---|---|---|---|---|---|---|---|
| | 状态 | 承载力及变形 | 状态 | 承载力 | 变形 | 状态 | 承载力 | 变形 |
| 性能1 | 完好 | 按常规设计 | 完好 | 弹性* | $< [\Delta u_e]$ | 基本完好 | 弹性 | 略大于$[\Delta u_e]$ |
| 性能2 | 完好 | 按常规设计 | 基本完好 | 弹性 | 略大于$[\Delta u_e]$ | 轻—中等破坏 | 弹性 | $<2[\Delta u_e]$ |
| 性能3 | 完好 | 按常规设计 | 轻微损坏 | 不屈服 | $<2[\Delta u_e]$ | 中等破坏 | 不屈服 | $\approx4[\Delta u_e]$ |
| 性能4 | 完好 | 按常规设计 | 轻—中等破坏 | 极限值 | $<3[\Delta u_e]$ | 不严重破坏 | 极限值 | $0.9[\Delta u_p]$ |

注：1. 表中带"*"弹性是指承载力按抗震等级调整地震效应的设计值复核。
　　2. $[\Delta u_e]$为多遇地震作用下弹性层间位移限值；$[\Delta u_p]$为罕遇地震作用下弹塑性层间位移限值。

### 3.《高规》性能目标及性能水准

《高规》第3.11.1～3.11.3条对五个性能水准结构地震后的预期性能状况，包括损坏情况及继续使用的可能性提出了要求，据此可对各性能水准结构的抗震性能进行宏观判断。汇总整理后，见表3.2-2。其中"关键构件"可由结构工程师根据工程实际情况分析确定。例如：底部加强部位的重要竖向构件、水平转换构件及与其相连竖向支承构件、大跨连体结构的连接体及与其相连的竖向支承构件、大悬挑结构的主要悬挑构件、加强层伸臂和周边环带结构的竖向支承构件、承托上部多个楼层框架柱的腰桁架、长短柱在同一楼层且数量相当时该层各个长短柱、扭转变形很大部位的竖向（斜向）构件、重要的斜撑构件等。

《高规》性能目标及性能水准　　　　　　　　　　　表3.2-2

| 性能目标 | 构件 | | 多遇地震 | 设防地震 | 罕遇地震 |
|---|---|---|---|---|---|
| A | 关键构件<br>普通竖向构件 | | 弹性 | 弹性 | 弹性 |
| | 耗能构件 | 抗剪 | 弹性 | 弹性 | 弹性 |
| | | 抗弯 | 弹性 | 弹性 | 不屈服 |
| B | 关键构件<br>普通竖向构件 | 抗剪 | 弹性 | 弹性 | 弹性 |
| | | 抗弯 | 弹性 | 弹性 | 不屈服 |
| | 耗能构件 | 抗剪 | 弹性 | 弹性 | 不屈服 |
| | | 抗弯 | 弹性 | 不屈服 | 部分屈服 |
| C | 关键构件 | 抗剪 | 弹性 | 弹性 | 不屈服 |
| | | 抗弯 | 弹性 | 不屈服 | |
| | 普通竖向构件 | 抗剪 | 弹性 | 弹性 | 部分屈服、受剪满足<br>截面控制条件 |
| | | 抗弯 | 弹性 | 不屈服 | |
| | 耗能构件 | 抗剪 | 弹性 | 不屈服 | 大部分屈服 |
| | | 抗弯 | 弹性 | 部分屈服 | |
| D | 关键构件 | | 弹性 | 不屈服 | 不屈服 |
| | 普通竖向构件 | | 弹性 | 部分屈服、不脆性<br>破坏 | 较多屈服、同层不全部屈服、<br>受剪满足截面控制条件 |
| | 耗能构件 | | 弹性 | 大部分屈服 | 部分比较严重破坏 |

### 4.《抗标》与《高规》条文的区别

1)《抗标》提出了极限承载力验算，《高规》未涉及。

2)《抗标》提出了各性能目标的变形控制指标，《高规》未涉及。

3)《高规》按关键构件、普通竖向构件和耗能构件，区分抗弯和抗剪分别给出性能水准要求, 体现了对塑性铰顺序控制的抗震概念设计, 先后顺序为: 剪力墙连梁—框架梁端—剪力墙底部加强部位—框架柱根。

### 5. 性能目标的选用

抗震性能目标的设定是实现性能化设计的关键, 内容包括整体抗震性能水准及构件、局部部位的抗震性能水准。整体抗震性能目标即《高规》的性能目标A、B、C、D, 选定的性能目标与性能水准对应。但目前的建筑结构形式通常具有创新性和复杂性, 往往会出现某些特别重要的关键构件, 此类构件即使只发生轻度损坏也将对整个结构造成重大影响, 例如关键的转换构件、支撑大跨度水平构件的竖向构件、跨越数层的重要竖向构件及其他复杂传力路径中的关键构件。对于这些构件可不必严格执行整体性能目标对应的构件性能水准要求, 应单独进行性能水准的设定, 从而确保实现结构整体抗震性能目标。

如某特别不规则医院项目, 框架-剪力墙结构, 初定整体性能目标C, 由于存在较多的框架柱转换, 关键构件框支柱、框支梁及转换层以下底部加强区部位剪力墙的损坏将对结构的整体抗震性能产生重大影响, 因此将此类关键构件的性能目标提高为B, 在三水准地震作用下的性能水准分别为1、2和3, 即小震弹性、中震弹性、大震不屈服, 对应震后的损坏状态分别为无损坏、无损坏和轻微损坏。此类结构的整体性能介于性能B和性能C之间, 可称之为B-或C+。

总之, 选择抗震性能目标时, 应综合考虑多个因素, 偏安全地确定。

## 3.2.2 计算分析

### 1. 地震作用

根据《抗标》及《建筑工程抗震设防分类标准》GB 50223—2008、《建筑工程抗震性态设计通则(试用)》CECS 160: 2004有关内容, 多遇地震(小震)、设防地震(中震)、罕遇地震(大震)的水平地震影响系数最大值如表3.2-3所示。对于设计使用年限不低于50年的结构, 其地震作用取值应经专门研究并按规定的权限批准后确定, 当缺乏当地的相关资料时, 可参考《建筑工程抗震性态设计通则(试用)》CECS 160: 2004。

水平地震影响系数最大值         表3.2-3

| 抗震设防烈度 | 6度(0.05g) | 7度(0.10g) | 7度(0.15g) | 8度(0.20g) | 8度(0.30g) |
|---|---|---|---|---|---|
| 小震 | 0.04 | 0.08 | 0.12 | 0.16 | 0.24 |
| 中震 | 0.12 | 0.23 | 0.34 | 0.45 | 0.68 |
| 大震 | 0.28 | 0.50 | 0.72 | 0.90 | 1.20 |

### 2. 结构抗震性能分析参数

结构在多遇地震作用下的抗震性能分析通常采用反应谱法, 有些结构还需采用弹性时程分析法进行补充计算。分析模型应根据规范的要求设定相应的地震影响系数、与抗震等级有关的内力调整系数、各种荷载的分项系数、抗震调整系数及材料性能。性能化分析仍然采用反应谱法，但是计算参数选取与小震弹性分析相比存在一定的差别。

有关多遇地震、设防地震和罕遇地震下的设计参数，可按表3.2-4采用。

不同地震水准下弹性或等效弹性设计的参数　　　　　　　表3.2-4

| 项目 | | 小震 | 中震/大震 | | |
|---|---|---|---|---|---|
| | | 弹性设计 | 弹性设计 | 不屈服验算 | 极限承载力验算 |
| 总体参数 | 周期折减 | 考虑 | 不考虑 | 不考虑 | 不考虑 |
| | 构件刚度折减 | 考虑 | 考虑 | 考虑 | 考虑 |
| | 附加阻尼比 | 无 | 适当考虑 | 适当考虑 | 适当考虑 |
| 内力调整 | 楼层剪力调整 | 考虑 | 不考虑 | 不考虑 | 不考虑 |
| | 构件内力调整 | 考虑 | 不考虑 | 不考虑 | 不考虑 |
| | 承载力抗震调整系数 | 考虑 | 考虑 | 不考虑 | 不考虑 |
| 荷载与组合 | 竖向荷载组合 | 考虑 | 考虑 | 考虑 | 考虑 |
| | 风等其他荷载组合 | 考虑 | 不考虑 | 不考虑 | 不考虑 |
| | 荷载分项系数 | 基本组合 | 标准组合 | 标准组合 | 标准组合 |
| 材料强度 | | 设计值 | 设计值 | 屈服强度标准 | 最小极限强度 |

注：1. 关于构件刚度折减：一般指考虑连梁刚度折减，小震时可按规范取值，中震和大震时一般可根据各构件的开裂、钢筋屈服甚至塑性变形等情况综合考虑构件刚度折减。
　　2. 关于附加阻尼比：小震设计时，结构无塑性耗能。中震和大震设计，当采用弹性或等效弹性分析时，可根据耗能情况折算计入附加阻尼比；采用弹塑性分析时，结构塑性耗能已按塑性应变能的方式计入，不应再计入附加阻尼比。

### 3. 构件抗震承载力性能分析

构件应按照设定的性能目标进行相应的性能分析。

# 3.3 专项分析研究

## 3.3.1 设防地震作用下剪力墙名义拉应力验算

《审查要点》规定中震时出现小偏心受拉的混凝土构件应采用《高规》中规定的特一级构造。中震时双向水平地震下墙肢全截面由轴向力产生的平均名义拉应力超过混凝土抗拉强度标准值时宜设置型钢承担拉力，且平均名义拉应力不宜超过两倍混凝土抗拉强度标准值（可按弹性模量换算考虑型钢和钢板的作用），全截面型钢和钢板的含钢率超过2.5%时可按比例适当放松。

　　控制剪力墙平均名义拉应力的目的是控制设防地震小偏心受拉情况下钢筋混凝土剪力墙墙肢裂缝开展宽度，以保证剪力墙具备相当的抗剪承载能力。若控制型钢和钢筋的拉应力不超过200MPa，可使得混凝土裂缝宽度不超过0.3mm，剪力墙能够继续承受剪力。对于C60混凝土剪力墙，当墙肢名义拉应力等于$2f_{tk}$时，对应的型钢、钢筋的总量约为3%，扣除0.5%的钢筋，型钢的含钢率约为2.5%。

　　《审查要点》规定的目的是控制受拉混凝土构件的裂缝开展，避免出现贯通裂缝，保证混凝土构件在中大震拉剪、压剪往复作用下具有足够的承载能力。而控制混凝土构件水平裂缝开展的直接措施，就是控制钢筋的拉应力。规定即是把小偏心受拉构件的构造措施提高，增加纵筋，减少裂缝。如果名义拉应力超过$f_{tk}$，构件边缘的实际拉应力比$f_{tk}$更大，偏安全考虑直接增设型钢承担拉力。

　　平均名义拉应力，不考虑应力沿截面的不均匀分布，也不考虑混凝土受拉开裂后刚度衰减和应力重分布，名义上仅等于拉力除以构件全截面面积的值。名义拉应力验算宜采用等效弹性分析结果，平均名义拉应力计可按式（3.3-1）进行计算。

$$\sigma_{t0} = \frac{N_t}{A_c + \dfrac{E_s}{E_c} A_s} \tag{3.3-1}$$

式中：$\sigma_{t0}$——剪力墙墙肢名义拉应力；

　　　　$A_c$——混凝土的截面面积；

　　　　$A_s$——型钢和（或）钢板的截面面积；

　　　　$E_c$——混凝土的弹性模量；

　　　　$E_s$——型钢（钢板）的弹性模量；

　　　　$N_t$——地震作用下墙肢拉力。

　　《审查要点》同时规定全截面型钢和钢板的含钢率超过2.5%时，名义拉应力可按比例适当放松，但对于如何放松没有具体规定。一些省份出台的相关文件对放松程度进行了进一步明确。比如：《四川省超限高层民用建筑工程抗震设计导则》（2023年版）的放松程度可参考表3.3-1；《山西省超限高层建筑工程抗震设防界定规定》（2018年版）的放松程度可参考表3.3-2；《海南省超限高层建筑结构抗震设计要点》（2021年版）的放松程度可参考表3.3-3。

剪力墙名义拉应力控制与型钢含钢率的参考关系（四川）　　　　表3.3-1

| 含钢率（%） | 2.5 | 3.2 | 3.8 | 4.5 | 5.0 | 5.7 | 6.3 | 6.9 | 7.5 |
|---|---|---|---|---|---|---|---|---|---|
| 名义拉应力（$\times f_{tk}$） | 2 | 2.5 | 3.0 | 3.5 | 4.0 | 4.5 | 5.0 | 5.5 | 6.0 |

剪力墙名义拉应力控制与型钢含钢率的参考关系（山西）　　　　表3.3-2

| 含钢率（%） | ≤2.5 | 2.5~6 | >6 |
|---|---|---|---|
| 名义拉应力（$\times f_{tk}$） | 2 | 2.0~3.5（内插） | ≤3.5 |

剪力墙名义拉应力控制与型钢含钢率的参考关系（海南）　　　表3.3-3

| 含钢率（%） | 2.5 | 3.8 | 5 | 6.3 | 7.5 |
|---|---|---|---|---|---|
| 名义拉应力（$\times f_{tk}$） | 2 | 3 | 4 | 5 | 6 |

北京市建筑设计研究院有限公司编著的《建筑结构专业技术措施》（2019年版）对名义拉应力和含钢率的参考值建议见表3.3-4。该书认为墙肢全截面型钢和钢板的含钢率超过2.5%时，虽然可以按比例适当放松中震下墙肢平均名义拉应力与混凝土抗拉强度标准值的比值，但建议以3~3.5倍为宜。如果墙肢的混凝土强度较高，比值可以取大些，但不建议超过4.5，否则墙肢型钢和钢板的含钢率会偏大。

墙肢含钢率参考值（北京市建筑设计研究院）　　　表3.3-4

| 含钢率（%） | 2.5~3.25 | 3.2~4.1 | 3.5~4.5 | 3.8~5.0 | 4.2~5.5 | 4.5~5.9 | 4.8~6.3 | 5.0~6.8 | 5.4~7.0 | 5.7~7.5 |
|---|---|---|---|---|---|---|---|---|---|---|
| 名义拉应力（$\times f_{tk}$） | 2 | 2.5 | 2.75 | 3.0 | 3.25 | 3.5 | 3.75 | 4.0 | 4.25 | 4.5 |

《审查要点》的"按比例"也就是以2.5%的含钢率为基准来考虑放松的比例。比如：四川和海南规定当含钢率为7.5%时，"平均名义拉应力"可放松至$7.5\%/2.5\%\times 2f_{tk}=6f_{tk}$。但《审查要点》同时规定要适当放松，意味着并不是完全等比例放大。从表3.3-2可以看出山西规定当含钢率为6%时，"平均名义拉应力"为$3.5f_{tk}$，等比例放大则应为$6\%/2.5\%\times 2f_{tk}=4.8f_{tk}$，前者约为后者的70%。这种规定同时隐含了含钢率最大为6%，进一步提高含钢率并不能放宽平均名义拉应力，控制相对严格。

建议含钢率在2.5%的基础上放大至5.0%时，"平均名义拉应力"可在$2f_{tk}$的基础上放大至$3f_{tk}$；含钢率在2.5%的基础上放大至7.5%时，"平均名义拉应力"可在$2f_{tk}$的基础上放大至$4f_{tk}$。放松程度可参考表3.3-5。

剪力墙名义拉应力控制与型钢含钢率的参考关系（本书建议值）　　表3.3-5

| 含钢率（%） | 2.5 | 2.5~5 | 5 | 5~7.5 | 7.5 |
|---|---|---|---|---|---|
| 名义拉应力（$\times f_{tk}$） | 2 | 2~3（内插） | 3 | 3~4（内插） | 4 |

表3.3-5的参考关系同时考虑了按比例适当放松，且不同区间对应的放松程度不一样。也隐含了不能通过无限制地提高含钢率来满足名义拉应力的验算要求。

混凝土受拉截面可计入型钢按弹性模量换算的等效混凝土面积，对于受拉墙肢验算全截面的取值，目前也并无明确的规定。比如L形墙肢一般有如图3.3-1所示的三种做法。

图3.3-1（a）的全截面验算方法，由于采用两墙肢的组合内力，且验算截面较大，一般较容易满足名义拉应力的验算要求，但一些专家认为该方法偏于不安全，故较少采用。

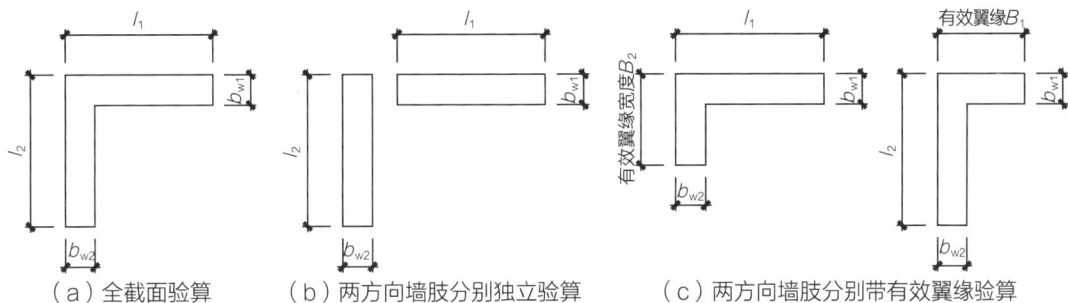

（a）全截面验算　　　（b）两方向墙肢分别独立验算　　　（c）两方向墙肢分别带有效翼缘验算

图3.3-1　L形剪力墙受拉墙肢验算的全截面取值示意

图3.3-1（b）采用两方向墙肢独立验算，即两个墙肢分开验算，各自取用最大内力，对相应截面进行验算。此种方法由于两墙肢内力非同一工况，且验算截面未考虑有效翼缘，常常需要配置较多的型钢。

图3.3-1（c）采用两方向墙肢带有效翼缘验算，即验算方向墙肢取全截面，同时考虑主要受拉方向垂直相连的部分墙肢即有效翼缘，作为组合墙肢验算。相较于第二种方法，此方法虽然验算内力没有变化，但由于验算截面的加大，也相应减少了型钢用量，有一定的经济性。相较于第一种方法，仍然没有考虑两墙肢的实际内力，还是偏不利的分别采用最大内力验算。但当有效翼缘宽度的长度超过本身的墙长时，即为第一种全截面的验算方法。

当名义拉应力大于$f_{tk}$时，宜按照《审查要点》设置型钢承担拉力。也可参考以下方式处理，节省钢材，但应通过专项论证。当名义拉应力不大于1.2倍$f_{tk}$时，对应的剪力墙墙肢应该处于刚刚拉裂状态，但裂缝宽度有限，墙肢内纵向钢筋的应力水平较低，可不设置型钢，但应对墙肢的竖向配筋予以加强，以控制小偏心受拉墙肢裂缝的扩展；当名义拉应力超过1.2倍$f_{tk}$时，应在墙肢内增设型钢，并与型钢部位或附近设置的边缘构件纵向钢筋共同承担全部拉力，且控制按计入型钢按弹性模量换算的等效混凝土面积的墙肢全截面名义拉应力不超过2倍$f_{tk}$。

当个别墙肢中震名义拉应力水平过大时，除适当增大墙肢截面尺寸或提高混凝土强度等级外，尚应适当提高墙肢截面的含钢率，按表3.3-5控制墙肢名义拉应力。但当结构中有较多的墙肢承受拉力且平均名义拉应力远大于$2f_{tk}$时，应根据结构的实际情况，优先调整结构布置，改善受力状态，不建议简单地通过大范围增加墙肢含钢率来减小平均名义拉应力的计算值。

不属于超限高层的建筑结构，可不验算中震下墙肢拉应力。但当小震下墙肢出现小偏心受拉时，应满足《高规》的相关规定。

## 3.3.2　穿层柱分析

医疗建筑门急诊大厅往往需要较高空间，形成2层、3层甚至更高的大空间，而无楼板连接，其大厅柱为穿2层、3层甚至更高的高柔柱，即穿层柱。单方向无梁且无板的为单向穿层柱，双方向无梁且无板的为双向穿层柱。

穿层柱需要在稳定性、承载力、抗震性能方面进行补充分析。

## 1. 穿层柱稳定性验算

《混凝土结构设计标准》GB/T 50010—2010（2024年版）（以下简称《混标》）第6.2.20条对一般多层房屋中梁柱为刚接的现浇楼盖框架柱的计算长度进行了规定，见表3.3-6。

框架结构各层柱的计算长度      表3.3-6

| 楼盖类型 | 柱的类别 | $l_0$ |
|---|---|---|
| 现浇楼盖 | 底层柱 | $1.0H$ |
| | 其余各层柱 | $1.25H$ |

注：表中$H$为底层柱从基础顶面到一层楼盖顶面的高度；对其余各层为上下两层楼盖顶面之间的高度。

$l_0$主要用于计算轴心受压框架柱稳定系数，以及计算偏心受压构件裂缝宽度的偏心距增大系数。计算长度系数越大，计算长度越大，稳定系数就越小，框架柱受压承载力越小。也就是说，柱计算长度系数越大，对柱受压承载力越不利。一般构件按软件默认值，无需调整；对穿层柱需进一步补充稳定性验算，比较临界荷载下计算长度系数是否小于规范默认值。

对穿层柱进行屈曲分析，考虑结构整体变形对屈曲模态的影响，得到穿层柱的屈曲模态和屈曲临界荷载。然后根据欧拉公式反推算出穿层柱的有效计算长度系数，见式（3.3-2）。

$$\mu = \frac{\pi}{H}\sqrt{\frac{EI}{N_{cr}}} \quad\quad (3.3-2)$$

式中：$\mu$ ——有效计算长度系数；

$\quad\quad H$ ——穿层柱的几何长度；

$\quad\quad EI$ ——穿层柱沿屈曲方向的截面弹性抗弯刚度；

$\quad\quad N_{cr}$ ——穿层柱的屈曲临界荷载；

## 2. 穿层柱承载力验算

与普通框架柱相比，穿层柱抗侧刚度相对偏小，弹性分析计算时分配的地震剪力较少；而在地震作用超越小震水准后，普通框架柱先于穿层柱进入损伤状态，随着普通框架柱刚度退化，地震剪力转移至穿层柱；因此要求穿层柱具备相当的承载力储备，以免普通框架柱受损后穿层柱随之破坏。

为确保穿层柱具备足够的承载力储备，穿层柱的地震剪力取不小于相应层非穿层柱，考虑穿层柱的地震剪力提高系数。地震剪力提高系数取非穿层柱的剪力与穿层柱剪力的比值，见式（3.3-3）。

$$\eta = \frac{V_1}{V_2} \quad\quad (3.3-3)$$

式中：$\eta$ ——地震剪力提高系数；

$\quad\quad V_1$ ——同层周边非穿层柱地震剪力较大值；

$\quad\quad V_2$ ——穿层柱调整前地震剪力值。

### 3．穿层柱抗震性能化分析

必要时可根据穿层柱的重要性及其在中震或大震下的受力状态进行抗震性能化设计。

对穿层柱按选定的性能目标及水准，分别进行弹性、不屈服等相应验算。一般来说，穿层柱可采用表3.3-7的性能目标。

穿层柱性能目标参考　　　　　　　　　　　　表3.3-7

| 结构构件 | 多遇地震 | 设防地震 | 罕遇地震 |
| --- | --- | --- | --- |
| 穿层柱 | 弹性 | 受剪弹性、受弯不屈服 | 受剪不屈服 |

## 3.3.3　楼板地震应力分析

楼板作为水平抗侧力构件，在承受和传递竖向力的同时，把水平力传递和分配给竖向抗侧力构件，协调同一楼层中竖向构件的变形，使建筑物形成一个完整的抗侧力体系。在水平地震作用下，加强层楼板、转换层楼板、多塔楼大底盘屋面板、单向少墙的剪力墙结构楼板、薄弱连接板（细腰连接板、大开洞连接板、双筒连接板等）、倾斜结构楼板、嵌固端楼板等楼板平面内可能会产生较大的轴向力和剪力，平面外也可能产生较大的剪力、弯矩，必要时应进行楼板地震应力分析。

### 1．楼板应力分析及设计原则

1）计算模拟中楼板平面内刚度按实际厚度，一般来说弹性板6可真实反映楼板平面内、外实际刚度，当平面外刚度取0时，可定义为弹性膜。

2）楼板最大主剪应力由混凝土承担，验算楼板厚度。

3）当水平地震单工况下的楼板拉应力标准值超过混凝土抗拉强度标准值时，则需配置钢筋。因此时混凝土已开裂，故配置的钢筋量应承担地震作用下的全部楼板应力，竖向荷载作用下的计算钢筋作为附加钢筋（保守起见，忽略水平地震作用荷载组合中的竖向荷载组合系数与仅考虑竖向荷载作用下荷载组合系数不同的影响）。

## 3.3.4　楼面超长混凝土收缩和温度应力分析

《混标》第8.1.1条、《高规》第3.4.12条均对钢筋混凝土结构伸缩缝最大间距作出了规定。对超长结构，除采取超长抗裂措施外，当超长较多时尚应补充楼盖混凝土收缩和温度应力分析，根据应力配置所需要的温度筋。

### 1．基本温度

基本温度可取地区50年重现期的月平均最高气温$T_{max}$和月平均最低气温$T_{min}$，苏州地区的基本气温值可按《建筑结构荷载规范》GB 50009—2012（以下简称《荷载规范》）表E.5全国各城市的雪压、风压和基本气温的建议值采用，即$T_{max}=36℃$，$T_{min}=-5℃$。

## 2．均匀温度作用

结构最高平均温度$T_{s,max}$和最低平均温度$T_{s,min}$宜分别根据基本气温$T_{max}$和$T_{min}$按热工学的原理确定，对于有围护的室内结构，结构的平均温度应考虑室内外温差的影响，当仅考虑单层结构材料且室内外环境温度类似时，结构平均温度可近似地取室内外环境温度的平均值。《建筑结构荷载规范理解与应用》（金新阳主编，中国建筑工业出版社，2013）建议夏季室内温度可近似取20℃，冬季可近似取25℃。进行温度作用效应分析时结构最高平均温度$T_{s,max}$和结构最低平均温度$T_{s,min}$分别取（36+20）/2=28℃和（−5+25）/2=10℃。当考虑施工阶段验算时，应直接取最高平均温度$T_{s,max}$为36℃和最低平均温度$T_{s,min}$为−5℃。

混凝土结构合拢温度一般可取后浇带封闭时的月平均气温，考虑到设计阶段不能准确确定施工工期，可根据施工时结构可能出现的温度按不利情况确定。一般结构合拢温度可定为10~25℃，可以保证在一年中的大部分时间均可以合拢，具备施工可行性。

均匀温度作用标准值最大温升工况及最大温降工况分别为$\Delta T_k$=28-10=18℃和$\Delta T_k$=10−25=−15℃。

## 3．混凝土收缩当量温降

混凝土收缩作用与温度作用是相互独立的作用，即使在恒温环境下，收缩照样发生。收缩作用是永久作用，而温度作用是可变作用。混凝土收缩作用的近似计算可采用等效降温法。在试验室条件下试件的混凝土收缩应变一般为（2~4）×$10^{-4}$，而在实际工程中构件尺寸较大，由于单位体积的表面面积相对减小，从而减少了水分散发，另外施工过程中已逐步完成部分收缩，因此采用的收缩应变为（1.5~2）×$10^{-4}$。混凝土的线膨胀系数为0.1×$10^{-4}$，收缩相当于降低温度15~20℃。

超长混凝土结构一般均设有后浇带，后浇带通常在两侧的混凝土结构浇捣两个月后封闭。依据《超大面积混凝土地面无缝施工技术规范》GB/T 51025—2016附录A，可以算出混凝土最终收缩相对变形值的当量温度和龄期为60d时相对变形值的当量温度分别为26.97℃和12.17℃，残余当量温差即14.80℃；考虑到永久作用和可变作用分项系数不一样，等效时还可适当折减：14.80×1.3/1.5≈12.83℃。也就是说，对于设置后浇带的钢筋混凝土结构，收缩等效温降可近似取为−13℃。

结构设计中，当验算使用期间的温度作用时，最大温升工况及最大温降工况分别为$\Delta T_k$=+5℃和$\Delta T_k$=−28℃。

## 4．混凝土徐变的影响

考虑混凝土徐变，按弹性方法进行近似分析时温度效应折减系数取0.284。

## 5．混凝土刚度退化的影响

适当考虑构件开裂时的刚度退化，如取$0.85E_cI_0$。

### 6．计算分析要点

1）计算模型中楼板平面内刚度按实际厚度，平面外刚度取0（定义弹性膜）；

2）一般情况下，可分开计算温度作用所需钢筋并与竖向荷载所需钢筋叠加，即温度作用单工况下的楼板拉应力标准值超过混凝土抗拉强度标准值，此时混凝土已开裂，丧失了抗拉能力，需配置温度筋抵抗拉应力；配置的温度筋应承担全部温度应力，与竖向荷载作用下的钢筋叠加，见式（3.3-4）。也可以将温度作用和其他荷载共同组合计算分析。

$$\gamma_Q \times \psi_c \times N_k = 1.5 \times 0.6 \times N_k = 0.9\sigma_k b_f t_f \leqslant 2 f_y A_s \quad （3.3-4）$$

式中：$\gamma_Q$ ——温度作用分项系数；

$\psi_c$ ——温度作用组合值系数；

$\sigma_k$ ——温度作用单工况下的楼板拉应力标准值（N/mm$^2$）；

$N_k$ ——温度作用单工况下的楼板轴向拉力标准值（N）；

$b_f$ ——楼板应力积分宽度（mm）；

$t_f$ ——楼板厚度（mm）；

$A_s$ ——单侧需配置的温度筋面积（mm$^2$）；

$f_y$ ——钢筋的抗拉强度设计值（N/mm$^2$）。

### 7．温度作用对竖向构件影响

结构长度超出规定限值（即超长结构）时，由于温差及混凝土收缩的作用效应积累，会产生较大的约束应力，此时需分析温差效应对结构竖向构件的影响。可利用有限元软件考虑温差效应对竖向构件内力的影响，并进行配筋设计。

## 3.3.5　楼盖舒适度分析

楼盖的振动大多数情况下并不会造成结构的安全问题，而是给使用者带来烦恼及不适感。大跨度楼盖结构与常规楼盖结构相比往往存在阻尼、刚度较小等特点，此类结构在人的正常使用荷载作用下更容易产生明显的竖向振动，故对于此类楼盖结构而言，除了裂缝和挠度变形要求以外，楼盖的舒适度分析已成为正常使用极限状态设计中的重要一环，楼板舒适度验算也成为结构设计时必须验算和考虑的指标。

医疗建筑中，手术室、办公室、会议室、门诊室、病房等属于以行走激励为主的楼盖，国内外学者对人行走引起的楼盖振动试验研究表明，以行走激励为主的楼盖结构中，同时行走的人数较少时，可采用单人行走激励计算楼盖峰值加速度。

连廊的质量较轻，跨度较大，自振频率较小，在人群行走的激励下，容易引发大幅度振动，给行人带来不适感，使其出现紧张甚至恐慌的心理，导致结构适用性能的降低。因此，相对于一般建筑物楼盖，连廊更容易产生振动舒适度问题，需要进行舒适度分析。一般来说，不封闭连廊的横向宽度较小，横向和竖向自振频率较小，应进行竖向振动和横向振动舒适度分析；对于封闭连廊，由于横向自振频率较大，可仅进行竖向振动舒适度分析。

2020年1月1日起实施的《建筑楼盖结构振动舒适度技术标准》JGJ/T 441—2019对以行走激励为主的楼盖结构的第一阶竖向自振频率及竖向振动峰值加速度作了规定，见表3.3-8。连廊的第一阶横向自振频率不宜小于1.2Hz，振动峰值加速度限值见表3.3-9。

楼盖舒适度限值　　　　　表3.3-8

| 荷载激励 | 楼盖使用类别 | 峰值加速度限值（m/s²） | 第一阶竖向自振频率（Hz） |
|---|---|---|---|
| 行走激励 | 手术室 | 0.025 | ≥3 |
| | 医院病房、办公室、会议室、医院门诊室、宿舍 | 0.050 | |

连廊的振动峰值加速度限值　　　　　表3.3-9

| 楼盖使用类别 | 峰值加速度限值（m/s²） | |
|---|---|---|
| | 竖向 | 横向 |
| 封闭连廊 | 0.15 | 0.10 |
| 不封闭连廊 | 0.50 | 0.10 |

## 1．设计要点

1）与结构承载力极限状态设计不同，舒适度分析时永久荷载应按实际使用情况取值。当永久荷载取值大于实际情况时，计算得到的振动加速度值偏小，舒适度计算偏于不安全。因此当楼盖、面层、吊挂、固定隔墙等荷载不能确定时，取其自重的下限值。

2）舒适度计算时楼盖上的活荷载应取有效均布活荷载，即按实际使用情况取值。根据国内外调查研究结果，手术室、办公室、会议室、医院门诊室等有效均布活荷载，可取0.5kN/m²；宿舍、医院病房、餐厅、食堂等有效均布活荷载，可取0.3kN/m²。

3）楼盖竖向自振频率宜通过模态分析和稳态分析等有限元分析方法进行计算。

4）考虑楼盖的舒适度时，楼盖振动相对较小，混凝土的弹性模量可以采用动弹性模量。因此，舒适度计算时，楼盖采用钢筋混凝土楼盖、钢-混凝土组合楼盖时，混凝土的弹性模量可按规范分别放大1.2倍和1.35倍。

## 2．提高楼盖振动舒适度的措施

一般来说，可采用提高刚度、增加阻尼、调整振源位置或采取减振、隔振措施等方法。具体如下：

1）当结构跨度较小时，可采用增加刚度的方法提高舒适度。增大结构刚度的方法：

①增大原构件截面，提高其刚度，改变其自振频率。增大截面法可加大截面高度或宽度、加厚翼缘板、变工字形截面为箱形截面等方式。

②增设构件支点或改变支座约束来改善结构受力体系，改变其自振频率。主要方法有：增设柱、墙、支撑或辅助杆件来增加构件支点，将简支结构端部连接成连续结构，将

构件端部支承由铰接改造成刚接,调整构件的支座位置等。

③可通过施加预应力提高构件的刚度。

2)连廊可采用增加刚度、增加非结构构件、设置调频质量阻尼器等措施提高舒适度。通过适当增加缆索等构件、将梁截面由矩形改为I形等措施,可以提高连廊的竖向刚度;通过将梁截面由矩形改为箱形、适当增加桥宽、设置横向拉索、连廊边缘增加约束构件等措施可以提高连廊的横向刚度,增加栏杆等非结构构件可以提高连廊的整体刚度及阻尼。当连廊的自振频率较小时,应优先考虑设置调频质量阻尼器的减振措施。

## 3.3.6 转换梁结构实体有限元分析

### 1. 转换梁的分类

根据转换梁上部墙体的不同长度与分布位置,转换梁可以分为如图3.3-2所示的四类:满跨墙体框支梁、部分墙体支承在框支柱上的框支梁、部分墙体位于框支柱净跨内的框支梁、跨中托柱的转换梁。

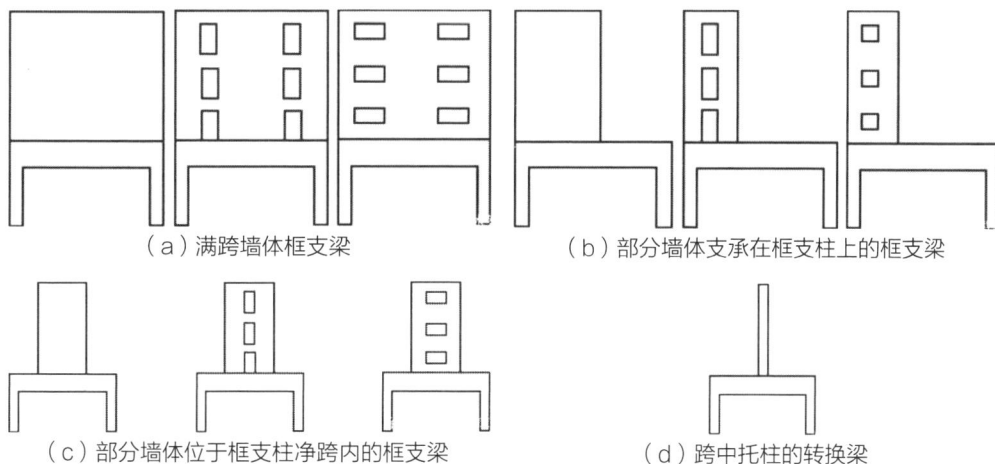

（a）满跨墙体框支梁　　　　　　　　（b）部分墙体支承在框支柱上的框支梁

（c）部分墙体位于框支柱净跨内的框支梁　　　　　（d）跨中托柱的转换梁

图3.3-2　转换梁的分类

### 2. 转换梁的受力特点

#### （1）满跨墙体框支梁

转换梁上部墙体与转换梁有较强的协同作用,截面中和轴上移,转换梁截面拉力较大,甚至出现全截面受拉。

受力特征为梁跨中大部分偏心受拉,但梁跨中弯矩远小于按框架法计算得到的弯矩值,而梁端弯矩值则比框架法的计算值更小,梁端剪力也比框架法的计算值相应减小。这种转换梁的应力等位线分布图见图3.3-3。

转换梁跨中上部墙体处于明显的受压应力状态,上部墙体作为转换梁受压区的一部分,与转换梁一起抵抗外弯矩的作用。转换梁上部靠近支座附近的墙体有较大的剪应力,这是由于跨中墙体一部分支撑在框支柱上,其余部分支撑在转换梁上,这两部分墙体间的相对位移引起支座附近墙体的剪应力。这种转换梁,截面受拉区域较大,甚至全截面受

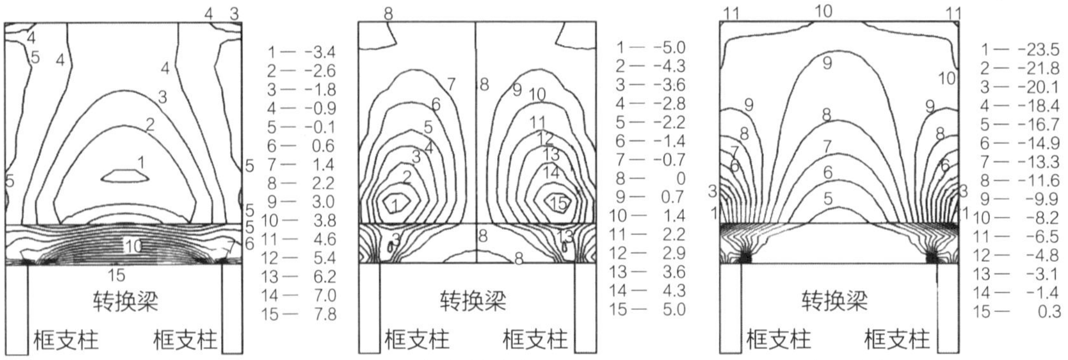
1— -3.4
2— -2.6
3— -1.8
4— -0.9
5— -0.1
6— 0.6
7— 1.4
8— 2.2
9— 3.0
10— 3.8
11— 4.6
12— 5.4
13— 6.2
14— 7.0
15— 7.8
转换梁
框支柱
框支柱
1— -5.0
2— -4.3
3— -3.6
4— -2.8
5— -2.2
6— -1.4
7— -0.7
8— 0
9— 0.7
10— 1.4
11— 2.2
12— 2.9
13— 3.6
14— 4.3
15— 5.0
转换梁
框支柱
框支柱
1— -23.5
2— -21.8
3— -20.1
4— -18.4
5— -16.7
6— -14.9
7— -13.3
8— -11.6
9— -9.9
10— -8.2
11— -6.5
12— -4.8
13— -3.1
14— -1.4
15— 0.3
转换梁
框支柱
框支柱
（a）正应力 （b）剪应力 （c）压应力

图3.3-3 转换梁及上部墙体的应力等位线分布图（一）

拉，因此规范规定，除了按结构分析配置钢筋外，尚应加强梁跨中区段顶面纵筋及两侧面腰筋的最低构造配筋。

**（2）部分墙体支承在框支柱上的框支梁**

如图3.3-4所示，在转换梁上部靠近支座附近的墙体内有较大的剪应力，这是支座附近的相对位移差引起的。如果墙体较长，剪力墙与转换梁受力协同，转换梁受力特性与满跨墙体转换梁相近。转换梁承受较大剪力，开洞会对转换梁的受力造成很大的影响，尤其是转换梁端部剪力最大的部位开洞的影响更加不利，因此规范规定，洞口边离开支座柱边的距离不宜小于梁截面高度。框支梁上墙体开有边门洞时，往往形成小墙肢，此小墙肢的应力集中尤为突出，而边门洞部位框支梁应力急剧加大。在水平荷载作用下，上部有边门洞框支梁的弯矩和剪力约为上部无边门洞框支梁的3倍。因此，除小墙肢应加强外，边门洞墙边部位对应的框支梁的抗剪能力也应加强，箍筋应加密配置。当洞口靠近梁端且剪压比不满足规定时，也可采用梁端加腋提高其受剪承载力，并加密箍筋。

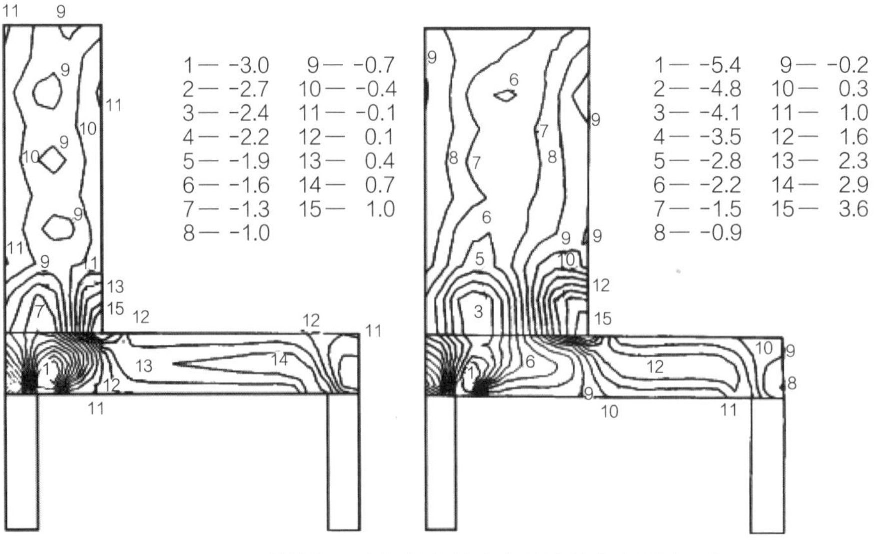
1— -3.0
2— -2.7
3— -2.4
4— -2.2
5— -1.9
6— -1.6
7— -1.3
8— -1.0
9— -0.7
10— -0.4
11— -0.1
12— 0.1
13— 0.4
14— 0.7
15— 1.0
1— -5.4
2— -4.8
3— -4.1
4— -3.5
5— -2.8
6— -2.2
7— -1.5
8— -0.9
9— -0.2
10— 0.3
11— 1.0
12— 1.6
13— 2.3
14— 2.9
15— 3.6

图3.3-4 转换梁及上部墙体的应力等位线分布图（二）

**（3）部分墙体仅位于框支柱净跨中的框支梁**

当部分墙体位于转换梁净跨中时，墙长对转换梁与上部墙体是否共同作用起关键作用。

承受开门洞墙体的转换梁受力特性与多墙肢作用于转换梁特性一致，当单墙肢长度不大于0.25倍的转换梁跨度时，可不考虑转换梁与墙体的共同工作；否则应考虑转换梁与墙体的共同工作。承受开窗洞的转换梁，当窗台高度大于转换层上层层高的1/3时，一般要考虑转换梁与上部墙体共同工作。当墙肢总长不大于0.25倍转换梁跨度时，可不考虑转换梁与墙体的共同工作；否则应考虑。

**（4）跨中托柱的转换梁**

不论跨度多大，对跨中托柱转换梁的截面内力，按框架计算得到的结果与实际结构考虑上部墙体作用的有限元计算结果较接近。采用框架法与有限元法计算得到的梁跨中各截面轴向力都很小，而且大多数是压力，转换梁处于明显的受弯作用状态。托柱转换梁的托柱部位承受较大的剪力和弯矩，规范规定，梁上托柱柱边两侧各1.5倍转换梁高度范围箍筋应加密。对托柱转换梁，在转换层尚宜设置承担正交方向柱底弯矩的楼面梁或框架梁，避免转换梁承受过大的扭矩作用。

### 3．转换梁的分析方法

转换梁的计算分析，一般可选用壳元或实体元。如果是粗略分析，可采用壳元模型；需要精细分析转换梁及上下构件（一般取上下各2层）时，可采用实体元模型，且应考虑钢筋或钢骨的作用，可采用ABAQUS、ANASYS，也可采用YJK进行分析。

转换梁的材料本构，可采用弹性本构或弹塑性本构，但如果要得到相对真实的钢筋或钢骨应力，建议采用弹塑性本构。多个项目的工程经验显示，采用弹性本构，计算得到的钢筋或钢骨应力往往偏小。

转换梁或节点的分析模型，可采用整体模型，也可采用局部模型，相对来说，采用局部模型的边界条件对计算结果有一定影响。

### 4．加强措施

针对转换结构，《高规》第10.2节给出了很多验算要求和加强措施，需要特别注意的主要有如下三条：

（1）根据《高规》第10.2.6条，部分框支剪力墙结构转换层的位置设置在3层及3层以上时，框支柱、落地剪力墙的底部加强部位的抗震等级提高一级（抗震构造措施），对托柱转换结构，可不提高。

（2）根据《高规》第10.2.22条，在竖向及水平荷载作用下，框支梁上部的墙体在多个部位会出现较大的应力集中，这些部位的剪力墙容易发生破坏，因此规范给出了相应的加强措施。

（3）根据《高规》第10.2.24条，部分框支剪力墙结构中，框支转换层楼板是重要的传力构件，不落地剪力墙的剪力需要通过转换层楼板传递到落地剪力墙，规范给出了转换层楼板的剪力验算公式。

## 3.3.7　转换梁延性及使用性能分析

延性是指构件和结构刚进入屈服后，具有承载力不降低或基本不降低且有足够塑性变形能力的一种性能，一般用延性比表示延性，即塑性变形能力的大小。对于钢筋混凝土构件，受拉钢筋屈服后进入塑性状态，构件刚度降低；随着变形的迅速增大，构件承载力略有增大；当承载力开始降低时，构件就达到极限状态。延性比是极限变形与屈服变形的比值。对于一个钢筋混凝土结构，当某个杆件出现塑性铰时，结构开始出现塑性变形，但结构刚度只是略有降低；当塑性铰达到一定数量以后，结构也会出现"屈服现象"，即结构进入塑性变形迅速增大而承载力略微增大的阶段，是"屈服"后的弹塑性阶段。结构的延性比通常是指达到极限时顶点位移与屈服时顶点位移的比值。当设计成延性结构时，由于塑性变形可以耗散地震能量，结构变形虽然会加大，但结构承受的地震作用不会很快上升，内力也不会再加大，因此对于具有延性的结构，其承载力要求可以有所降低；也可以说，延性结构是用它的变形能力消耗地震能量。反之，如果结构的延性不好，则必须有足够大的承载力抵抗地震作用，显著提高材料用量。对于地震发生概率极小的抗震结构，延性结构是一种经济的设计对策。

钢筋混凝土构件的变形或裂缝宽度过大会影响结构的适用性、耐久性。

### 1．相对受压区高度

由于通过在梁端区域采取相对简单的抗震构造措施即可使结构具有相对较高的延性，故常通过"强柱弱梁""强剪弱弯"措施引导框架中的塑性铰首先在梁端形成。设计框架梁时，控制梁端截面混凝土受压区高度（主要是控制负弯矩下截面下部的混凝土受压区高度）的目的是控制梁端塑性铰区具有较大的塑性转动能力，以保证框架梁端截面具有足够的曲率延性。根据国内的试验结果并参考国外经验，当相对受压区高度控制在0.25~0.35时，梁的位移延性可达到4.0~3.0。在确定混凝土受压区高度时，可把截面内的受压钢筋计算在内。计入纵向受压钢筋的梁端混凝土受压区高度和有效高度之比$\xi$应符合以下要求：一级抗震等级$\xi \leqslant 0.25$；二、三级抗震等级$\xi \leqslant 0.35$。

### 2．剪压比

梁的抗剪破坏分为斜压破坏、剪压破坏以及斜拉破坏。为了防止转换梁发生脆性受剪破坏，需要对转换梁进行受剪截面验算，并应满足相应截面限制条件。梁塑性铰区的截面剪压比对梁的延性、耗能能力及梁强度、刚度的保持有明显的影响，当剪压比大于0.15时，梁的强度和刚度有明显的退化现象，此时再增加箍筋用量，也不能发挥作用，因此对梁的截面尺寸有所要求。剪压比$\zeta$是截面的平均剪应力与混凝土轴心抗压强度设计值的比值，见式（3.3-5）。

$$\zeta = V/f_c b h_0 \tag{3.3-5}$$

式中：　$V$——截面剪力设计值；

　　　　$f_c b h_0$——截面轴心抗压强度设计值。

### 3．裂缝验算

裂缝宽度验算是评估混凝土构件受荷载作用后是否会出现危险裂缝，并对裂缝的宽度进行计算和控制的过程，是结构正常使用极限状态验算的一部分。根据混凝土的应力状态和变形情况，使用裂缝宽度公式进行验算，确保裂缝宽度控制在安全范围内。混凝土构件裂缝宽度的验算与构件类型、荷载大小、使用环境有关。转换梁最大裂缝宽度计算值不应超过表3.3-10规定的限值。

转换梁最大裂缝宽度限值　　　　　　　　　　　　表3.3-10

| 环境类别 | 钢筋混凝土梁 | | 型钢混凝土梁 | |
|---|---|---|---|---|
| | 裂缝控制等级 | 最大裂缝宽度限值$w_{max}$ | 裂缝控制等级 | 最大裂缝宽度限值$w_{max}$ |
| 一 | 三级 | 0.3mm | 三级 | 0.3mm |

### 4．挠度验算

挠度验算是结构正常使用极限状态验算的另一部分，各规范都规定了受弯构件的挠度限值。构件变形挠度的限值应以不影响结构使用功能、外观及与其他构件的连接等要求为目的。

转换梁按使用上对挠度有较高要求的构件设计，其挠度计算值不应超过表3.3-11规定的挠度限值。当构件的挠度满足表3.3-11的要求，但相对使用要求仍然过大时，设计时可根据实际情况提出比表中的限值更加严格的要求。

转换梁挠度限值　　　　　　　　　　　　表3.3-11

| 跨度 | 挠度限值 |
|---|---|
| $l_0 \leqslant 7m$ | $l_0/250$ |
| $7m < l_0 \leqslant 9m$ | $l_0/300$ |
| $l_0 > 9m$ | $l_0/400$ |

## 3.3.8　层高较小的设备层研究分析

医疗建筑常常由于上下功能的变换，在上下功能变换之间楼层设置一个层高小于2200mm、不计建筑面积的设备夹层。设备夹层一般位于裙房的顶层，住院病房与门急诊等医技科室之间。比如将手术室的空调净化机房设在设备夹层，有利于铺设管线和检修更换设备。如江苏盛泽医院在上部病房部分与下部医技部分之间设置管道设备夹层（图3.3-5）；苏州大学附属第二医院应急急救与危重症救治中心大楼将三层设计成净化机房等设备夹层（图3.3-6）。由于设备夹层层高较小，给结构抗震设计带来了一定的不利影响。常用的

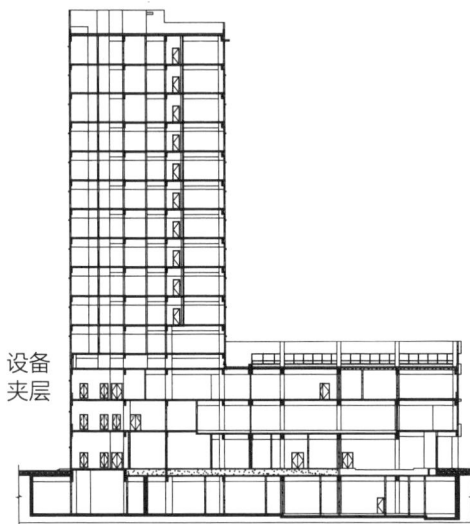

图3.3-5 江苏盛泽医院设备夹层

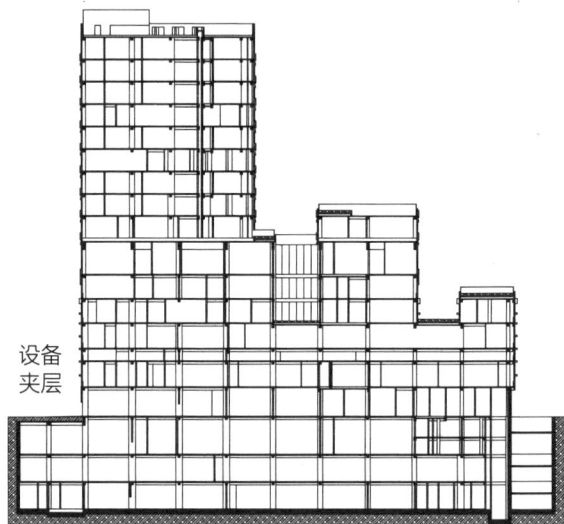

图3.3-6 苏州大学附属第二医院应急急救与危重症救治中心大楼设备夹层

结构处理方法有2种:一是采用与主体结构脱开的二次结构方式,可选择设备夹层楼面采用吊挂的方式与主体结构脱开,或设备夹层顶面采用二次结构支承于楼面,与主体结构脱开。整体吊挂由于施工难度大,且采用钢结构较多,在医疗建筑中极少使用。二是将设备夹层作为一个结构层参与结构的整体分析,采取对应的加强措施。对于盛泽医院设备夹层采用二次结构方式,为避免在裙房屋顶处出现错层,仅采用支承式二次结构方式。

### 1. 支承式二次结构与主体结构脱开的处理措施

1)将设备夹层视为二次结构作为一层单独计算分析,按实际所在楼层的高度考虑一定的地震作用放大。

2)主体结构分析时,将设备夹层二次结构的荷载或作用按各工况分别输入。

3)主体结构支承二次结构的楼面应在被转换的柱下双向设置楼面梁,以平衡柱底弯矩,并适当加强楼板厚度及配筋率。

4)设备夹层二次结构与主体结构及周边构件脱开50mm,建筑、装饰、幕墙专业应针对变形缝进行处理。

### 2. 设备夹层与主体结构不脱开的处理措施

1)避免同一楼层出现薄弱层和软弱层。

2)将设备夹层相邻下一层强制指定为薄弱层,地震剪力乘以1.25的增大系数。

3)宜对设备夹层的竖向构件补充计算分析:

①采用抗震性能目标分析,满足中震抗剪弹性、抗弯不屈服,大震控制抗剪截面条件。

②采用大震动力弹塑性时程分析,考察损伤程度并采取对应措施。

4)对于设备夹层的框架柱,检查计算剪跨比$\lambda$,避免$\lambda$小于1.0,对$1.0 \leqslant \lambda < 1.5$的受力超短柱采取以下措施提高抗震延性:

①沿柱全高设置井字复合箍，箍筋间距不大于80mm（约束混凝土）、肢距不大于200mm、直径不小于12mm。（轴压比限值可提高0.10。）

②柱截面中部设置芯柱，附加纵向钢筋的截面面积不小于柱截面面积的0.8%，芯柱边长不小于柱边长的1/3。（轴压比限值可提高0.05。）

③严控轴压比，轴压比限值按降低0.10控制。

④柱体积配箍率按抗震等级提高一级的要求加强。

⑤必要时设置型钢，计算分析时应考虑型钢的影响。

5）对于设备夹层下部两层框架柱，宜同时采取以下措施提高抗震延性：

①沿柱全高设置井字复合箍，箍筋间距不大于80mm（约束混凝土）、肢距不大于200mm、直径不小于12mm。（轴压比限值可提高0.10。）

②严控轴压比，轴压比限值按降低0.05控制。

6）设备夹层及上下各一层剪力墙边缘构件按约束边缘构件设置进行加强。

# 3.4　弹塑性时程分析

## 3.4.1　分析目的

进行罕遇地震弹塑性分析的主要目的是评估结构在罕遇地震下的性能，确保结构在大震情况下不倒塌，并满足抗震设防目标。具体来说，罕遇地震弹塑性分析的目的包括以下几个方面。评估结构在罕遇地震下的性能：通过弹塑性分析，可以评价结构在罕遇地震下的弹塑性行为，确认结构是否满足"大震不倒"的设防水准要求。确定结构的整体控制指标：通过分析可以获得结构的最大顶点位移、最大层间位移、最大扭转位移比以及最大基底剪力等整体控制指标。研究关键受力构件的损伤情况：特别是对于转换深梁、转换桁架、核心筒剪力墙等关键受力构件，弹塑性分析可以评估其在罕遇地震下的损伤情况。研究阻尼器对结构抗震行为的影响：通过分析阻尼器在罕遇地震下的表现，可以评估其对结构抗震性能的贡献。提出结构加强措施：根据分析结果，针对结构薄弱部位和薄弱构件提出相应的加强措施，以指导施工图设计。

## 3.4.2　分析方法

目前常用的弹塑性分析方法，从分析理论上分为静力弹塑性（PUSHOVER）和动力弹塑性两类，从数值积分方法上分为隐式积分和显式积分两类。目前弹塑性分析一般采用基于显式积分的动力弹塑性时程分析方法，这种分析方法未作任何理论上的简化，直接模拟结构在地震作用下的非线性反应，具有如下优越性：

1）完全的动力时程特性：直接将地震波输入结构进行弹塑性时程分析，可以较好地反映不同相位差情况下构件的内力分布，尤其是楼盖的反复拉压受力状态。

2）几何非线性：结构的动力平衡方程建立在结构变形后的几何状态上，可精确考虑

"P-Δ" 效应、非线性屈曲效应等。

3）材料非线性：直接在材料应力-应变本构关系的水平上模拟。

4）采用显式积分，可以准确模拟结构的破坏情况直至倒塌形态。

## 3.4.3  分析软件

目前弹塑性分析常用的分析软件有ABAQUS、PERFORM-3D、SAP2000、EPDA、Midas Building、GSNAP、SAUSAGE、Y-PACO、YJKEP等，各软件对于钢材、混凝土本构模型，梁柱单元、墙单元处理，以及梁柱、墙钢筋的处理方式不尽相同，积分方法也有很大的差别，如Newmark β、Wilson-θ、排列法、HHT法、中心差分法、修正的中心差分等。

目前常用分析软件采用由广州建研数力建筑科技有限公司开发的新一代"GPU+CPU"高性能结构动力弹塑性计算软件SAUSAGE（Seismic Analysis Usage），它运用一套新的计算方法，可以准确模拟梁、柱、支撑、剪力墙（混凝土剪力墙和带钢板剪力墙）和楼板等结构构件的非线性性能，使实际结构的大震分析具有计算效率高、模型精细、收敛性好的特点。SAUSAGE软件经过大量的测试，可用于实际工程罕遇地震下的性能评估，具有以下特点：

1）未作理论上的简化，直接对结构虚功原理导出的动力微分方程求解，求解结果更加准确可靠。

2）材料应力-应变层级的精细模型，一维构件采用非线性纤维梁单元，沿截面和长度方向分别积分；二维壳板单元采用非线性分层单元，沿平面内和厚度方向分别积分；特别地，楼板也按二维壳单元模拟。

3）高性能求解器：采用Pardiso求解器进行竖向施工模拟分析，显式求解器进行大震动力弹塑性分析。

4）动力弹塑性分析中的阻尼计算创造性地提出了"拟模态阻尼计算方法"，其合理性优于通常的瑞利阻尼形式。

## 3.4.4  非线性地震反应分析模型

### 1. 材料模型

#### （1）钢材

钢材的动力硬化模型如图3.4-1所示，钢材的非线性材料模型采用双线性随动硬化模型，在循环过程中，无刚度退化，考虑了包辛格效应。钢材的强屈比为1.2，极限应力所对应的极限塑性应变为0.025。

#### （2）混凝土材料

一维混凝土材料模型采用规范指定的单轴本构模型，能反映混凝土滞回、刚度退化和强

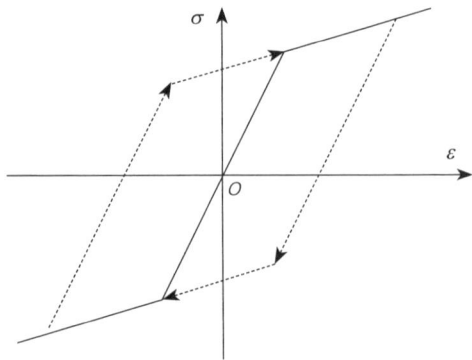

图3.4-1  钢材的动力硬化模型

度退化等特性，其轴心抗压和轴心抗拉强度标准值按《混标》表4.1.3-1、表4.1.3-2采用。

混凝土单轴受拉的应力-应变曲线按《混标》附录C式（C.2.3-1）～式（C.2.3-4）计算。

混凝土单轴受压的应力-应变曲线按《混标》附录C式（C.2.4-1）～式（C.2.4-5）计算。

混凝土材料进入塑性状态伴随着刚度的降低。如图3.4-2、图3.4-3所示，其刚度损伤分别由受拉损伤参数$d_t$和受压损伤参数$d_c$来表达，$d_t$和$d_c$由混凝土材料进入塑性状态的程度决定。

二维混凝土本构模型采用弹塑性损伤模型，该模型能够考虑混凝土材料拉压强度差异、刚度及强度退化以及拉压循环裂缝闭合呈现的刚度恢复等性质。

当荷载从受拉变为受压时，混凝土材料的裂缝闭合，抗压刚度恢复至原有抗压刚度；当荷载从受压变为受拉时，混凝土的抗拉刚度不恢复，如图3.4-4所示。

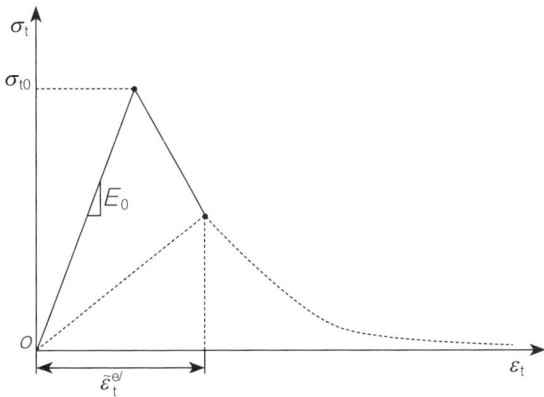

图3.4-2　混凝土受拉应力-应变曲线及损伤示意图

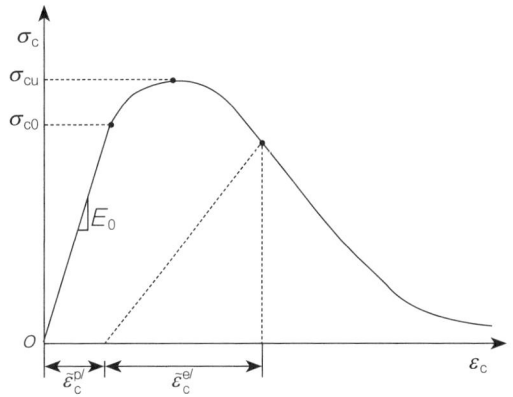

图3.4-3　混凝土受压应力-应变曲线及损伤示意图

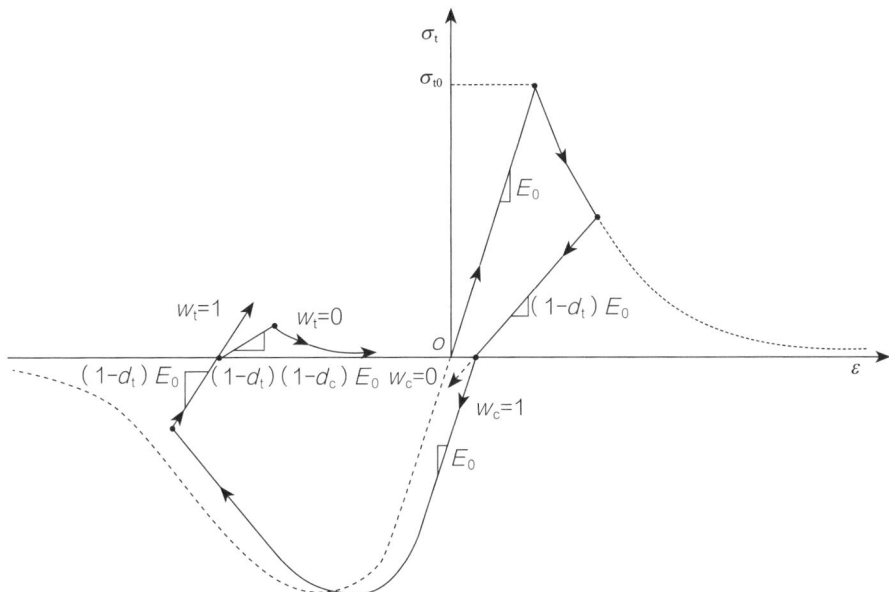

图3.4-4　混凝土拉压刚度恢复示意图

## 2．构件模型

### （1）杆件弹塑性模型（梁单元）

杆件非线性模型采用纤维束模型，如图3.4-5所示，主要用来模拟梁、柱、斜撑和桁架等构件。

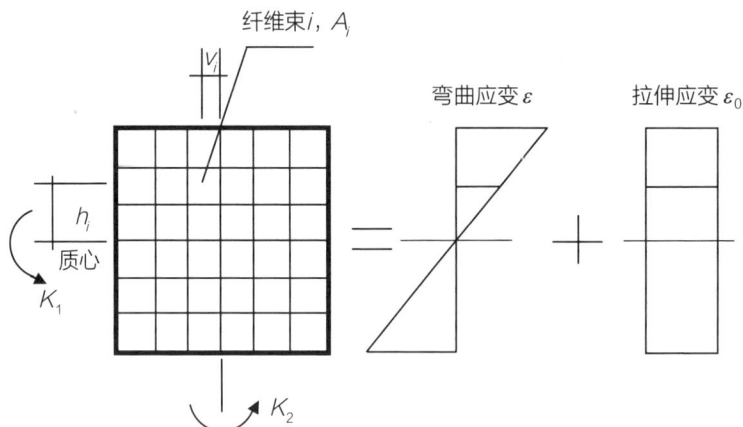

图3.4-5 一维纤维束单元

纤维束可以是钢材或者混凝土材料，根据已知的$k_1$、$k_2$和$\varepsilon_0$，可以得到纤维束$i$的应变为：$\varepsilon_0=k_1 \times h_i+\varepsilon_0+k_2 \times v_i$，其截面弯矩$M$和轴力$N$分别见式（3.4-1）及式（3.4-2）。

$$M = \sum_{i=1}^{n} A_i \times h_i \times f(\varepsilon_i) \qquad (3.4-1)$$

$$N = \sum_{i=1}^{n} A_i \times f(\varepsilon_i) \qquad (3.4-2)$$

其中，$f(\varepsilon_i)$即由前面描述的材料本构关系得到的纤维应力。

应该指出，进入塑性状态后，梁单元的轴力作用，轴向伸缩亦相当明显，不容忽略。所以，梁和柱均应考虑其弯曲和轴力的耦合效应。

由于采用了纤维塑性区模型而非集中塑性铰模型，杆件刚度由截面内和长度方向动态积分得到，其双向弯压和弯拉的滞回性能可由材料的滞回性来精确表现，如图3.4-6所示，同一截面的纤维逐渐进入塑性，而在长度方向亦是逐渐进入塑性。

除使用纤维塑性区模型外，一维杆件弹塑性单元还具有如下特点：Timoshenko梁可剪切变形；为$C_0$型单元，转角和位移分别插值。

### （2）剪力墙和楼板非线性模型（壳单元）

剪力墙、楼板采用弹塑性分层壳单元，该单元具有如下特点：可采用弹塑性损伤模型本构关系（Plastic-Damage）；可叠加rebar-layer考虑多层分布钢筋的作用；适合模拟剪力墙和楼板在大震作用下进入非线性的状态。

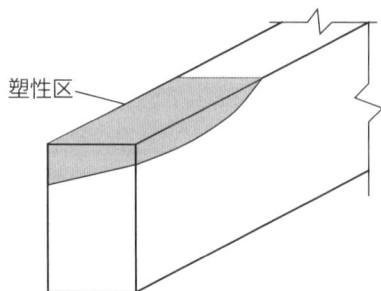

图3.4-6 一维单元的塑性区发展示意图

### 3．整体分析模型

建筑结构有限元分析中，为减少计算工作量，通常对楼板采用刚性楼板假定，其实质是通过节点耦合的方法，约束同层内各节点X、Y方向的相对距离不变。这一假定在小变形和弹性阶段是可以接受的；但在考虑大变形的弹塑性阶段，尤其是对超高层建筑，其顶点位移多在1m以上，结构上部楼板已出现了明显的倾角，此时同层内各节点若仍按分析开始阶段的X、Y方向相对水平距离假定，那么节点将偏离其应在的位置，从而导致分析误差。

此外，在非线性过程中，楼板将发生开裂，使其平面内刚度下降，对结构各抗侧力构件的刚度分配和剪力传递也将产生一定影响。因此，非线性分析中将不采用刚性楼板假定，对各层楼板均划分为壳单元进行分析。

### 4．阻尼模型

结构动力时程分析过程中，阻尼取值对结构动力反应的幅值有比较大的影响。在弹性分析中，通常采用振型阻尼ξ来表示阻尼比，而在弹塑性分析中，由于采用直接积分法方程求解，且结构刚度和振型均处于高度变化中，故并不能直接代入振型阻尼。通常的做法是采用瑞利阻尼模拟振型阻尼，瑞利阻尼分为质量阻尼α和刚度阻尼β两部分，其与振型阻尼的换算关系如式（3.4-3）及式（3.4-4），在结构整个周期的比较见图3.4-7。

$$C = \alpha M + \beta K \tag{3.4-3}$$

$$\xi = \frac{\alpha}{2\omega_1} + \frac{\beta\omega_1}{2} = \frac{\alpha}{2\omega_2} + \frac{\beta\omega_2}{2} \tag{3.4-4}$$

式中：　　$C$——结构阻尼矩阵；

　　　　　$M$——结构质量矩阵；

　　　　　$K$——结构刚度矩阵；

　　$\omega_1$、$\omega_2$——结构的第1和第2周期。

由图3.4-7可以看到，瑞利阻尼实际只能保证结构第1、2周期的阻尼比等于振型阻尼，其后各周期的阻尼比均高于振型阻尼，且周期越短，阻尼越大。因此，即使是弹性时程分析，采用恒定的瑞利阻尼也将导致动力响应偏小，尤其是高频部分，使结果偏于不安全。

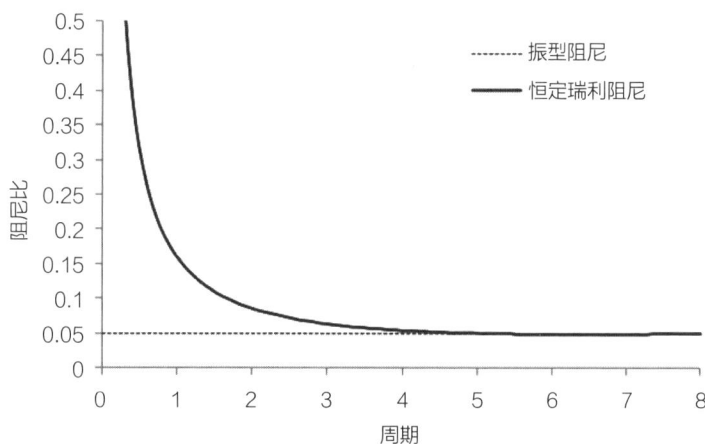

图3.4-7　振型阻尼与恒定瑞利阻尼对应结构整个周期阻尼比比较

在SAUSAGE中，考虑到α阻尼对结构阻尼考虑不足，提供了另一种阻尼体系——拟模态阻尼体系，见式（3.4-5），其合理性优于通常的瑞利阻尼形式，简介如下：

$$C = \Phi^{T-1}\bar{C}\Phi^{-1} = M\Phi\bar{M}^{-1}\bar{C}\bar{M}^{-1}\Phi M \tag{3.4-5}$$

因而完整的时域阻尼矩阵可简化表示为：

$$\xi = \bar{M}^{-1}\bar{C}\bar{M}^{-1} = \begin{bmatrix} \dfrac{2\xi_1\omega_1}{M_1} & 0 & \cdots & 0 \\ 0 & \dfrac{2\xi_2\omega_2}{M_2} & \cdots & 0 \\ \vdots & \vdots & \ddots & \vdots \\ 0 & 0 & \cdots & \dfrac{2\xi_n\omega_n}{M_n} \end{bmatrix} \tag{3.4-6}$$

$$C = M\Phi\xi\Phi^{T}M \tag{3.4-7}$$

式中：$\bar{M}$——广义质量矩阵的逆矩阵；

$\Phi$——振型矩阵；

$C$——时域阻尼矩阵；

$\bar{C}$——广义阻尼矩阵。

式（3.4-6）、式（3.4-7）可在显式动力时程分析中使用。

### 5．分析步骤

第一步：施工模拟加载。第二步：地震加载。模态分析可以反映结构刚度和质量的分布情况，用于判断模型的合理性。最大频率分析用于判断显式时程分析的计算步长，竖向荷载加载可以考虑施工阶段的影响，得到竖向加载完成后各单元的受力状态，可用于动力时程分析。动力时程分析起始时刻，需要读取竖向荷载计算结果。

## 3.4.5　结构抗震性能评价标准

### 1．结构总体变形控制

不同结构类型对应的弹塑性层间位移角限值见表3.4-1。

结构罕遇地震作用下弹塑性层间位移角限值　　　　表3.4-1

| 上部结构类型 | 弹塑性层间位移角限值 |
| --- | --- |
| 钢筋混凝土框架结构 | 1/50 |
| 钢筋混凝土框架-抗震墙、框架-核心筒结构 | 1/100 |
| 钢筋混凝土抗震墙结构 | 1/120 |

## 2．构件性能目标

2010版《高规》增加了第3.11节——结构抗震性能设计，将结构的抗震性能分为五个水准，对应的构件损坏程度则分为"无损坏、轻微损坏、轻度损坏、中度损坏、比较严重损坏"五个级别。

钢构件由于整个截面都是钢材，其塑性变形从截面边缘向内部逐渐发展，基本上可根据边缘纤维的塑性应变大致估计截面内部各点处的应变水平。钢筋混凝土构件截面上的钢筋一般分布在截面的外围，一旦屈服可认为整根钢筋发生全截面屈服。钢构件的塑性应变可同时考察拉应变与压应变，钢筋混凝土构件中的钢筋一般主要考察受拉塑性应变。钢筋混凝土构件除了考察钢筋塑性应变，还要考察混凝土材料的受压损伤情况，其程度以损伤因子表示。剪力墙构件由"多个细分混凝土壳元+分层分布钢筋+两端约束边缘构件杆元"共同构成，但对整个剪力墙构件而言，如图3.4-8所示，由于墙肢面内一般不满足平截面假定，在边缘混凝土单元出现受压损伤后，构件承载力不会立即下降，其损坏判断标准应有所放宽。考虑到剪力墙的初始轴压比通常为0.5～0.6，当50%的横截面受压损伤因子达到0.5时，构件整体受压和受剪承载力剩余约75%，仍可承担重力荷载，因此以剪力墙受压损伤横截面面积作为其严重损坏的主要判断标准。连梁和楼板的损坏程度判别标准与剪力墙类似，楼板以承担竖向荷载为主，且具有双向传力性质，小于半跨宽度范围内的楼板受压损伤因子达到0.5时，尚不至于出现严重损坏而导致垮塌。

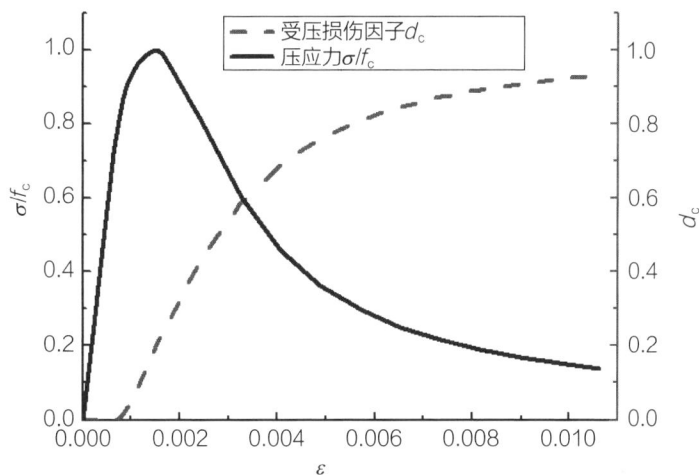

图3.4-8　混凝土承载力与受压损伤因子的简化对应关系

## 3．性能评价标准

目前性能评价标准有默认值（2023）、默认值（RBS性能评价标准）、应变评价标准、构件位移角评价标准几种，分别简述如下。其中构件位移角评价标准为构件层次的性能评价方法，基于构件宏观位移角和受力状态进行性能评价，建议采用。

性能评价标准默认值（2023）参考《动力弹塑性时程分析技术在建筑结构抗震设计中的应用》[上海现代建筑设计（集团）有限公司技术中心编著，上海科学技术出版社，

2013］表7-3中的量化标准，并结合规范混凝土本构特点确定，如图3.4-9所示。

性能评价标准默认值（RBS性能评价标准）依据广州容柏生建筑结构设计事务所超限项目实践经验制定，如图3.4-10所示。

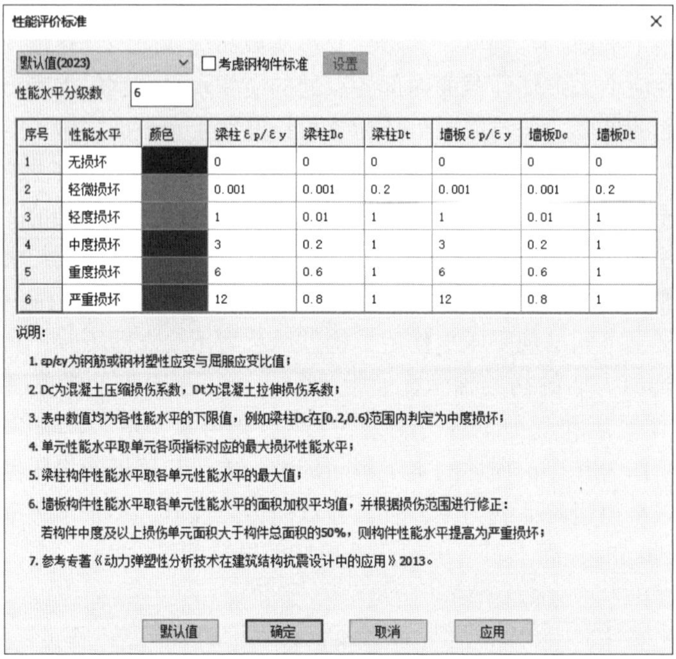
性能评价标准
默认值(2023)
考虑钢构件标准
设置
性能水平分级数 6
序号 性能水平 颜色 梁柱εp/εy 梁柱Dc 梁柱Dt 墙板εp/εy 墙板Dc 墙板Dt
1 无损坏 0 0 0 0 0 0
2 轻微损坏 0.001 0.001 0.2 0.001 0.001 0.2
3 轻度损坏 1 0.01 1 1 0.01 1
4 中度损坏 3 0.2 1 3 0.2 1
5 重度损坏 6 0.6 1 6 0.6 1
6 严重损坏 12 0.8 1 12 0.8 1
说明：
1. εp/εy为钢筋或钢材塑性应变与屈服应变比值；
2. Dc为混凝土压缩损伤系数，Dt为混凝土拉伸损伤系数；
3. 表中数值均为各性能水平的下限值，例如梁柱Dc在[0.2,0.6)范围内判定为中度损坏；
4. 单元性能水平取单元各项指标对应的最大损坏性能水平；
5. 梁柱构件性能水平取各单元性能水平的最大值；
6. 墙板构件性能水平取各单元性能水平的面积加权平均值，并根据损伤范围进行修正：
若构件中度及以上损伤单元面积大于构件总面积的50%，则构件性能水平提高为严重损坏；
7. 参考专著《动力弹塑性分析技术在建筑结构抗震设计中的应用》2013。
默认值
确定
取消
应用

图3.4-9　性能评价标准默认值（2023）

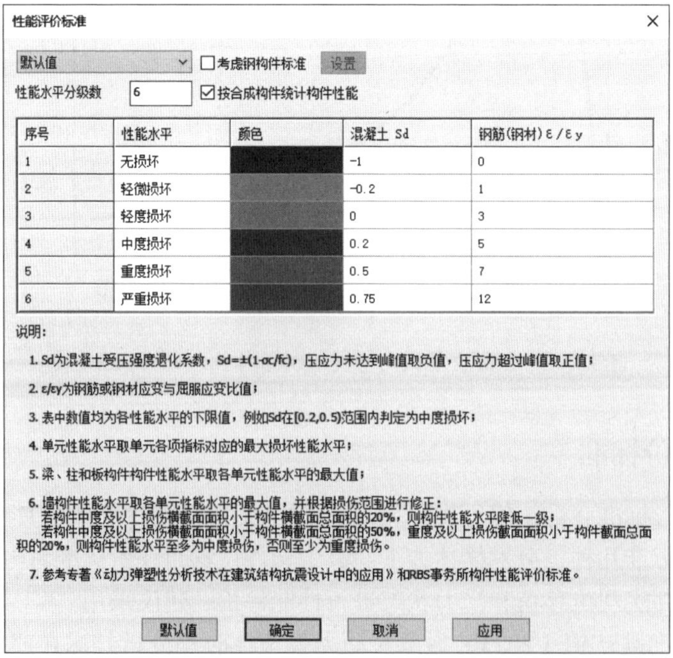
性能评价标准
默认值
考虑钢构件标准
设置
性能水平分级数 6
按合成构件统计构件性能
序号 性能水平 颜色 混凝土 Sd 钢筋(钢材)ε/εy
1 无损坏 -1 0
2 轻微损坏 -0.2 1
3 轻度损坏 0 3
4 中度损坏 0.2 5
5 重度损坏 0.5 7
6 严重损坏 0.75 12
说明：
1. Sd为混凝土受压强度退化系数，Sd=±(1-σc/fc)，压应力未达到峰值取负值，压应力超过峰值取正值；
2. ε/εy为钢筋或钢材应变与屈服应变比值；
3. 表中数值均为各性能水平的下限值，例如Sd在[0.2,0.5)范围内判定为中度损坏；
4. 单元性能水平取单元各项指标对应的最大损坏性能水平；
5. 梁、柱和板构件构件性能水平取各单元性能水平的最大值；
6. 墙构件性能水平取各单元性能水平的最大值，并根据损伤范围进行修正：
若构件中度及以上损伤横截面面积小于构件横截面总面积的20%，则构件性能水平降低一级；
若构件中度及以上损伤横截面面积小于构件横截面总面积的50%，重度及以上损伤截面面积小于构件截面总面积的20%，则构件性能水平至多为中度损伤，否则至少为重度损伤。
7. 参考专著《动力弹塑性分析技术在建筑结构抗震设计中的应用》和RBS事务所构件性能评价标准。
默认值
确定
取消
应用

图3.4-10　性能评价标准默认值（RBS性能评价标准）

　　应变评价标准基于混凝土应变和钢材应变进行构件性能评价。分别参考《建筑结构非线性分析技术标准》T/CECS 906—2021，《建筑结构抗倒塌设计标准》CECS 392—2021，《建筑抗震韧性评价标准》GB/T 38591—2020和《建筑结构抗震性能化设计标准》T/CECA 20024—2022，如图3.4-11～图3.4-14所示。

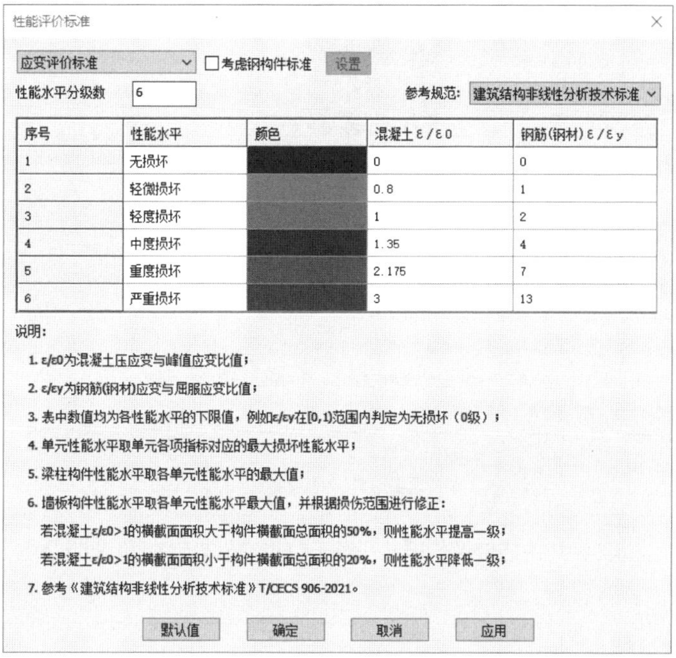

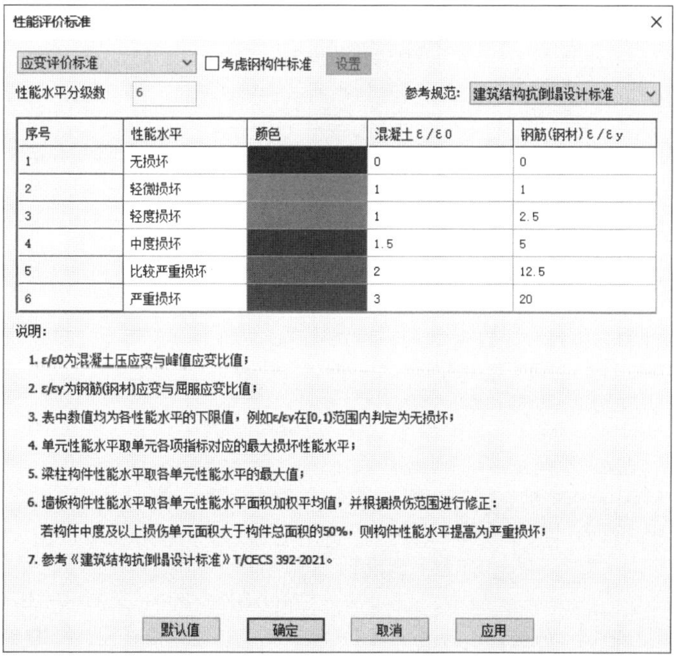

图3.4-11　应变评价标准—基于《建筑结构非线性分析技术标准》

图3.4-12　应变评价标准—基于《建筑结构抗倒塌设计标准》

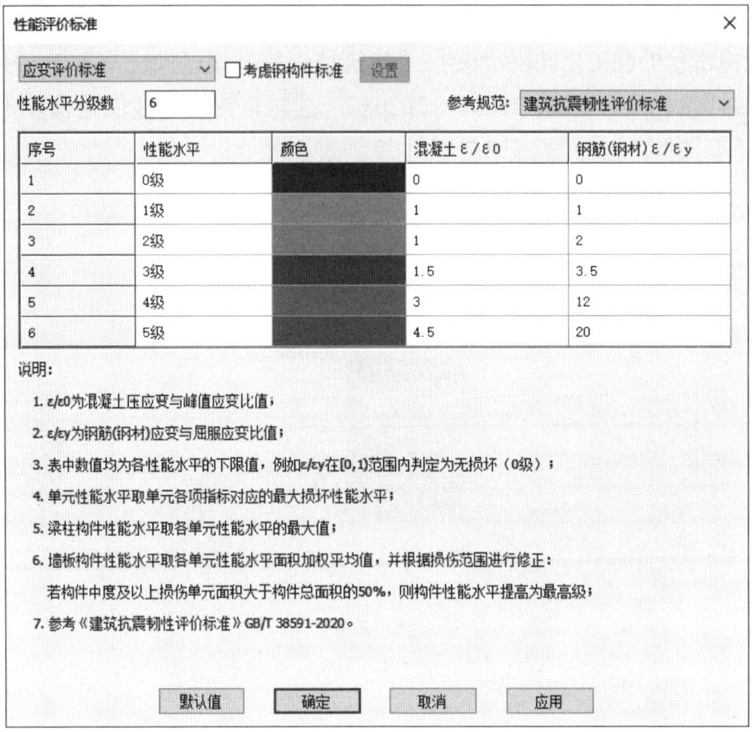

图3.4-13 应变评价标准—基于《建筑抗震韧性评价标准》

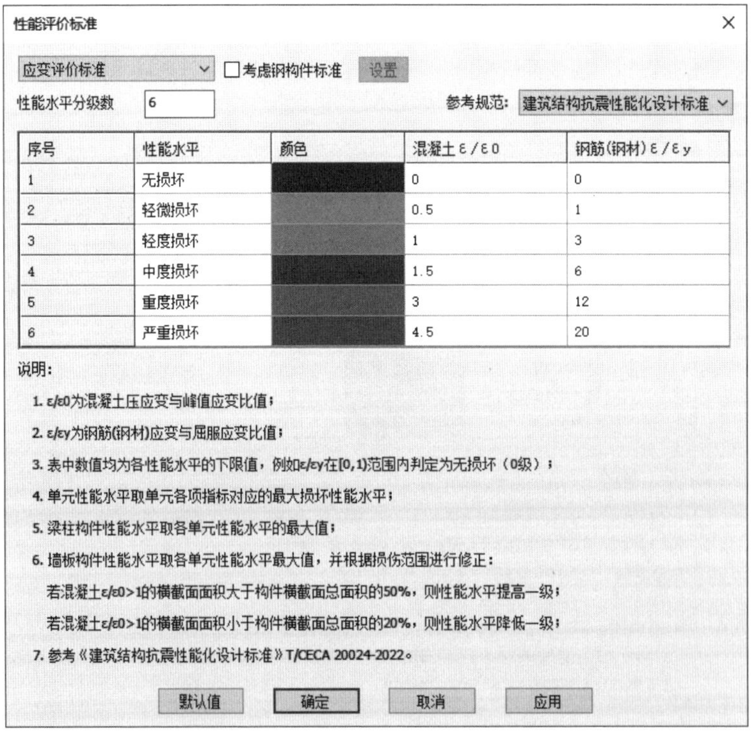

图3.4-14 应变评价标准—基于《建筑结构抗震性能化设计标准》

构件位移角评价标准为构件层次的性能评价方法，基于构件宏观位移角和受力状态进行性能评价。评价标准参考《建筑结构非线性分析技术标准》T/CECS 906—2021和《建筑工程混凝土结构抗震性能设计规程》DBJ/T 15—151—2019，如图3.4-15～图3.4-17所示。

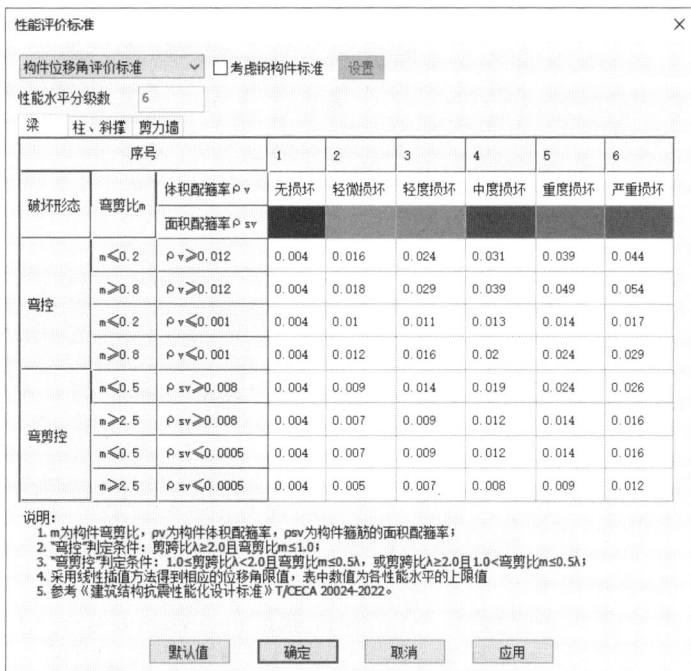

图3.4-15　构件位移角评价标准（梁）

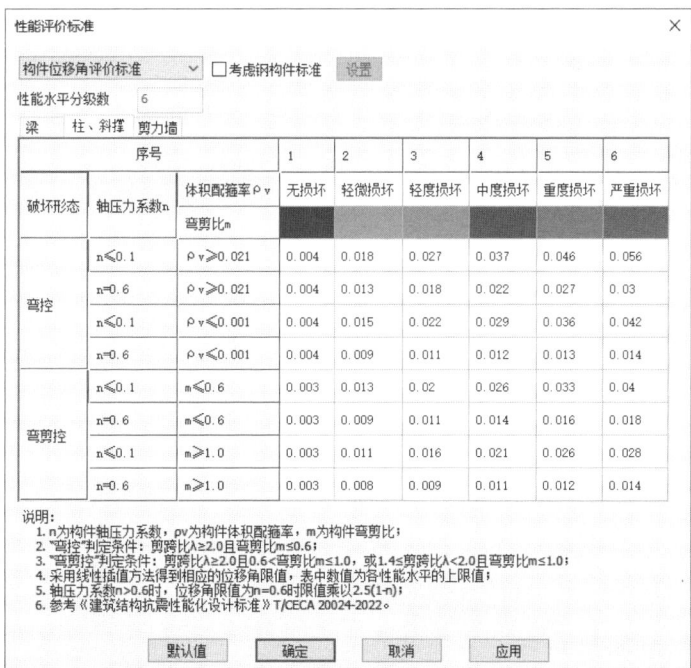

图3.4-16　构件位移角评价标准（柱、斜撑）

性能评价标准

构件位移角评价标准　☐考虑钢构件标准　设置

性能水平分级数　6

梁　柱、斜撑　剪力墙

| 序号 | | | 1 | 2 | 3 | 4 | 5 | 6 |
|---|---|---|---|---|---|---|---|---|
| 破坏形态 | 轴压力系数n | 体积配箍率ρv | 无损坏 | 轻微损坏 | 轻度损坏 | 中度损坏 | 重度损坏 | 严重损坏 |
| | | 弯剪比m | | | | | | |
| 弯控 | n≤0.1 | ρv≥0.025 | 0.003 | 0.011 | 0.016 | 0.022 | 0.025 | 0.028 |
| | n=0.4 | ρv≥0.025 | 0.003 | 0.01 | 0.013 | 0.017 | 0.02 | 0.022 |
| | n≤0.1 | ρv≤0.004 | 0.003 | 0.008 | 0.01 | 0.011 | 0.013 | 0.015 |
| | n=0.4 | ρv≤0.004 | 0.003 | 0.007 | 0.008 | 0.009 | 0.01 | 0.011 |
| 弯剪控 | n≤0.1 | m≤0.5 | 0.003 | 0.01 | 0.013 | 0.017 | 0.02 | 0.021 |
| | n=0.3 | m≤0.5 | 0.003 | 0.008 | 0.011 | 0.013 | 0.015 | 0.016 |
| | n≤0.1 | m=2.0 | 0.003 | 0.008 | 0.01 | 0.011 | 0.013 | 0.015 |
| | n=0.3 | m=2.0 | 0.003 | 0.007 | 0.008 | 0.01 | 0.011 | 0.013 |

说明：

1. n为构件轴压力系数，ρv为构件体积配箍率，m为构件弯剪比；
2. "弯控"判定条件：剪跨比λ≥2.0且弯剪比m≤0.6；
3. "弯剪控"判定条件：剪跨比λ≥2.0且0.6<弯剪比m≤1.0，或1.4≤剪跨比λ<2.0且弯剪比m≤1.0；
4. 采用线性插值方法得到相应的位移角限值，表中数值为各性能水平的上限值
5. 弯控轴压力系数n>0.4时，位移角限值为n=0.4时限值乘以1.7(1-n)；弯剪控轴压力系数n>0.3时，位移角限值为n=0.3时限值乘以1.4(1-n)；
6. 参考《建筑结构抗震性能化设计标准》T/CECA 20024-2022。

默认值　确定　取消　应用

图3.4-17　构件位移角评价标准（剪力墙）

钢构件可单独考虑其评价标准，有两种性能评价方法：基于应变、基于构件位移角。其中，基于应变的评价方法参考《建筑结构抗震性能化设计标准》T/CECA 20024—2022，基于构件位移角的评价方法参考《建筑结构抗倒塌设计标准》CECS 392—2021，如图3.4-18、图3.4-19所示。

钢构件性能评价标准

钢构件评价标准（应变）

| 序号 | | 1 | 2 | 3 | 4 | 5 | 6 |
|---|---|---|---|---|---|---|---|
| 截面等级 | 轴压比n | 无损坏 | 轻微损坏 | 轻度损坏 | 中度损坏 | 重度损坏 | 严重损坏 |
| S1 | 0 | 0 | 1 | 4.5 | 8 | 12 | 15 |
| | (0,0.2] | 0 | 1 | 3 | 5 | 7 | 9 |
| | (0.2,0.4] | 0 | 1 | 2.5 | 4 | 5.5 | 7 |
| | (0.4,0.6] | 0 | 1 | 2 | 3 | 4 | 5 |
| S2 | 0 | 0 | 1 | 2.5 | 4 | 6 | 8 |
| | (0,0.2] | 0 | 1 | 2 | 3 | 4 | 5 |
| | (0.2,0.4] | 0 | 1 | 1.75 | 2.5 | 3.25 | 4 |
| | (0.4,0.6] | 0 | 1 | 1.5 | 2 | 2.5 | 3 |
| S3 | 0 | 0 | 1 | 2 | 3 | 4 | 5 |
| | (0,0.2] | 0 | 1 | 1.5 | 2 | 2.5 | 3 |
| | (0.2,0.4] | 0 | 1 | 1.4 | 1.75 | 2.2 | 2.5 |
| | (0.4,0.6] | 0 | 1 | 1.25 | 1.5 | 1.75 | 2 |
| | 0 | 0 | 1 | 1.5 | 2 | 3 | 4 |

说明：

1. 截面等级S1~S4参考《钢结构设计标准》GB50017确定；
2. 轴压比n为P/Py,Py为构件轴向承载力标准值；
3. 表中评价指标为ε/εy，均为各性能水平的下限值；
4. 构件性能水平取各单元性能水平的最大值。
5. 参考《建筑结构抗震性能化设计标准》T/CECA 20024-2022；

确定

图3.4-18　钢构件评价标准（应变）

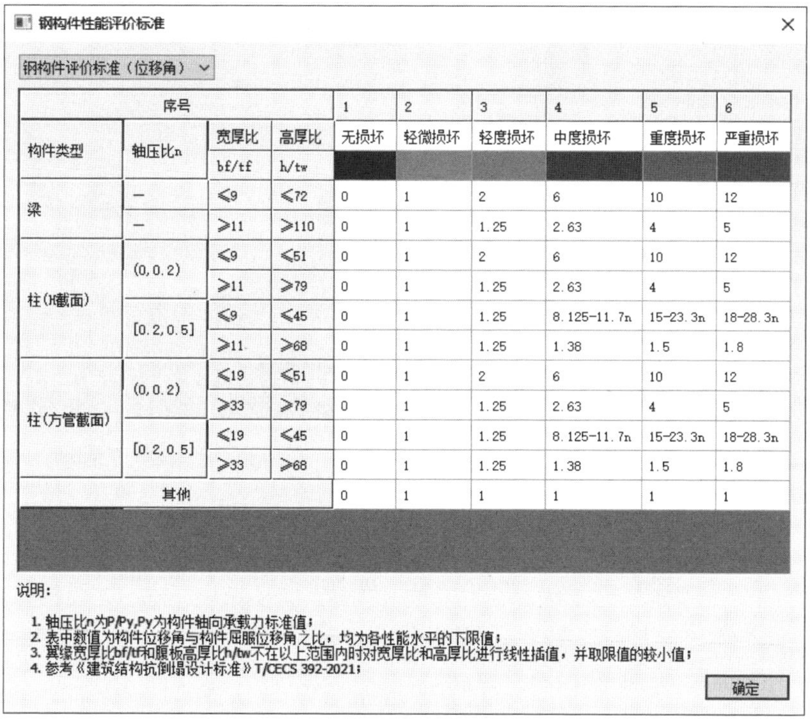

钢构件性能评价标准　　　　　　　　　　　×

钢构件评价标准（位移角）∨

| 构件类型 | 轴压比n | 宽厚比 bf/tf | 高厚比 h/tw | 1 无损坏 | 2 轻微损坏 | 3 轻度损坏 | 4 中度损坏 | 5 重度损坏 | 6 严重损坏 |
|---|---|---|---|---|---|---|---|---|---|
| 梁 | — | ≤9 | ≤72 | 0 | 1 | 2 | 6 | 10 | 12 |
| 梁 | — | ≥11 | ≥110 | 0 | 1 | 1.25 | 2.63 | 4 | 5 |
| 柱(H截面) | (0, 0.2) | ≤9 | ≤51 | 0 | 1 | 2 | 6 | 10 | 12 |
| | | ≥11 | ≥79 | 0 | 1 | 1.25 | 2.63 | 4 | 5 |
| | [0.2, 0.5] | ≤9 | ≤45 | 0 | 1 | 1.25 | 8.125-11.7n | 15-23.3n | 18-28.3n |
| | | ≥11 | ≥68 | 0 | 1 | 1.25 | 1.38 | 1.5 | 1.8 |
| 柱(方管截面) | (0, 0.2) | ≤19 | ≤51 | 0 | 1 | 2 | 6 | 10 | 12 |
| | | ≥33 | ≥79 | 0 | 1 | 1.25 | 2.63 | 4 | 5 |
| | [0.2, 0.5] | ≤19 | ≤45 | 0 | 1 | 1.25 | 8.125-11.7n | 15-23.3n | 18-28.3n |
| | | ≥33 | ≥68 | 0 | 1 | 1.25 | 1.38 | 1.5 | 1.8 |
| 其他 | | | | 0 | 1 | 1 | 1 | 1 | 1 |

说明:
1. 轴压比n为P/Py,Py为构件轴向承载力标准值;
2. 表中数值为构件位移角与构件屈服位移角之比,均为各性能水平的下限值;
3. 翼缘宽厚比bf/tf和腹板高厚比h/tw不在以上范围内时对宽厚比和高厚比进行线性插值,并取限值的较小值;
4. 参考《建筑结构抗倒塌设计标准》T/CECS 392-2021;

确定

图3.4-19　钢构件评价标准（位移角）

# 3.5 工程应用：中国中医科学院西苑医院苏州医院项目（原吴中人民医院新建项目）

## 3.5.1 工程概况

### 1. 建筑总体概况

本工程（吴中人民医院新建项目）于2020年完成首版施工图设计。

本地块用地性质为医疗卫生用地（A5），总用地面积为56631.9m²，其中南地块用地面积为40189.4m²，北地块用地面积为16442.5m²。南地块总建筑面积为172897.4m²，其中地上为101089.69m²，地下为71807.71m²。北地块总建筑面积为33169.46m²，其中地上为24261.55m²，地下为8907.91m²。建筑总平面如图3.5-1所示，建筑效果图如图3.5-2所示。

### 2. 建筑单体概况

本工程建筑单体概况见表3.5-1。

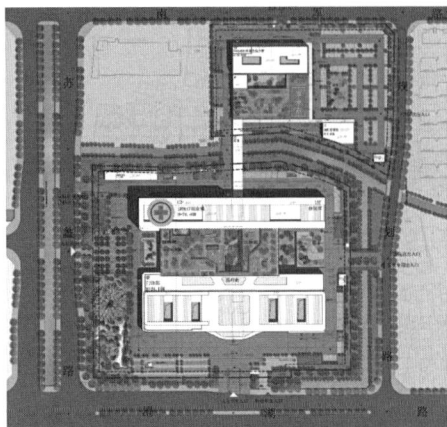

图3.5-1 建筑总平面图

图3.5-2 建筑效果图

建筑单体概况　　　　　　　　　　　　　　　表3.5-1

| 楼号 | | 地上层数 | 房屋高度（m） | 房屋总高（m） | 地上建筑面积（m²） | 备注 |
|---|---|---|---|---|---|---|
| 1号医疗综合楼 | 塔楼 | 17/15 | 73.00 | 77.00 | 101089.69 | 医疗用房 |
| | 裙房 | 4 | 23.60 | 25.15 | | |
| 2号行政科研服务综合楼 | 塔楼 | 10 | 46.70 | 51.70 | 24261.55 | 行政科研 |
| | 裙房 | 4 | 20.20 | 21.25 | | |

　　南地块，西侧地下三层，底板建筑标高为-13.40m、局部-14.40m；东侧地下二层，底板建筑标高为-9.700m；整个地下室东西向长198.30m，南北向长165.90m。北地块地下二层，底板建筑标高为-8.70m，东西向长70.50m，南北向长61.20m。南北地块通过跨河桥、跨河封闭连廊、地下连通道联系。

　　南地块东半部分为原长桥医院在建范围，该项目设计前原长桥医院已完成地下打桩及基坑支护工程。新项目1号医疗综合楼与原长桥医院相对关系如图3.5-3所示，南地块东侧现场状态如图3.5-4所示。

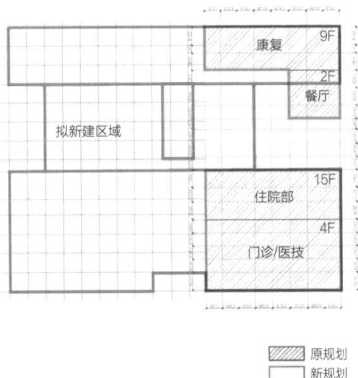

图3.5-3 1号医疗综合楼与长桥医院
相对关系

图3.5-4 南地块东侧现场状态

本书主要介绍1号医疗综合楼西塔、裙房的结构设计，南北地块的地下连通道、跨河封闭连廊、塔楼封闭连廊、历次方案的主要调整。

## 3.5.2　结构体系与特点

### 1．设计参数

根据《建筑抗震设计规范》GB 50011—2010（2016年版）和《建筑工程抗震设防分类标准》GB 50223—2008的相关规定，本工程设计基本参数见表3.5-2。

设计参数　　　　　　　　　　　　　　　　　　　表3.5-2

| 设计参数 | 参数值 |
| --- | --- |
| 抗震设防烈度 | 7度 |
| 结构设计工作年限 | 50年 |
| 抗震设防类别 | 重点设防类 |
| 设计基本地震加速度值 | 0.10$g$ |
| 设计地震分组 | 第一组 |
| 建筑场地类别 | Ⅲ类 |
| 场地特征周期 | 0.45s |
| 基本风压 | 0.45kN/m² |

### 2．抗震单元划分

1）1号医疗综合楼：东西塔楼均与南侧裙房设置1道防震变形缝，缝宽200mm。东西塔楼之间设置1道防震变形缝，缝宽200mm。东西塔楼在六、七、九、十、十二、十三、十五、十六层通过塔楼封闭连廊连接。1号医疗综合楼建筑十、十一层平面图分别如图3.5-5、图3.5-6所示。

2）2号行政科研服务综合楼北侧塔楼与南侧裙房设置1道防震变形缝，缝宽200mm。

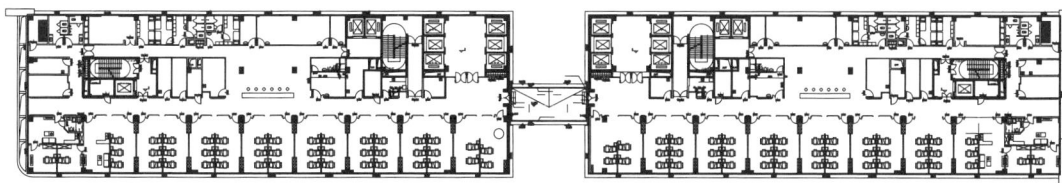

图3.5-5　1号医疗综合楼建筑十层平面图

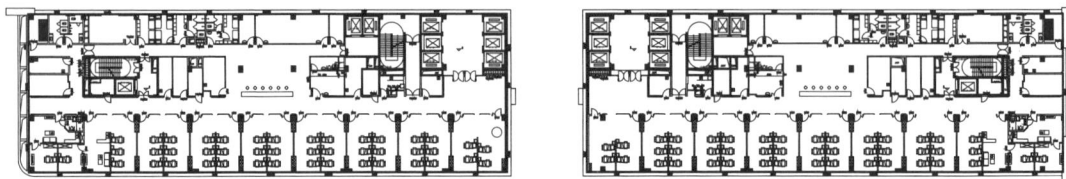

图3.5-6 1号医疗综合楼建筑十一层平面图

3）南北地块跨河封闭连廊与南地块1号医疗综合楼东塔楼和北地块2号行政科研服务综合楼裙房之间均设置防震变形缝，缝宽150mm。跨河封闭连廊建筑立面图如图3.5-7所示。

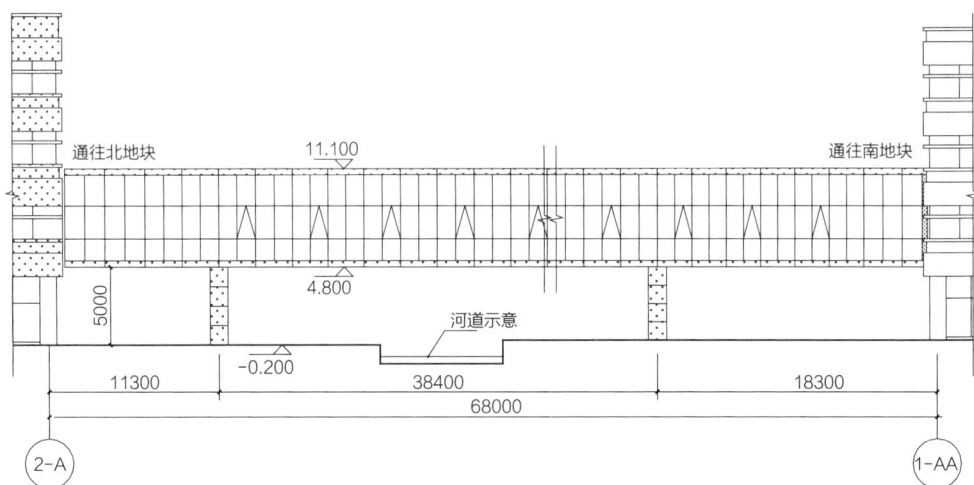

图3.5-7 跨河封闭连廊建筑立面图

4）南地块、北地块地下室均不设置变形缝。连接南北地块地下室的地下连通道与南北地块地下室之间设置变形缝，缝宽50mm。

### 3. 结构体系

1）1号医疗综合楼：东、西塔楼采用框架-剪力墙结构体系，属于A级高度钢筋混凝土高层建筑。裙房采用钢筋混凝土框架结构体系。跨河封闭连廊采用钢框架结构体系。

2）1号医疗综合楼以地下二层底板为嵌固端。

3）抗震等级：东、西塔楼框架一级，剪力墙一级，塔楼封闭连廊支座处的框架梁、框架柱抗震等级提高一级为特一级。裙房框架抗震等级二级，大跨度框架一级。连廊钢结构框架抗震等级三级。

4）东西塔楼底部加强部位：剪力墙底部加强部位的高度，取底部两层高度和墙体总高度的1/10二者的较大值，即三层楼面标高。

### 4. 结构特点

1）1号医疗综合楼分为东、西2个塔，为了充分利用原长桥医院的桩基，建筑设计采用东塔15层，西塔17层，如图3.5-5所示，两塔楼平面形状基本一致。由于东塔楼需要利用原有长桥医院柱网，水平方向柱网同原设计一致，为8000mm，西塔为8100mm。东塔东侧1排4根框架柱由于地下车库汽车通道的影响不能落地，在地下室顶板采用型钢混凝土梁式托柱转换。东塔由于框架柱的内移，西侧采用悬挑结构，其中标准层西侧北部柱边悬挑长度3600mm，南部柱边悬挑长度2200mm。分析时计入竖向地震作用，增加以竖向地震作用为主的组合工况。

2）东西塔楼通过设置的塔楼封闭连廊进行平面功能的联系。由于连廊的本身刚度较小，综合判断结构采用弱连接。

3）东西塔楼顶部有装饰飘带连接，结构采用双侧悬挑的处理方式，减弱主体结构和装饰构件的相互影响。

4）裙房为4层（局部5层）框架结构，整体较方正，但东西两个方向平面长度均超过规范限值，如图2.3-3所示。

5）裙房中部楼板开洞面积小于30%，但有效楼板宽度比为（14.85+3.1）/85=21.12%，远小于50%，属于楼板局部不连续，楼板局部连接特别薄弱。裙房由于门急诊入口大厅建筑效果的需要，存在2根穿层柱，穿层柱高度累计4层，总高达18.9m。

## 3.5.3 西塔结构设计

### 1．结构超限判别

根据1号医疗综合楼结构特点和计算结果，按《审查要点》附件1表1～表4进行不规则项及超限判别，结论见表3.5-3。

不规则项及超限判别结论　　　　　　　表3.5-3

| 抗震单元 | 房屋高度（表1） | 不规则项（表2） | 不规则项（表3） | 不规则项（表4） | 超限判别 |
|---|---|---|---|---|---|
| 1号医疗综合楼东塔楼 | A级高度 | 扭转不规则 | 无 | 无 | 不超限 |
| | | 竖向抗侧力构件不连续（弱连体） | | | |
| 1号医疗综合楼西塔楼 | A级高度 | 扭转不规则 | 无 | 无 | 不超限 |
| | | 竖向抗侧力构件不连续（弱连体） | | | |

### 2．结构性能目标

对塔楼封闭连廊支座处的框架梁、柱补充抗震性能目标分析，性能目标：中震弹性、大震不屈服。

### 3．结构计算与分析

#### （1）多遇地震反应谱分析

采用YJK结构分析软件进行整体分析。

1）整体计算模型

西塔YJK整体计算模型如图3.5-8所示，东塔YJK整体计算模型如图3.5-9所示。

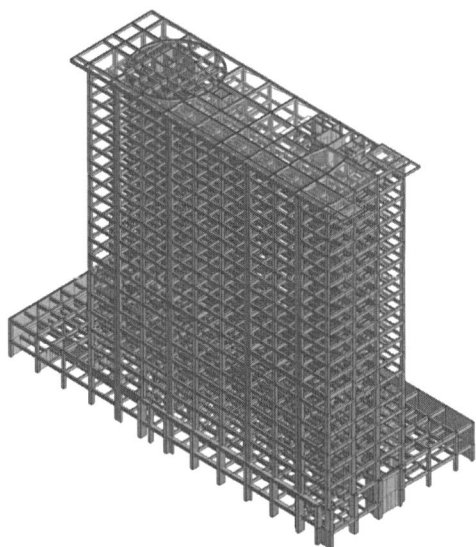

图3.5-8　西塔YJK整体计算模型　　　　图3.5-9　东塔YJK整体计算模型

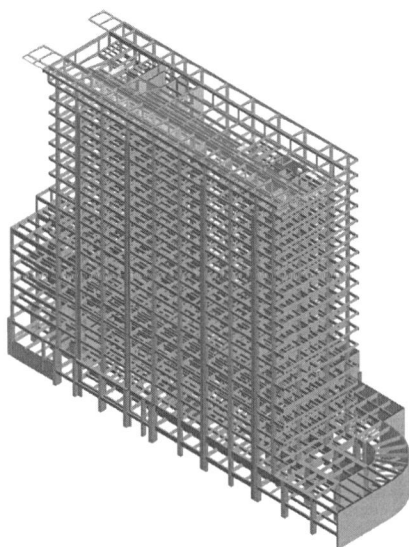

2）质量和周期

两个塔结构质量和周期计算结果见表3.5-4。第一扭转周期与第一平动周期之比小于0.85，满足规范要求。

质量和周期计算结果　　　　　　　　　　表3.5-4

| 计算指标 | | 西塔 | 东塔 |
|---|---|---|---|
| 结构总质量（t） | | 77934.922 | 71264.555 |
| 周期 | $T_1$（s） | 2.6563（X向平动） | 2.2228（X向平动） |
| | $T_2$（s） | 2.4841（Y向平动） | 2.0935（Y向平动） |
| | $T_3$（s） | 2.2388（扭转） | 1.8732（扭转） |
| | 最大地震作用方向（°） | 7.779 | 5.450 |
| | $T_3/T_1$ | 0.843 | 0.843 |
| | $T_2/T_1$ | 0.935 | 0.942 |

3）层间位移角

多遇地震作用下，采用YJK计算得到的层间位移角见表3.5-5，计算结果满足1/800的层间位移角控制目标。

层间位移角　　　　　　　　　　　　　表3.5-5

| 计算指标 | | 西塔 | 东塔 |
|---|---|---|---|
| 最大层间位移角 | $X$向 | 1/1188 | 1/1298 |
| | $Y$向 | 1/1210 | 1/1251 |

#### 4）侧向刚度比

多遇地震作用下，侧向刚度比见表3.5-6。

侧向刚度比　　　　　　　　　　　　　表3.5-6

| 计算指标 | | 西塔 | 东塔 |
|---|---|---|---|
| 侧向刚度比 | $X$向 | 1.1268（F9） | 1.1395（F10） |
| | $Y$向 | 1.1527（F12） | 1.1508（F12） |

注：表中括号中文字表示最大值或最小值所对应的层号，下同。

#### 5）楼层受剪承载力比

多遇地震作用下，楼层受剪承载力比见表3.5-7。

楼层受剪承载力比　　　　　　　　　　表3.5-7

| 计算指标 | | 西塔 | 东塔 |
|---|---|---|---|
| 楼层受剪承载力比 | $X$向 | 0.85（F3） | 0.87（F3） |
| | $Y$向 | 0.87（F3） | 0.88（F3） |

#### 6）剪重比

多遇地震作用下，剪重比见表3.5-8。扭转效应明显或基本周期小于3.5s的结构，楼层最小剪力系数$\lambda=0.20\alpha_{max}$，即1.60%。

剪重比　　　　　　　　　　　　　　　表3.5-8

| 计算指标 | | 西塔 | 东塔 |
|---|---|---|---|
| 剪重比 | $X$向 | 1.604%（F3） | 1.878%（F3） |
| | $Y$向 | 1.944%（F3） | 2.255%（F3） |

#### 7）框架倾覆力矩百分比

在规定的水平力作用下，结构底层框架部分承受的地震倾覆力矩与结构总地震倾覆力矩的比值见表3.5-9。

**框架倾覆力矩百分比**　　　　　表3.5-9

| 计算指标 | | 西塔 | 东塔 |
|---|---|---|---|
| 框架倾覆力矩百分比 | $X$向 | 33.9% | 35.4% |
| | $Y$向 | 41.9% | 37.6% |

### 8）底层地震剪力

多遇地震作用下，底层地震剪力见表3.5-10。

**底层地震剪力**　　　　　表3.5-10

| 计算指标 | | 西塔 | 东塔 |
|---|---|---|---|
| 底层地震剪力（kN） | $X$向 | 8251.67 | 8794.92 |
| | $Y$向 | 10002.50 | 10559.37 |

### （2）罕遇地震弹塑性分析（以西塔为例）

采用静力推覆法PUSHOVER进行了在罕遇地震下的结构弹塑性变形验算，侧推荷载类型为规定水平力。

### 1）固有周期

静力弹塑性模型的前3阶振型周期如表3.5-11所示。由于考虑实际钢筋作用，周期略有减小。

**静力弹塑性模型前3阶振型周期**　　　　　表3.5-11

| 振型 | 周期（s） |
|---|---|
| 1 | 2.5392 |
| 2 | 2.3700 |
| 3 | 2.1423 |

### 2）荷载－位移曲线

各工况计算的荷载-位移曲线如图3.5-10所示。

荷载-位移曲线描述的是在静力推覆过程中，基底剪力-顶点位移的变化情况。荷载-位移曲线通过一定的方式可以转化为能力谱曲线，通过与需求谱求交点即可获取性能点。

### 3）能力谱－需求谱曲线

通过荷载-位移曲线可以获得结构的能力谱曲线。计算附加阻尼比后可以得到折减后的需求谱曲线。能力谱和需求谱曲线求交点即可得到结构的性能点。各个工况的能力谱-需求谱曲线如图3.5-11所示。

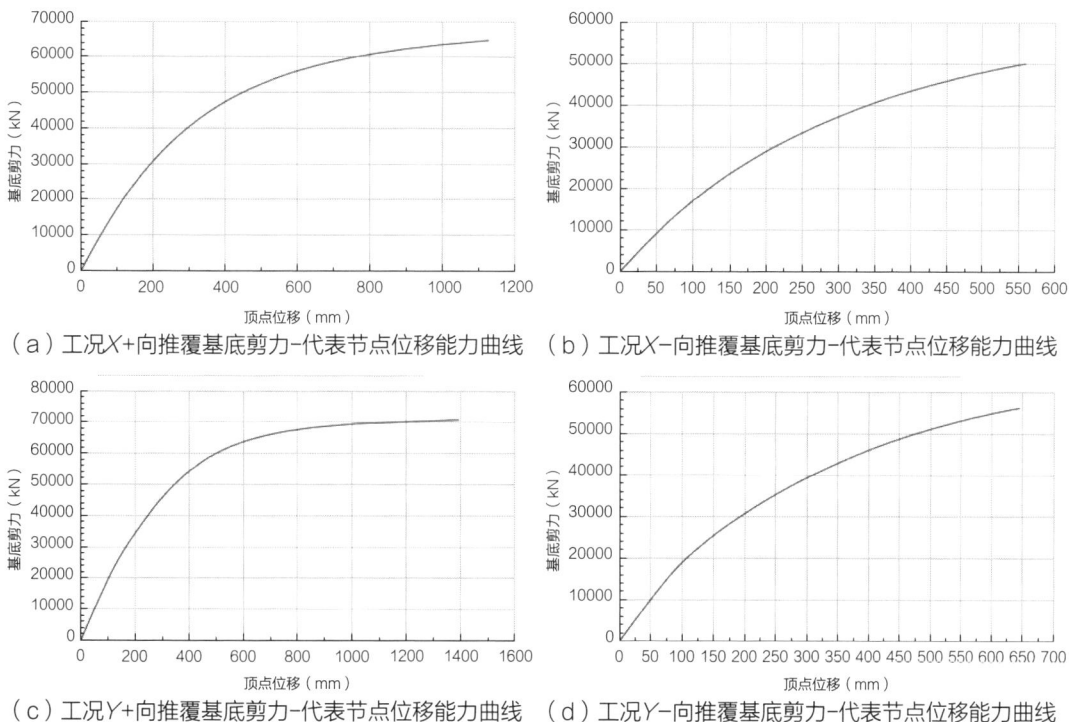

（a）工况X+向推覆基底剪力-代表节点位移能力曲线　（b）工况X-向推覆基底剪力-代表节点位移能力曲线

（c）工况Y+向推覆基底剪力-代表节点位移能力曲线　（d）工况Y-向推覆基底剪力-代表节点位移能力曲线

图3.5-10　各工况计算的荷载-位移曲线

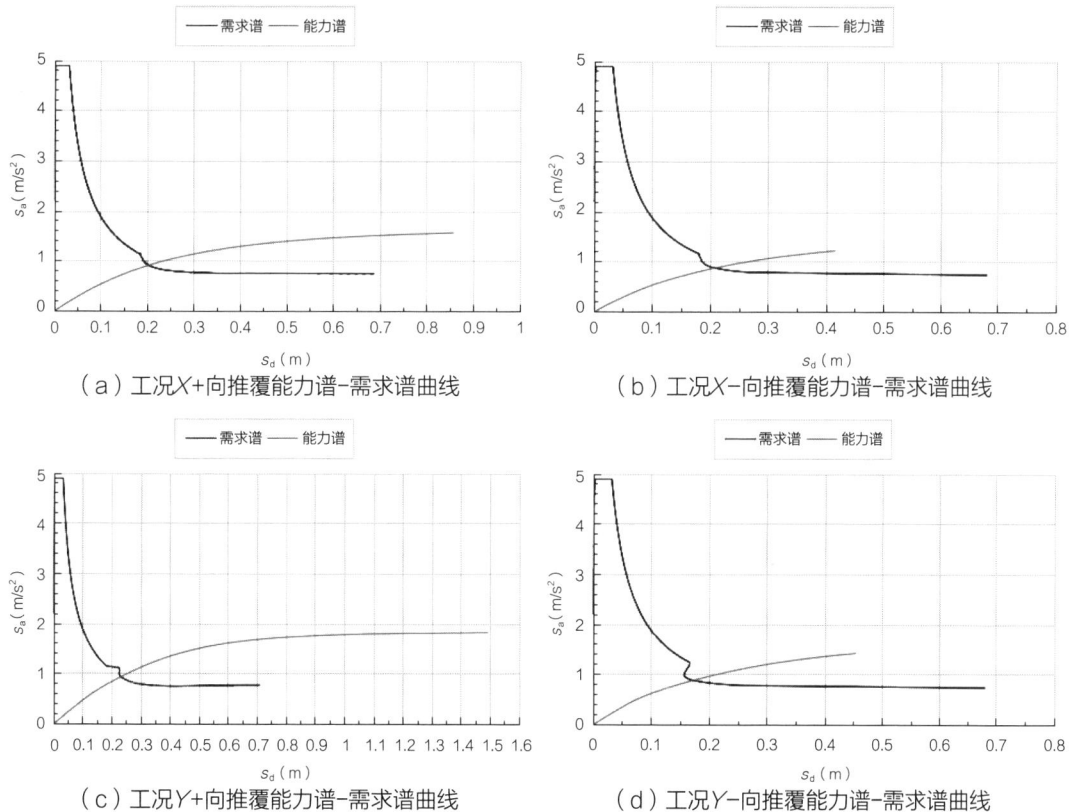

（a）工况X+向推覆能力谱-需求谱曲线　（b）工况X-向推覆能力谱-需求谱曲线

（c）工况Y+向推覆能力谱-需求谱曲线　（d）工况Y-向推覆能力谱-需求谱曲线

图3.5-11　各个工况的能力谱-需求谱曲线

**4）楼层剪力**

在性能点处，各工况推覆楼层剪力见表3.5-12。

各工况推覆楼层剪力  表3.5-12

| 工况 | 楼层剪力（kN） |
|---|---|
| X+ | 37861.75 |
| X- | 36640.40 |
| Y+ | 36640.40 |
| Y- | 35419.05 |

**5）楼层位移角结果**

在性能点处，各工况推覆楼层位移角如图3.5-12所示。

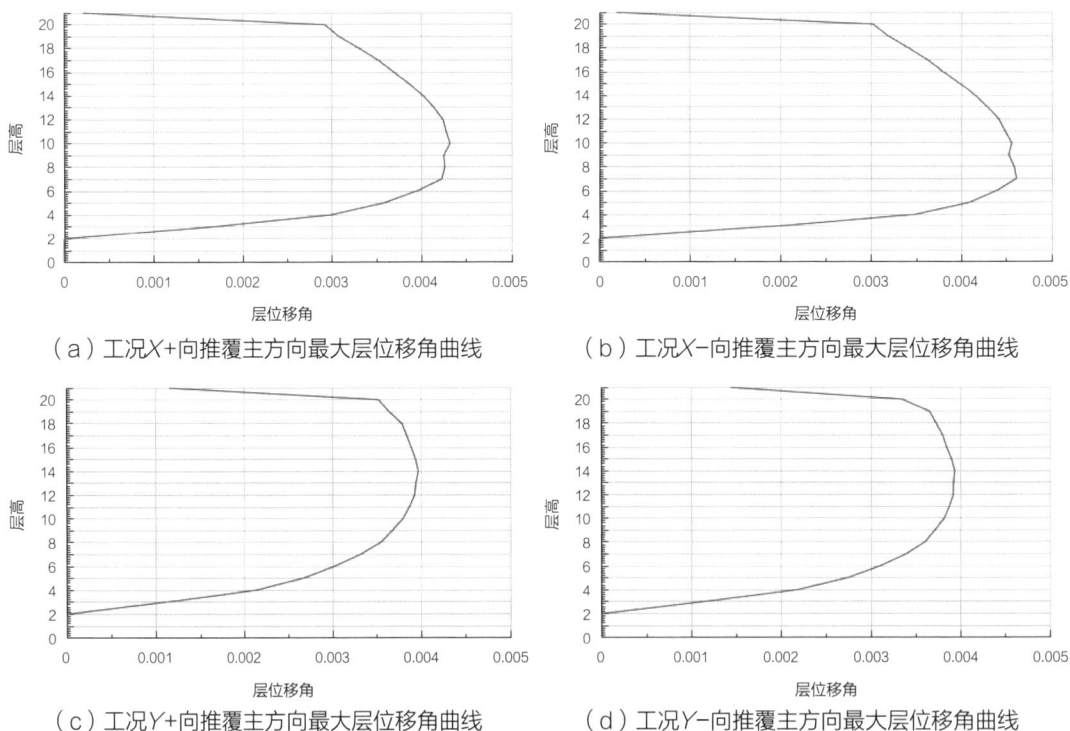

（a）工况X+向推覆主方向最大层位移角曲线　　（b）工况X-向推覆主方向最大层位移角曲线

（c）工况Y+向推覆主方向最大层位移角曲线　　（d）工况Y-向推覆主方向最大层位移角曲线

图3.5-12　各工况推覆楼层位移角

**6）构件性能状态**

在性能点处，各工况推覆构件性能状态如图3.5-13～图3.5-16所示，可以看出：墙、柱基本处于轻微损坏范围，部分梁出现中度损坏。

损伤等级

■ 破坏坍塌（0.34%）
较重损伤（0.70%）
中等损伤（10.65%）
轻微损伤（67.53%）
■ 无损伤（20.78%）

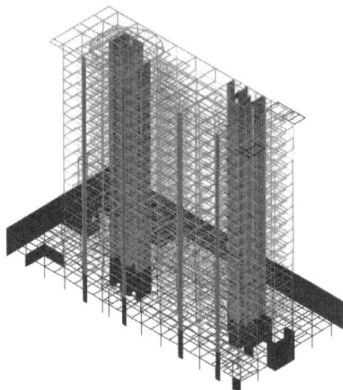

图3.5-13　工况 $X$+向推覆全楼性能状态评价

损伤等级

■ 破坏坍塌（0.57%）
较重损伤（0.92%）
中等损伤（11.20%）
轻微损伤（66.61%）
■ 无损伤（20.70%）

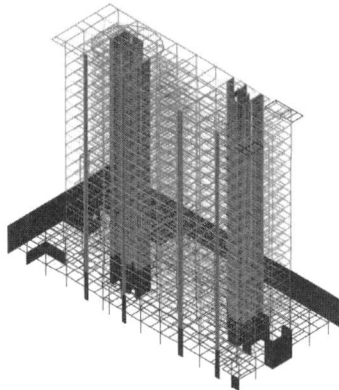

图3.5-14　工况 $X$−向推覆全楼性能状态评价

损伤等级

■ 破坏坍塌（0.05%）
较重损伤（0.16%）
中等损伤（9.38%）
轻微损伤（69.95%）
■ 无损伤（20.46%）

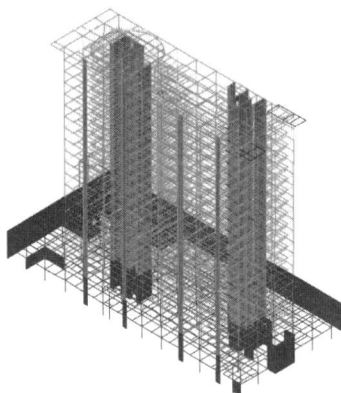

图3.5-15　工况 $Y$+向推覆全楼性能状态评价

损伤等级

■ 破坏坍塌（0.00%）
较重损伤（0.07%）
中等损伤（9.25%）
轻微损伤（70.25%）
■ 无损伤（20.43%）

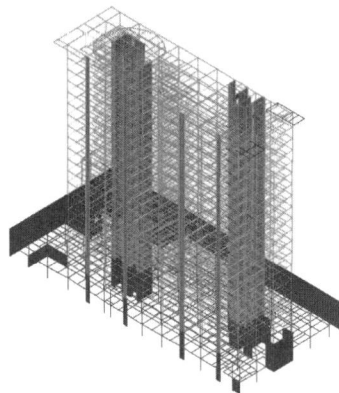

图3.5-16　工况 $Y$−向推覆全楼性能状态评价

## 3.5.4　裙房结构设计

### 1. 结构不规则类型判别

根据《建筑抗震设计规范》GB 50011—2010（2016年版）第3.4节及其条文解释的要求进行不规则类型判别，结论见表3.5-13。

不规则类型判别结论　　　　　　　　　　表3.5-13

| 序号 | 不规则类型 | 简要涵义 | 判别 |
| --- | --- | --- | --- |
| 1 | 扭转不规则 | 考虑偶然偏心的规定水平地震作用下扭转位移比大于1.2 | 扭转位移比大于1.2，属于扭转不规则 |
| 2 | 凹凸不规则 | 平面凹凸尺寸大于相应边长的30% | 无 |

续表

| 序号 | 不规则类型 | 简要涵义 | 判别 |
|---|---|---|---|
| 3 | 楼板局部不连续 | 有效宽度小于典型宽度的50%，开洞面积大于楼板面积的30%，错层大于梁高 | 裙房有效宽度小于典型宽度的50%，属于楼板局部不连续 |
| 4 | 侧向刚度不规则 | 对框架结构，楼层侧向刚度与其相邻上层70%的比值或相邻上三层平均值80%的比值$R_{at1}$小于1。对剪力墙结构、框剪、框筒、筒中筒结构，楼层侧向刚度与其相邻上层90%、110%或150%的比值$R_{at2}$小于1 | $R_{at1}$均不小于1，不属于侧向刚度不规则结构 |
| 5 | 竖向抗侧力构件不连续 | 上下墙、柱、支撑不连续，含加强层、连体类 | 无 |
| 6 | 楼层承载力突变 | 相邻层受剪承载力变化大于80% | 各层与相邻上层受剪承载力之比大于80%，不属于楼层承载力突变 |

本工程存在2项平面不规则，不存在竖向不规则，由于楼板局部不连续引起穿层柱，不重复计算，判定为平面不规则建筑。针对平面不规则的类型采取对应的分析方法及措施。

## 2．结构性能目标

对穿层柱补充抗震性能目标分析，性能目标：中震弹性、大震不屈服。

## 3．结构计算与分析

### （1）多遇地震反应谱分析

采用YJK结构分析软件进行整体模型分析和切分模型分析。

裙房YJK整体计算模型如图3.5-17所示，裙房YJK切分计算模型如图3.5-18所示。

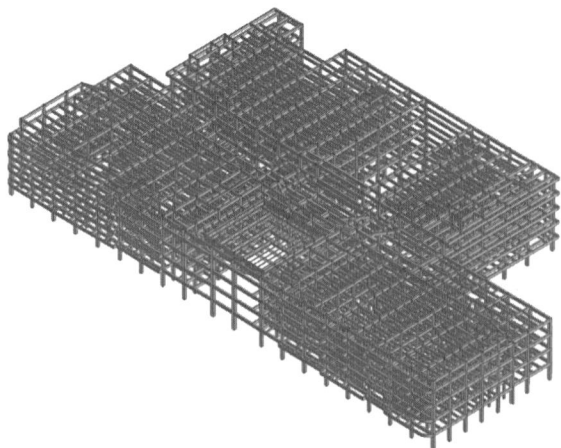

图3.5-17 裙房YJK整体计算模型

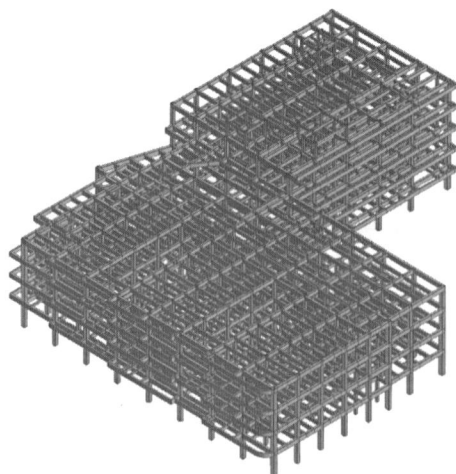

图3.5-18 裙房YJK切分计算模型

多遇地震作用下，采用YJK计算得到的周期见表3.5-14，其他指标见表3.5-15。

### 裙房多遇地震计算周期　　　　　　　　　表3.5-14

| 计算指标 | | | 计算结果 | 备注 |
|---|---|---|---|---|
| 周期 | $T_1$ | $T$（s） | 1.1338 | |
| | | 转角（°） | 14.63 | |
| | | $\lambda_x + \lambda_y$ | 0.86（0.81+0.05） | |
| | | $\lambda_t$ | 0.14 | |
| | $T_2$ | $T$（s） | 1.0418 | |
| | | 转角（°） | 111.06 | |
| | | $\lambda_x + \lambda_y$ | 0.93（0.12+0.81） | |
| | | $\lambda_t$ | 0.07 | |
| | $T_3$ | $T$（s） | 0.9140 | |
| | | 转角（°） | 47.24 | |
| | | $\lambda_x + \lambda_y$ | 0.26（0.12+0.14） | |
| | | $\lambda_t$ | 0.74 | |
| | 最大地震作用方向（°） | | 1.762 | |
| | $T_t/T_1$ | | 0.806 | <0.90，满足规范要求 |
| | $T_2/T_1$ | | 0.919 | >0.80，$T_1$、$T_2$为平动周期，较为接近 |

### 裙房多遇地震其他指标　　　　　　　　　表3.5-15

| 计算指标 | | 计算结果 | 规范限值 | 是否满足规范或不规则判别 |
|---|---|---|---|---|
| 结构总质量（t） | | 172306.781 | — | — |
| 侧向刚度比（各层最小值） | X向 | 1.3598（F3） | ≥1.0 | 规则 |
| | Y向 | 1.3217（F3） | | |
| 楼层受剪承载力比（各层最小值） | X向 | 1.00（F3） | ≥0.8 | 规则 |
| | Y向 | 1.00（F3） | | |
| 底层地震剪力（kN） | X向 | 58604.69 | — | — |
| | Y向 | 62117.81 | | |
| 剪重比（各层最小值） | X向 | 3.401%（F1） | ≥1.60% | 满足 |
| | Y向 | 3.605%（F1） | | |

续表

| 计算指标 | | | 计算结果 | 规范限值 | 是否满足规范或不规则判别 |
|---|---|---|---|---|---|
| 有效质量系数 | | X向 | 100.00% | ≥90% | 满足 |
| | | Y向 | 100.00% | | |
| 最大层间位移角（各层最大值） | 地震作用 | X向 | 1/869（F4） | 框架结构≤1/550 | 满足 |
| | | Y向 | 1/833（F3） | | |
| | 风荷载作用 | X向 | 1/9999（F3） | 框架结构≤1/550 | 满足 |
| | | Y向 | 1/9943（F3） | | |
| 楼层扭转位移比（各层最大值） | | X向 | 1.21（F6） | ≤1.2 | 扭转不规则 |
| | | Y向 | 1.41（F6） | | |

### （2）罕遇地震弹塑性分析

不超过12层且刚度无突变的钢筋混凝土框架，可按《建筑结构抗震设计规范》GB 50011—2010（2016年版）第5.5.4条简化计算法计算，结果见表3.5-16。

弹塑性位移角结果　　　　　　　　　　　　　表3.5-16

| 项目 | | 7度罕遇地震 | 规范限值 | 是否满足 |
|---|---|---|---|---|
| 裙房 | X向 | 1/112（F2） | 1/50 | 满足 |
| | Y向 | 1/111（F2） | 1/50 | 满足 |

### （3）专项分析

#### 1）连接薄弱部位楼板地震应力分析

性能目标：连接薄弱部位楼板中震弹性，大震不发生受剪破坏。采用YJK程序，对裙房进行中震工况下应力的计算，楼板单元采用弹性膜。楼面楼板厚度取120mm，连接较弱处取150mm，特别薄弱处取180mm；屋面楼板厚度取120mm，连接较弱处取150mm，特别薄弱处取180mm。分析结果显示，洞口附近楼板拉应力峰值比较大，故该区域上方连接板板适当加厚至150mm是合理的，楼面X向采用Φ8@150双层配筋，基本能满足要求。

#### 2）楼面超长混凝土收缩和温度应力分析

采用YJK程序，对裙房进行温度应力的分析，楼板单元采用弹性膜。实际分析中降温取-25℃，升温取20℃。经分析，降温时楼板出现拉应力，降温起控制作用。分析结果显示，洞口附近薄弱处楼板拉应力较大，不考虑极值点，X向拉应力达2.30N/mm²，此区域板厚已适当加强，配筋由于地震应力也得到适当加强，如X向加强至Φ10@150，可基本满足要求。

**3）局部穿层柱分析**

对裙房入口处穿层柱计算长度系数按实际考虑。对于穿层柱按非穿层柱的水平剪力复核其承载力。并按性能化要求复核其抗震性能。

## 3.5.5　地下连通道、跨河封闭连廊、塔楼封闭连廊结构设计

两地块之间通过地下连通道、路面及跨河封闭连廊连接，实现院区内高效便利的交通联系。东西塔楼通过塔楼封闭连廊连接，加强了功能区之间的联系。

### 1．地下连通道

地下连通道位于南北地块中部的东侧。连接南北地下二层，兼作管线通廊，总长约40m，净宽度9.4m。顶板位于上部河床下方。南北通过变形缝设置柔性止水带与南北地下室结构连接。变形缝处采用中埋式橡胶止水带（两道）加内侧可拆卸橡胶止水带的加强做法，以降低渗漏风险。

### 2．跨河封闭连廊

跨河封闭连廊位于南北地块中部的西侧。南北总长68m，为一跨两端带悬挑钢框架结构，跨度38.4m，北侧悬挑11.3m，南侧悬挑18.3m，封闭连廊横向宽度7.8m。跨度方向利用楼面到屋面的层高设置钢桁架，增加结构竖向刚度。结构主要截面采用Q355B焊接H型钢，柱采用箱形截面，采用内灌混凝土的加强措施。楼屋面采用钢筋桁架楼承板。跨河封闭连廊YJK整体计算模型如图3.5-19所示，第一阶模态如图3.5-20所示，恒荷载+活荷载（恒+活）竖向变形如图3.5-21所示。

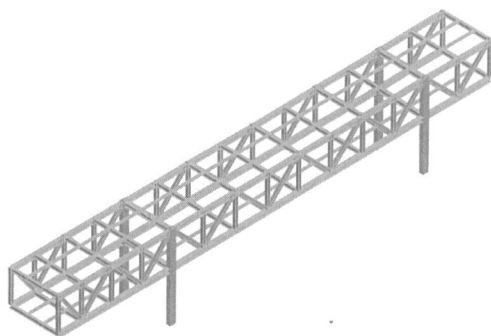

图3.5-19　跨河封闭连廊整体计算模型

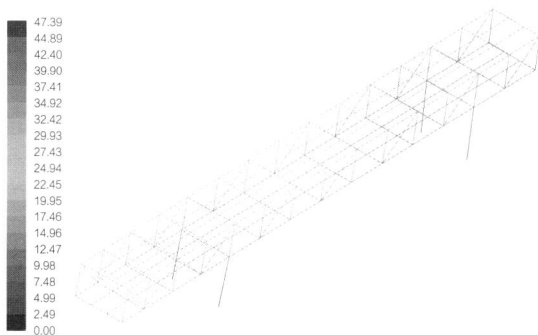

图3.5-20　跨河封闭连廊第一阶模态

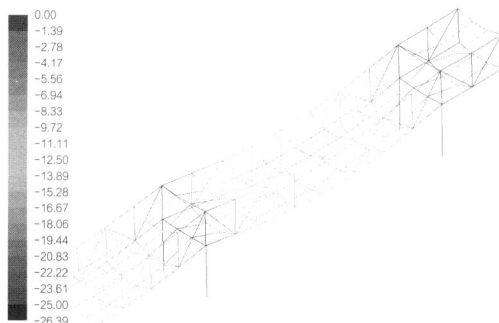

图3.5-21　跨河封闭连廊（恒+活）竖向变形

连廊舒适度分析时永久荷载标准值按实际采用，连廊活荷载取0.35kN/m²。封闭连廊仅进行竖向振动舒适度验算。第一阶竖向自振频率如图3.5-22所示，为3.73Hz，不低于3Hz。节点加速度包络图、加速度最大节点的加速度时程曲线如图3.5-23、图3.5-24所示。Z方向振动峰值加速度为0.040286m/s²，满足规范要求。

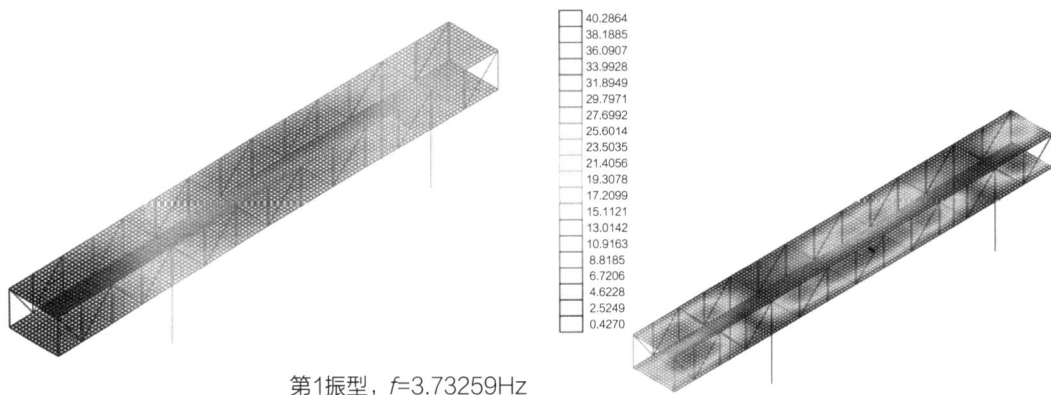

第1振型，f=3.73259Hz

图3.5-22　第一阶竖向自振频率

图3.5-23　节点加速度包络示意图

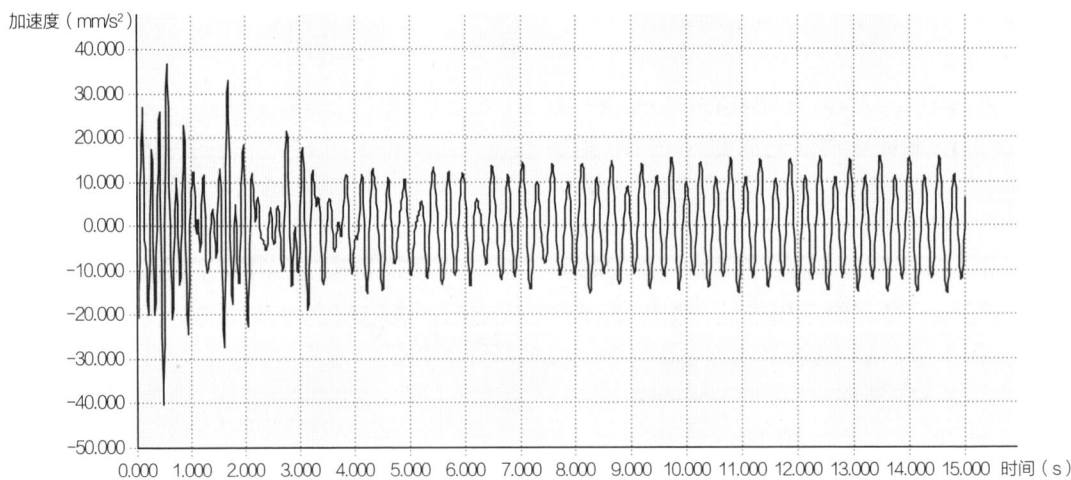

图3.5-24　加速度最大节点的加速度时程曲线

## 3．塔楼封闭连廊

东西塔楼之间的连廊，跨度为12.4m，跨度不大、荷载较小，均采用两道简支楼面钢梁，在塔楼支座处采用滑动支座连接。连廊屋顶采用钢框架支承于连廊楼面支座位置，连廊楼面及屋面层合并设置支座，以减少支座的用量。支座滑移量须满足两个方向在罕遇地震作用下的位移要求，并应采取防坠落、撞击措施（限位装置）。支座防坠落措施的具体做法可见图3.5-25。东西塔楼弹塑性位移计算结果见表3.5-17。

支座处框架梁、框架柱抗震等级提高一级，柱箍筋全柱段加密配置。支座处的框架梁、柱补充抗震性能目标分析。连廊支座处附近区域梁板配筋适当加强。支座牛腿处采用后伸一段钢梁的方式加强连接。

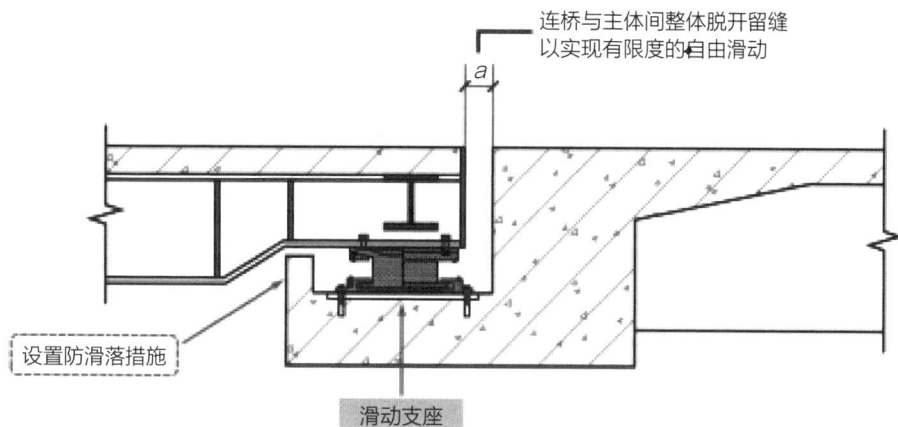

连桥与主体间整体脱开留缝
以实现有限度的自由滑动

设置防滑落措施

滑动支座

图3.5-25　支座防坠落措施

东西塔楼弹塑性位移　　　　　　　　　　　　　表3.5-17

| 西塔 | | 东塔 | | 备注 |
|---|---|---|---|---|
| 楼层 | 位移（mm） | 楼层 | 位移（mm） | |
| 16 | 250 | 16 | 206 | 连廊顶 |
| 15 | 230 | 15 | 200 | 连廊底 |
| 14 | 220 | 14 | 188 | — |
| 13 | 210 | 13 | 180 | 连廊顶 |
| 12 | 195 | 12 | 165 | 连廊底 |
| 11 | 175 | 11 | 150 | — |
| 10 | 160 | 10 | 140 | 连廊顶 |
| 9 | 145 | 9 | 120 | 连廊底 |

连廊钢柱采用Q355B方钢管，钢梁均采用Q355B焊接H型钢，楼、屋面采用钢筋桁架楼承板，避免高空支模。实际连廊两端缝宽分别为380mm、400mm、450mm，两端均允许滑动并采取限位措施。支座及垫板参数见表3.5-18。

支座及垫板参数　　　　　　　　　　　　　表3.5-18

| 楼层 | 支座类型 | $B$（mm） | $H$（mm） | 纵向位移（±mm） | 横向位移（±mm） | 转动角度（°） |
|---|---|---|---|---|---|---|
| 15 | GPZ（Ⅱ）10SX | 950 | 190 | 250 | 40 | ≥0.02 |
| 12 | GPZ（Ⅱ）3.5SX | 600 | 115 | 200 | 40 | ≥0.02 |
| 9 | GPZ（Ⅱ）1.5SX | 500 | 90 | 150 | 40 | ≥0.02 |

## 3.5.6　历次方案的主要调整

### 1. 前设计长桥医院项目

南地块东侧原为长桥医院项目用地范围，用地面积约17176.50m²，总建筑面积约69833.5m²，其中地上建筑面积42908.8m²，地下约26924.7m²。现工程已完成地下打桩及基坑支护工程，部分地下室底板已施工。长桥医院建筑总平面示意如图3.5-26所示，长桥医院建筑效果图如图3.5-27所示。

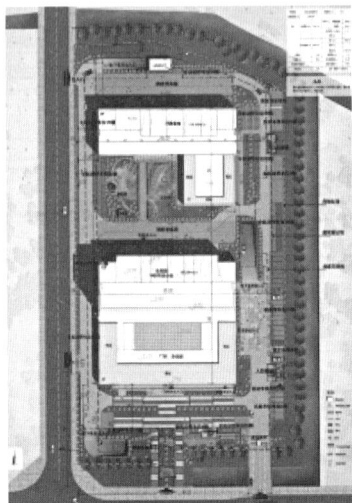

图3.5-26　长桥医院建筑总平面示意图

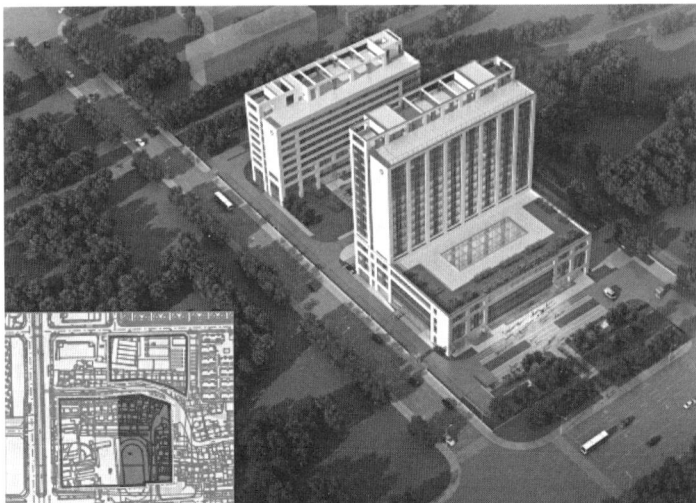

图3.5-27　长桥医院建筑效果图

### 2. 吴中人民医院项目

由于区域发展需求，利用原长桥医院项目地块并扩大用地，建设吴中人民医院项目，对吴中人民医院项目建设存在较大影响，需对原长桥医院进行充分利用，以降低工程损耗，加快工程进度。

场地原项目（长桥医院）规划南侧为医疗综合楼，裙房功能以门诊和医技为主，塔楼为病房楼，北侧康复楼，主要为康复单元。吴中人民医院项目用地向西侧扩大，根据原项目的主要功能向西延伸，南侧布置门诊部，北侧为住院部。长桥医院功能示意如图3.5-28所示，吴中人民医院功能示意如图3.5-29所示。可以看出，原康复楼位置现在为病房楼（东塔），原医疗综合楼位置现在为门诊、医技区。

方案调整后，除利用原有基坑外，结构设计充分利用原有项目已施工桩基，以节省工程造价。结构主要变化前后对比见表3.5-19。

吴中人民医院项目东侧地下二层范围现有长桥医院已施工灌注桩330根，已施工方桩1178根。地下室及裙房范围利用既有方桩897根，新增灌注桩686根。东塔楼范围利用既有灌注桩103根，新增灌注桩199根。不利用的原有工程桩截桩至现有底板底面下500mm，以减轻对底板的不利影响。

图3.5-28　长桥医院功能示意图

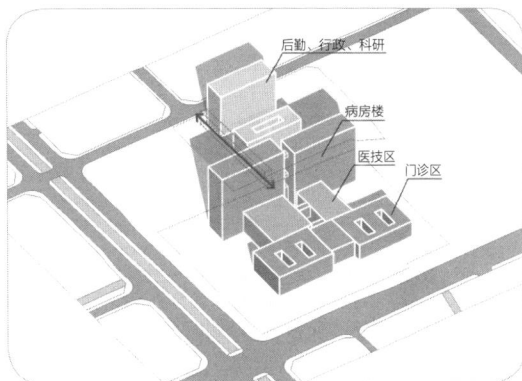

图3.5-29　吴中人民医院功能示意图

吴中人民医院与长桥医院结构变化对比　　　　　　　　表3.5-19

| 项目 | 长桥医院 | 吴中人民医院 |
|---|---|---|
| ±0.000相对85高程（m） | 4.000 | 3.700 |
| 室内外高差（m） | 0.150 | 0.200 |
| 地下室层数 | 2 | 2（东侧）<br>3（西侧） |
| 建筑标高（m） | −5.500（B1）<br>−10.000（B2） | −5.500（B1）<br>−9.400（西侧）、−9.700（东侧）（B2）<br>−13.400、−14.400（B3） |
| 结构标高（m） | −5.550（B1）<br>−10.150（B2） | −5.600（B1）<br>−9.500（西侧）、−9.800（东侧）（B2）<br>−13.550、−14.550（B3） |
| 桩型（mm）［桩长（m）］ | 500×500（20）/ $D$700（51） | $D$700（18，20，46，51） |
| 持力层 | 粉砂/粉细砂 | 粉砂/粉质黏土/粉细砂 |
| 底板厚度（mm） | 600（B2） | 600（B2）<br>900（B3） |
| 主楼承台厚度（mm） | 1700（B2） | 2000（B2）<br>2200（B3） |

## 3．中国中医科学院西苑医院苏州医院项目

经相关部门批复，苏州市吴中人民医院新院区建设项目调整为中国中医科学院西苑医院苏州医院项目，项目主体由苏州市吴中人民医院调整为苏州市中医医院。项目为苏州市与中国中医科学院西苑医院合作创建的区域中医诊疗中心，力求打造"立足苏南、辐射长三角、影响全国、面向国际"的一流国家区域医疗中心样板医院。调整后的西苑医院苏州医院效果图如图3.5-30所示。

图3.5-30　西苑医院苏州医院效果图

　　由于建设主体的变更，综合医院调整为中医院，建筑平面功能进行了较大的调整。调整的主体结构已基本施工完成，需要对结构进行加固改造。结构设计充分与各专业沟通，控制重力荷载代表值增量不超过5%，避免对竖向构件采取加固改造。常用混凝土梁、板的加固方法有增大截面加固法、粘贴加固法、增补受拉钢筋法。现场局部构件改造如图3.5-31所示。

　　中国中医科学院西苑医院苏州医院是苏州市政府与中国中医科学院西苑医院合作共建的公立中医医院，是苏州市首个获批的国家区域医疗中心项目。该院于2025年投入使用。在建实景如图3.5-32所示。

图3.5-31　局部构件加固改造

图3.5-32　中国中医科学院西苑医院苏州医院在建实景（2024年）

## 3.5.7　工程小结

　　1）本项目设计周期长，历经长桥医院、吴中人民医院、中国中医科学院西苑医院苏州医院，由街道医院升级为国家区域医疗中心。结构设计进行了相应的调整。

　　2）1号医疗综合楼东、西塔楼在多遇地震作用下，层间位移角双向均能满足不大于1/800的预期位移性能目标要求。

　　3）1号医疗综合楼东、西塔楼在罕遇地震作用下，结构需求谱与能力谱存在性能点，最大层间位移角限值满足要求。

　　4）结构在性能点不存在显著的侧向变形，不存在严重的薄弱层或者软弱层。

5）性能点下基底剪力与小震基底剪力进行对比，约为3~5倍，符合抗震概念设计要求。

6）地下连通道、跨河封闭连廊、塔楼封闭连廊等设计满足强度、耐久性、舒适度要求。

# 3.6　工程应用：昆山东部医疗中心

## 3.6.1　工程概况

### 1. 建筑总体概况

昆山东部医疗中心于2016年完成首版施工图设计，主体为昆山市第一人民医院，是以医疗为核心，向教学、科研、预防等领域延伸的三级甲等综合医院。项目总用地13.68万m²，总建筑面积309238m²，其中地上建筑面积为231438m²，地下建筑面积为77800m²。项目规划有门诊医技楼（包括门诊、医技和急诊）、病房楼、科研楼、行政教学楼（东侧裙房为会议中心）、传染楼、后勤楼、二期医疗综合楼和机械停车楼，以及地下室。项目位于昆山开发区前进东路北侧，吴淞江路东侧，同丰路南侧，洞庭湖路西侧，与苏州市轨道交通11号线通过地下连通道相连，地下连通道为本工程建设范围。建筑总平面图见图3.6-1，建筑效果图见图3.6-2，项目建成实景图见图3.6-3。

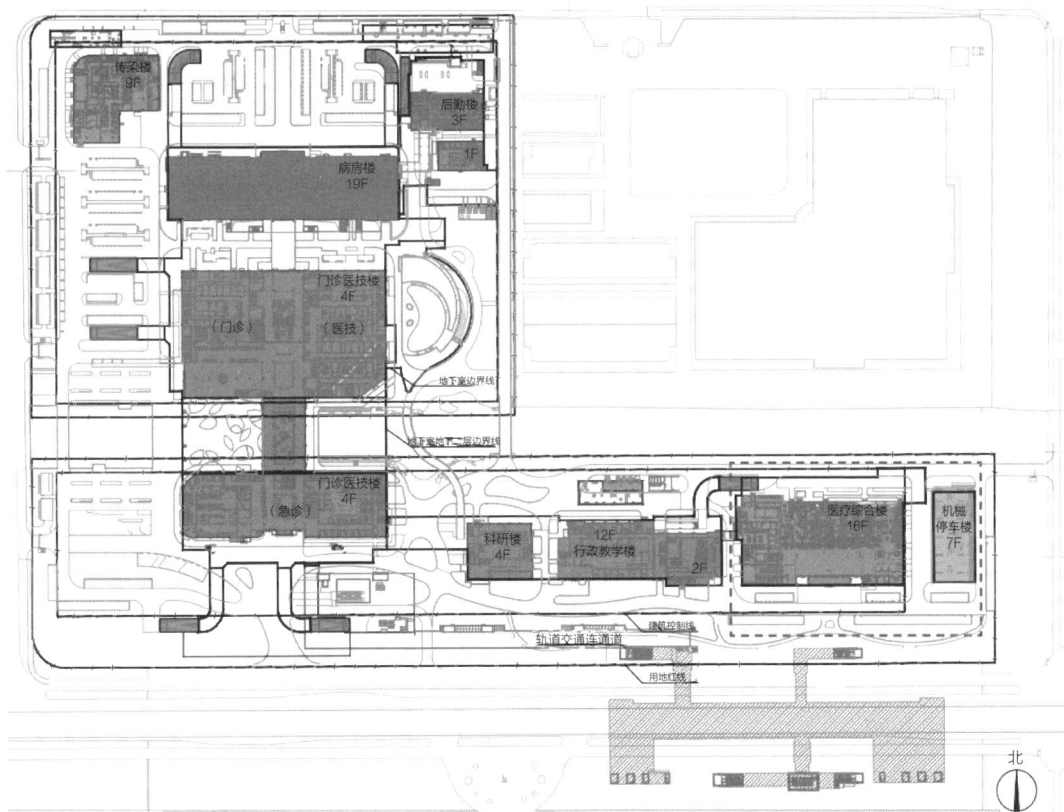

图3.6-1　建筑总平面图

图3.6-2　建筑效果图

图3.6-3　项目建成实景图

## 2．建筑单体概况

本工程为2000床三级甲等综合医院，建筑各单体概况如表3.6-1所示。

建筑单体概况　　　　　　　　表3.6-1

| 单体 | 地上层数 | 地下层数 | 房屋高度（m） | 房屋总高（m） |
|---|---|---|---|---|
| 门诊医技楼 | 4 | 2 | 21.60 | 27.60 |
| 病房楼 | 19 | 2 | 84.80 | 89.60 |
| 传染楼 | 9 | 0 | 40.80（加层后） | 45.90 |
| 科研楼 | 4 | 1 | 21.60 | 27.60 |
| 后勤楼 | 3 | 1 | 16.50 | 17.40 |
| 行政教学楼 | 12 | 1 | 52.50 | 60.80 |
| 医疗综合楼 | 16 | 1 | 72.30 | 80.90 |
| 停车楼 | 7 | 3 | 21.15 | 21.75 |

一期地下室：门诊医技楼、病房楼下方为两层地下室，底板建筑标高为−9.90m，科研楼、行政教学楼、后勤楼下方为一层地下室，底板建筑标高为−6.00m。地下一层为检查室、停车库、设备用房及下沉广场，有一条东西向河道从地下一层穿过，地下二层为停车库及设备用房。

二期地下室：医疗综合楼下方设置一层地下室，底板建筑标高为−6.00m，主要功能为检查用房和设备用房。停车楼下方设置3层地下室，主要功能为停车库。

地下连通道及配套用房：局部地上1层，地下1层，局部地下2层，与轨道交通连接通道底板建筑标高−9.90m，其余配套用房地下一层底板建筑标高−6.00m，地上出地面楼梯间房屋高度4.80m。

## 3．建设条件

本工程场地内浅部5m为软弱土层，属于建筑抗震不利地段；场地内地势平坦，无不良地质作用，不考虑液化影响，不考虑场地软土的震陷影响，场地稳定性较好，适宜工程建设。

### 4．设计参数

根据《建筑抗震设计规范》GB 50011—2010（2016年版）和《建筑工程抗震设防分类标准》GB 50223—2008的相关规定，本工程设计基本参数见表3.6-2。

主要设计参数　　　　　　　　　　　　表3.6-2

| 设计参数 | 参数值 |
|---|---|
| 结构设计工作年限 | 50年 |
| 建筑结构安全等级 | 梁柱剪力墙及基础底板：一级（标准设防：二级）；楼板：二级 |
| 结构重要性系数 | 梁柱剪力墙及基础底板：1.1（标准设防：二级）；楼板：1.0 |
| 抗震设防类别 | 重点设防/标准设防（行政教学楼、停车楼） |
| 抗震设防烈度 | 7度 |
| 基本地震加速度 | 0.10g |
| 设计地震分组 | 第一组 |
| 场地类别 | IV类 |
| 抗震地段 | 抗震不利地段 |
| 地基基础设计等级 | 甲级 |
| 混凝土结构的环境类别 | 地下工程中与土或水接触的部分为二a类，其余为一类 |

## 3.6.2　结构体系与特点

### 1．抗震单元划分

#### （1）上部结构

本工程一期地上建筑设置8条防震缝，将房屋划分为11个结构单元，缝宽为100～220mm。结构单元划分见图3.6-4。

病房楼和门诊医技楼之间设有3层钢连廊，两端分别与病房楼和门诊医技楼脱开；门诊楼与急诊楼间4层连廊，分别与北侧门诊楼和南侧急诊楼脱开，急诊楼与科研楼间单层连廊分别与急诊楼和科研楼设缝脱开，科研楼与行政教学综合楼间设缝脱开，行政教学楼与会议中心间设缝脱开。经过上述设缝后，将结构划分为11个相对规则的结构单元，避免了结构超限和特别不规则建筑；后勤楼和传染病楼为独立的抗震单元。

二期医疗综合楼和停车楼均为带独立地下室的独立单体。地下连通道为局部带出地面楼梯间的地下结构。

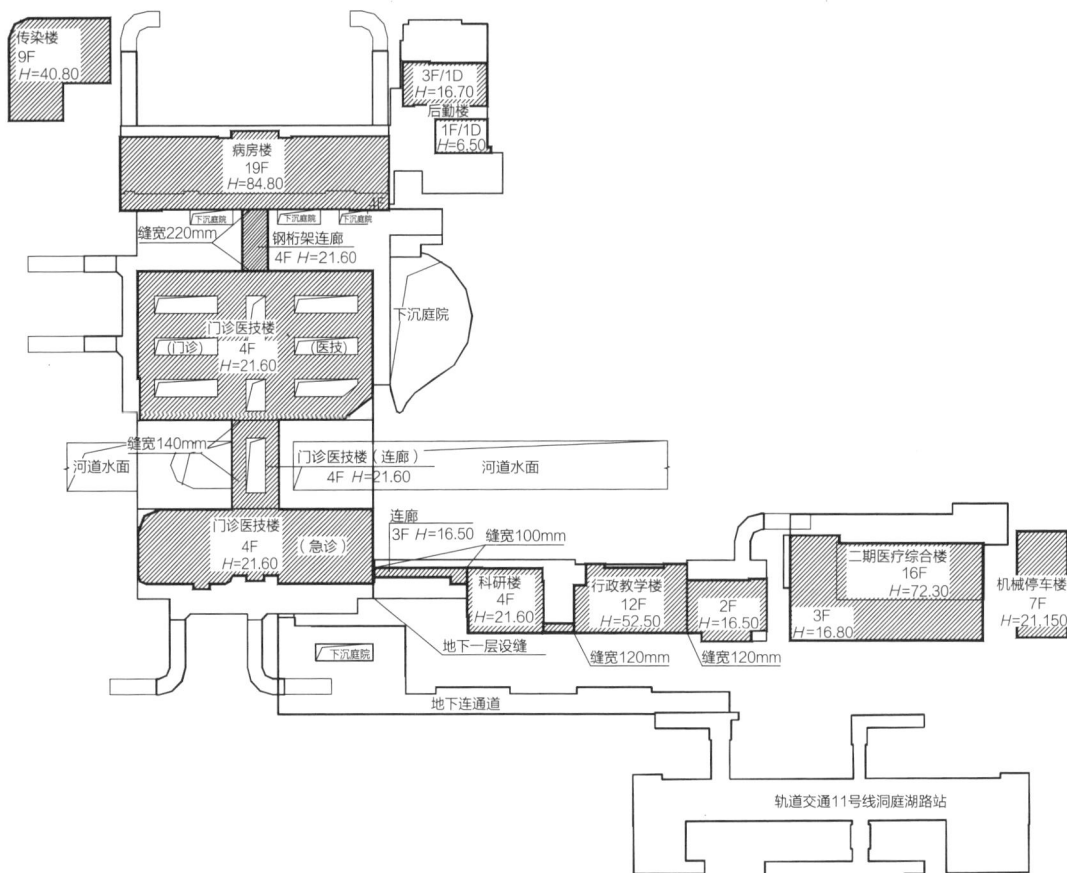

图3.6-4 一期结构单元划分示意图

（注：高度单位为m）

### （2）地下室

一期地下室结合地下室平面形状、层数，在科研楼、行政教学楼、会议中心下方的一层地下室与病房楼、门诊医技楼下方的两层地下室交界位置设置变形缝，将一层地下室部分和两层地下室部分分开；地下二层不设置变形缝；地下连通道与一期地下室在南侧地下二层及与轨道交通11号线出站口间分别设置变形缝。

二期医疗综合楼和机械停车楼均带独立地下室。

### 2．结构体系

1）门诊医技楼、传染楼、后勤楼、科研楼、会议中心、机械停车楼及配套用房采用框架结构；病房楼、行政教学楼、二期医疗综合楼均为高层建筑，采用框架-剪力墙结构。

2）急诊楼与门诊医技楼之间的4层连廊采用框架结构；科研楼与急诊楼之间单层连廊采用框架结构；门诊医技楼与病房楼之间连廊采用钢桁架结构，桁架两端分别支承在两端房屋的柱上，一端采用固定支座、另一端采用滑移支座，共4个支座，均采用成品钢球支座。

3）门诊楼入口与急诊楼次入口之间的屋顶构架采用钢结构，一侧支承在门诊楼屋面，一侧支承在急诊楼屋面，一端采用固定支座、另一端采用滑移支座，其余屋顶构架采用钢筋混凝土结构。

4）传染病楼无地下室，以基础顶面为嵌固端，其余各单体以地下室顶板为嵌固端。由于门诊医技楼东侧有下沉广场，急诊楼与门诊医技楼之间地下一层有河道穿过，河道穿过处取消地下一层外墙及柱子，因此门诊医技楼和急诊楼间连廊以地下二层顶板为嵌固端进行包络设计。

### 3. 抗震设防类别

重点设防类（乙类）：门急诊医技楼、病房楼、传染楼、后勤楼（后勤楼内因设置了高压氧舱，按重点设防类设计）、科研楼、地下一层医疗配套用房及医疗配套设备用房区域、门诊医技楼与病房楼之间的连廊钢桁架结构、医疗综合楼。建筑结构的安全等级为一级，结构重要性系数为1.1。

标准设防类（丙类）：行政教学楼、会议中心；科研楼与急诊楼之间的连廊、停车楼、地下连通道。建筑结构的安全等级为二级，结构重要性系数为1.0。

### 4. 抗震等级

根据各单体设防类别、结构形式、建筑高度，各单体框架及剪力墙抗震等级如表3.6-3所示。

各单体框架及剪力墙抗震等级 表3.6-3

| 单体 | 结构形式 | 房屋高度（m） | 抗震等级 |
|---|---|---|---|
| 门诊医技楼 | 框架结构 | 21.60 | 框架二级 |
| 病房楼 | 框剪结构 | 84.80 | 框架一级、剪力墙一级 |
| 传染楼 | 框架结构 | 40.80（加层后） | 框架一级 |
| 科研楼 | 框架结构 | 21.60 | 框架二级 |
| 后勤楼 | 框架结构 | 16.50 | 框架二级 |
| 行政教学楼 | 框剪结构 | 52.50 | 框架三级、剪力墙二级 |
| 医疗综合楼 | 框剪结构 | 72.30 | 框架一级、剪力墙一级 |
| 停车楼 | 框架结构 | 21.15 | 框架三级 |
| 门急诊间连廊 | 框架结构 | 21.60 | 框架二级 |
| 门诊楼病房楼间连廊 | 钢桁架 | 21.60 | 三级 |
| 科研楼与急诊楼之间的连廊框架结构 | 框架结构 | 16.50 | 框架二级（单跨） |

注：大跨度框架抗震等级提高一级；搁置连廊的竖向构件抗震等级提高一级；单跨框架抗震等级提高一级。

### 5．结构特点

本工程为三级甲等综合医院的新建院区，包含了医院的大部分功能，其结构主要有如下特点：

1）院区内病房楼、门诊医技楼、急诊楼、科研楼、行政教学楼通过连廊联系在一起，通过设置防震缝，把结构分成相对规则的结构单元，避免了结构超限和特别不规则。

2）本工程东西向有一条河道在门诊楼和急诊楼中间位置从地下一层穿过。

3）病房楼、门诊楼、急诊楼、医疗综合楼、地下室结构超长，病房楼东西向长138.8m，超出钢筋混凝土结构伸缩缝最大间距（框剪结构按50m）较多；病房楼结构高度84.80m，如设置防震缝，缝宽需300mm，对建筑影响较大；门诊楼东西向121m，南北向74m，东西向长度超出钢筋混凝土结构伸缩缝最大间距（55m）较多。对病房楼、门诊医技楼不设变形缝，对楼板进行温度应力分析，根据计算结果对楼板配筋进行加强。

4）因各单体互相连通，部分大跨度空间采用了钢结构，病房楼和门诊医技楼间跨度28.8m的3层连廊采用钢桁架结构；门诊医技楼和急诊楼间采光顶跨度44m，西侧跨度48m，采用钢结构；根据建筑立面需求，悬挑5.2m的雨篷不设拉杆，采用钢梁直接悬挑；悬挑7.1～9.6m的雨篷采用钢结构，并设置拉杆。

5）传染楼原设计为5层，在桩基施工完成后、承台施工前新冠疫情爆发，根据院方要求，传染楼改为9层，内部布置重新调整，根据新方案进行了重新设计和补桩。

## 3.6.3　结构不规则判别及抗震性能目标

根据各单体结构特点和计算结果，按《审查要点》附件1表1～表4进行不规则项及超限判别，结论见表3.6-4。

不规则类型和超限判别　　　　　　　　　　表3.6-4

| 结构单元 | 表1 高度级别 | 表2 （一般）不规则项 | 表3 不规则项 | 表4 不规则项 | 是否超限 |
|---|---|---|---|---|---|
| 病房楼 | A级高度 | 扭转不规则 | — | — | 不超限 |
| 行政教学楼 | A级高度 | 竖向尺寸突变 | 塔楼偏置 | — | 不超限 |
| 门诊医技楼 | 多层 | 扭转不规则楼板局部不连续 | — | — | 一般不规则 |
| 急诊楼 | 多层 | 扭转不规则楼板局部不连续 | — | — | 一般不规则 |
| 后勤楼 | 多层 | 扭转不规则 | — | — | 一般不规则 |
| 传染楼 | A级高度 | 扭转不规则、凹凸不规则 | — | — | 不超限 |
| 科研楼 | 多层 | 无 | — | — | 一般不规则 |
| 会议中心 | 多层 | 楼板局部不连续 | — | — | 一般不规则 |
| 二期医疗综合楼 | A级高度 | 扭转不规则、竖向尺寸突变、局部穿层柱 | — | — | 不超限 |
| 停车楼 | 多层 | 扭转不规则 | — | — | 一般不规则 |

## 3.6.4　结构设计主要应对措施

### 1．竖向体型收进应对措施

行政教学楼裙房屋面上部各层楼面竖向收进，收进部位高度$H_1/H$=11.40/52.50=21.71%＞20%，上部楼层收进后的水平尺寸$B_1/B$=18.50/34.15=54.17%＜75%；医疗综合楼裙房屋面上部各层楼面收进，收进部位高度$H_1/H$=16.20/72.00=22.50%＞20%，上部楼层收进后的水平尺寸$B_1/B$=27.50/48.20=57.05%＜75%：两个单体体型收进均超过规范限值，为竖向体型收进的高层建筑结构，属于高规第10.6章规定的复杂高层，采取以下基本计算分析原则：

1）采用两个不同力学模型的结构分析软件进行整体分析。

2）采用弹性时程分析法进行补充计算。

3）对受力复杂部位，进行应力分析，按应力配筋设计校核。

4）采用弹塑性静力分析方法进行补充计算。

5）考虑平扭耦联计算结构的扭转效应，振型数不应小于15。

6）在考虑偶然偏心影响的规定水平地震作用下，楼层竖向构件最大的水平位移和层间位移不大于该楼层平均值的1.4倍。

7）结构扭转为主的第一自振周期$T_t$与平动为主的第一自振周期$T_1$之比不大于0.85。

对于竖向体型收进部位，按《高规》第10.6章采取以下加强措施：

1）裙房屋面层楼板加强取150mm，双层双向配置通长钢筋，配筋率不小于0.25%。其上下楼层的楼板采取适当加强构造措施，板厚取不小于130mm，双层双向配置通长钢筋。

2）塔楼中与裙房相连的外围柱、墙，在底部加强区范围，适当提高最小配筋率，剪力墙设置约束边缘构件。柱箍筋在裙房屋面上、下层范围全高加密。

3）体型收进部位上、下各2层塔楼周边竖向结构构件的抗震等级提高一级。

4）竖向体型收进处宜采取措施减小结构刚度的变化，上部收进结构的底部楼层层间位移角不宜大于相邻下部区段最大层间位移角的1.15倍。体型收进部位底层与下层位移角比值的计算结果如表3.6-5所示。

体型收进部位底层与下层位移角比值　　　　　　　　　表3.6-5

| 项目 | | X方向地震作用 | Y方向地震作用 | X方向风荷载作用 | Y方向风荷载作用 | 结论 |
|---|---|---|---|---|---|---|
| $\Delta u/h$ | F4 | 1/1086 | 1/1087 | 1/7606 | 1/2858 | 均小于1.15，满足要求 |
| | F1～F3最大值 | 1/1152 | 1/1122 | 1/8039 | 1/3106 | |
| $\Delta u/h$比值 | | 1.06 | 1.03 | 1.06 | 1.09 | |

### 2．凹凸不规则应对措施

传染楼原设计为5层，按业主要求增加3层后变为高层建筑，其平面呈L形，如图3.6-5所示。根据《高规》第3.4.3条，平面规则性指标计算如表3.6-6所示。

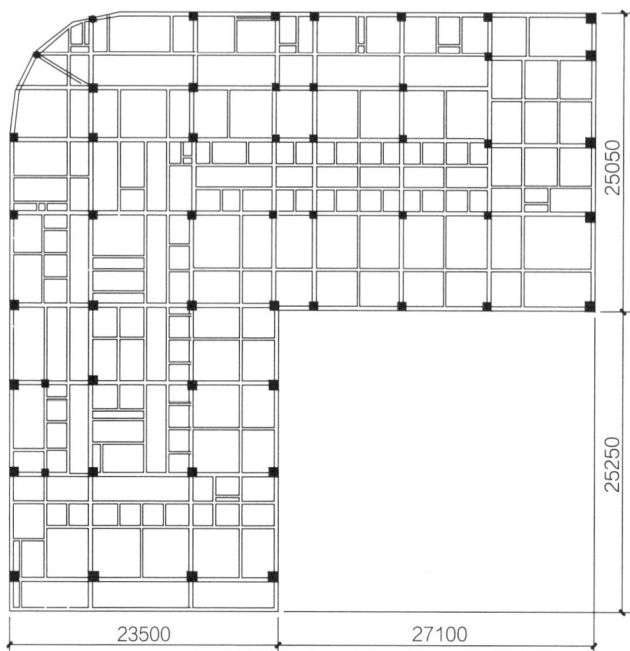

图3.6-5 传染楼标准层平面图

传染楼平面规则性判别　　　　　　　　　　　表3.6-6

| 控制指标 | $L/B$ | $l/B_{max}$ | $l/b$ |
|---|---|---|---|
| 实际指标值 | 50.60/25.05=2.02 | 25.25/50.30=0.50 | 16.1/26.9=0.60 |
| 规范限值 | ≤6.0 | ≤0.30 | ≤2.0 |

按《建筑结构抗震设计规范》GB 50011—2010（2016年版）第3.4.3条，$l/B_{max}$=25.25/50.30=0.50＞0.30，属于凹凸不规则。针对凹凸不规则，采取以下措施：

1）采用符合楼板平面内实际刚度变化的计算模型。

2）计入扭转影响，严格控制楼层竖向构件扭转位移比不大于1.40。

3）对凹口区域局部楼板加厚至150mm，补充弹性楼板应力分析，根据应力分析结果加强凹口部位梁板配筋。

## 3．楼板局部不连续的应对措施

门诊医技楼根据诊室采光需求，建筑设计了较多的采光中庭，标准层平面如图3.6-6所示，楼板连接最窄处4m，中间开洞位置楼板有效宽度小于典型宽度的50%，楼板局部不连续。针对楼板局部不连续，采取以下措施：

（1）连接薄弱部位楼板最小板厚取150mm，其余邻近范围最小板厚取120mm。加强大洞口洞边梁板配筋，双层双向通长筋配筋率不小于0.25%。

（2）在楼板洞口角部集中配置斜向钢筋。

（3）计算时连接薄弱部位按弹性楼板进行。

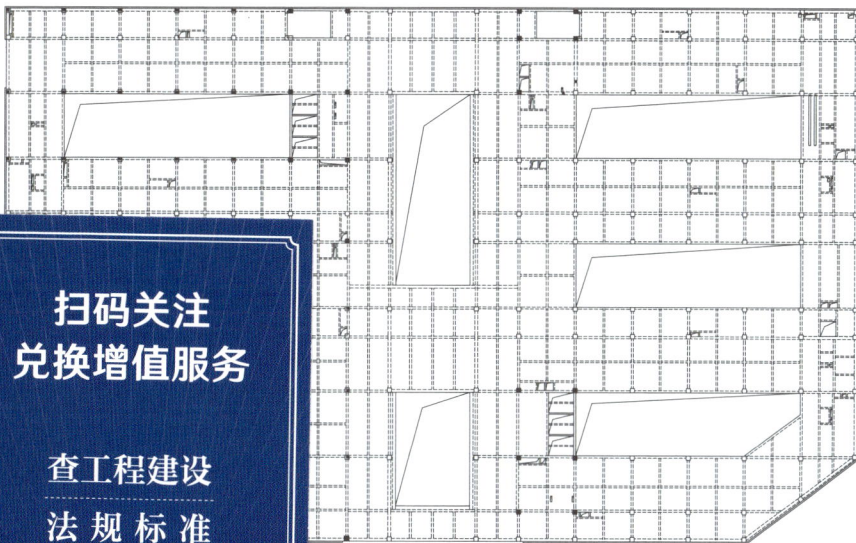

-6　门诊医技楼标准层平面图

右分块计算和整体计算进行包络设计。

和地震作用下的楼板应力分析。

**3.6**

、急诊楼位于同一地库上，后勤楼处地下一层，其余单

体建模，总体模型如图3.6-7所示。科研楼、行政教学楼

方为地下一层。

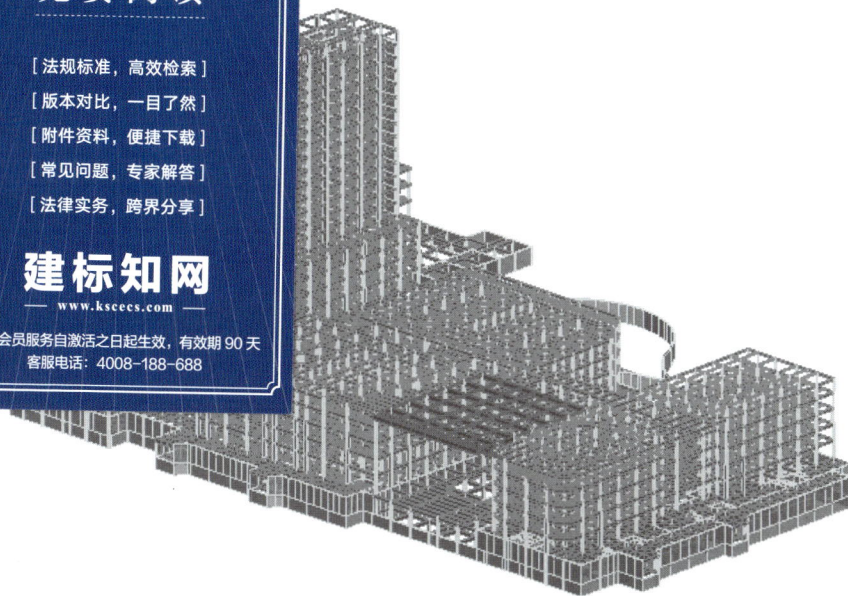

图3.6-7　门急诊楼、病房楼、后勤楼整体模型

病房楼为一期最高且面积最大的单体建筑，下面主要介绍病房楼计算与分析以及结构专项分析。

## 1. 病房楼多遇地震下的计算结果及分析

病房楼建筑面积83988m²，东西向长138.8m，南北向长31~36m，房屋高度84.80m，总高95.40m。东西向为超长结构，标准层每层设计2个病区，中间为交通核心筒，病房楼标准层平面图如图3.6-8所示。标准层长宽比4.48，长宽比较大，因此在建筑两端Y向布置了长墙，增强结构的抗扭刚度，同时利用中间的交通核心筒以及每个病区单元的疏散楼梯和电梯布置剪力墙形成筒体，加强结构Y向的刚度及抗扭刚度。通过多遇地震下的计算分析，病房楼计算指标汇总见表3.6-7。

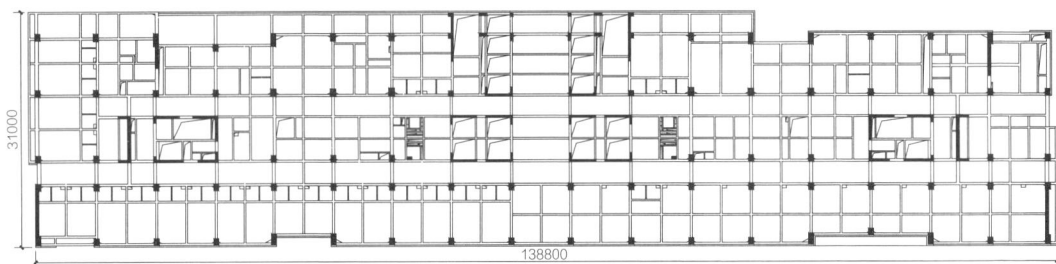

图3.6-8　病房楼标准层平面图

病房楼计算结果汇总　　　　表3.6-7

| 计算指标 | | | 计算结果 | 规范限值 | 是否满足规范或不规则判别 |
|---|---|---|---|---|---|
| 周期 | $T_1$ | $T$（s） | 2.5948 | — | — |
| | | 转角（°） | 91.74 | — | — |
| | | $\lambda_x+\lambda_y$ | 1.00（0.00+1.00） | — | — |
| | | $\lambda_t$ | 0.00 | — | — |
| | $T_2$ | $T$（s） | 2.5173 | — | — |
| | | 转角（°） | 1.72 | — | — |
| | | $\lambda_x+\lambda_y$ | 1.00（1.00+0.00） | — | — |
| | | $\lambda_t$ | 0.00 | — | — |
| | $T_3$ | $T$（s） | 2.2458 | — | — |
| | | 转角（°） | 54.91 | — | — |
| | | $\lambda_x+\lambda_y$ | 0.00（0.00+0.00） | — | — |
| | | $\lambda_t$ | 1.00 | — | — |
| | 最大地震作用方向 | | −1.122° | — | — |
| | $T_t/T_1$ | | 0.866 | <0.90 | 满足 |
| | $T_2/T_1$ | | 0.969 | >0.80 | $T_1$，$T_2$为平动周期，较为接近 |

续表

| 计算指标 | | | 计算结果 | 规范限值 | 是否满足规范或不规则判别 |
|---|---|---|---|---|---|
| 结构总质量（t） | | | 135103.438 | — | — |
| 楼层质量比（各层最大值） | | | 1.13（F1） | ≤1.5 | 满足 |
| 侧向刚度比（各层最小值） | | X向 | 1.28（F4） | ≥1.0 | 满足 |
| | | Y向 | 1.29（F4） | | |
| 楼层抗剪承载力比（各层最小值） | | X向 | 0.91（F4） | ≥0.8 | 满足 |
| | | Y向 | 0.87（F4） | | |
| 结构整体抗倾覆（抗倾覆力矩/倾覆力矩） | 风荷载 | X向 | 411.04 | ≥3.0 | 满足 |
| | | Y向 | 28.40 | | |
| | 地震作用 | X向 | 45.47 | | |
| | | Y向 | 13.01 | | |
| 结构整体稳定（刚重比） | | X向 | 4.39 | 剪力墙结构≥10 | 满足 |
| | | Y向 | 4.09 | | |
| 底层地震剪力（kN） | | X向 | 33079.05 | — | — |
| | | Y向 | 32525.50 | | |
| 剪重比（各层最小值） | | X向 | 2.45% | ≥1.60% | 满足 |
| | | Y向 | 2.41% | | |
| 有效质量系数 | | X向 | 97.51% | ≥90% | 满足 |
| | | Y向 | 97.48% | | |
| 最大层间位移角（各层最大值） | 地震作用 | X向 | 1/1002（F10） | 剪力墙结构≤1/800 | 满足 |
| | | Y向 | 1/940（F10） | | |
| | 风荷载 | X向 | 1/9326（F8） | | |
| | | Y向 | 1/2073（F10） | | |
| 楼层扭转位移比（各层最大值） | | X向 | 1.03（F20） | ≤1.2 | 扭转不规则满足≤1.5 |
| | | Y向 | 1.29（F20） | | |
| 底层框架地震倾覆力矩比 | | X向 | 42.10% | ≤50% | 满足 |
| | | Y向 | 43.62% | | |
| 最大轴压比 | | 剪力墙 | 0.42 | ≤0.50 | 满足 |
| | | 框架柱 | 0.74 | ≤0.75 | 满足 |

根据计算结果，结构地震作用下最大扭转位移比大于1.2，但小于1.5，为扭转不规则结构，其余计算指标满足规范限值要求，因此，病房楼为一般不规则结构。病房楼结构顶点最大加速度计算值均小于0.15m/s²（居住），满足规范风振舒适度要求。

### 2. 病房楼罕遇地震弹塑性分析

病房楼在标高25.500m及标高71.700m向上有两次体型收进，收进部位到室外地面高度$H_1$与房屋高度$H$之比分别为0.30和0.85，均大于0.2；但上部楼层收进后的水平尺寸$B_1$与下部楼层水平尺寸$B$的比值分别为0.79和0.91，均大于0.75，不属于竖向体型收进的复杂高层。但鉴于病房楼单体面积较大，房屋长宽比较大，房屋高度较高，因此采用静力推覆法PUSHOVER进行了罕遇地震下的结构弹塑性变形验算，对病房楼在罕遇地震下的抗倒塌能力和抗侧力构件损伤情况进行分析。侧推荷载类型为倒三角形，基底剪力与总重量的比值为1。7度大震抗倒塌验曲线见图3.6-9、图3.6-10，弹塑性位移角见表3.6-8，从计算结果可知，弹塑性位移角均能满足规范要求。塑性铰形成过程为，$X$向：加载至第10步连梁出现塑性铰，第25步塔楼墙体开始出现塑性铰，第100步结束，柱未出现塑性铰，房屋未倒塌；$Y$向：加载至第11步连梁出现塑性铰，第24步塔楼墙体开始出现塑性铰，第100步结束，柱未出现塑性铰，房屋未倒塌。

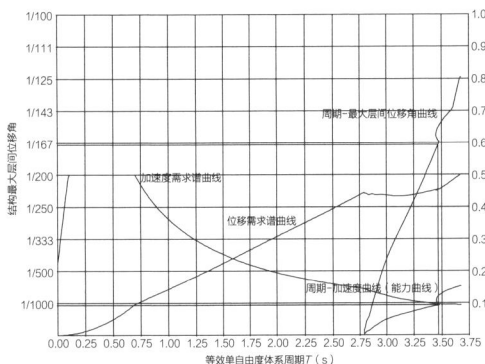

图3.6-9　7度病房楼$X$向抗倒塌验算简图

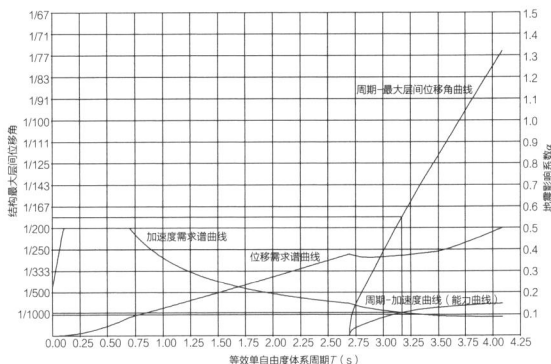

图3.6-10　7度病房楼$Y$向抗倒塌验算简图

病房楼7度罕遇地震下弹塑性位移角　　　　　　表3.6-8

| 项目 | | 计算结果 | 规范限值 | 是否满足 |
|---|---|---|---|---|
| 病房楼 | $X$向 | 1/168 | 1/100 | 满足 |
| | $Y$向 | 1/182 | 1/100 | 满足 |

### 3. 楼板温度应力分析

病房楼东西向长138.8m，门诊楼、急诊楼东西向长131.7m，采用ETABS程序，对病房楼、门诊楼、急诊楼楼板进行温度应力的计算，楼板单元采用考虑面内、面外刚度的壳单元，取消刚性隔板假定。楼板厚度为130～150mm。

温度作用：根据苏州市气象资料，室外最高气温36℃，最低气温-5℃。取室内最高气温35℃，最低气温0℃，基准温度15～20℃；实际分析中降温取-20℃，升温取20℃，同时降温考虑后浇带封闭后混凝土收缩引起的当量温降12.5℃。

荷载组合：温度作用的分项系数取1.4，组合系数取0.6。考虑混凝土徐变，温度效应折减系数取0.3，考虑混凝土开裂后的刚度折减系数取0.85。

**（1）病房楼温度应力分析**

病房楼标准层Y向较短，仅31～36m，温度应力分析时仅计算X向楼板温度应力。经计算，升温时楼板中部为压应力，逐渐向两端山墙减小；降温时楼板中部为拉应力，逐渐向两端山墙减小。经分析，楼板配筋为降温工况控制，降温工况下标准层楼板的应力如图3.6-11所示。

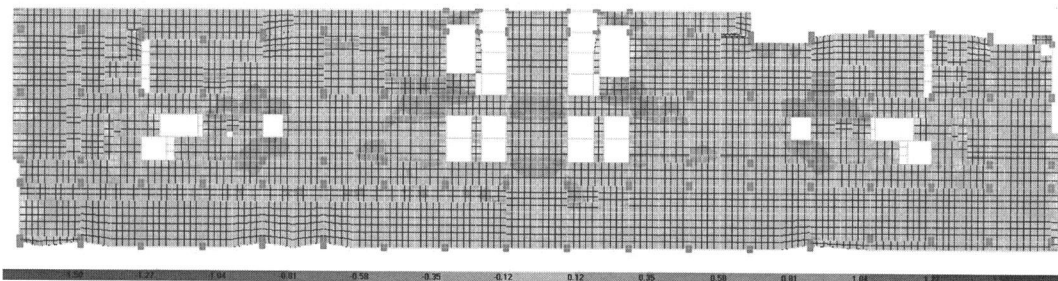

图3.6-11　降温工况标准层楼板X向应力示意图

从ETABS的分析结果可以看出，在降温工况下，病房楼标准层中部楼板拉应力最大，除剪力墙角部存在局部应力集中为2.0～2.3N/mm²外，中部楼板在连接较弱处及剪力墙周边拉应力较大，为1.6～2.0N/mm²，中部大部分楼板拉应力在1.3～1.6N/mm²之间，标准层两端楼电梯核心筒至山墙间楼板拉应力为0.6～1.3N/mm²。

在升温工况下，病房楼标准层中部楼板压应力最大，除剪力墙角部局部应力集中（-1.4～-1.3N/mm²）外，中部楼板在连接较弱处及剪力墙周边压应力较大，为-1.2～-1.0N/mm²，中部大部分楼板压应力在-1.0～-0.8N/mm²之间，标准层两端楼电梯核心筒至山墙间楼板压应力为-0.8～-0.4N/mm²。

升温工况产生压应力，不需另外附加钢筋。在降温工况下，中部楼板在连接较弱处及剪力墙周边，特别是楼板支座和大跨板底处，应力相对较大，需附加温度钢筋。

标准层楼板为130mm厚，楼板配筋按 $\Phi$8@180双层双向考虑。以1m板带为计算单元，C30混凝土，病房楼标准跨温度应力小于活荷载下的应力，活荷载起控制作用；在降温工况下，楼板连接较弱处及剪力墙周边附加拉应力为1.4×0.6×（1.6～2.0）=1.34～1.68N/mm²，拉应力超过混凝土抗拉强度设计值时，该拉应力由钢筋承担，需新增钢筋面积为 $A_{s,t}$=1.4×0.6×（$bh\sigma_t$）/（$2f_y$）=203～255mm²；对应力较小区域的支座和板底，X向板底板面附加温度钢筋 $\Phi$6@180，应力较大区域的支座和板底及连接薄弱部位，X向板底板面附加温度钢筋$\phi$8mm@180mm，连接薄弱部位X向另作加强。

**（2）门诊楼温度应力分析**

门诊楼为框架结构，X向及Y向均较长，且内部楼板开设了较多中庭洞口，因此对门诊医技楼进行了温度应力分析。从ETABS的分析结果可以看出，门诊楼温度应力同样为降温控制。在降温作用下，三层楼面中部X向拉应力相对较大，中部楼板拉应力平均为1.1～1.3N/mm²，洞口之间楼板最大拉应力为1.5N/mm²（局部）；三层楼面Y向中部楼板拉应力平均为1.0～1.2N/mm²，洞口之间楼板最大拉应力为1.4N/mm²（局部）；降温工况三层楼板X向的应力如图3.6-12所示。

根据以上分析结果，以1m板带为计算单元，130mm板厚，C30混凝土，降温作用下，楼板的附加应力为$1.4 \times 0.6 \times 1.2 = 1.01$N/mm²，局部最大拉应力为$1.4 \times 0.6 \times 1.5 = 1.26$N/mm²对应力较大区域的支座和板底及连接薄弱部位，需附加温度钢筋。

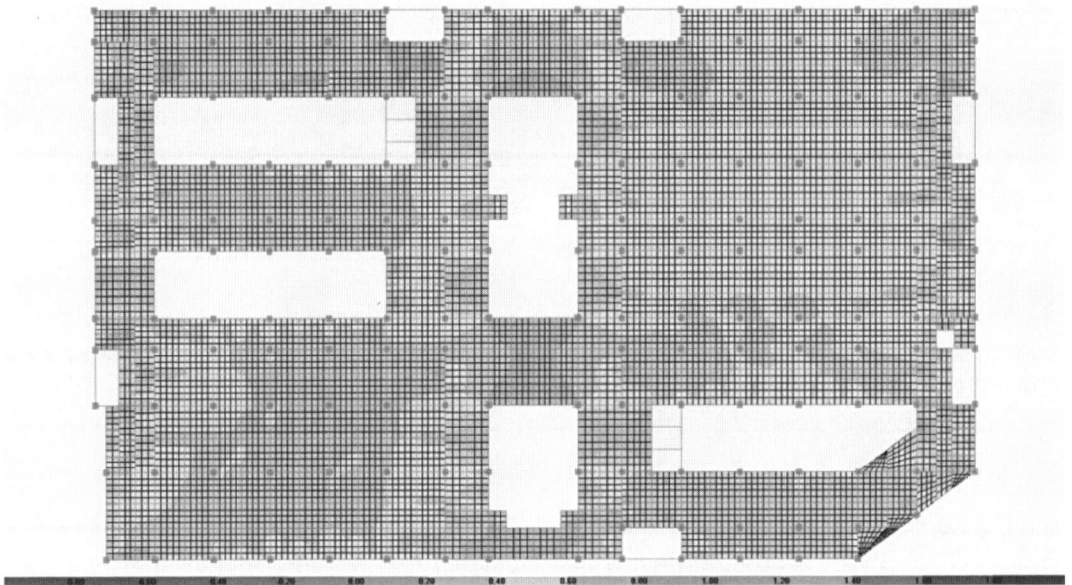

图3.6-12　降温工况三层楼板X向应力示意图

## 4. 钢结构计算分析

### （1）门诊医技楼与病房楼间钢结构连廊计算分析

本工程病房楼与门诊医技楼二、三、四层之间设置3层不落地钢结构连廊，连廊跨度28.8m，采用钢桁架结构，2榀3层高桁架两端分别搁置于病房楼与门诊医技楼二层的柱顶，连廊两端设置横向桁架，以减小其侧向位移。桁架与病房楼、门诊楼留设200mm宽防震缝，桁架与支承柱顶之间设置球型钢支座。桁架斜腹杆及两端支座处立柱采用方钢管，为了便于连接，桁架在楼面位置水平杆件及楼面梁均采用H型钢，钢材采用Q355B，楼板采用110mm厚钢筋桁架板。桁架平面图及纵、横向桁架立面如图3.6-13～图3.6-15所示。

采用SAP2000程序对连廊进行分析，计算时按一端固定铰支座、另一端滑动铰支座经计算，考虑水平地震作用和竖向地震作用，不考虑楼板的有利作用，阻尼比取0.04，结构三维模型如图3.6-16所示。

经计算，桁架构件应力比均在0.8以内，楼面水平钢梁应力比均在0.9以内，承载力

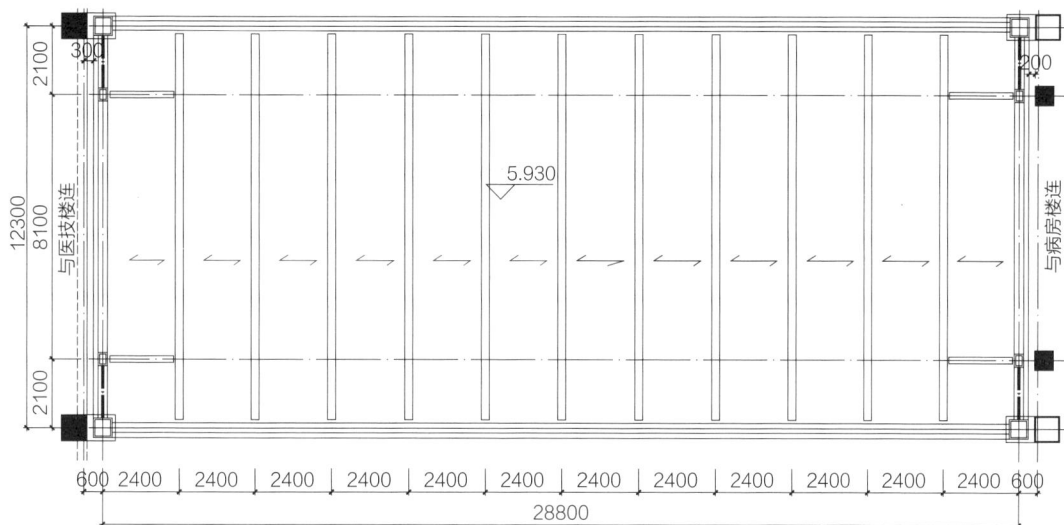

图3.6-13　桁架平面图

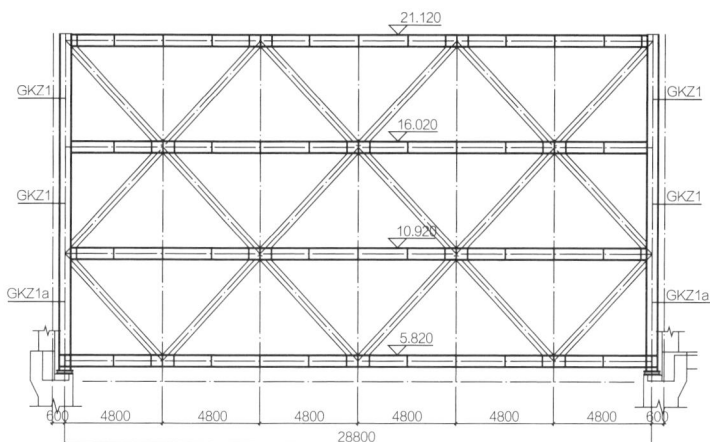

图3.6-14　纵向桁架立面图

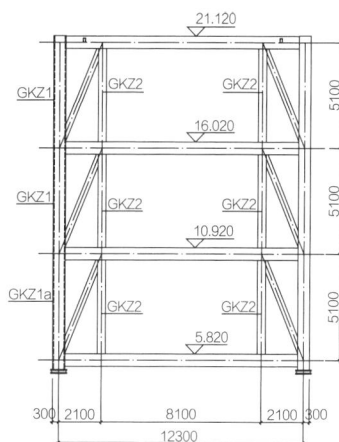

图3.6-15　横向桁架立面图

均能满足要求；杆件最大竖向变形值为15.80mm，15.80/28800=1/1823＜1/400，满足规范 L/400的限制要求。连廊杆件应力如图3.6-17所示。

　　由于钢连廊仅二层通过支座支撑在两端柱肩上，为保证连廊在侧向风荷载及地震作用下的侧向稳定，在钢连廊屋面设置限位装置，限制钢连廊侧向移动，仅保留钢连廊沿连廊方向的平动和竖向位移，具体做法如图3.6-18所示。

（2）钢结构顶棚

　　门诊楼与急诊楼顶部之间设置跨度达44m的钢结构顶棚，由于建筑立面需要，顶棚立面厚度仅有2.0m，扣除外包的顶棚装饰后结构高度仅1.6m。如采用经济性较好的桁架结构，桁架高度将比1.6m高得多，无法满足建筑需求；同时，为满足建筑立面要求，西侧主入口处有4根高27.3m的钢柱，截面最大只能做600mm×600mm，如设计成受力柱，其长细比和受力均无法满足规范要求，故设计成吊柱，屋面采用南北向单向实腹钢梁布置，

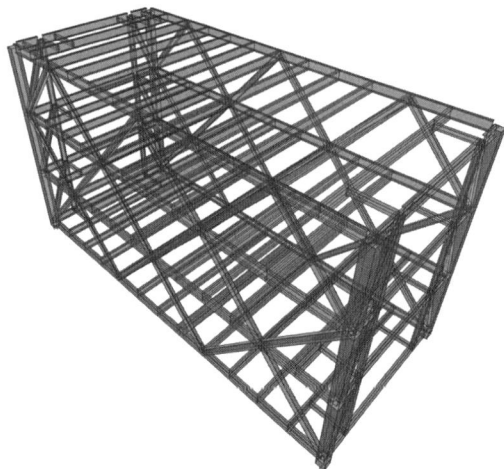

图3.6-16　连廊计算三维模型

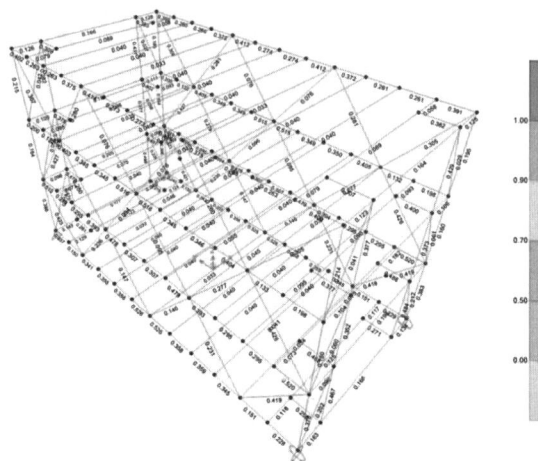

图3.6-17　连廊杆件应力示意图

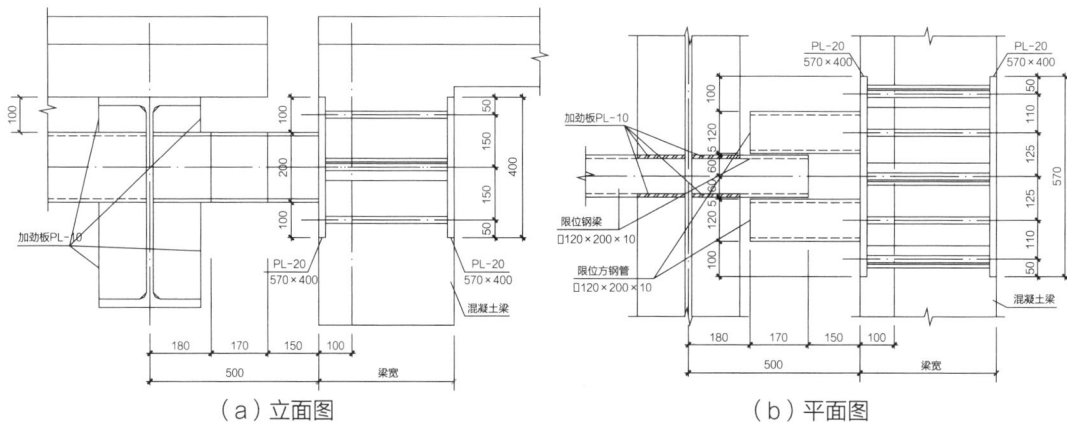

（a）立面图

（b）平面图

图3.6-18　钢连廊屋面处侧向限位装置

钢梁采用H1600×500×20×50（Q355B）。急诊楼侧采用固定铰支座，门诊楼侧采用滑动支座。

主钢梁控制应力比0.85，次钢梁控制应力比0.9，经验算均满足要求。由于钢梁支撑在两个结构单元上，同时钢梁上需铺设玻璃采光顶，为保证主次钢梁形成整体，在顶棚边跨铝板区域设置横向和纵向水平支撑，同时在支撑对应位置设置联系钢梁，保证主钢梁的侧向稳定。顶棚钢结构平面布置及支座详图见图3.6-19。

**（3）悬挑雨篷设计**

本工程门诊楼及急诊楼周边有较多钢结构雨篷，且悬挑较大，大部分悬挑长度为5.2m，局部悬挑长度为9.6m；悬挑雨篷沿建筑周边总长约460m，如设置拉杆，对建筑立面影响较大，因此，根据建筑立面要求，对于悬挑5.2m及以内的雨篷，采用钢梁悬挑方案，钢梁采用H300×200×15×20（Q355B），根部埋入混凝土梁中不小于1.5m。对于悬挑超过5.2m的钢结构雨篷，设置拉杆，钢梁根部和拉杆通过预埋件和主体结构连接，拉

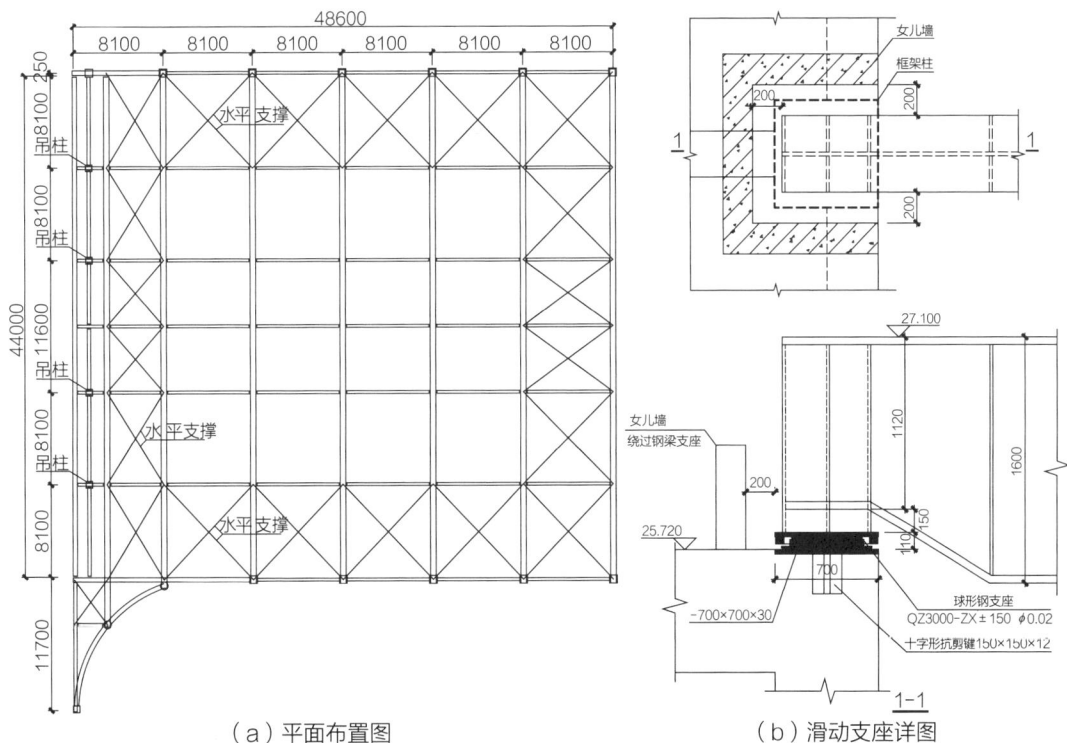

（a）平面布置图　　　（b）滑动支座详图

图3.6-19　顶棚钢结构平面布置及支座详图

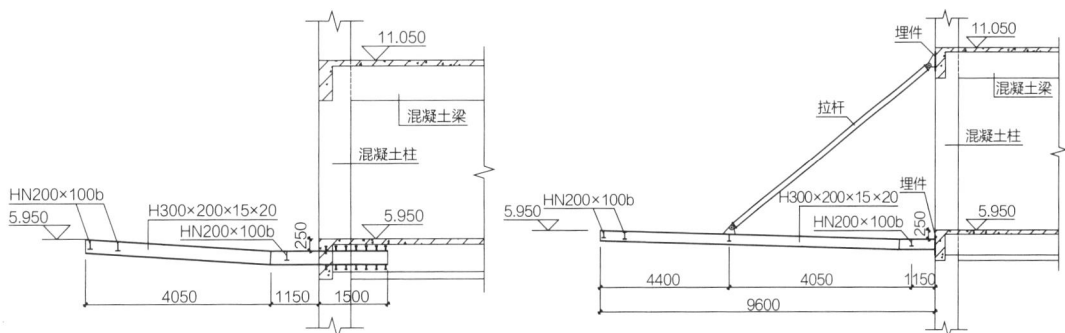

图3.6-20　雨篷悬挑钢梁做法

杆采用$\phi$159mm×7mm无缝钢管。经计算，两种雨篷做法钢梁承载力及变形均满足规范要求。雨篷悬挑钢梁做法如图3.6-20所示。

## 5．性能分析

对于病房楼与门诊医技楼支承钢结构连廊的立柱，按中震受剪弹性、受弯不屈服，大震满足截面受剪控制条件设计。

对于单跨的连廊，要求全楼构件中震弹性，立柱大震不屈服。

经复核，各构件均能满足所确定的性能目标。

### 3.6.6　工程小结

1）本项目为新建三级甲等综合医院，功能需求较为复杂。结构分析采用多种软件对单体模型、组合模型进行了小震、中震、大震、温度应力等多种工况的分析，满足了不同工况下的结构承载力要求和性能化目标要求。

2）针对结构的竖向收进、凹凸不规则、楼板不连续等不规则和薄弱处，进行了专项分析和结构加强，保证结构薄弱部位的安全。

3）对于超长混凝土结构，除了设置后浇带、楼板设置通长钢筋等措施外，通过温度应力分析，针对温度应力较大的区域进行加强。

# 3.7　工程应用：苏州大学附属第二医院应急急救与危重症救治中心大楼

### 3.7.1　工程概况

#### 1．建筑总体概况

苏州大学附属第二医院应急急救与危重症救治中心大楼项目（以下简称B楼）及苏州市急救中心项目（以下简称A楼），分别位于苏州市姑苏区三香路1055号、三香路985号原苏州评弹学校地块。拟建场地地势相对较为平坦。B楼用地性质为医疗卫生用地，用地面积约8000m²；A楼用地性质为医疗卫生用地，用地面积7898m²。两个项目房屋连成一体，地下室也为一个整体，整体设计，同步建设。建筑总平面图见图3.7-1，建筑效果图见图3.7-2。

图3.7-1　建筑总平面图

图3.7-2　建筑效果图

## 2．建筑单体概况

建筑单体概况见表3.7-1。B楼在开工后进行了一次塔楼上部减去3层、顶部3层做退台的较大修改调整。

建筑单体概况　　　　　　　　　　　　表3.7-1

| 楼号/区域 | | 层数 | | 房屋高度（m） | 房屋总高（m） | 建筑面积（m²） | | 备注 |
|---|---|---|---|---|---|---|---|---|
| | | 地上 | 地下 | | | 地上 | 地下 | |
| A楼 | | 5 | 3 | 23.25 | 25.90 | 14067 | 14711 | 医疗用房 |
| B楼（修改前） | 塔楼 | 19 | 3 | 77.95 | 83.65 | 54598 | 20955 | 医疗用房 |
| | 裙房 | 8 | | 35.05 | 37.20 | | | |
| B楼（修改后） | 塔楼 | 16 | 3 | 66.25 | 71.80 | 48044 | 20955 | 医疗用房 |
| | 裙房 | 8 | | 35.05 | 37.20 | | | |

两个项目地下室连成一个整体，地下3层（初步设计时为地下5层），底板面结构标高为−16.35m，功能为汽车库、辅助用房和医疗用房。

上部建筑均在该地下室顶板上。其中，B楼建筑八层平面图见图3.7-3，十层平面图见图3.7-4，剖面图见图3.7-5；建筑地下二层平面图见图3.7-6。

本书仅介绍B楼，先介绍修改前的内容，再单独介绍修改情况并作对比。

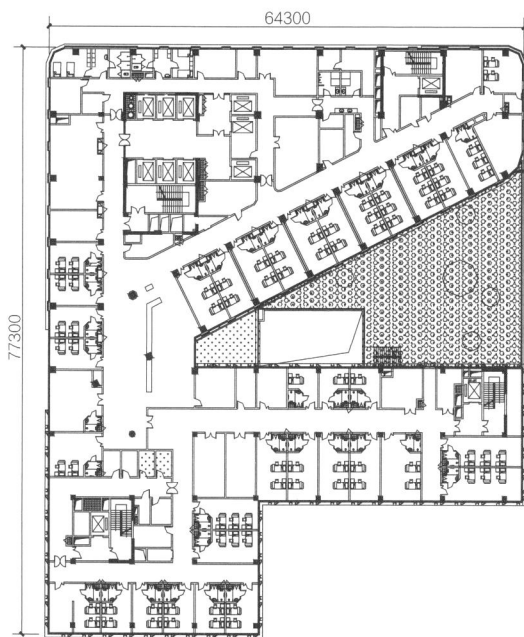

图3.7-3　B楼建筑八层平面图　　　　　图3.7-4　B楼建筑十层平面图

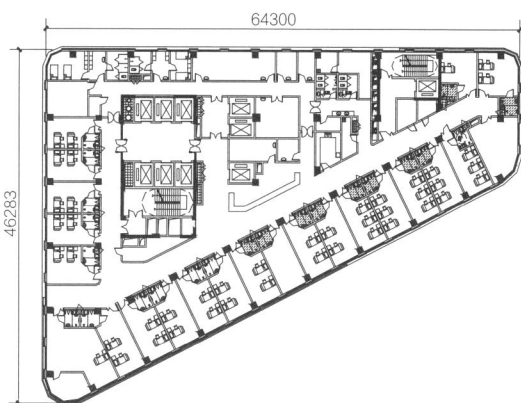

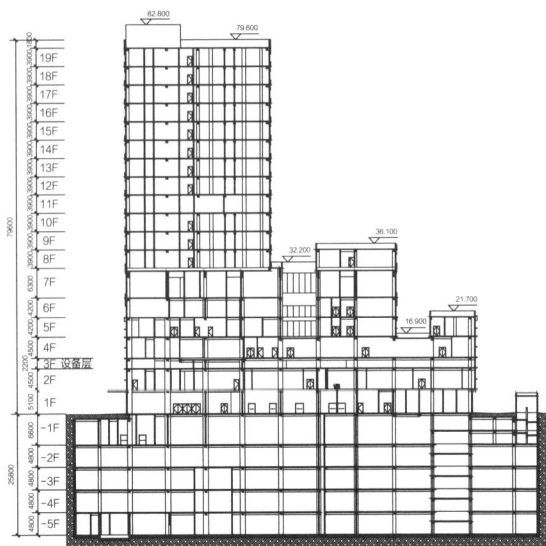

图3.7-5　B楼建筑剖面图（南北向）

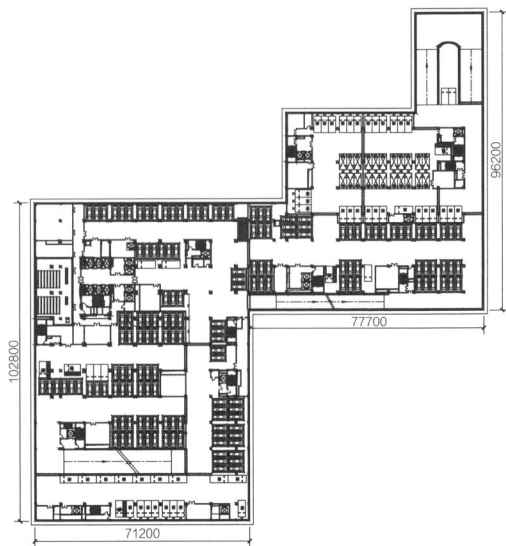

图3.7-6　建筑地下二层平面图

## 3．结构基本概况

结构基本概况见表3.7-2。

结构基本概况                                                          表3.7-2

| 项目 | B楼 | 备注 |
|---|---|---|
| 层数 | 19/8 | |
| 房屋高度$H$（m） | 77.95/35.05 | |
| 房屋总高度（m） | 83.65 | |
| 结构体系 | 框架-剪力墙 | |
| 结构平面尺寸（m） | 64.3 × 77.3 | 不含雨篷 |
| 抗侧力构件平面尺寸（m） | 62.1 × 76.2 | |
| 长宽比 | 1.47 | <6 |
| 结构高宽比 | 1.35 | <5 |

## 4．结构设计条件

### （1）主要设计参数

主要设计参数见表3.7-3。

主要设计参数 表3.7-3

| 设计参数 | 参数值 |
|---|---|
| 结构设计工作年限 | 50年 |
| 建筑结构安全等级 | 梁、柱、剪力墙及基础底板：一级；楼板：二级 |
| 结构重要性系数 | 梁、柱、剪力墙及基础底板：1.1；楼板：1.0 |
| 抗震设防类别 | 重点设防 |
| 抗震设防烈度 | 7度 |
| 基本地震加速度 | 0.10g |
| 设计地震分组 | 第一组 |
| 场地类别 | Ⅲ类 |
| 抗震地段 | 一般场地 |
| 地基基础设计等级 | 甲级 |
| 混凝土结构的环境类别 | 地下工程中与土或水接触的部分为二a类，其余为一类 |

**（2）地震参数**

地震参数见表3.7-4。

地震参数 表3.7-4

| 参数 | 多遇地震 | 设防烈度 | 罕遇地震 |
|---|---|---|---|
| 水平地震影响系数最大值$\alpha_{max}$ | 0.08 | 0.23 | 0.50 |
| 地震加速度时程的最大值$a_{max}$（cm/s²） | 35 | 100 | 220 |
| 特征周期$T_g$（s） | 0.45 | 0.45 | 0.50 |
| 结构阻尼比$\xi$ | 0.05 | 0.06 | 0.07 |

**（3）自然条件**

1）风荷载：基本风压为0.45kN/m²（50年重现期），地面粗糙度B类。

2）雪荷载：基本雪压为0.40kN/m²（50年重现期），准永久值系数为$\psi_q$=0。

3）温度：根据气象资料，苏州月平均最高气温36℃，月平均最低气温-5℃。

## 5．主要结构材料

**（1）混凝土：**

1）地上：柱、墙为C30~C60，转换层梁、板为C40，其余层梁、板为C30。

2）地下室：对应上部结构范围内的柱、墙同上部，其余为C35。

3）基础底板：C35。

（2）钢筋：HRB400、HRB500。

（3）钢材：Q355B。

## 3.7.2 结构体系与布置

### 1．抗震单元划分

在B楼与A楼之间设置1条防震缝（兼作伸缩缝），将地上部分划分为2个抗震结构单元，缝宽150mm，见图3.7-7。B楼与A楼的地下室连成整体，整个地下室不设置变形缝。

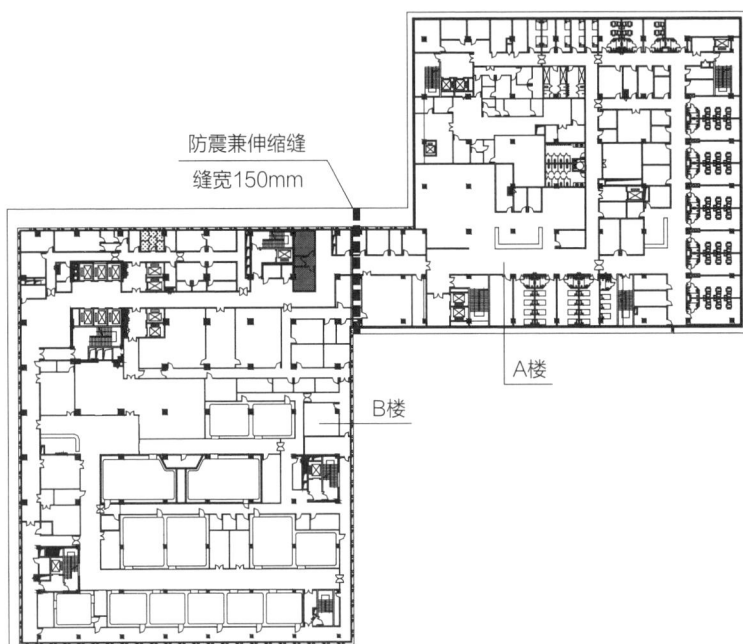

图3.7-7　结构单元划分

### 2．结构体系

采用框架-剪力墙结构体系，在8层楼面存在竖向体型偏心收进和托柱转换。

上部结构以地下室顶板为嵌固端。

### 3．楼盖体系

楼盖体系，在竖直方向上起着支承楼屋面荷载的作用，在水平方向上起着隔板和连接竖向构件的作用，并成为抗侧力体系中的一部分。

楼屋面均采用现浇钢筋混凝土梁板结构，部分采用钢筋混凝土叠合楼板梁板结构；地下室顶板采用梁板结构。

最小板厚取值如下：

（1）一般楼层板厚不小于100mm，叠合楼板板厚不小于130mm，屋面板厚不小于120mm。

（2）薄弱部位板厚不小于120mm。

（3）转换层，转换构件相关范围楼板厚度不小于180mm，其余范围楼板厚度不小于150mm。

（4）地下室顶板厚度不小于180mm，顶板有覆土处板厚不小于250mm。

### 4．抗震等级

（1）框架一级、剪力墙一级；转换梁、转换柱一级。

（2）体型收进部位上下各2层塔楼周边竖向结构构件的抗震等级提高一级至特一级。

（3）剪力墙底部加强部位的高度，取底部两层且不小于房屋高度的1/10，实际设计取至裙房屋顶上一层即九层平面，十层及以下的剪力墙设置约束边缘构件。

（4）地下室抗震等级见表3.7-5。

地下室抗震等级　　　　　　表3.7-5

| 层号 | B楼相关范围 | A楼相关范围 | 上部相关范围外 | 备注 |
|---|---|---|---|---|
| B1 | 框架一级、剪力墙一级 | 二级 | 三级 | 抗震措施抗震等级 |
| B2 | 框架二级、剪力墙二级 | 三级 | 三级 | 抗震构造措施抗震等级 |
| B3 | 框架三级、剪力墙三级 | 三级 | 三级 | |

## 3.7.3　结构特点

### 1．竖向体型偏心收进

建筑体型在八层平面南北向有收进，建筑剖面（南北向）见图3.7-5。结构上部楼层收进部位到室外地面的高度$H_1$与房屋高度$H$之比为$H_1/H$=35.05/77.95=44.96%大于20%，南北向上部楼层收进后的水平尺寸$B_1$与下部楼层水平尺寸$B$之比为$B_1/B$=32.10/76.20=42.13%，不满足《高规》不宜小于75%的要求，属于竖向体型收进，为复杂高层建筑结构。

上部楼层收进部位高度$H_1/H$=44.96%大于20%，上部塔楼结构的综合质心至底盘结构质心的距离与底盘相应边长之比南北向为18.86/76.20=24.75%，不满足《高规》不宜大于20%的要求，属于塔楼偏置。

### 2．斜向柱网多柱转换

由于周边建筑的日照需求，同时考虑充分利用土地容积率，尽可能做足建筑面积，建筑有以下特殊设计，见图3.7-8。

（1）塔楼出裙房屋面南立面改为斜边，南侧房间为病房，形成柱网与下部柱网斜交，多柱需进行转换。

（2）裙房形成多退台。

（3）九层平面形成深凹形平面。

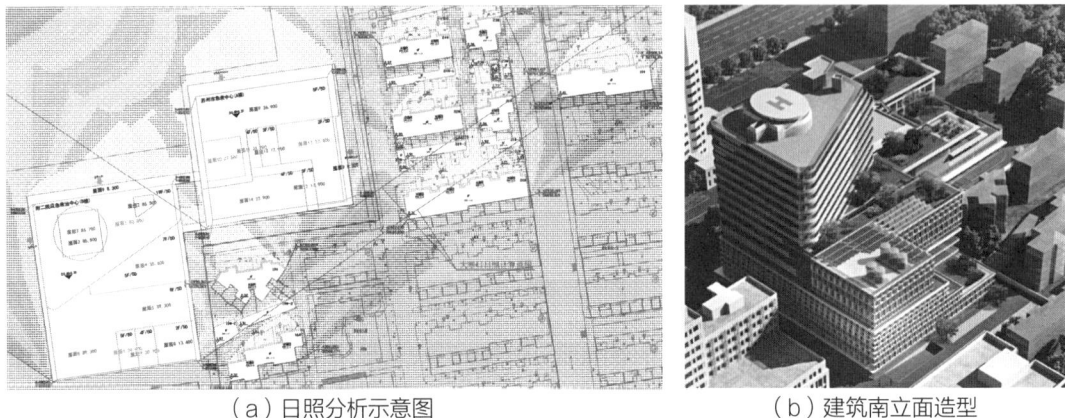

(a) 日照分析示意图　　　　　　　　　　(b) 建筑南立面造型

图3.7-8　日照分析示意图和建筑南立面造型

## 3. 三层（设备层）层高较小

三层为净化设备层，其层高为2.19m，层高特别小（图3.7-5）。二层为手术室，四层为妇产病区，由于医疗功能特点，难以设置大量的变形缝将三层设备层设计成上支承或下吊挂的二次结构。因此，三层只能作为主体结构的一层，但由于其层高特别小，会带来了以下抗震不利因素，设计中采取有效的措施进行重点加强。

（1）二层可能出现竖向刚度突变，或楼层承载力突变（但不应同时出现）。

（2）三层柱为短柱，甚至可能出现受力超短柱。

## 4. 九层凹进不规则、楼板连接特别薄弱

九层平面（仅一层）东西向凹进水平尺寸44.3m，与平面水平尺寸64.3m之比为68.9%，远大于30%，属于平面凹进不规则，凹进后连接处楼板连接特别薄弱，见图3.7-9。

## 5. 结构平面超长

下部楼层平面尺寸东西向长64.3m，南北向长77.3m，均超出规范限值，结构平面超长，应考虑混凝土收缩和温度应力的不利影响。

## 6. 地下室较深、周边环境复杂

由于周边停车特别困难，需增加停车数量，初步设计为地下5层。后因周边条件等因素，改为地下3层，部分地库外墙内移，大部分停车位改为机械停车（但停车时效不高）。

3层地库的底板面标高达-16.35m，平面呈Z形，东西向总长149m，南北向长102.80m、96.20m，建筑地下二层平面图见图3.7-6。

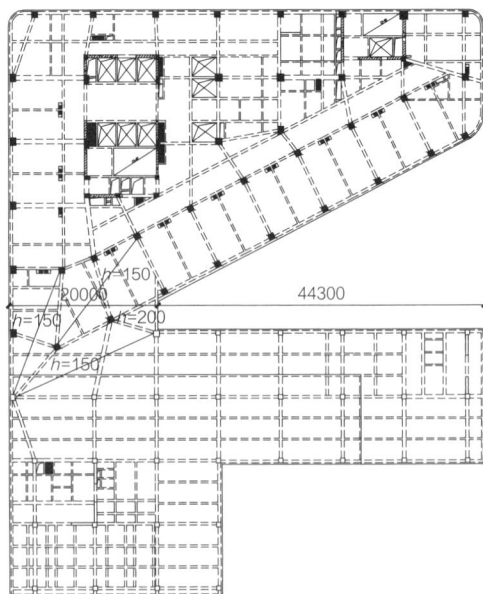

图3.7-9　九层平面凹进尺寸图

地下室埋深较深，周边环境复杂，基坑采用地下连续墙+内支撑顺作施工，地下连续墙厚800mm，周边地下连续墙作为地下工程的永久结构。

## 3.7.4　结构不规则判别及抗震性能目标

### 1．结构不规则和超限判别

根据结构特点和计算结果，按《审查要点》附件1表1～表4进行不规则项及超限判别，结果见表3.7-6。

不规则项及超限判别　　　　　　　　　表3.7-6

| 结构单元 | 表1<br>高度级别 | 表2<br>（一般）不规则项 | 表3<br>不规则项 | 表4<br>不规则项 | 是否超限 |
|---|---|---|---|---|---|
| B楼 | A级高度<br>钢筋混凝土<br>高层建筑 | 扭转不规则<br>凹凸不规则（9层）<br>竖向体型偏心收进（8层）<br>托柱转换（8层）<br>楼层承载力突变（2层） | 无 | 无 | 超限 |

### 2．抗震性能目标

结合抗震设防烈度、设防类别、场地条件、结构特点、不规则项及超限情况等因素，采取了抗震性能化设计方法，抗震性能目标见表3.7-7。

抗震性能目标　　　　　　　　　表3.7-7

| 部位 | 中震 | 大震 |
|---|---|---|
| 转换梁、转换柱 | 弹性 | 不屈服 |
| 底层至转换层以上2层剪力墙 | 受剪弹性、受弯不屈服 | 截面满足受剪控制条件 |
| 转换层以下普通框架柱、<br>转换层以上2层塔楼框架柱 | 受剪弹性、受弯不屈服 | 截面满足受剪控制条件 |
| 其余竖向构件 | 不屈服 | — |

## 3.7.5　结构主要应对措施

### 1．复杂高层的计算分析要求与控制指标

B楼为竖向体型偏心收进、带转换层的高层建筑结构，属于复杂高层，采取以下计算分析与控制原则和指标：

1）采用两个不同力学模型的结构分析软件进行整体分析。

2）采用弹性时程分析法进行补充计算。

3）采用等效弹性进行抗震性能目标分析。

4）对受力复杂部位，进行应力分析，按应力进行配筋设计校核。

5）采用弹塑性时程分析方法进行补充计算。

6）考虑平扭耦联计算结构的扭转效应，振型数不小于15。

7）在考虑偶然偏心影响的规定水平地震作用下，楼层竖向构件最大的水平位移和层间位移不大于该楼层平均值的1.4倍。

8）结构扭转为主第一自振周期$T_t$与平动为主第一自振周期$T_1$之比不大于0.85。

## 2. 竖向体型收进应对措施

除上述的复杂高层的计算分析要求与控制指标外，还采取以下措施：

1）竖向体型突变部位的楼板加强，楼板厚度不宜小于150mm，双层双向配筋，每层每个方向钢筋的配筋率不小于0.25%。体型突变部位上、下层结构的楼板也应加强构造措施（板厚不小于120mm，双层双向配置通长钢筋）。

2）竖向体型收进处宜采取措施减小结构刚度的变化，上部收进结构的底部楼层层间位移角不宜大于相邻下部区段最大层间位移角的1.15倍。计算结果见表3.7-8。

3）竖向体型收进部位上下各2层塔楼周边竖向结构构件的抗震等级提高一级采用。

4）结构偏心收进时，应加强收进部位以下2层结构周边竖向构件的配筋构造措施。

5）由于上部收进较多，收进部位以上2层塔楼剪力墙地震剪力按放大1.25倍验算进行加强。

竖向体型收进处层间位移角           表3.7-8

| 层间位移角 | | X向地震 | Y向地震 | 备注 |
|---|---|---|---|---|
| $\Delta u/h$ | 八层 | 1/1650 | 1/1673 | |
| | 七层 | 1/1859 | 1/1885 | |
| 比值 | | 1.127 | 1.127 | 满足要求 |

## 3. 带转换层高层建筑结构应对措施

在八层楼面位置，有18根上部柱需要转换，其中，4根柱平面位置距下部柱较近，采用搭接柱转换，另外14根柱采用梁托柱转换；由于上部南侧柱网斜交于下部柱网，14根柱基本是次梁托柱转换，转换层结构平面见图3.7-10。搭接柱与上下层梁柱的连接示意见图3.7-11。原先还有3根上部柱待转换，见图3.7-10，后取消这3根柱以减少转换数量。

塔楼区域总框架柱34根、剪力墙的端柱或扶壁柱10根，原先有3根上部柱，后取消不再转换；需转换的柱14根，与塔楼区域柱总数44根之比约32%，按托柱转换层进行设计。转换结构还需考虑竖向地震作用。

对于托柱转换层，除上述复杂高层计算分析要求与控制指标外，还采取以下措施：

1）转换层上部结构与下部结构的侧向刚度变化应符合《高规》附录E的规定：

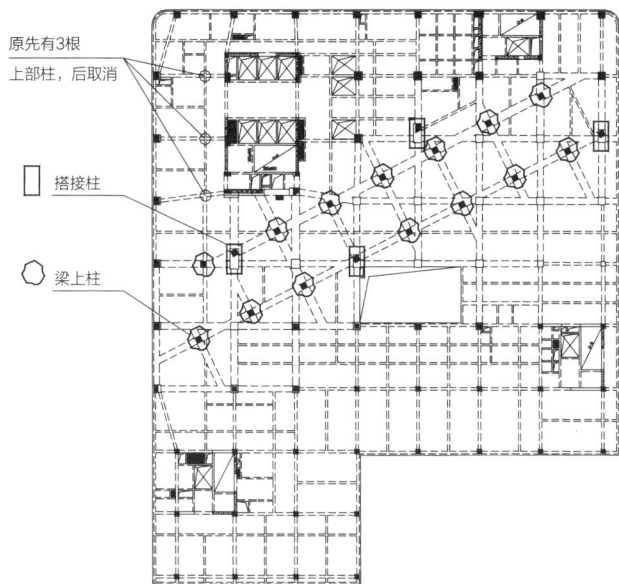

图3.7-10 转换层结构平面

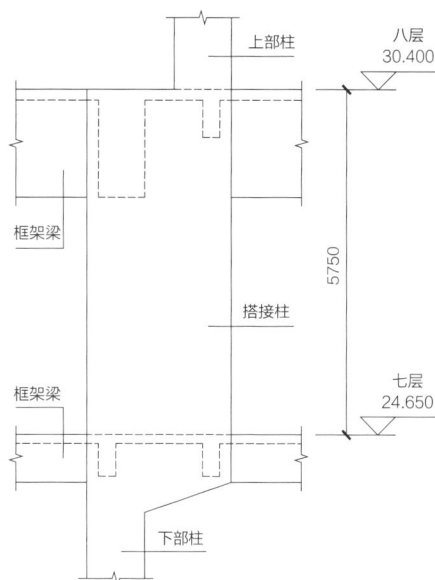

图3.7-11 搭接柱连接示意

①按《高规》式（3.5.2-2）计算，转换层与其相邻上层的侧向刚度比不应小于0.9。

②按《高规》式（E.0.3）计算，转换层下部结构与上部结构的等效侧向刚度比宜接近1，不应小于0.8。

转换层与上层侧向刚度比计算结果见表3.7-9。

转换层与上层侧向刚度比　　　　　　表3.7-9

| 计算方法 | 方向 | 刚度比 | 规范限值 | 是否满足规范 |
|---|---|---|---|---|
| $\gamma_2 = \dfrac{V_i \Delta_{i+1}}{V_{i+1} \Delta_i} \dfrac{h_i}{h_{i+1}}$ | $X$向 | 1.0630 | ≥0.9 | 满足 |
| | $Y$向 | 1.1221 | | |
| $\gamma_{e2} = \dfrac{\Delta_2 H_1}{\Delta_1 H_2}$ | $X$向 | 3.0196 | ≥0.8，宜接近1 | 满足 但大于1较多 |
| | $Y$向 | 2.4782 | | |

2）转换框架梁均设置型钢，转换次梁根据受剪需要设置型钢。转换梁设计应符合《高规》第10.2.7条、第10.2.8条的相关要求。

3）转换柱设计应符合《高规》第10.2.10条、第10.2.11条的相关要求。

4）转换层转换梁柱的转换区域楼板厚度不宜小于180mm，其余非转换区域楼板厚度不宜小于150mm，应双层双向配筋，且每层每方向的配筋率不小于0.25%，楼板中钢筋应锚固在边梁或墙体内。与转换层相邻楼层的楼板也应适当加强（板厚不小于120mm，双层双向配置通长钢筋）。

5）进行抗震性能目标分析。

6）进行实体有限元分析。

7）进行罕遇地震弹塑性时程分析。

### 4．三层（设备层）小层高的应对措施

三层（设备层）层高特别小（仅为2.19m），采取以下加强措施与控制指标：

1）控制不同时出现楼层侧刚比和楼层承载力比不规则。

2）将二层强制指定为薄弱层，地震剪力乘以1.25的增大系数。

3）本层及上下层剪力墙设置约束边缘构件。

4）2.19m层高的框架柱为形态超短柱，经检查剪跨比，仅部分柱$\lambda<1.5$，为受力超短柱。为此，采取以下措施提高抗震延性：

①沿柱全高设置井字复合箍，箍筋间距不大于80mm（约束混凝土）、肢距不大于200mm、直径不小于12mm（轴压比限值可提高0.10）。

②柱截面中部设置芯柱，附加纵向钢筋的截面面积不小于柱截面面积的0.8%，芯柱边长不小于柱边长的1/3（轴压比限值可提高0.05）。

③严控轴压比，轴压比限值按降低0.10控制。

④柱体积配箍率按抗震等级为特一级的要求加强。

5）对于2.19m层高的框架柱，计算分析得出以下结论：

①采用抗震性能目标分析，满足中震受剪弹性、受弯不屈服，大震控制受剪截面。

②采用大震弹塑性时程分析，结果显示本层柱基本处于轻微~轻度损坏范围。

6）对于2.19m层高的下2层即一、二层框架柱，同时采取以下措施提高抗震延性：

①沿柱全高设置井字复合箍，箍筋间距不大于80mm（约束混凝土）、肢距不大于200、直径不小于12mm（轴压比限值可提高0.10）。

②严控轴压比，轴压比限值按降低0.05控制。

### 5．局部凹进不规则应对措施

对于九层平面凹进不规则、楼板连接薄弱，采取以下措施：

1）针对局部凹凸不规则，楼板板厚适当加强，计算时按弹性楼板进行设计，并加强梁板配筋构造。

2）九层凹进较深处连接特别薄弱部位楼板进行应力分析，控制小震弹性、中震不屈服、大震满足受剪截面控制条件。

## 3.7.6 结构计算与分析

### 1．多遇地震反应谱分析

采用YJK和Midas Building两个不同力学模型的结构分析软件进行整体分析。

**（1）整体计算模型**

YJK整体计算模型、Midas Building整体计算模型如图3.7-12所示。

**（2）质量和周期**

两个结构分析软件的质量和周期计算结果见表3.7-10。

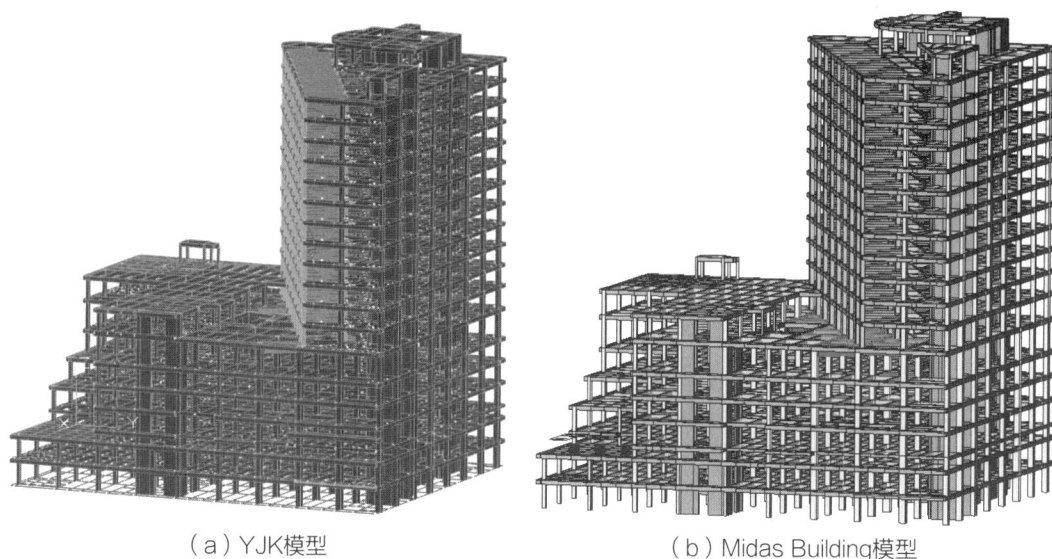

(a) YJK模型      (b) Midas Building模型

图3.7-12 上部结构整体计算模型

质量和周期计算结果      表3.7-10

| | 计算指标 | | YJK | Midas Building | 备注 |
|---|---|---|---|---|---|
| 结构总质量（t） | | | 96745.883 | 99706.955 | 相差3.06% |
| 周期 | $T_1$ | $T$（s） | 2.1322 | 2.1073 | 相差1.20% |
| | | 转角（°） | 162.80 | — | |
| | | （$\lambda_x+\lambda_y$） | 0.93（0.84+0.08） | — | |
| | | $\lambda_t$ | 0.07 | — | |
| | $T_2$ | $T$（s） | 2.0396 | 2.0406 | 相差0.05% |
| | | 转角（°） | 76.68 | — | |
| | | （$\lambda_x+\lambda_y$） | 0.95（0.05+0.90） | — | |
| | | $\lambda_t$ | 0.05 | — | |
| | $T_3$ | $T$（s） | 1.7711 | 1.7676 | 相差0.20% |
| | | 转角（°） | 23.15 | — | |
| | | （$\lambda_x+\lambda_y$） | 0.17（0.13+0.04） | — | |
| | | $\lambda_t$ | 0.83 | — | |
| 最大地震作用方向（°） | | | 163.278 | 161.000 | 基本一致 |
| $T_t/T_1$ | | | 0.8306 | 0.8388 | ≤0.85，满足 |
| $T_2/T_1$ | | | 0.9565 | 0.9683 | >0.80，满足 |

从表中可以看出：

1）两个软件计算结果相差均小于5%，计算分析结果可靠。

2）$T_1$、$T_2$为平动周期，$T_3$以扭转为主，处于工程经验值范围之内。

3）两主轴方向平动主振型周期较为接近（大于0.8）。

4）结构扭转为主的第一自振周期$T_t$与平动为主的第一自振周期$T_1$之比小于0.85，满足《高规》要求。

（3）计算指标结果

多遇地震作用下，计算指标结果及判别见表3.7-11。

根据塔楼斜交抗侧力构件附加角度，采用YJK对整体结构补充水平力与整体坐标夹角为27°和27°+90°的计算，计算指标结果见表3.7-11。

多遇地震计算指标结果及判别　　　　　　表3.7-11

| 计算指标 | | YJK | Midas Building | YJK（27°） | 规范限值 | 判别 |
|---|---|---|---|---|---|---|
| 楼层质量比（各层最大值） | | 1.85（F7） | 1.86（F7） | 1.84（F7） | ≤1.5 | 不规则 |
| 侧向刚度比（各层最小值） | X向 | 1.1675（F14） | 1.1740（F14） | 1.1615（F14） | ≥1.0 | 规则 |
| | Y向 | 1.1754（F13） | 1.173（F14） | 1.1797（F14） | | |
| 楼层抗剪承载力比（各层最小值） | X向 | 0.70（F2） | 0.70（F2） | 0.71（F2） | ≥0.8 | 不规则 |
| | Y向 | 0.73（F2） | 0.74（F2） | 0.72（F2） | | |
| 结构整体抗倾覆（=抗倾覆力矩/倾覆力矩） | 风荷载 X向 | 89.37 | 89.04 | 131.45 | ≥3.0 | 满足 |
| | 风荷载 Y向 | 76.36 | 95.17 | 82.75 | | |
| | 地震作用 X向 | 28.38 | 28.66 | 43.19 | | |
| | 地震作用 Y向 | 23.53 | 30.47 | 36.12 | | |
| 结构整体稳定（刚重比） | X向 | 4.521 | 4.96 | 5.034 | 框剪结构≥1.4 | 满足 |
| | Y向 | 5.244 | 5.17 | 4.695 | | |
| 底层地震剪力（kN） | X向 | 17850.76 | 18236.26 | 17621.54 | — | — |
| | Y向 | 20909.84 | 21192.35 | 18486.67 | | |
| 剪重比（各层最小值） | X向 | 1.845%（F1） | 1.83%（F1） | 1.821%（F1） | ≥1.60% | 满足 |
| | Y向 | 2.161%（F1） | 2.13%（F1） | 1.911%（F1） | | |
| 有效质量系数 | X向 | 94.07% | 91.69% | 94.07% | ≥90% | 满足 |
| | Y向 | 92.66% | 90.03% | 92.66% | | |
| 最大层间位移角（各层最大值） | 地震作用 X向 | 1/1138（F14） | 1/1137（F14） | 1/1142（F14） | 框剪结构≤1/800 | 满足 |
| | 地震作用 Y向 | 1/1155（F13） | 1/1157（F13） | 1/1107（F15） | | |
| | 风荷载 X向 | 1/3111（F12） | 1/3254（F12） | 1/3458（F12） | 框剪结构≤1/800 | 满足 |
| | 风荷载 Y向 | 1/2274（F14） | 1/2361（F13） | 1/2048（F14） | | |

| 计算指标 | | YJK | Midas Building | YJK（27°） | 规范限值 | 判别 |
|---|---|---|---|---|---|---|
| 楼层扭转位移比（各层最大值） | X向 | 1.39（F7） | 1.398（F7） | 1.45（F2） | ≤1.2 | 扭转不规则 |
| | Y向 | 1.22（F4） | 1.264（F5） | 1.23（F8） | | |
| 底层框架地震倾覆力矩比 | X向 | 41.6% | 38.6% | 42.2% | ≤50% | 满足 |
| | Y向 | 42.1% | 40.5% | 41.9% | | |

从表中可以看出，方向角为27°和27°+90°计算的层间位移角和楼层扭转位移比略大于方向角为0°和90°的计算值，但都满足规范要求。

两个程序计算的地震楼层剪力、层间位移角（0°和90°）的对比见图3.7-13、图3.7-14。可以看出，地震楼层剪力、层间位移角在体型收进处略有减小突变，层间位移角满足规范要求。

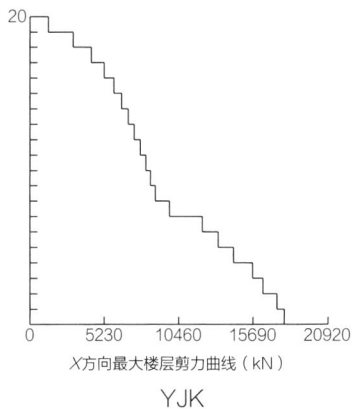

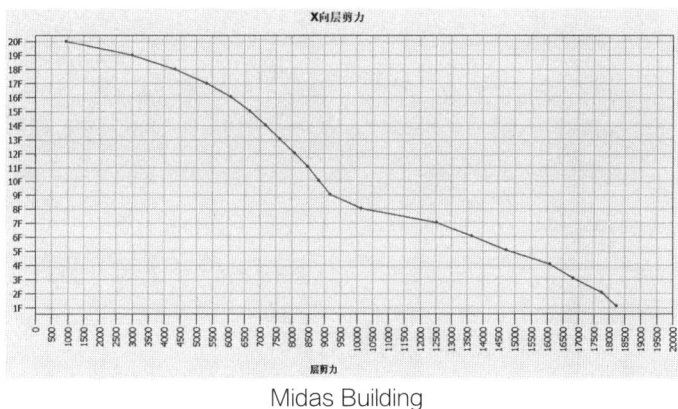

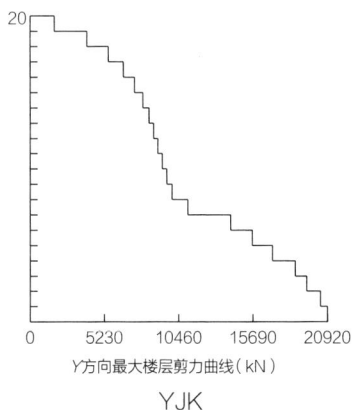

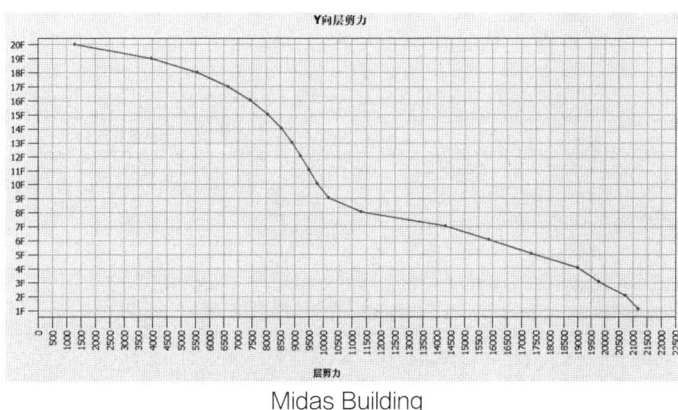

（a）X方向

（b）Y方向

图3.7-13　地震楼层剪力

（a）X方向

（b）Y方向

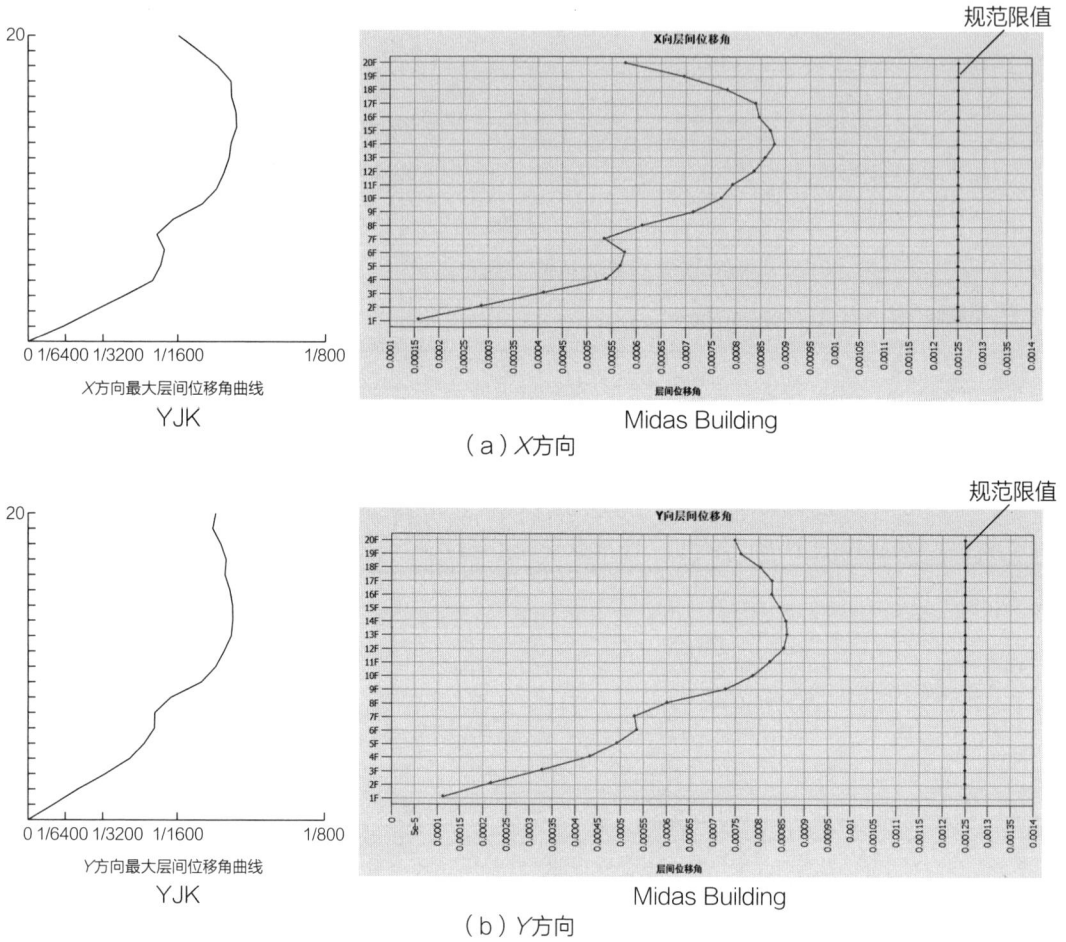

图3.7-14　地震层间位移角

## 2．多遇地震弹性时程分析

采用YJK分析软件进行多遇地震作用下的弹性时程分析。

### （1）地震波选取

弹性时程分析选取5条天然波和2条人工波，选取的7条地震波信息见表3.7-12。

选取的7条地震波信息　　　　　　　　　　　　　　　表3.7-12

| | 波名 | 持续时间（s） | 加速度最大值（cm/s²） | 时间间距（s） |
|---|---|---|---|---|
| 天然波1 | Chi-Chi, Taiwan-04_NO_2715 | 69.99 | 143.784 | 0.02 |
| 天然波2 | Chi-Chi, Taiwan-06_NO_3304 | 44.99 | 47.00 | 0.02 |
| 天然波3 | Chi-Chi, Taiwan-06_NO_3265 | 54.99 | 93.71 | 0.02 |
| 天然波4 | Imperial Valley-06_NO_159 | 28.36 | 370.26 | 0.02 |
| 天然波5 | Imperial Valley-06_NO_161 | 37.82 | 219.75 | 0.02 |
| 人工波1 | ArtWave-RH2TG045 | 30 | 100 | 0.02 |
| 人工波2 | ArtWave-RH1TG045 | 30 | 100 | 0.02 |

　　弹性时程分析按双向地震加速度输入，其中，主分量峰值加速度35cm/s²，次分量峰值加速度35×0.85=29.75cm/s²，结构阻尼比5%。

　　对7条地震波谱与规范反应谱进行了对比，如图3.7-15所示。从对比图中可见，7条地震波的平均地震影响系数曲线与振型分解反应谱法所采用的地震影响系数曲线相比，在对应于结构主要振型的周期点上相差不大于20%，在统计意义上相符，满足规范要求。

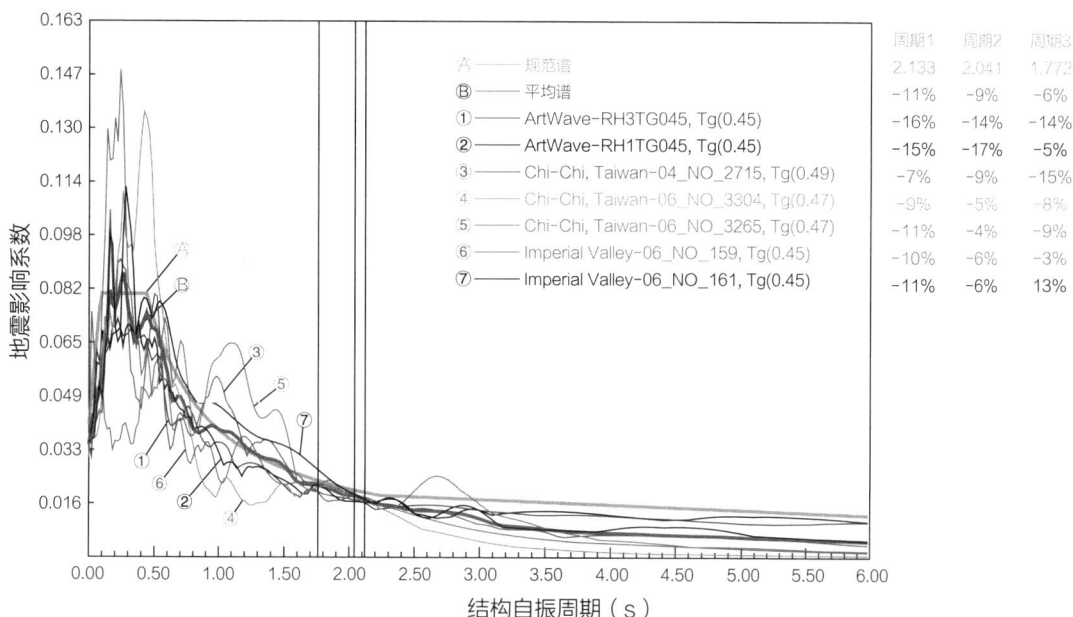

图3.7-15　7条地震波谱与规范反应谱对比图

## （2）底部剪力

　　时程分析法底部剪力与振型分解反应谱法底部剪力比较见表3.7-13，可以看出，每条时程曲线计算所得的结构底部剪力不小于振型分解反应谱法所得的底部剪力的65%，且不大于135%，7条时程曲线计算所得的结构底部剪力平均值不小于振型分解反应谱法所得的底部剪力的80%，且不大于120%，满足规范要求，体现了安全性和经济性的平衡。

时程分析法与振型分解反应谱法底部剪力比较　　　　表3.7-13

| 方法 | | X向 | | Y向 | |
|---|---|---|---|---|---|
| | | $Q_0$或$Q$（kN） | $Q/Q_0$ | $Q_0$或$Q$（kN） | $Q/Q_0$ |
| 振型分解反应谱法 | | 17850.76 | — | 20909.84 | — |
| 时程分析法 | 天然波1 | 16244.249 | 91% | 22054.08 | 105% |
| | 天然波2 | 15116.124 | 85% | 19133.457 | 92% |
| | 天然波3 | 17280.067 | 97% | 17414.172 | 83% |
| | 天然波4 | 14467.093 | 81% | 21897.709 | 105% |

| 方法 | | X向 | | Y向 | |
|---|---|---|---|---|---|
| | | $Q_0$或$Q$（kN） | $Q/Q_0$ | $Q_0$或$Q$（kN） | $Q/Q_0$ |
| 时程分析法 | 天然波5 | 19803.620 | 111% | 19655.286 | 94% |
| | 人工波1 | 16120.841 | 90% | 19242.658 | 92% |
| | 人工波2 | 21224.635 | 119% | 18986.090 | 91% |
| | 平均值 | 17179.518 | 96% | 19769.065 | 95% |

注：$Q_0$和$Q$分别为振型分解反应谱法和时程分析法的底部剪力。

### （3）楼层剪力放大系数

将时程分析法楼层剪力计算结果与振型分解反应谱法楼层剪力计算结果进行对比，结果显示：在顶部部分楼层及第七、八层，时程分析法7条波的平均值略大于振型分解反应谱法的计算结果，其余各层时程分析法7条波的平均值均小于振型分解反应谱法的计算结果；各楼层剪力放大系数见表3.7-14。

根据塔楼斜交抗侧力构件附加角度，对结构进行补充附加角度27°和27°+90°的弹性时程分析，各层地震作用放大系数见表3.7-14。

振型分解反应谱法计算时考虑表中楼层剪力放大系数二者较大值，见表3.7-14。

各楼层剪力放大系数 表3.7-14

| 层号 | 0°和90° | | 附加角度27°和117° | | 二者较大值 | |
|---|---|---|---|---|---|---|
| | X向 | Y向 | X向 | Y向 | X向 | Y向 |
| 20 | 1.024 | 1.026 | 1 | 1.098 | 1.024 | 1.098 |
| 19 | 1.057 | 1.062 | 1.041 | 1.146 | 1.057 | 1.146 |
| 18 | 1.056 | 1.086 | 1.041 | 1.143 | 1.056 | 1.143 |
| 17 | 1.048 | 1.093 | 1.034 | 1.126 | 1.048 | 1.126 |
| 16 | 1.026 | 1.083 | 1.018 | 1.104 | 1.026 | 1.104 |
| 15 | 1.001 | 1.074 | 1 | 1.095 | 1.001 | 1.095 |
| 14 | 1 | 1.055 | 1 | 1.082 | 1 | 1.082 |
| 13 | 1 | 1.045 | 1 | 1.054 | 1 | 1.054 |
| 12 | 1 | 1.032 | 1 | 1.017 | 1 | 1.032 |
| 11 | 1 | 1 | 1 | 1.006 | 1 | 1.006 |
| 10 | 1 | 1 | 1 | 1 | 1 | 1 |
| 9 | 1 | 1 | 1 | 1 | 1 | 1 |

| 层号 | 0°和90° | | 附加角度27°和117° | | 二者较大值 | |
|---|---|---|---|---|---|---|
| | $X$向 | $Y$向 | $X$向 | $Y$向 | $X$向 | $Y$向 |
| 8 | 1.011 | 1 | 1 | 1.024 | 1.011 | 1.024 |
| 7 | 1.020 | 1.007 | 1.043 | 1.066 | 1.043 | 1.066 |
| 6 | 1 | 1 | 1.035 | 1.052 | 1.035 | 1.052 |
| 5 | 1 | 1 | 1.015 | 1.002 | 1.015 | 1.002 |
| 4 | 1 | 1 | 1 | 1 | 1 | 1 |
| 3 | 1 | 1 | 1 | 1 | 1 | 1 |
| 2 | 1 | 1 | 1 | 1 | 1 | 1 |
| 1 | 1 | 1 | 1 | 1 | 1 | 1 |

**（4）层间位移角**

时程分析法与振型分解反应谱法的最大层间位移角曲线见图3.7-16，各层最大层间位移角平均值均满足规范要求，但在体型收进处略有减小突变，变化趋势与振型分解反应谱法计算结果基本一致。

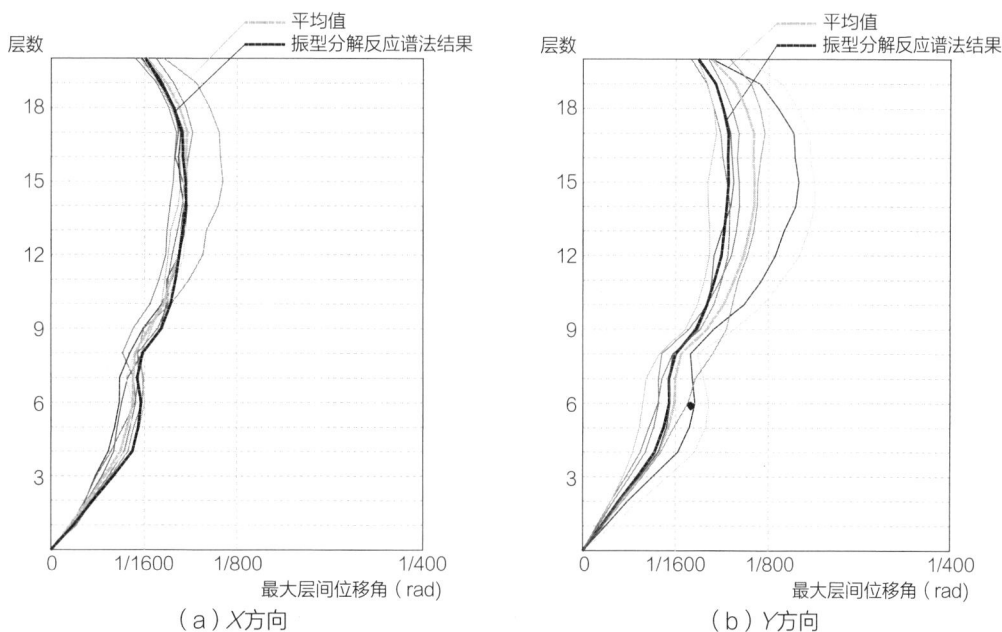

（a）$X$方向　　　　　　　　　　　（b）$Y$方向

图3.7-16　时程分析法与振型分解反应谱法的最大层间位移角曲线

### 3．性能目标分析

#### （1）抗震性能目标

抗震性能目标见表3.7-7。

#### （2）中震作用下性能目标分析

转换梁、转换柱按中震弹性计算的配筋局部见图3.7-17，配筋均在合理的范围内，且满足抗震延性。

底层至转换层以上2层剪力墙、转换层以下普通框架柱和转换层以上2层塔楼框架柱按中震抗剪弹性、抗弯不屈服计算，其余竖向构件按中震不屈服计算，配筋也均在合理的范围内。

#### （3）大震作用下性能目标分析

转换梁、转换柱按大震不屈服计算的配筋局部见图3.7-18，配筋均在合理的范围内，且满足抗震延性。

大震作用下，底层至转换层以上2层剪力墙、转换层以下普通框架柱和转换层以上2层塔楼框架柱均能满足抗剪截面控制条件。

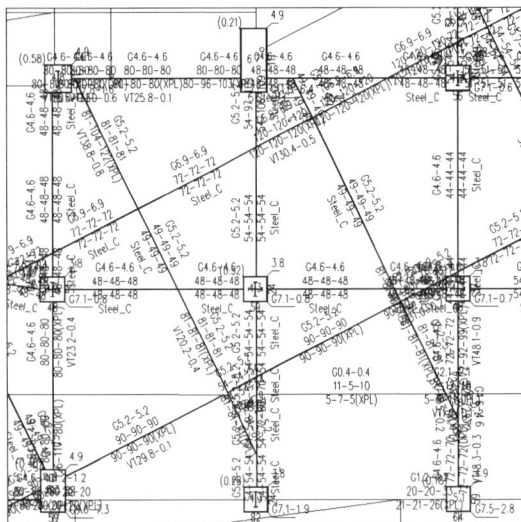

图3.7-17　转换梁转换柱中震弹性配筋（局部）　　　图3.7-18　转换梁转换柱大震不屈服配筋（局部）

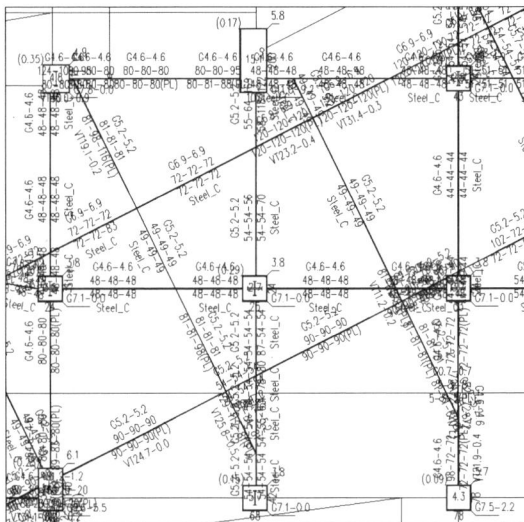

### 4．专项分析

#### （1）设防地震作用下剪力墙名义拉应力验算

设防地震作用下，剪力墙名义拉应力验算结果：

1）大部分墙肢的名义拉应力不超过混凝土抗拉强度标准值$f_{tk}$。

2）只有个别墙肢的名义拉应力超出$f_{tk}$，对于此部分墙肢，在边缘构件或端柱中设置型钢，控制名义拉应力不超出2倍$f_{tk}$，见表3.7-15，墙肢编号见图3.7-19。

中震时出现小偏心受拉的混凝土构件按特一级构造设计。

一～十五层局部剪力墙柱设置型钢后名义拉应力验算 表3.7-15

| 层号 | 墙柱编号 | 型钢截面（mm） | 含钢率（%） | 未加型钢前$N/(Af_{tk})$ | 加型钢后$N/(Af_{tk})$ |
|------|----------|----------------|-------------|--------------------------|------------------------|
| 1F | W18 | 2H200×200×20×20 | 1.54 | 1.17 | 1.09 |
| 1F | Z5 | H400×200×30×30 | 2.22 | 1.07 | 0.97 |
| 3F | W28 | H300×150×20×20 | 1.44 | 1.05 | 0.98 |
| 8F | W19-1柱 | H400×200×30×30 | 1.83 | 1.59 | 1.46 |
| 9F | W19-1柱 | H400×200×30×30 | 1.83 | 2.13 | 1.95 |
| 10F | W19-1柱 | H400×200×30×30 | 1.83 | 1.85 | 1.70 |
| 11F | W19-1柱 | H400×200×30×30 | 2.22 | 1.91 | 1.72 |
| 12F | W19-1柱 | H400×200×30×30 | 2.22 | 1.69 | 1.55 |
| 13F | W19-1柱 | H400×200×30×30 | 2.22 | 1.52 | 1.37 |
| 14F | W19-1柱 | H400×200×30×30 | 2.22 | 1.43 | 1.30 |
| 15F | W19-1柱 | H400×200×30×30 | 2.22 | 1.16 | 1.04 |

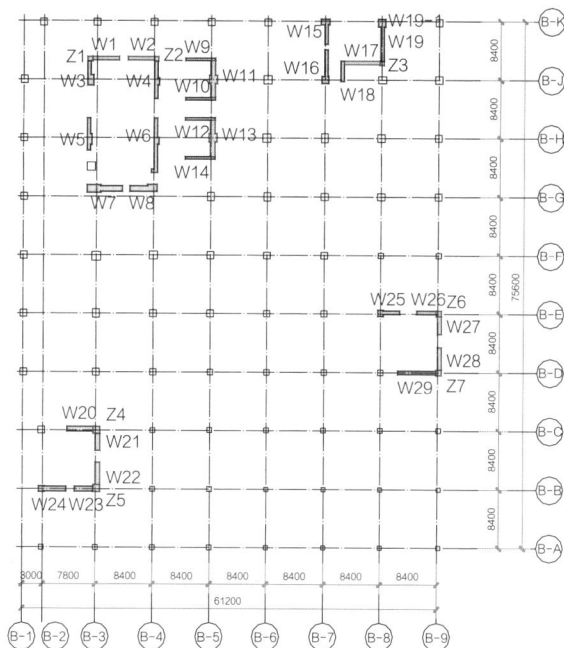

图3.7-19 墙肢编号简图

## （2）转换层楼板应力分析

### 1）托柱转换层楼板

作为支承九～十九层部分框架柱的转换层，八层楼面转换相关范围楼板是重要的传力构件，上部框架柱的剪力需要通过转换层楼板传递到下部竖向构件。为保证楼板能可靠传递面内较大的剪力和弯矩，需保证转换层楼板具备足够的刚度，可在平面内有效传递水平力；具备足够的厚度，实现良好的抗剪性能；并具备良好的受弯性能，以保证和转换梁共同工作。

转换构件相关范围楼板厚度为180mm，其余范围楼板厚度为150mm。转换层楼板混凝土强度等级均为C40，混凝土抗拉强度设计值$f_t$=1.71N/mm²。计算时楼板设定为弹性板。

2）计算结果

在小震、中震作用下，转换层楼板正应力、剪应力几乎均未超过$f_t$=1.71N/mm²，极个别略超过$f_t$的位置远离转换构件范围，楼板能够满足小震、中震弹性的设计要求。

在大震作用下，转换层楼板满足抗剪截面控制条件。

通过分析可见，加强整层楼板厚度能提高楼板整体性，发挥楼板在传递水平地震、风荷载方面的有效作用。在保证楼板基本厚度的同时，对转换层楼板进行双层双向配筋加强，配筋率不小于0.25%。

**（3）转换梁实体元分析**

对转换梁、转换柱以及转换层上一层支承在转换梁上的框架柱进行空间三维实体元分析，保证转换梁、转换柱满足小震弹性、中震弹性和大震不屈服。

YJK软件三维实体元计算模型如图3.7-20所示。计算转换梁、转换柱在竖向荷载、小震弹性、中震弹性和大震不屈服的地震工况下的应力和配筋。其中，大震不屈服地震工况下的应力云图如图3.7-21所示。

实体元的中震下计算配筋结果与杆元下的计算配筋结果对比表明：

1）实体元下的较多转换柱纵筋计算配筋结果增大。

2）转换梁纵筋计算配筋结果有增大、有减小。

3）部分转换梁受扭效应加大。

根据此计算结果，采取如下措施：

1）转换梁、转换柱采用中震弹性下实体元与中震弹性下杆元计算配筋结果进行包络设计。

2）对受剪扭效应较大的转换梁设置型钢，型钢四周设置栓钉，保证与混凝土共同受力的可靠性。

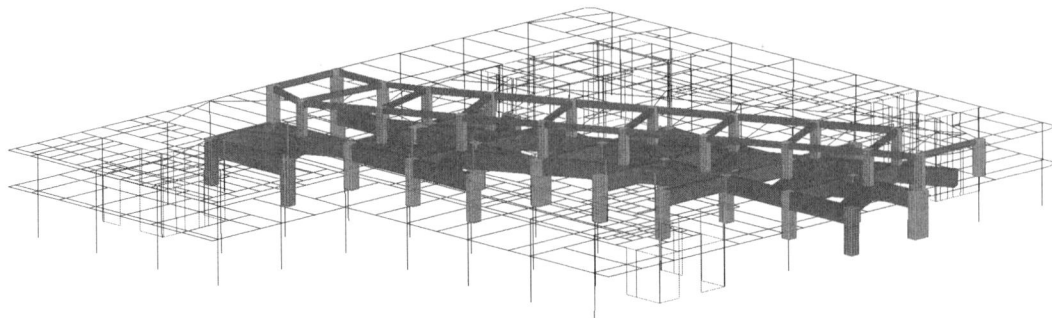

图3.7-20 转换部位实体元计算模型

（a）X向地震XX向应力云图　　　　　　（b）X向地震YY向应力云图

（c）Y向地震XX向应力云图　　　　　　（d）Y向地震YY向应力云图

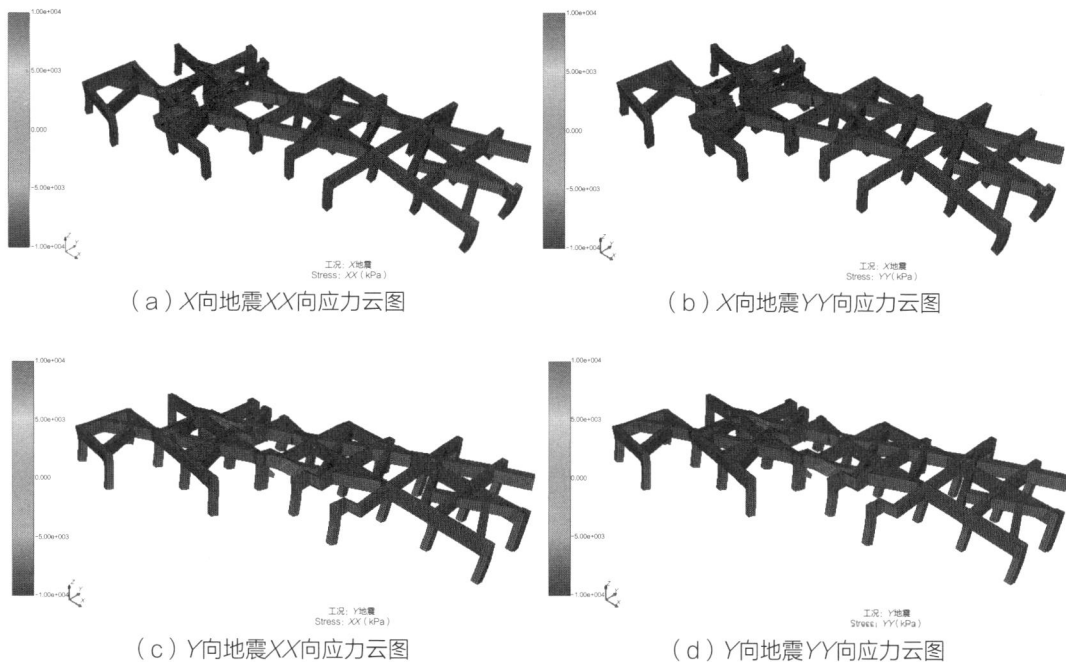

图3.7-21　大震不屈服下应力云图

3）对于受力较大且与型钢梁连接的转换柱设置型钢，型钢四周设置栓钉，保证与混凝土共同受力的可靠性。

**（4）转换梁延性及使用性能分析**

对转换梁的延性及使用性能作如下分析：

1）分析小震弹性、中震弹性和大震不屈服性能目标下的转换梁剪压比。

2）分析转换梁截面的相对受压区高度。

3）验算转换梁的正常使用极限状态（挠度、裂缝）。

综合验算结果表明：

1）转换梁配筋在合理范围内。

2）剪压比和相对受压区高度均在规范允许范围内，在地震下不先发生剪切破坏、受压破坏等脆性破坏方式，满足抗震延性要求。

3）挠度和裂缝均在规范允许范围内，满足正常使用要求。

**（5）收进部位以上两层塔楼剪力墙地震作用按放大1.25倍验算**

收进部位以上塔楼结构与收进部位以下结构相比，存在竖向体型收进、刚度突变，可能为抗震薄弱部位。对收进部位上两层塔楼区域的剪力墙地震作用放大1.25倍，作为加强措施，此部分墙施工图配筋采取与剪力放大1.25倍墙柱配筋进行包络设计。

**（6）九层连接薄弱部位楼板应力分析**

九层平面凹进部位局部形成细腰，连接特别薄弱。连接薄弱部位楼板及相邻楼板加厚至150mm，凹口处局部加厚至200mm，楼板双层双向配筋率不小于0.25%，对连接处梁的纵筋和箍筋也进行加强，梁板混凝土强度等级为C30。对此部分进行详细的小震、中震、大震下楼板应力分析。

1）小震下楼板应力

性能目标：楼板不开裂。

经楼板应力分析，小震下楼板拉应力均不超过混凝土抗拉强度标准值$f_{tk}$，楼板不开裂，满足小震弹性要求。

2）中震下楼板应力

性能目标：楼板允许开裂，钢筋保持弹性。

经楼板应力分析，中震下楼板应力状态的分布情况和小震下基本相同，中震应力水平明显高于小震。

$X$向中震下，$X$向拉应力、$Y$向拉应力和剪应力典型最大值分别为0.39N/mm²、1.16N/mm²、1.35N/mm²；$Y$向中震下，$X$向拉应力、$Y$向拉应力和剪应力典型最大值分别为0.67N/mm²、2.14N/mm²、0.48N/mm²。

中震下，大部分楼板混凝土主拉应力不超过混凝土抗拉强度标准值$f_{tk}$，局部超过$f_{tk}$的位置按应力配置楼板钢筋，使钢筋保持弹性。

3）大震下楼板应力

性能目标：大震满足受剪截面要求。

采用等效弹性分析楼板应力，在$X$向大震和$Y$向大震下，典型最大剪应力值分别为2.48N/mm²、1.19N/mm²，不超过楼板受剪截面控制条件的应力$0.15 \times 1 \times 20.1 = 3.02$N/mm²，表明大震下楼板满足受剪截面要求。

（7）二~九层楼面超长混凝土收缩和温度应力分析

采用YJK程序，进行混凝土收缩和温度应力的计算，楼板单元采用考虑面内、面外刚度的壳单元，取消刚性隔板。楼板混凝土强度等级二~七层、九层为C30，八层为C40。

1）计算参数确定

①温度作用

基本气温：根据苏州市气象资料，月平均最高气温$T_{max}$=36℃，月平均最低气温$T_{min}$=−5℃。

室内环境温度：取空调条件下可能出现的不利温度。冬季最低温度取5℃，夏季最高温度取35℃。

结构平均温度：有围护保温的室内结构，结构平均温度可近似取室内外环境温度的平均值。结构最低平均温度$T_{s,min}$=0℃，结构最高平均温度$T_{s,max}$=35℃。

结构初始平均温度（合拢温度）：结构最低初始平均温度$T_{0,min}$=15℃，结构最高初始平均温度$T_{0,max}$=20℃。

结构均匀温度作用的标准值：最大温升工况$\Delta T_{k,U} = T_{s,max} - T_{0,min} = 35 - 15 = +20$℃；最大温降工况$\Delta T_{k,d} = T_{s,min} - T_{0,max} = 0 - 20 = -20$℃。

②混凝土收缩的影响

考虑后浇带封闭后混凝土收缩引起的当量温差$\Delta T_k = -12.5$℃。

考虑混凝土收缩影响后，结构均匀温度作用的标准值：最大温升工况$\Delta T_{k,U} = +20 - 12.5 = +7.5$℃；最大温降工况$\Delta T_{k,d} = -20 - 12.5 = -32.5$℃。

③混凝土徐变的影响

考虑混凝土徐变，温度效应折减系数0.284。

④混凝土刚度的影响

考虑混凝土长期刚度，对混凝土弹性模量折减系数取0.85。

⑤分项系数和组合系数

温度作用的分项系数1.5，组合系数0.6，准永久值系数0.4。

2）计算结果

经计算，比较温升和温降两个工况，温升不起控制作用，温降起控制作用，在此工况下的计算结果显示：

①二～九层楼板的收缩温度应力，除个别峰值处外，均不大于楼板混凝土抗拉强度设计值$f_t$=1.43N/mm²，对个别峰值处按应力进行配筋加强。

②一层竖向构件配筋比不考虑温差作用的计算配筋略有增加。

## 5．罕遇地震弹塑性时程分析

### （1）分析目的

采用SAUSAGE分析软件进行弹塑性时程分析，以达到以下目的：

1）评估结构在罕遇地震下的弹塑性行为，根据主要构件的塑性损伤情况和整体变形情况，确认结构是否满足"大震不倒"的设防水准要求。

2）研究多项不规则对结构抗震性能的影响，包括罕遇地震下的最大顶点位移，最大层间位移以及最大基底剪力。

3）研究结构剪力墙、柱、梁、板等结构构件的损伤及塑性应变影响。

4）根据分析结果，针对结构薄弱部位和薄弱构件提出相应的加强措施。

### （2）计算模型

SAUSAGE计算模型见图3.7-22。

### （3）模型校核

SAUSAGE与YJK计算模型质量和周期对比见表3.7-16。可以看出，SAUSAGE计算模型的质量和周期与YJK计算模型的质量和周期基本一致，除扭转周期$T_3$相差略超5%外，其余相差不超过5%，说明SAUSAGE计算模型与YJK计算模型基本一致，具有可比性，可用于弹塑性时程分析。

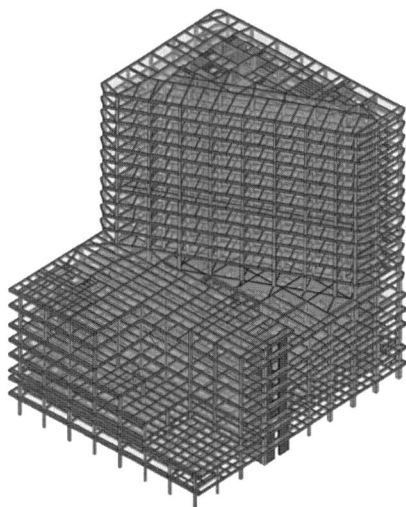

图3.7-22　SAUSAGE计算模型

SAUSAGE与YJK计算模型质量和周期对比　　表3.7-16

| 项目 | | SAUSAGE | YJK | 相差 |
|---|---|---|---|---|
| 结构总质量（t） | | 97262.700 | 96745.883 | +0.53% |
| 周期 | $T_1$（s） | 2.1340 | 2.1322 | +0.08% |
| | $T_2$（s） | 2.1180 | 2.0396 | +3.70% |
| | $T_3$（s） | 1.8940 | 1.7711 | +6.49% |

### （4）地震波选取

弹塑性时程分析选取2条天然波和1条人工波，选取的3条地震波信息见表3.7-17。计算罕遇地震时地震波的有效峰值加速度为220cm/s²，三向地震加速度输入，主方向、次方向以及竖直方向地震波峰值加速度比按1：0.85：0.65确定，所选地震波按有效峰值加速度对各点进行等比例调整。

地震波的影响系数曲线与规范谱对比，在结构主要振型的周期点上相差不大于20%，满足规范要求。

地震波信息 表3.7-17

| 工况 | | 起始时间（s） | 终止时间（s） | 加速度（cm/s²） | | |
|---|---|---|---|---|---|---|
| | | | | 主方向 | 次方向 | 竖直方向 |
| TH049TG055 天然波1 | X向 | 2.8 | 25.6 | 220.0 | 187.0 | 143.0 |
| | Y向 | | | | | |
| TH084TG055 天然波2 | X向 | 0.7 | 21.9 | 220.0 | 187.0 | 143.0 |
| | Y向 | | | | | |
| RH1TG055 人工波 | X向 | 0.0 | 20.9 | 220.0 | 187.0 | 143.0 |
| | Y向 | | | | | |

### （5）基底剪力对比

罕遇地震作用下3条地震波的弹塑性时程分析基底剪力与多遇地震振型分解反应谱法（CQC）基底剪力对比见表3.7-18。

3条地震波的弹塑性时程分析基底剪力与振型分解反应谱法基底剪力对比 表3.7-18

| 方向 | 地震波 | 弹塑性基底剪力（MN） | 罕遇地震CQC基底剪力（kN） | 比值 | 多遇地震CQC基底剪力（kN） | 比值 |
|---|---|---|---|---|---|---|
| X向 | 天然波1 | 85.9 | 107450.4 | 0.80 | 17850.76 | 4.81 |
| | 天然波2 | 73.1 | | 0.68 | | 4.10 |
| | 人工波 | 63.2 | | 0.59 | | 3.54 |
| Y向 | 天然波1 | 77.7 | 112612.8 | 0.69 | 20909.84 | 3.72 |
| | 天然波2 | 97.8 | | 0.87 | | 4.68 |
| | 人工波 | 84.2 | | 0.75 | | 4.03 |

通过对比可知大震弹塑性时程分析基底剪力是小震CQC弹性基底剪力的3.5～5.0倍，地震作用在合理范围内，反映大震弹塑性下结构整体耗能能力较好。

**（6）结构弹塑性层间位移角及顶点位移**

罕遇地震作用下，3条地震波分别按X向为主方向和Y向为主方向输入时，结构各主方向的弹塑性最大层间位移角及顶点位移见表3.7-19。

可以看出，在罕遇地震作用下，结构最大弹塑性层间位移角为1/170，小于规范1/100的弹塑性位移角限值，最大顶点位移为0.302m，并保持立直状态，满足"大震不倒"的性能目标。

X、Y向3条地震波下结构弹塑性最大层间位移角　　　　表3.7-19

| 主方向 | 工况 | 类型 | 最大顶点位移（m） | 最大层间位移角 | 位移角对应层号 |
|---|---|---|---|---|---|
| X向 | 天然波1 | 弹塑性 | 0.206 | 1/193 | 14 |
| | 天然波2 | 弹塑性 | 0.248 | 1/191 | 14 |
| | 人工波 | 弹塑性 | 0.226 | 1/194 | 10 |
| Y向 | 天然波1 | 弹塑性 | 0.225 | 1/184 | 14 |
| | 天然波2 | 弹塑性 | 0.250 | 1/177 | 14 |
| | 人工波 | 弹塑性 | 0.302 | 1/170 | 11 |

**（7）构件损伤及性能水准**

罕遇地震作用下，通过输入3条地震波进行弹塑性时程分析，取计算结果的包络值统计，各类构件损伤及性能水准如图3.7-23所示。

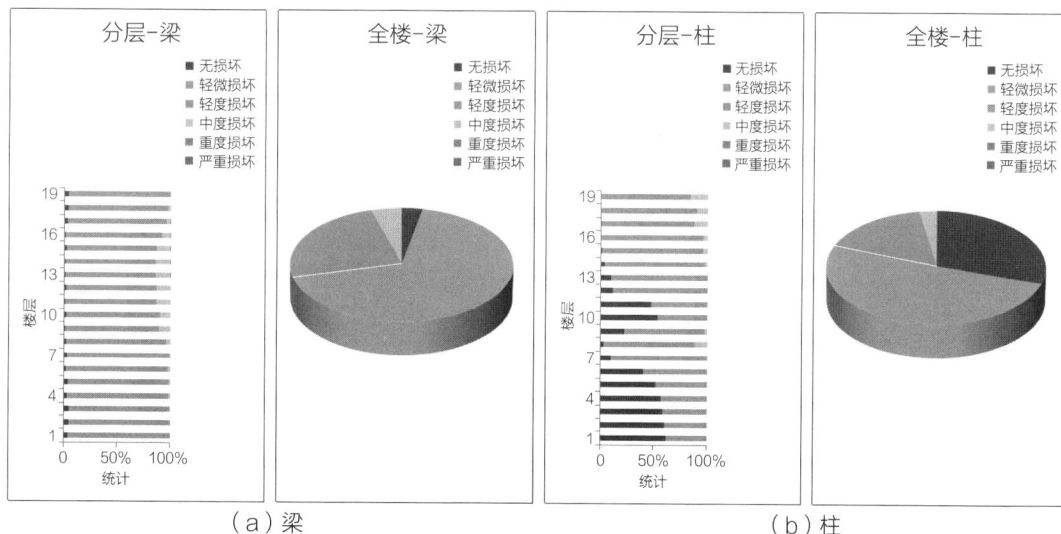

（a）梁　　　　　　　　　　　　　　（b）柱

图3.7-23　构件损伤及性能水准

（c）楼板　　　　　　　　　　　　　（d）墙柱

（e）墙梁

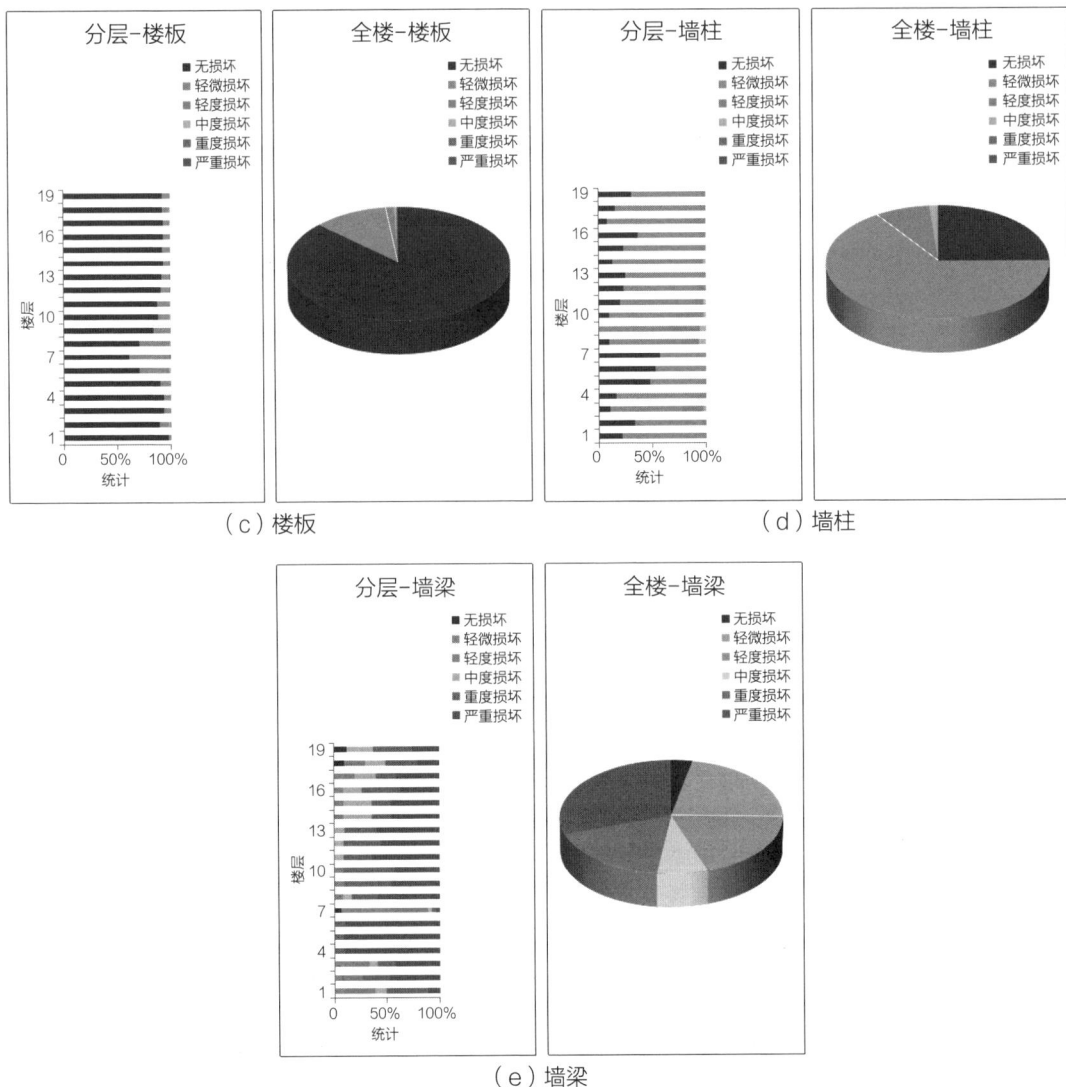

图3.7-23　构件损伤及性能水准（续）

**（8）27°和117°方向弹塑性时程分析**

根据塔楼斜交抗侧力构件附加角度，对结构进行附加角度27°和27°+90°的罕遇地震作用下弹塑性时程分析，选取上述最不利的1条地震波即RH1TG055人工波进行计算，其性能水准见图3.7-24。

**（9）分析结论**

通过对结构进行弹塑性时程分析，可得到以下结论：

1）整体来看，结构在罕遇地震输入下的弹塑性反应及破坏机制，符合结构抗震工程的概念设计要求，能达到预期的抗震性能目标。

2）罕遇地震下，结构最大弹塑性层间位移角为1/170，小于规范1/100的弹塑性位移角限值；最大顶点位移为0.302m，并保持立直状态，满足"大震不倒"的性能目标。

3）连梁出现较多重度损坏、严重损坏，能够充分发挥耗能作用。

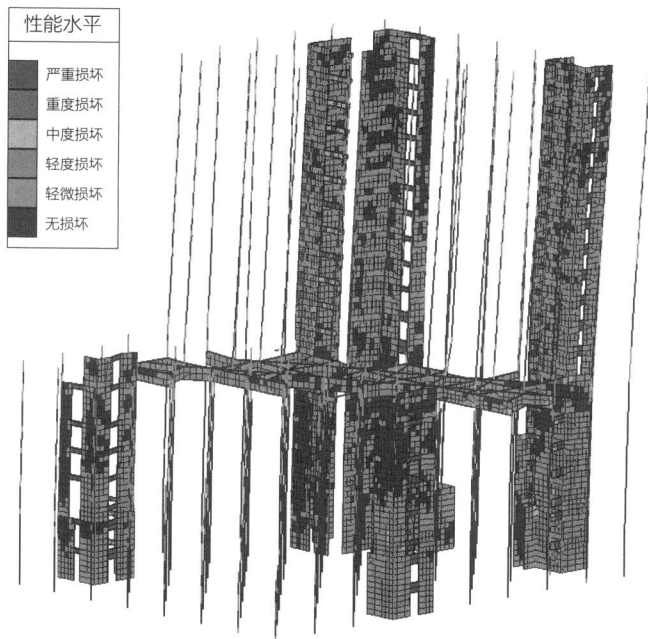

图3.7-24（27°、117°）RH1TG055人工波性能水准示意图（包络）

4）底层至转换层以上2层的剪力墙，基本处于无损坏～轻度损坏范围，少部分洞口边缘位置出现中度损坏，针对此类位置，通过提高边缘构件配筋进行加强。

5）转换柱基本处于无损坏～轻微损坏范围，转换梁基本处于无损坏～轻度损坏范围，少部分区域处于中度损坏，针对此类位置，通过提高配筋进行加强。

6）转换层楼板，基本处于无损坏～轻度损坏范围，仅一处局部出现应力集中，钢筋塑性发展程度较大，针对此类位置，通过加强板厚及提高配筋进行加强。

7）2.19m层高的三层（设备层）柱基本处于无损坏～轻微损坏范围，墙基本处于无损坏～轻度损坏范围。

综上，在7度罕遇地震作用下，结构能够满足预期性能目标。

## 3.7.7 后建筑修改与结构调整、主要指标变化

### 1. 后建筑主要修改

项目开工后，建筑主要修改如下：
（1）塔楼上部标准层减少3层，由原19层减为16层，见图3.7-25；
（2）塔楼东侧十四、十五及十六层，由东向西分别逐层收进3m，见图3.7-25。

### 2. 结构对应主要调整

根据建筑修改内容，结构作如下主要调整：
（1）**竖向构件混凝土强度等级调整**
竖向构件混凝土强度等级调整见表3.7-20。

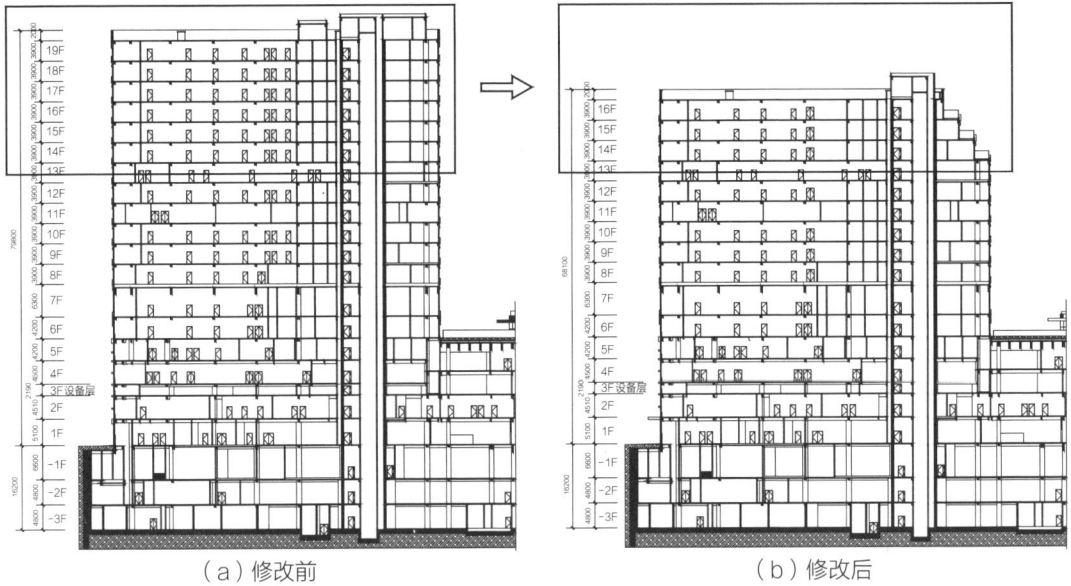

（a）修改前　　　　　　　　　　　　（b）修改后

图3.7-25　建筑修改前后东西向剖面图

竖向构件混凝土强度等级调整　　　　　　　　表3.7-20

| 修改前 | | 修改后 | |
|---|---|---|---|
| 楼层 | 竖向构件混凝土强度等级 | 楼层 | 竖向构件混凝土强度等级 |
| 17～20 | C30 | 14～17 | C30 |
| 14～16 | C40 | 11～13 | C40 |
| 9～13 | C50 | 7～10 | C50 |
| 1～8 | C60 | 1～6 | C60 |

（2）竖向构件截面调整

上部标准层减少3层后，总体上，原十～十二层竖向构件取消，十三～十九层竖向构件截面依次对应调整为十～十六层竖向构件截面（除个别修改外）。

（3）转换层转换次梁型钢优化调整

上部标准层减少3层后，转换梁上托柱柱底轴力减少，转换梁所受剪力减少，转换次梁根据抗剪设置的型钢可进行调整，部分转换次梁中型钢取消。

（4）基础主要调整

修改后B楼范围内桩数减少15根，底板配筋也有所减少。

## 3．结构调整前后主要指标变化

（1）楼层质量对比

楼层质量，修改后与修改前对比，一～十二层改变很小或无改变，十三～十五层改变较小，十六、十七层改变较多。

**（2）周期对比**

修改后与修改前周期对比见表3.7-21，可以看出，修改后的前6周期减小约13%~23%。

周期修改后与修改前对比　　　　　　　　表3.7-21

| 振型 | 修改前（s） | 修改后（s） | 对比 |
|---|---|---|---|
| $T_1$ | 2.1351 | 1.6656 | −21.99% |
| $T_2$ | 2.0412 | 1.6332 | −19.99% |
| $T_3$ | 1.7744 | 1.3757 | −22.47% |
| $T_4$ | 0.8537 | 0.7399 | −13.33% |
| $T_5$ | 0.7231 | 0.5908 | −18.30% |
| $T_6$ | 0.7055 | 0.5880 | −16.65% |

**（3）楼层剪力对比**

修改后与修改前的楼层剪力对比见表3.7-22。

可以看出，十三~十七层楼层剪力减少；八~十二层楼层剪力增加稍多；七层以下楼层剪力增加，基本不超过3%。因此，需对全楼配筋进行计算复核。

楼层剪力修改后与修改前对比　　　　　　　　表3.7-22

| X向楼层剪力 | | | | | X向楼层剪力 | | | | |
|---|---|---|---|---|---|---|---|---|---|
| 修改前 | | 修改后 | | 对比（%） | 修改前 | | 修改后 | | 对比（%） |
| 层号 | $V_x$（kN） | 层号 | $V_x$（kN） | | 层号 | $V_x$（kN） | 层号 | $V_x$（kN） | |
| 20 | 1093.69 | | | | 10 | 8631.41 | 10 | 9312.49 | 7.89 |
| 19 | 3367.41 | | | | 9 | 8982.94 | 9 | 9891.19 | 10.11 |
| 18 | 4673.17 | | | | 8 | 10125.19 | 8 | 10861.16 | 7.27 |
| 17 | 5575.34 | 17 | 1510.37 | −72.91 | 7 | 12366.55 | 7 | 12516.89 | 1.22 |
| 16 | 6342.01 | 16 | 3690.70 | −41.81 | 6 | 13463.21 | 6 | 13730.57 | 1.99 |
| 15 | 6921.78 | 15 | 5272.70 | −23.82 | 5 | 14548.09 | 5 | 14866.57 | 2.19 |
| 14 | 7264.00 | 14 | 6308.31 | −13.16 | 4 | 15871:37 | 4 | 16183.91 | 1.97 |
| 13 | 7572.86 | 13 | 7066.28 | −6.69 | 3 | 16643.74 | 3 | 16930.93 | 1.73 |
| 12 | 7978.30 | 12 | 7691.65 | −3.59 | 2 | 17659.63 | 2 | 17898.67 | 1.35 |
| 11 | 8329.72 | 11 | 8578.77 | 2.99 | 1 | 18357.19 | 1 | 18466.08 | 0.59 |

| Y向楼层剪力 | | | | | Y向楼层剪力 | | | | |
|---|---|---|---|---|---|---|---|---|---|
| 修改前 | | 修改后 | | 对比(%) | 修改前 | | 修改后 | | 对比(%) |
| 层号 | $V_y$(kN) | 层号 | $V_y$(kN) | | 层号 | $V_y$(kN) | 层号 | $V_y$(kN) | |
| 20 | 1547.49 | | | | 10 | 9759.12 | 10 | 10892.43 | 11.61 |
| 19 | 4580.74 | | | | 9 | 10145.57 | 9 | 10887.86 | 7.32 |
| 18 | 6257.10 | | | | 8 | 11265.92 | 8 | 11022.33 | -2.16 |
| 17 | 7254.83 | 17 | 1867.32 | -74.26 | 7 | 14338.59 | 7 | 13904.77 | -3.03 |
| 16 | 7776.56 | 16 | 4680.43 | -39.81 | 6 | 15916.58 | 6 | 15692.74 | -1.41 |
| 15 | 8147.94 | 15 | 6512.15 | -20.08 | 5 | 17350.79 | 5 | 17340.66 | -0.06 |
| 14 | 8568.64 | 14 | 7691.89 | -10.23 | 4 | 18978.89 | 4 | 19178.98 | 1.05 |
| 13 | 9088.82 | 13 | 8965.88 | -1.35 | 3 | 19850.06 | 3 | 20154.25 | 1.53 |
| 12 | 9421.83 | 12 | 9943.20 | 5.53 | 2 | 20867.57 | 2 | 21298.41 | 2.06 |
| 11 | 9513.24 | 11 | 10492.51 | 10.29 | 1 | 21433.70 | 1 | 22050.09 | 2.88 |

（4）楼层位移对比

除了顶部和九~十一层外，其余楼层位移有增有减，变化幅度不超过10%，层间位移角均满足规范要求。

### 4. 罕遇地震弹塑性时程分析

（1）分析结论

通过对结构进行弹塑性时程分析，可得到以下结论：

1）整体来看，结构在罕遇地震输入下的弹塑性反应及破坏机制，符合结构抗震工程的概念设计要求，能达到预期的抗震性能目标。

2）罕遇地震下，结构最大弹塑性层间位移角为1/119，小于规范1/100的弹塑性位移角限值，最大顶点位移为0.241m，并保持立直状态，满足"大震不倒"的性能目标。

3）连梁出现较多重度损坏、严重损坏，能够充分发挥耗能作用。

4）底层至转换层以上2层的剪力墙，基本处于无损坏~轻度损坏范围。

5）转换柱基本处于无损坏~轻度损坏范围，转换梁基本处于无损坏~轻微损坏范围。

6）转换层楼板，基本处于无损坏~轻度损坏范围。

7）2.19m层高的三层（设备层）柱基本处于无损坏~轻微损坏范围，墙基本处于无损坏~轻度损坏范围。

综上，在7度罕遇地震下，结构能够满足预期性能目标。

（2）与修改前对比

1）结构最大弹塑性层间位移角有所增大，最大顶点位移减小。

2）底层至转换层以上2层剪力墙的损伤，较修改前有所减轻。

3）转换柱、转换梁的损伤，较修改前有所减轻。

4）转换层楼板的损伤，较修改前有所减轻。

5）2.19m层高的三层柱、墙的损伤，较修改前有所减轻。

## 3.7.8　工程小结

（1）多遇地震作用下，$X$向和$Y$向层间位移角最大值为1/1137，27°和27°+90°层间位移角最大值为1/1107，均能满足不大于1/800的位移性能目标要求。

（2）设防地震作用下，对转换梁、转换柱、转换层楼板、底部至转换层上2层剪力墙以及框架柱进行性能化设计，能够满足构件承载力性能目标要求。

（3）罕遇地震作用下，对转换梁、转换柱、底部至转换层上2层剪力墙和转换层以下框架柱进行性能化设计，能够满足构件承载力性能目标要求。

（4）罕遇地震作用下，结构满足"大震不倒"的性能目标；连梁出现较多重度损坏、严重损坏，能够充分发挥耗能作用；底层至转换层以上2层的剪力墙，基本处于无损坏～轻度损坏范围；转换柱基本处于无损坏～轻度损坏范围，转换梁基本处于无损坏～轻微损坏范围，转换层楼板，基本处于无损坏～轻度损坏范围；2.19m层高的三层（设备层）柱基本处于无损坏～轻微损坏范围，墙基本处于无损坏～轻度损坏范围；结构能够满足预期性能目标要求。

第4章

# 高烈度区医疗建筑结构设计研究

随着全球气候变化的加剧和地质活动的日益频繁，地震对人类社会构成了巨大的威胁。我国作为地震多发国家，历史上曾多次遭受严重地震灾害的侵袭，造成了重大的人员伤亡和财产损失，尤其是抗震设防烈度为8度及以上的高烈度地区，地震灾害所造成的灾害更为严重。因此，提高建筑结构的抗震性能，确保人民生命财产安全，成为我国防灾减灾工作的重要任务。

医疗建筑作为保障人民健康和社会稳定的关键设施，在地震等自然灾害面前承担着更为重要的责任。一旦医疗建筑在地震中受损或倒塌，不仅会影响患者的救治工作，还可能加剧社会恐慌和混乱。因此，在高烈度区，确保医疗建筑的抗震性能，对于保障人民生命安全和维护社会稳定具有不可估量的价值。

减隔震技术作为一种有效的防灾减灾技术，尤其适合于高烈度区，对于提升医疗建筑的抗震能力、确保其安全性和稳定性具有至关重要的作用。

# 4.1 减隔震技术建设工程相关要求

## 4.1.1 减隔震技术国家相关政策要求

2014年，住房和城乡建设部发布了《关于房屋建筑工程推广应用减隔震技术的若干意见（暂行）》（建质〔2014〕25号），指出："实践证明，减隔震技术能有效减轻地震作用，提升房屋建筑工程抗震设防能力。"因此，应有序推进房屋建筑工程中减隔震技术的应用。

## 4.1.2 减隔震技术的部分地方相关政策要求

除了住房和城乡建设部外，各省、自治区、直辖市也先后出台了对减隔震技术的相关政策要求，本书列举部分地方政策如表4.1-1所示。

部分省市对减隔震技术出台的相关政策要求　　　　表4.1-1

| 省、自治区、直辖市 | 减隔震技术的相关政策要求 |
|---|---|
| 新疆 | 《关于加快推进自治区减隔震技术应用的通知》（新建抗〔2014〕2号） |
| | 《新疆维吾尔自治区建筑工程隔震减震技术应用管理办法》（新建抗〔2024〕1号） |
| 云南 | 《云南省隔震减震建筑工程促进规定》（云南省政府令第202号） |
| | 《关于进一步加快推进我省减隔震技术发展与应用工作的通知》（云建震〔2012〕131号） |
| | 《云南省人民政府办公厅关于加快推进减隔震技术发展与应用的意见》云政办发〔2011〕55号 |
| | 《云南省隔震减震建筑工程促进规定实施细则》（云府登1371号） |
| | 《云南省住房和城乡建设厅关于明确隔震减震建筑工程有关问题的通知》（云建震〔2017〕294号） |

| 省、自治区、直辖市 | 减隔震技术的相关政策要求 |
|---|---|
| 河南 | 《关于发布工程建设标准〈河南省建筑隔震技术标准〉的公告》（公告〔2024〕44号） |
| 江苏 | 《省住房和城乡建设厅关于在房屋建筑工程中进一步推广应用减隔震技术的通知》（苏建抗〔2015〕610号） |
| 安徽 | 《安徽省住房和城乡建设厅转发〈住房和城乡建设部关于房屋建筑工程推广应用减隔震技术的若干意见（暂行）〉的通知》（建质函〔2014〕287号） |
| | 《关于进　步加强建设工程抗震管理的通知》（皖震发防〔2021〕34号） |
| 甘肃 | 《关于转发〈住房城乡建设部关于房屋建筑工程推广应用减隔震技术的若干意见（暂行）〉及进一步做好我省减震隔震技术推广应用工作的通知》（甘建设〔2014〕260号） |
| | 《甘肃省住房和城乡建设厅关于进一步加强建筑工程隔震减震应用的通知》（甘建设〔2024〕298号） |
| 山东 | 《关于积极推进建筑工程减隔震技术应用的通知》（鲁建设函〔2015〕12号） |
| | 《山东省住房和城乡建设厅关于进一步推广应用建筑工程减隔震技术的通知》（鲁建设函〔2019号〕27号） |
| 天津 | 《市住房和城乡建设委关于印发天津市贯彻落实〈建设工程抗震管理条例〉工作方案的通知》（津住建设〔2022〕9号） |
| 山西 | 《山西省住房和城乡建设厅关于积极推进建筑工程减隔震技术应用的通知》（晋建质字〔2014〕115号） |
| 陕西 | 《关于做好〈建设工程抗震管理条例〉贯彻落实工作的通知》（陕建标发〔2021〕12号） |
| 浙江 | 《省建设厅关于贯彻落实〈建设工程抗震管理条例〉的通知》（浙建设函〔2021〕305号） |
| 福建 | 《福建省房屋建筑工程应用隔震减震技术实施细则（试行）》（闽建科〔2024〕29号） |

# 4.2 高烈度区医疗建筑采用减隔震技术的必要性和技术要求

## 4.2.1 必要性

根据住房和城乡建设部及部分省、自治区、直辖市的规定，位于抗震设防烈度8度及以上高烈度区的中小学、幼儿园、医院等人员密集公共建筑（三层及以上），应当优先采用减隔震技术进行设计。

另外，在地震高烈度区，如采用传统抗震设计方法，将会导致两种不利后果：①结构主要构件截面过大、配筋过多。②结构构件截面增大、配筋增多后，结构刚度将大幅度增加，结构在地震中吸收的地震能量也将大幅度增加，这些地震能量主要由结构构件的弹塑性变形来耗散，可能导致结构在地震中产生严重损坏。

　　结合以上两点因素，在高烈度区，医疗建筑采用减隔震技术是十分必要的。

## 4.2.2　技术要求

### 1. 隔震技术要求

　　根据《抗标》的相关规定，若医疗建筑采用隔震技术，则须满足以下要求：

　　（1）结构高宽比宜小于4，且不应大于相关规范规程对非隔震结构的具体规定，其变形特征接近剪切变形，最大高度应满足《抗标》对非隔震结构的要求；高宽比大于4或非隔震结构相关规定的结构采用隔震设计时，应进行专门研究。

　　（2）建筑场地宜为Ⅰ、Ⅱ、Ⅲ类，并应选用稳定性较好的基础类型。

　　（3）风荷载和其他非地震作用的水平荷载标准值产生的总水平力不宜超过结构总重力的10%。

　　（4）隔震层应提供必要的竖向承载力、侧向刚度和阻尼；穿过隔震层的设备配管、配线，应采用柔性连接或其他有效措施以适应隔震层的罕遇地震水平位移。

### 2. 减震技术要求

　　根据《抗标》的相关规定，若医疗建筑采用减震技术，则须满足以下要求：

　　（1）消能部件可根据需要沿结构的两个主轴方向分别设置。消能部件宜设置在变形较大的位置，其数量和分布应通过综合分析合理确定，并有利于提高整个结构的消能减震能力，形成均匀合理的受力体系。

　　（2）当主体结构基本处于弹性工作阶段时，可采用线性分析方法作简化估算，并根据结构的变形特征和高度等，按《抗标》第5.1节的规定分别采用底部剪力法、振型分解反应谱法和时程分析法。消能减震结构的地震影响系数可根据消能减震结构的总阻尼比按《抗标》第5.1.5条的规定采用。

　　（3）消能减震结构的自振周期应根据消能减震结构的总刚度确定，总刚度应为结构刚度和消能部件有效刚度的总和。

　　（4）消能减震结构的总阻尼比应为结构阻尼比和消能部件附加给结构的有效阻尼比的总和；多遇地震和罕遇地震下的总阻尼比应分别计算。

　　（5）对主体结构进入弹塑性阶段的情况，应根据主体结构体系特征，采用静力非线性分析方法或非线性时程分析方法。

　　（6）在非线性分析中，消能减震结构的恢复力模型应包括结构恢复力模型和消能部件的恢复力模型。

　　（7）消能减震结构的层间弹塑性位移角限值，应符合预期的变形控制要求，宜比非消能减震结构适当减小。

# 4.3 隔震结构设计要点

## 4.3.1 概念原理

隔震建筑就是在建筑物的基础和上部结构之间设计柔性隔震装置（或系统），形成隔震层，以阻隔地震时地面振动向上部结构传递的地震作用（振动能量），延长结构周期，从而大大减小结构承受的地震作用，使其在强震中安然无恙。一般地震的卓越周期大多在0.1~1.5s之间，而一般传统建筑的自振周期也多在此范围内，因此在地震作用下将产生较大的地震响应。隔震系统因水平刚度较小，可延长上部结构的周期至3s甚至4s以上，使建筑物因地震而产生的加速度响应大大减小；隔震系统同时也能利用隔震支座的非线性变形吸收地震能量，提高系统的阻尼比，降低地震对建筑物的作用。图4.3-1给出了隔震结构的反应谱原理。

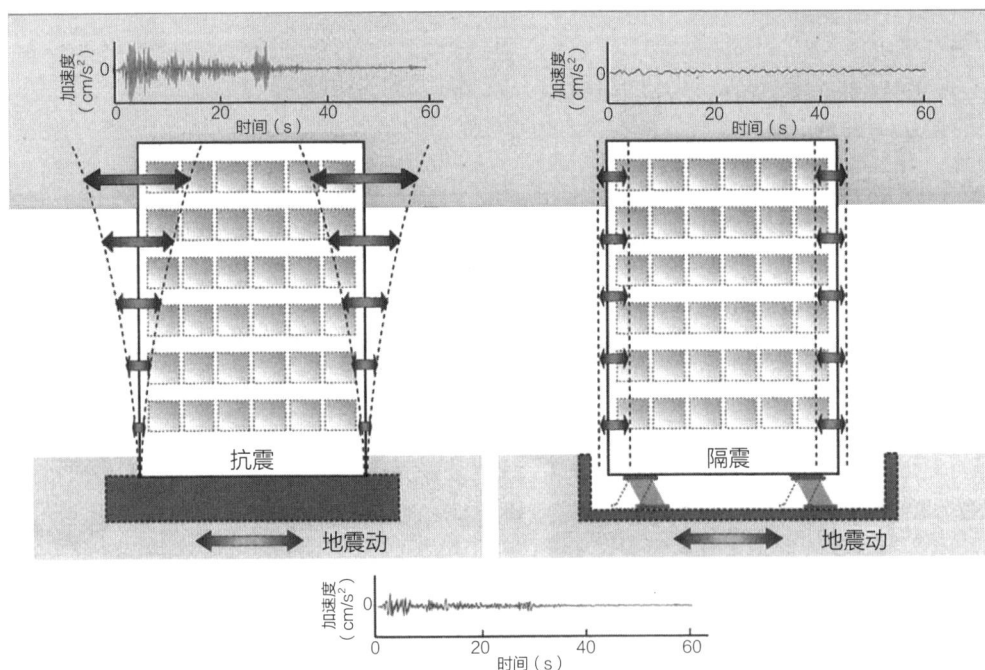

图4.3-1 隔震结构的反应谱原理

从图中可以看出，根据反应谱原理，隔震结构的作用方式可描述为：延长结构周期→降低加速度响应→降低地震剪力→减小结构受力。虽然结构周期延长后，结构的位移响应会增加，但隔震支座可以通过提高系统的阻尼比（如设置黏滞阻尼器等）来抑制隔震结构的位移响应。

隔震结构的上部振动反应会接近于刚体运动，结构层间位移很小，避免了结构和非结构的破坏，提升了结构的抗震性能和功能完整性。图4.3-2给出了隔震结构与非隔震结构在地震作用下的动态反应示意图。

隔震技术一般可分为基础隔震和层间隔震。其中，基础隔震技术是在建筑物的基础与

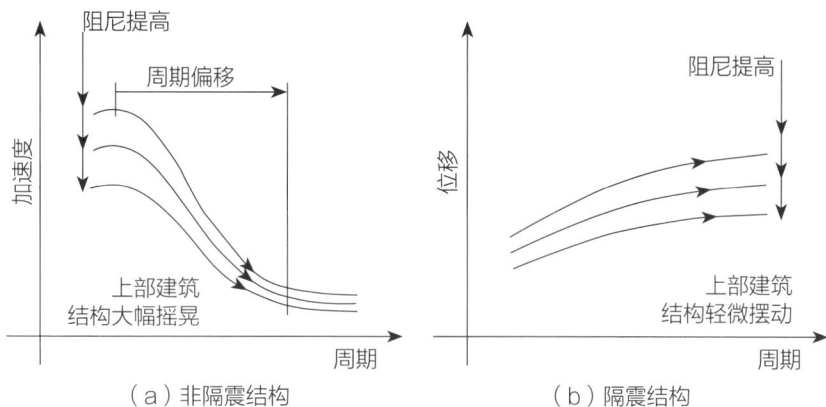

（a）非隔震结构　　　　　　　　　　（b）隔震结构

图4.3-2　隔震结构与非隔震结构在地震作用下的动态反应示意图

上部结构之间设置一层专门的隔震层，该隔震层由具有较大变形能力和恢复力的隔震元件（如橡胶隔震支座、摩擦滑移隔震支座等）组成。当地震发生时，隔震层能够吸收并耗散地震能量，显著减小传递给上部结构的地震作用，从而达到保护建筑物安全的目的。而层间隔震技术则是在建筑物的若干楼层之间设置隔震层，发挥隔震层的减震作用。层间隔震更注重于在结构内部进行减震，适用于已有建筑的抗震加固或有特殊需求的新建建筑。

## 1. 隔震结构的布置要点

对于有地下室的建筑，可以将隔震层设置在地下室，隔震支座设置在地下室的柱顶、柱中、柱底均可，可以根据地下室的实际使用功能来选择支座位置。绝大多数情况下将隔震支座放在地下室柱顶，这样可以减少单独设置隔震层造成的费用增加，使得隔震建筑具有良好的经济性。典型隔震层示意如图4.3-3所示。

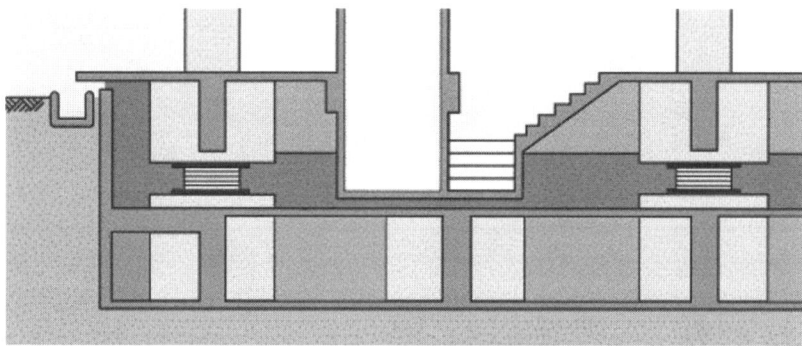

图4.3-3　典型隔震层示意

对于无地下室的建筑，可以单独做一个隔震层，将下支墩做成柱下基础上的牛腿。

采用隔震技术后，计算中应尽量避免出现拉力，如果很难避免，拉力不宜太大。

1）高层多采用剪力墙结构，此时隔震层相当于转换层。隔震层的转换柱网不宜过密，过密将导致支座布置密集，隔震层刚度大，隔震效果不好。高层隔震建筑周边剪力墙不宜过多，墙过多，周边刚度大，容易产生拉力。

2）剪力墙结构，转换层应按照特殊构件"转换梁"来指定，无须按照转换层来定义。

3）采用隔震技术后，结构的剪重比依然要满足原来非隔震建筑的剪重比的要求。

4）隔震构造措施要满足规范要求，隔震沟可以参考标准图集处理。

## 2．隔震支座及黏滞阻尼器选择

隔震设计中所选用的隔震装置，一般可以选择天然橡胶支座（简称NRB）和铅芯橡胶支座（简称LRB），图4.3-4为橡胶隔震支座的示意图。

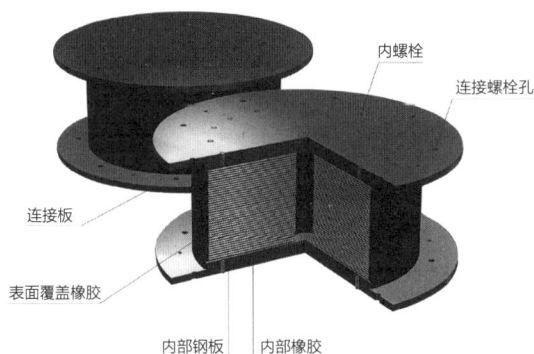

图4.3-4　橡胶隔震支座示意图

天然橡胶支座（NRB）为线性单元，其水平方向的滞回力学模型可简化为线性系统。铅芯橡胶支座（LRB）为非线性单元，为了简化分析，其水平方向的滞回力学模型可理想化为双线性系统。图4.3-5给出了天然橡胶支座（NRB）和铅芯橡胶支座（LRB）的实测滞回曲线。

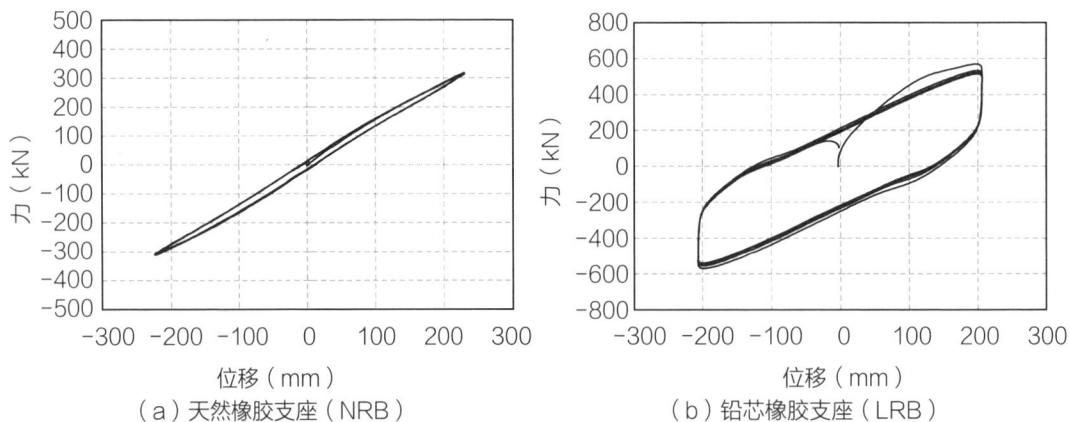

（a）天然橡胶支座（NRB）　　　　　　（b）铅芯橡胶支座（LRB）

图4.3-5　橡胶隔震支座的实测滞回曲线

为控制水平变形，限制上部结构的水平位移，除设计天然橡胶支座和铅芯橡胶支座外，还需配套设置黏滞阻尼器。满足设计参数要求的黏滞阻尼器有很多产品构型，图4.3-6给出了一种常见的产品构造示意图。黏滞阻尼器产品设计加工图由阻尼器生产厂家完善，设计单位审核，并严格按照相关规范进行检测。

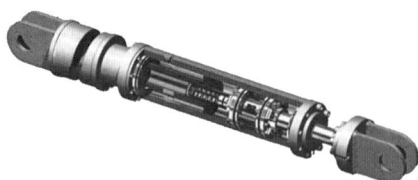

图4.3-6　黏滞阻尼器产品构造示意图

### 3．隔震支座设计要点

隔震支座设计时，须满足以下要求：

1）隔震装置布置时要同时考虑竖向和水平向的要求。

2）隔震装置首先要满足竖向荷载的要求，其次是水平荷载。为了提高上部结构的隔震效果，隔震层的总水平高度应尽量减小，同时也要控制隔震层的位移。

3）框架结构的隔震可以采用一柱一个隔震支座的形式。当柱下轴力非常大，一个隔震支座无法满足承载力要求时，也可以采用一柱多个隔震支座的形式。

4）剪力墙结构的隔震支座布置原则是布置在纵横承重墙交接处、墙体端部和墙身下，要求剪力墙下的隔震支座间距不大于2m。

5）一个建筑物的隔震支座宜放置在同一标高上，也可以放置在不同标高上。隔震支座放置在不同标高上并不影响隔震效果，但隔震支座周围需留有足够的变形空间。

6）隔震层的橡胶隔震支座应符合下列要求：

①隔震支座在表4.3-1所列的压应力下的极限水平变位，应大于其有效直径的0.55倍和支座内部橡胶总厚度3倍二者的较大值。

②在经历相应设计基准期的耐久试验后，隔震支座刚度、阻尼特性变化不超过初期值的±20%；徐变量不超过支座内部橡胶总厚度的5%。

③橡胶隔震支座在重力荷载代表值的竖向压应力不应超过表4.3-1的规定。

**橡胶隔震支座压应力限值**　　　　　　　　　表4.3-1

| 建筑类别 | 甲类建筑 | 乙类建筑 | 丙类建筑 |
|---|---|---|---|
| 压应力限值（MPa） | 10 | 12 | 15 |

7）隔震支座布置应符合下列要求：

①隔震层由隔震支座、阻尼装置和抗风装置组成。阻尼装置和抗风装置可与隔震支座合为一体，亦可单独设置。必要时可设置限位装置。

②隔震层刚度中心宜与上部结构的质量中心重合。

③隔震支座的平面布置宜与上部结构和下部结构中竖向受力构件的平面位置相对应。

④同一竖向构件处选用多个隔震支座时，隔震支座之间的净距应大于安装和更换时所需的空间尺寸。

⑤设置在隔震层的抗风装置宜对称、分散地布置在建筑物的周边。

⑥隔震层在罕遇地震下应保持稳定，不宜出现不可恢复的变形。

### 4．隔震支座的支墩设计要点

隔震层以下结构（包括支墩、柱子、墙体、地下室等）的地震作用和抗震验算，应按罕遇地震作用下隔震支座底部的水平剪力、竖向力及其偏心距进行验算。

上部结构和隔震层传至下部结构顶面的水平地震作用，可按隔震支座的水平刚度分配；当考虑扭转时，尚应计入隔震层的抗扭刚度。

与隔震支座连接构件的地震作用，按《抗标》第12.2.9条规定，与隔震层连接的下部构件（如地下室、下墩柱）的地震作用和抗震验算，应采用罕遇地震下隔震支座的竖向力、水平力和力矩进行计算。如图4.3-7所示，隔震支座传给下部结构的竖向力包括了重力荷载代表值产生的轴力$P_1$和地震作用下产生的轴力$P_{2x}/P_{2y}$；水平力即地震作用下隔震支座传给下部结构的剪力$V_x/V_y$；力矩包含三部分：第一部分为轴向力$P_1$

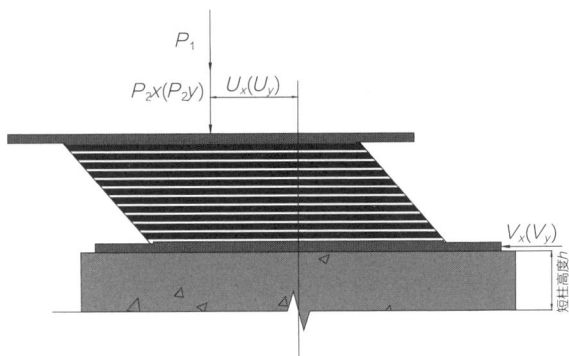

图4.3-7　参数示意图

在隔震支座最大位移下产生的弯矩$M_{dx}/M_{dy}$，等于$P_1$与隔震支座的最大位移的乘积（$M_{dx}=P_1 \times U_x/M_{dy}=P_1 \times U_y$），第二部分为地震作用下的轴力在隔震支座最大位移下产生的弯矩$M_{ex}$（$M_{ey}$），等于$P_{2x}$和$P_{2y}$与隔震支座的最大位移的乘积（$M_{ex}=P_{2x} \times U_x$，$M_{ey}=P_{2y} \times U_y$），第三部分为地震剪力$V_x$和$V_y$对下部结构产生的弯矩，等于地震剪力乘以短柱高度$h$。

### 5．隔震层构造要求

隔震层设计时，须满足以下构造要求：

1）隔震支座应与上部结构、下部结构有可靠的连接，隔震支座的轴线应与柱、墙轴线重合，隔震支座安装流程如图4.3-8、图4.3-9所示。

图4.3-8　隔震支座吊装

图4.3-9　隔震支座安装完毕

2）与隔震支座连接的梁、柱、墩等应具有足够的水平受剪和竖向局部受压承载力，并采取可靠的构造措施，如加密箍筋或配置网状钢筋，抗震墙下托墙梁须进行设计及构造加强。

3）穿过隔震层的竖向管线（含上下水管、通风管道、避雷线）直径较小时在隔震层处应预留足够的伸展长度，其值不应小于400mm；直径较大的管道在隔震层处应采用柔性接头，并能保证发生400mm以上的水平变形。图4.3-10给出了一种隔震层柔性导线连接方法。

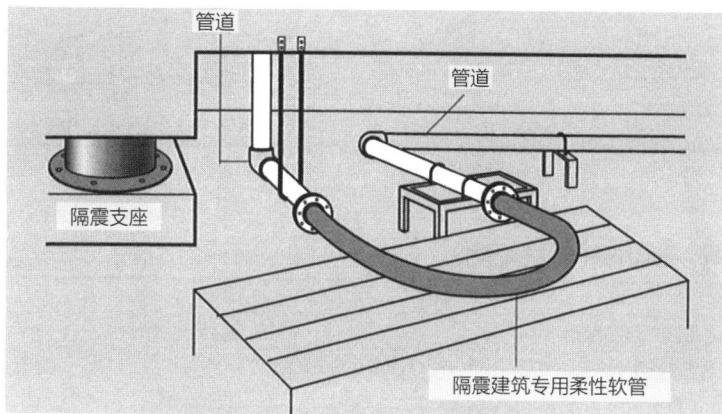

图4.3-10　隔震层柔性导线连接图

　　4）隔震层所形成的缝隙可根据使用功能的要求，采用柔性材料封堵、填塞，以保证隔震层在地震下可以发生水平变形。

　　5）上部结构及隔震层部件应与周围固定物脱开。与水平方向固定物的脱开距离不宜小于400mm；与竖直方向固定物的脱开距离可取为20mm。

## 6．与上部结构连接要求

　　隔震层与上部结构连接，须满足以下要求：

　　1）隔震层顶部应采用现浇钢筋混凝土梁板结构，现浇板厚度不应小于160mm；隔震支座附近梁、柱应考虑冲切和局部承压，加密箍筋并根据需要配置网状钢筋。

　　2）隔震层顶部的纵、横梁和楼板的刚度和承载力，宜大于一般楼盖梁板的刚度和承载力，并作为上部结构的一部分进行计算和设计。

## 7．隔震支座施工安装

　　隔震支座施工安装时，须满足以下要求：

　　1）隔震支座的支墩（或柱）其顶面水平度误差不宜大于5‰；在隔震支座安装后隔震支座顶面的水平度误差不宜大于8‰。

　　2）隔震支座中心的平面位置与设计位置的偏差不应大于3.0mm；单个支座的倾斜度不大于1/300。

　　3）隔震支座中心的标高与设计标高的偏差不应大于5.0mm。

　　4）同一支墩上多个隔震支座之间的顶面高差不宜大于2.0mm。

　　5）隔震支座连接板和外露连接螺栓应采取防锈保护措施。

　　6）在隔震支座安装阶段应对支墩（或柱）顶面、隔震支座顶面的水平度、隔震支座中心的平面位置和标高进行观测并记录。

　　7）在工程施工阶段对隔震支座宜有临时覆盖保护措施，隔震结构宜设置必要的临时支撑或连接，避免隔震层发生水平位移。

　　图4.3-11、图4.3-12分别为隔震支座下部支墩钢筋绑扎示意图和隔震支座上部支墩施工示意图。

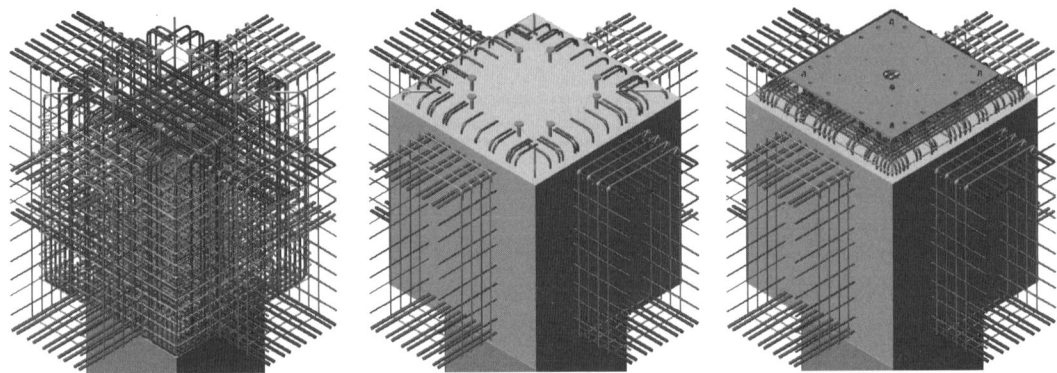

图4.3-11　隔震支座下部支墩钢筋绑扎示意图

（a）隔震支座安装就位

（b）隔震支座上支墩钢筋

（c）钢筋绑扎完成

图4.3-12　隔震支座上部支墩施工示意图

## 8. 隔震支座施工测量

隔震支座施工测量时，须满足以下要求：

1）在工程施工阶段应对隔震支座的竖向变形做观测并记录。

2）在工程施工阶段应对上部结构隔震层部件与周围固定物的脱开距离进行检查。

## 9. 隔震层工程验收

隔震结构的验收除应符合国家现行有关施工及验收标准的规定外，尚应提交下列文件：

1）隔震层部件供货企业的合法性证明。

2）隔震层部件出厂合格证书。

3）隔震层部件的产品性能出厂检验报告。

4）隐蔽工程验收记录。

5）预埋件及隔震层部件的施工安装记录。

6）隔震结构施工全过程中隔震支座竖向变形观测记录。

7）隔震结构施工安装记录。

8）含上部结构与周围固定物脱开距离的检查记录。

### 10．隔震层维护

隔震层施工竣工，并投入使用后的平时维护，须满足以下要求：

1）应制定和执行对隔震支座进行检查和维护的计划。

2）应定期观测隔震支座的变形及外观情况。

3）应经常检查是否存在限制隔震层水平变形的障碍物，并及时予以清除。

4）隔震层部件的改装、修理、更换或加固，应在有经验的专业工程技术人员的指导下进行。

## 4.3.2　基本设计流程

隔震结构设计主要流程如图4.3-13所示。

1）确定隔震目标，一般按上部结构降低一度左右考虑，即地震作用减少约50%。

2）上部结构布置，采用框架剪力墙结构体系时，其剪力墙应尽量分散布置，若按常规结构剪力墙集中布置于楼电梯间，容易造成隔震支座倾覆力矩大，支座受拉、受力不利。

3）建模计算，主体结构采用多个不同力学模型的三维空间分析软件进行计算，如中国建筑科学研究院PKPMCAD工程部编制的PKPM系列或北京盈建科软件股份有限公司的YJK软件，以及美国CSI公司开发研制的房屋建筑结构分析和设计软件ETABS或Midas。在结构计算中注意选用合理的计算简图和计算参数，充分考虑高振型和结构扭转对主体结构抗震带来的不利影响。

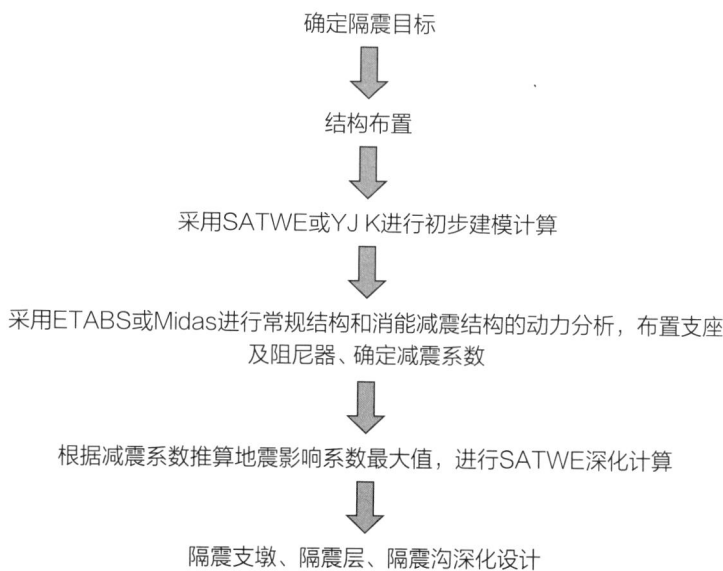

确定隔震目标

⬇

结构布置

⬇

采用SATWE或YJK进行初步建模计算

⬇

采用ETABS或Midas进行常规结构和消能减震结构的动力分析，布置支座及阻尼器、确定减震系数

⬇

根据减震系数推算地震影响系数最大值，进行SATWE深化计算

⬇

隔震支墩、隔震层、隔震沟深化设计

图4.3-13　隔震结构设计主要流程

4）建立上部非隔震结构的三维ETABS或Midas模型，并与相应建立的三维SATWE或YJK模型的计算结果进行对比。若两者结构设计模型吻合良好，准确反映了结构质量和刚度分布，可以作为非隔震结构的动力响应计算的基准模型，也可以作为后续隔震分析的初始模型。在非隔震结构有限元分析模型的基础上建立隔震结构的有限元分析模型，天然橡胶隔震支座、铅芯橡胶隔震支座的模拟单元，可以根据产品的试验结果设置各类隔震单元的计算参数。

结构隔震体系由上部结构、隔震层和下部结构三部分组成，为了达到预期的隔震效果，隔震层必须具备以下四项基本特征：

①具备较大的竖向承载能力，安全支承上部结构。

②具备可变的水平刚度，屈服前的刚度可以满足风荷载和微振动的要求；当中强震发生时，其较小的屈服后刚度使隔震体系变为柔性体系，有效隔离地面振动，降低上部结构的地震响应。

③具备水平弹性恢复力，使隔震体系在地震中具有即时复位功能。

④具备足够的阻尼，有较大的耗能能力。

根据上述原则，隔震层合理配置铅芯橡胶支座、天然橡胶支座和阻尼器，可以使隔震结构具备上述的四项基本特征，并达到预期的隔震目标和抗震抗风性能目标。

隔震层布置尽量规则，重心和刚心宜重合。隔震支座最大长期面压满足相关规范要求，隔震支座具有足够的稳定性和安全性。

隔震结构的偏心率也是隔震层设计中的一个重要指标，日本和我国台湾地区规范明确规定隔震系统的偏心率不得大于3%，隔震层偏心率主要计算步骤见表4.3-2。

**隔震层偏心率主要计算步骤** 表4.3-2

| 序号 | 类别 | 公式 |
|------|------|------|
| a | 重心 | $X_g = \dfrac{\sum N_{l,i} \cdot X_i}{\sum N_{l,i}}$, $\quad Y_g = \dfrac{\sum N_{l,i} \cdot Y_i}{\sum N_{l,i}}$ |
| b | 刚心 | $X_k = \dfrac{\sum K_{ey,i} \cdot X_i}{\sum K_{ey,i}}$, $\quad Y_k = \dfrac{\sum K_{ex,i} \cdot Y_i}{\sum K_{ex,i}}$ |
| c | 偏心距 | $e_x = \left| Y_g - Y_k \right|$, $\quad e_y = \left| X_g - X_k \right|$ |
| d | 抗扭刚度 | $K_t = \sum \left[ K_{ex,i} \left( Y_i - Y_k \right)^2 + K_{ey,i} \left( X_i - X_k \right)^2 \right]$ |
| e | 弹力半径 | $R_x = \sqrt{\dfrac{K_t}{\sum K_{ex,i}}}$, $\quad R_y = \sqrt{\dfrac{K_t}{\sum K_{ey,i}}}$ |
| f | 偏心率 | $\rho_x = \dfrac{e_y}{R_x}$, $\quad \rho_y = \dfrac{e_x}{R_y}$ |

注：$N_{l,i}$为第$i$个隔震支座承受的长期轴压荷载；$X_i$，$Y_i$为第$i$个隔震支座中心位置$X$方向和$Y$方向坐标；$K_{ex,i}$，$K_{ey,i}$为第$i$个隔震支座在隔震层发生位移$\delta$时，$X$方向和$Y$方向的等效刚度。

隔震计算模型建立后，输入地震动进行评价。我国建筑抗震设计地震动的选用标准主要按建筑场地类别和设计地震分组，选用和设计反应谱影响系数曲线具有统计意义的不少于二组的实际强震记录和一组人工模拟的加速度时程曲线，并且以最大加速度来评价地震动的输入水平。根据经验，基于加速度评价的方法可能导致长周期结构计算结果的离散性偏大，而且对于需要特别考虑长周期特性丰富地震动的隔震结构，以我国的地震动选择及评价方法，很难选择到合适的强震记录。

在我国现有的基于加速度评价的基础上，对于长周期的高层隔震结构，我们更应关注地震动的速度特性。具有相同的最大加速度时，对应时程曲线的最大速度值如果接近，结果的离散性会较小。

可以选用6条天然地震动和2条人工地震动。从结构动力响应的角度分析所选用的地震动，《抗标》明确规定，在弹性时程分析时，每条时程曲线计算所得结构底部剪力均不小于振型分解反应谱法计算结果的65%，多条时程曲线计算所得结构底部剪力的平均值均不小于振型分解反应谱法计算结果的80%。

从结构动力响应的角度来分析，所选用的地震动应满足规范要求，而且时程计算的楼层剪力平均值和振型分解反应谱法计算结果应基本一致。此时，采用8条时程曲线作用下各自最大地震响应值的平均值作为时程分析的最终计算值，若结果可靠，可以用于基础隔震设计。

比较隔震结构和非隔震结构在基本烈度地震作用下的响应结果，可以很清楚地看出隔震系统的隔震效果。重点分析非隔震结构和隔震结构在基本烈度地震作用下地震剪力和倾覆弯矩对比，可以得到中震弹性地震作用下地震剪力、倾覆弯矩比值 $\beta$，再根据《抗标》第12.2.5条，可知 $\alpha_{max1}=\beta\alpha_{max}/\psi$。最后若 $\alpha_{max1}$ 满足隔震要求，隔震层上部结构的抗震措施，可按隔震目标进行设计。另外，按《抗标》第12.2.5条第4款，若 $\beta>0.3$，隔震层以上结构可不进行竖向地震作用计算。

5）根据上一步确定的地震影响系数最大值，隔震层上部结构可按此隔震目标进行SATWE或YJK深化计算并设计。

6）最后是隔震支墩，隔震层等深化设计，出具整套隔震设计图纸。

另外，按隔震目标进行设计时，隔震结构的隔震措施，还应符合下列规定：

①隔震结构应采取不阻碍隔震层在罕遇地震下发生大变形的下列措施：

A. 上部结构的周边应设置竖向隔离缝，缝宽不宜小于各隔震支座在罕遇地震下的最大水平位移值的1.2倍且不小于200mm。对两相邻隔震结构，其缝宽取最大水平位移值之和，且不小于400mm。

B. 上部结构与下部结构之间，应设置完全贯通的水平隔离缝，缝高可取20mm，并用柔性材料填充；当设置水平隔离缝确有困难时，应设置可靠的水平滑移垫层。

C. 穿越隔震层的门廊、楼梯、电梯、车道等部位，应防止可能的碰撞。

②隔震层以上结构的抗震措施，当水平向减震系数大于0.40时（设置阻尼器时为0.38）不应降低非隔震时的有关要求；水平向减震系数不大于0.40时（设置阻尼器时为0.38），可适当降低《抗标》有关章节对非隔震建筑的要求，但烈度降低不得超过1度，与抵抗竖向地震作用有关的抗震构造措施不应降低。

# 4.4　减震结构设计要点

## 4.4.1　概念原理

消能减震技术是现代结构工程领域中的一项重要技术，它旨在通过引入特定的减震装置和机制，将地震等外部激励产生的能量有效耗散或转移，从而减少结构自身的振动响应，保护结构的安全性和稳定性。

为了更有效地耗散地震能量，消能减震技术通常会在结构中增加附加阻尼。附加阻尼的增大可以显著提高结构的阻尼比，使结构在振动过程中能够更快地衰减能量，减小振动幅度，缩短持续时间。常见的附加阻尼装置包括黏滞阻尼器、软钢阻尼墙、屈曲支撑等，它们通过不同的物理机制实现阻尼的增大和能量的耗散。以下主要介绍软钢阻尼墙的消能性能和分析模型。

### 1．软钢阻尼墙消能性能简介

软钢阻尼墙较一般的阻尼元件具有更大的耗能能力，且厚度小，布置不需要占用整个开间，所以更适合用于建筑结构中。软钢阻尼墙具有以下主要特点：

1）对风致振动和地震作用，均可取得良好的减振效果。

2）可依据建筑规模及减震要求，自由设计阻尼墙参数。

3）产品可设置在墙壁内，不影响建筑使用功能。

软钢阻尼墙是利用软钢作为能量吸收材料的阻尼器，可根据能量吸收用钢材的屈服机制进行分类，其主要形式有：轴向屈服型，软钢沿构件长度方向设置，产生轴向变形并屈服，其形态类似于支撑；剪切屈服型，软钢按平板设置，产生平面内剪切变形并屈服，其形态类似于腹板。以形成产品的代表性分类，软钢阻尼墙可分为：支撑型、剪切连接型、墙型、中间柱型，如图4.4-1所示。

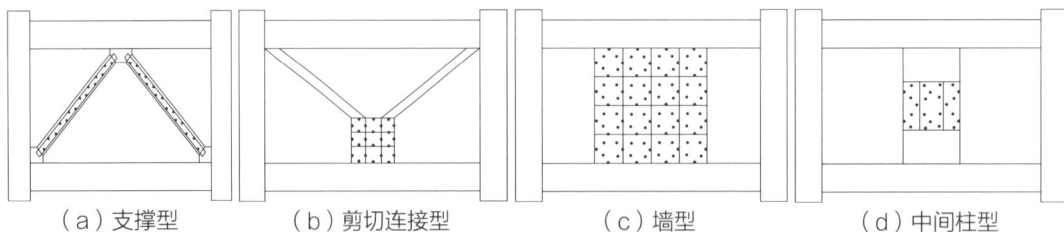

（a）支撑型　　　　（b）剪切连接型　　　　（c）墙型　　　　（d）中间柱型

图4.4-1　软钢阻尼墙的种类

根据软钢阻尼墙钢材的屈服形式，软钢阻尼墙可分为轴向屈服型、剪切屈服型、弯曲屈服型等。剪切屈服型阻尼墙中有墙型、剪切连接型、中间柱型等形式，均是利用钢板在平面内发生剪应变并出现塑性，达到吸收振动能量的目的。对宽厚比较大的平板，在发生剪切屈服前应首先发生剪切屈曲；对宽厚比较小的平板，当塑性应变的区域很大或累积塑性变形量超过一定的临界值时，残留塑性变形将导致平面外屈曲。此外，如果平面外屈曲量很大，将导致刚度降低或在屈曲部位发生低周疲劳破坏，从而无法充分吸收能量。

中间柱型软钢阻尼墙的构造示意如图4.4-2所示。由于中间柱形的软钢剪切板的高度小于层高，故其剪切板的剪切变形一般要大于结构的层间变形。为此，一般需加密中间柱型中加劲肋的间隔，以控制平板发生平面外的屈曲或抑制屈曲量。中间柱型通过普通钢板与上、下框架梁相连接。

一般情况下，软钢阻尼墙对设置条件不提出特别的要求。但是，由于钢材的一般特性中存在低温环境下的韧性降低和潮湿环境下的腐蚀等现象，故在阻尼墙暴露在外使用、在零度以下的低温下使用以及在高湿度下使用等情况下必须充分注意。

软钢阻尼墙是利用软钢剪切或弯曲变形提供阻尼力的减震装置，层间变形时软钢阻尼墙的工作状态如图4.4-3所示。当发生图示的水平相对位移时，阻尼力由内部软钢剪切变形提供。

图4.4-2　中间柱型软钢阻尼墙构造实例

图4.4-3　层间变形时软钢阻尼墙的工作状态

## 2．软钢阻尼墙时程分析模型

### （1）软钢阻尼墙的基本恢复力特性

如图4.4-4所示，软钢在不发生屈曲或破坏时表现出纺锤形的稳定滞回环，具有良好的能量吸收能力，其恢复力主要与位移的大小相关。软钢用作阻尼器正是基于这样的特性。

中间柱型软钢阻尼墙要得到稳定的滞回环，需要注意以下适用条件：

### 1）构件不能屈曲

当钢板发生剪切屈曲时，在反复荷载作用下在剪切位移角为零的区域附近，张力场方向的逆转导致屈曲波形的凹凸反转，出现瞬时承载力降低的褶皱现象，此时不能得到稳定

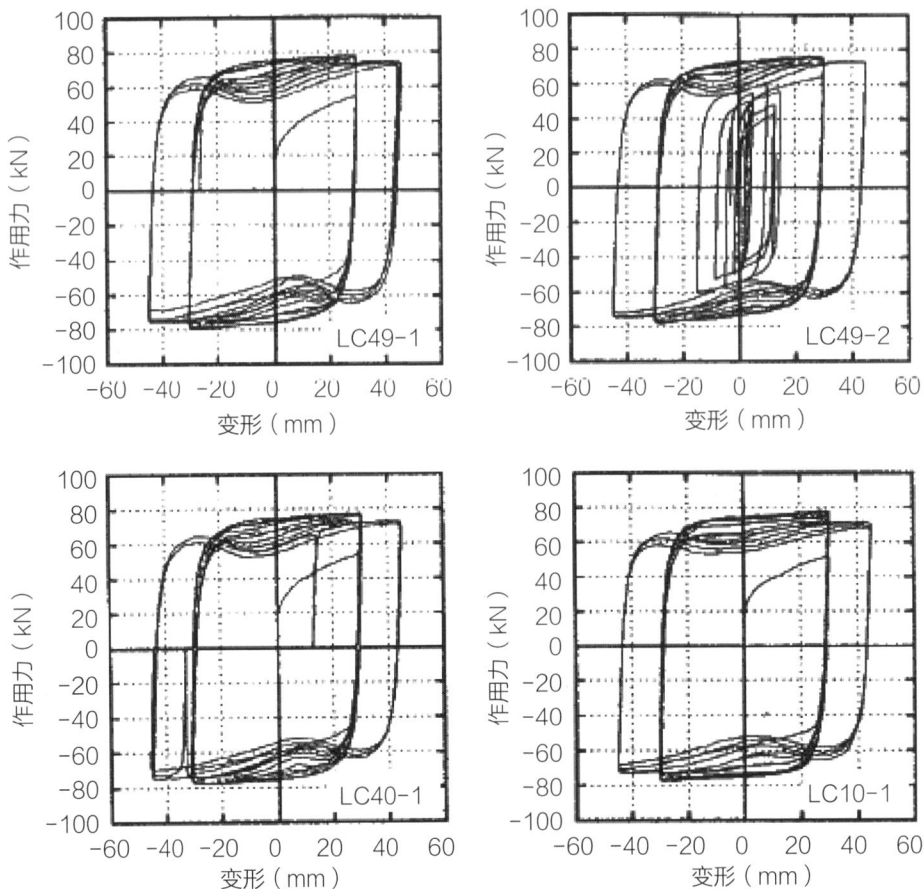

图4.4-4　软钢阻尼墙滞回曲线图

的纺锤形滞回环。为避免发生这样的褶皱现象，必须设置加劲肋防止钢板的屈曲。

**2）阻尼墙产生的应变不能过大**

由于受压侧的截面膨胀，阻尼墙与防屈曲构件之间产生挤压，使应变变得极大，此时承载力的提高将导致滞回环不对称。因此，阻尼墙部分应具有适当的长度以保证其应变不致过大。

**3）低周疲劳的影响小**

软钢阻尼墙通过滞回环吸收能量，最终因疲劳而发生破坏。因此，软钢阻尼墙的低周疲劳设计曲线对判断阻尼墙的极限强度十分有用。当软钢阻尼墙达到疲劳状态后，其承载力将急剧下降，而在疲劳影响小的范围内，软钢阻尼墙的滞回环一般是稳定的。

**4）应变速度的影响小**

即使是在多遇地震作用下，低屈服点钢的性能也受应变速度的影响。此时的滞回环饱满承载力略有提高，与同样变形的静力荷载作用情况相比，其吸收能力有所提高。但由于在变形峰值处的应变速度为零，故在该点处动力荷载与静力荷载的承载力之差很小。

**（2）软钢阻尼墙的时程分析模型**

在进行结构振动反应分析时，软钢阻尼墙的荷载-变形关系大多可仿照传统钢结构的双线性滞回模型进行近似处理。因此，软钢阻尼墙的基本阻尼特性及其静力或动力荷载下的荷载–变形关系可以用双线性模型模拟，模型参数可采用表4.4-1和图4.4-5所示的基准值。基准值的定义方法可利用图4.4-4所示的基于阻尼墙静力或动力试验得到的荷载–变形关系，根据其滞回能量吸收与试验值大致等效的条件定义各基准值。

以下简单介绍使用Wen滞回模型模拟软钢阻尼墙的基本阻尼特性，Wen滞回模型如图4.4-6所示，其恢复力$f$可用式（4.4-1）表示：

软钢阻尼墙的基本性能基准值　　　　　　　表4.4-1

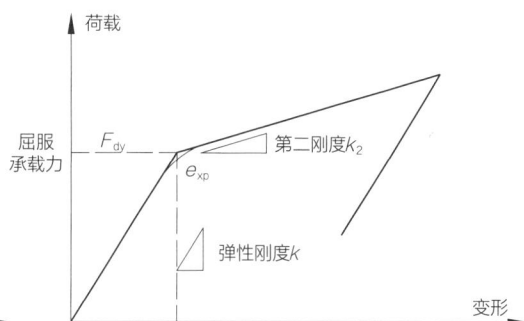

| 序号 | 基准值 | 序号 | 基准值 |
|---|---|---|---|
| 1 | 弹性刚度$k$ | 3 | 第二刚度$k_2$ |
| 2 | 屈服承载力$F_{dy}$ | 4 | 最大承载力$F_{d,max}$ |

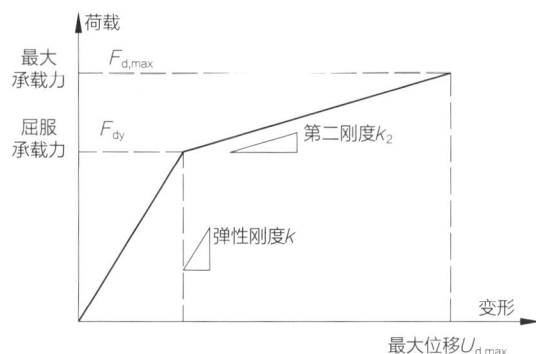

图4.4-5　软钢阻尼墙的基本性能基准值　　　　图4.4-6　Wen滞回模型

$$f = k_2 d_k + (1 - k_2/k)F_{dy} \cdot z \tag{4.4-1}$$

式中：$k$　——弹性刚度；

$\quad\quad F_{dy}$　——屈服强度；

$\quad\quad d_k$　——弹性阶段变形量；

$\quad\quad k_2/k$——屈服后的第二刚度与屈服前的弹性刚度的比值；

$\quad\quad z$　——恢复力模型的内部参数，而且满足式（4.4-2）。

$$|z| \leqslant 1 \tag{4.4-2}$$

屈服面上，$z$的初值为零，满足式（4.4-3）、式（4.4-4）。

$$\frac{dz}{dt} = (k/F_{dy})(du/dt)(1 - |z|^{e_{xp}}), \quad dz/dt > 0 \tag{4.4-3}$$

$$\frac{dz}{dt} = (k/F_{dy})(du/dt), \quad dz/dt \leqslant 0 \tag{4.4-4}$$

$e_{xp}$为屈服指数，是大于1的数，当$e_{xp}$的值较大时，Wen滞回模型即为双曲线模型。因此，可以通过软钢阻尼墙的基准值计算出Wen模型所需的各个参数的值。

**（3）软钢阻尼墙的细部设计要求**

软钢阻尼墙是通过刚度较大的连接构件与上下混凝土梁相连接，中间的软钢部分材质建议采用BLY225。图4.4-7是软钢阻尼墙的建议尺寸和构型。

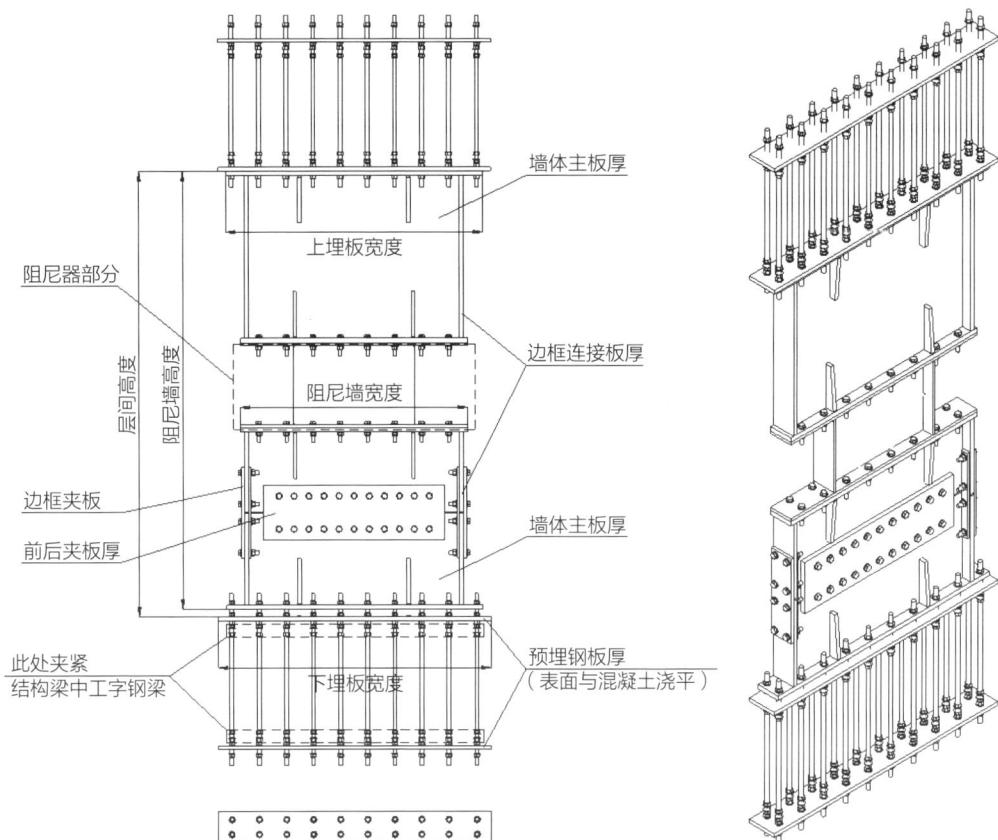

图4.4-7　软钢阻尼墙的建议尺寸和构型

软钢阻尼墙包括连接件的宽度不宜超过1800mm，厚度不宜超过200mm。连接部分如果采用钢结构，钢材均采用Q355钢，钢板主材厚度30mm，保证其刚度大于软钢阻尼墙一次刚度的3倍。如果采用混凝土连接，须按照软钢阻尼墙大震下的阻尼力保证连接部分和上下梁处于相同的性能水准。

**（4）软钢阻尼墙的结构形式**

软钢阻尼墙的具体结构形式由各产品生产单位根据各自研发生产情况和软钢阻尼墙安装空间自行确定，但性能参数必须满足设计要求。

**（5）软钢阻尼墙产品检测要求**

根据《抗标》《建筑消能减震技术规程》JGJ 297—2013等的规定，对软钢阻尼墙的技术参数弹性刚度$k$、屈服承载力$F_{dy}$、第二刚度比$k_2/k$和最大位移$U_{d,max}$四个参数进行检测。抽检数量为同一类型同一规格数量的3%，检测合格率为100%，检测后的消能器不能用于主体结构。检测的偏差范围为：弹性刚度$k$（kN/m）：$< \pm 10\%$；屈服承载力$F_{dy}$（kN）：$< \pm 10\%$；第二刚度比$k_2/k$：$< \pm 15\%$；最大位移（mm）：$\pm 15\%$。

因为可通过涂层等的防锈处理保证其性能，软钢阻尼墙通常可不进行耐久性试验。但由于产品在经过塑性变形后涂层有可能剥落，必须根据使用的环境进行涂层修补。根据我国相关规范规定，软钢阻尼墙使用寿命一般为50年。

软钢阻尼墙的检测要求在具有CMA检测资质的国家认可的第三方检测机构检测，其检测的合格率应为100%。

## 4.4.2　基本设计流程

### 1. 消能减震结构的优势

结构抗震思路经历了"刚性结构体系""柔性结构体系""延性结构体系"等不同发展阶段。延性设计方法通过适当控制结构的刚度和延性来提高结构的抗震能力，做到"小震不坏，中震可修，大震不倒"。在很多情况下这种抗震设计方法是有效的。

传统的延性抗震设计方法目前在国内外被广泛采用，但该方法也存在以下主要问题：

1）安全性难以保证：以既定的"设防烈度"作为设计依据，当发生超烈度地震时，房屋可能会严重破坏，并且由于地震的随机性，建筑结构的破损程度及倒塌可能性难以控制。

2）适应性有限制：容许建筑结构在地震中出现一定程度的损坏，只考虑结构本身的抗震，未考虑内部设备和设施等。

3）经济性欠佳：通过加大结构截面、增加配筋来抵抗地震，结果是截面越大，刚度越大，地震作用也越大。

地震发生时结构吸收了大量的地震能量，必然要进行能量转换或消耗才能最后终止振动反应。消能减震结构是把结构的某些构件（如支撑、剪力墙、连接件等）设计成消能构件，或在结构的某些部位（如层间空间、节点、连接缝等）装设消能装置。在风荷载作用或发生小地震时，这些消能构件或消能装置具有足够的初始刚度，处于弹性状态，结构仍具有足够的侧向刚度以满足使用要求。当发生中、强地震时，随着结构侧向变形的增大，消能构件或消能装置率先进入非弹性状态，提供较大阻尼，大量消耗输入结构的地震能量，从而保护主体结构及构件在强震中免遭严重破坏，确保结构安全。

消能减震技术的主要应用范围有：

1）高层建筑，超高层建筑；

2）高柔结构，高耸塔架；

3）大跨度桥梁；

4）柔性管道、管线等生命线工程；

5）旧有高柔建筑或需提高结构的抗震或抗风性能。

由于消能部件给结构附加了阻尼，结构的等效阻尼比会增加，图4.4-8绘出了《抗标》规定的不同阻尼比的地震影响系数曲线，图中显示随着阻尼比的增大，地震影响系数曲线下降，结构地震作用下降。

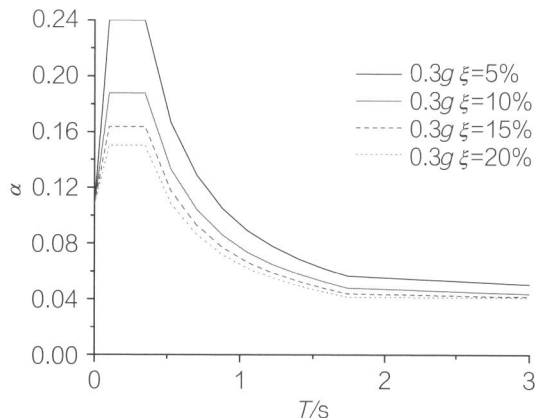

图4.4-8　不同阻尼比的地震影响系数曲线

## 2．确定消能减震结构的设防目标

对于消能减震结构，《抗标》只有原则性的规定，即采用隔震或消能减震设计的建筑，当遭遇到本地区的多遇地震影响、抗震设防烈度地震影响和罕遇地震影响时，其抗震设防目标可按高于《抗标》第1.0.1条的基本设防目标进行设计。这里明确了消能减震建筑的抗震设防目标应高于一般依靠自身强度及变形能力（延性），来抗御地震的建筑的抗震设防目标，但未具体明确不同情况下消能减震结构的抗震设防目标。因而，要依据这一规定来进行消能减震设计尚有困难。

根据对消能减震结构的系列研究，考虑不同工程的要求及工程实践经验，参考一般建筑抗震设防要求，将消能减震结构的抗震设防目标划分为以下三类：

1）目标A：设置阻尼器的减震结构，其抗震设防目标是，当遭遇低于或相当于本地区抗震设防烈度的地震影响时，结构不受损坏或不修理可继续使用。当遭遇高于本地区抗震设防烈度预估的罕遇地震影响时，可能损坏，但经一般修理后仍可继续使用。

2）目标B：对于消能减震要求更高的阻尼减震建筑及在较低设防烈度地震区的建筑，其抗震设防目标可表述为：当遭遇高于本地区抗震设防烈度的地震影响或相当于本地区抗震设防烈度的罕遇地震影响时，结构受到较小损坏或其受力基本仍处于弹性状态，不经修理或经简单修理仍可继续使用。

3）目标C：由于不同原因导致结构在多遇地震下尚不能满足规范要求，或需采取明显不合理的过分加强措施才能满足规范要求，或需采取减震措施才能满足实际工程和建筑要求时，可采用阻尼器减震。此时，其抗震设防目标可与现行《抗标》相同。

## 3．建立可靠的分析模型

可靠的分析模型首先应该能够真实地反映出结构的动力特性，并且能够比较准确地分析结构在弹性和弹塑性阶段的动力响应。

一般可采用ETABS等有限元软件，软件具有很高的计算可靠度，采用空间杆系计算梁柱构件，把无洞或小洞剪力墙简化为膜单元加边梁、边柱单元，膜单元只承受平面内荷载，边柱作用等效为剪力墙平面外刚度。它们除具有一般结构计算分析功能之外，还具备计算减震支座、滑板支座、阻尼器、间隙、弹簧、斜板、变截面梁等特殊构件的功能。

为了验证所建模型的准确性，并检验结构抗震性能，采用EATBS软件计算了非减震结构反应谱地震下的动力响应，并将结果与SATWE计算结果进行了对比。若地震剪力分布是十分吻合，则说明利用ETABS建立的非减震结构有限元模型准确反映了实际结构的质量和刚度分布，能够准确地反映结构的动力特性，可以作为非减震结构的动力响应计算的基准模型，也可以作为后续减震分析的初始模型。

## 4．多遇地震非线性时程分析

为了确定结构设置软钢阻尼墙后结构总等效阻尼比的数值，采用ETABS软件进行结构在8条地震波（6条天然波、2条人工波）作用下的结构减震分析。对每条波、X和Y方向、各个楼层的层间剪力进行减震前后的对比，得到了每条波、每个方向、每个楼层的层间剪力减震系数，在其基础上采用8条地震波在每个方向、每个楼层的层间剪力减震系数平均值作为结构设置软钢阻尼墙后的实际层间剪力减震系数。

### 5. 层间剪力减震系数的确定

对结构设计软件SATWE模型在5%阻尼比和目标阻尼比作用下的每个方向、每个楼层的层间剪力减震系数进行计算。并与采用ETABS模型计算得到的实际层间剪力减震系数进行对比，得出最终减震设计采用的阻尼比，然后进行施工图设计。

# 4.5　工程应用：阿图什市人民医院病房楼隔震设计

## 4.5.1　工程概况

阿图什市人民医院分院是一家集医疗、教学、科研为一体的专科医院，阿图什市人民医院分院项目位于新疆西南部的克孜勒苏柯尔克孜自治州的首府阿图什市主城区西侧。本工程共有5个子项，分别为01子项门诊医技楼、02子项病房楼、03子项传染病楼、04子项后勤楼、05子项辅助用房，均为独立结构单元，除了02子项病房楼为高层建筑外，其余子项均为多层建筑。02子项病房楼单体地上11层，采用现浇钢筋混凝土框架-剪力墙结构体系，拟采用基础隔震措施提高结构的抗震性能，隔震层层高2.4m，一层层高4.5m，二、三层层高4.2m，标准层层高3.9m。其余门诊医技楼等多层建筑采用框架结构体系，除地下室外与病房楼用防震缝分开。图4.5-1为阿图什市人民医院整体效果图，图4.5-2为阿图什市人民医院病房楼剖面图，图4.5-3为阿图什市人民医院病房楼标准层平面图。

阿图什市人民医院病房楼上部结构和基础之间设置由铅芯橡胶支座、天然橡胶支座和阻尼器构成的隔震层。

图4.5-1　阿图什市人民医院整体效果图

图4.5-2　阿图什市人民
医院病房楼剖面图

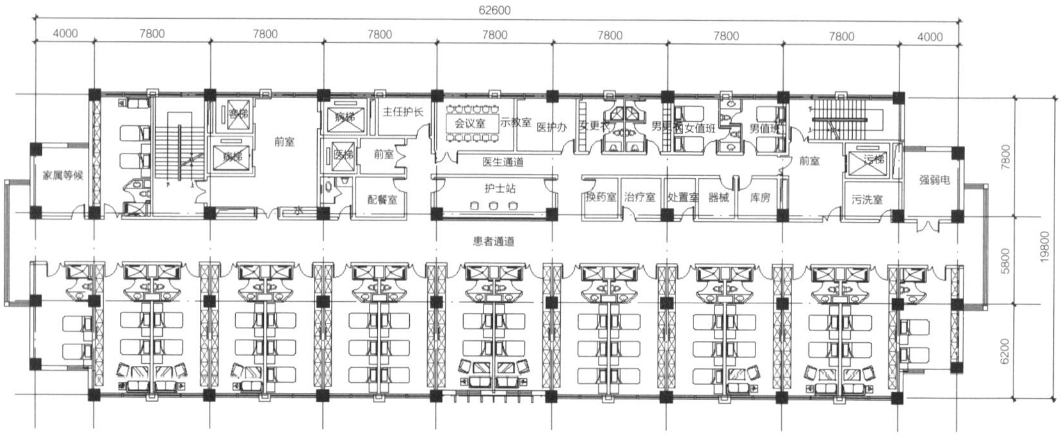

图4.5-3　阿图什市人民医院病房楼标准层平面图

本工程隔震设计建立了阿图什市人民医院病房楼的三维空间隔震分析模型，详细分析了隔震结构的地震响应、压剪极限性能、倾覆问题、支座受拉等，并在这些分析的基础上确定了隔震效果，各项分析结果满足规范要求。

## 4.5.2　结构设计参数

### 1．计算软件

本工程结构设计及隔震分析采用的主要计算软件有：

（1）中国建筑科学院开发的商业软件PKPM/SATWE，本工程利用该软件进行结构的常规分析和设计。

（2）美国CSI公司开发的商业有限元软件ETABS，本工程利用该软件的非线性版本进行常规结构分析和隔震结构的非线性时程分析。

### 2．设计依据

设计过程中，采用的现行国家标准、规范、规程及图集主要有：

（1）《工程结构可靠性设计统一标准》GB 50153—2008；

（2）《建筑结构荷载规范》GB 50009—2012；

（3）《高层建筑混凝土结构技术规程》JGJ 3—2010；

（4）《建筑地基基础设计规范》GB 50007—2011；

（5）《建筑工程抗震设防分类标准》GB 50223—2008；

（6）《建筑抗震设计规范》GB 50011—2010；

（7）《叠层橡胶支座隔震技术规程》CECS 126：2001。

### 3．设计参数

本工程的基本设计参数见表4.5-1。

基本设计参数　　　　　　　　　　　　　　　　表4.5-1

| 设计参数 | 参数值 |
|---|---|
| 设计基准期 | 50年 |
| 结构安全等级 | 二级 |
| 抗震设防类别 | 乙类 |
| 地基基础设计等级 | 乙级 |
| 50年重现期基本风压 | 0.55kN/m² |
| 地面粗糙度 | B类 |
| 风荷载体型系数 | 1.3 |
| 基本雪压 | 0.45kN/m² |
| 抗震设防烈度 | 8度 |
| 设计基本地震加速度值 | 0.30g |
| 设计地震分组 | 第三组 |
| 水平地震影响系数最大值 | 多遇地震：0.24；罕遇地震：1.20 |
| 时程分析加速度最大值 | 多遇地震：110cm/s²；罕遇地震：510cm/s² |
| 场地类别 | Ⅱ类 |
| 场地特征周期 | 0.45s |

## 4.5.3　隔震设计

### 1. 建立隔震分析模型

本工程采用ETABS结构分析软件进行隔震层设计，并评估隔震层处于非线性状态时上部结构的抗震性能。首先建立了阿图什市人民医院病房楼不包含地下室的上部结构非隔震有限元模型，并与SATWE计算模型对比动力特性，如图4.5-4所示。

由图4.5-4可知，采用ETABS建立的非隔震结构有限元分析模型和SATWE建立的结构设计模型吻合良好，可以作为非隔震结构的动力响应计算的基准模型，也可以作为后续隔震分析的初始模型。

本工程在非隔震结构有限元分析模型的基础上建立隔震结构的有限元分析模型，EATBS软件提供了天然橡胶支座、铅芯橡胶支座的模拟单元，可以根据产品的试验结果确定各类隔震单元的计算参数。

根据最终确定的隔震方案建立了阿图什市人民医院病房楼隔震结构的有限元模型，如图4.5-5所示。

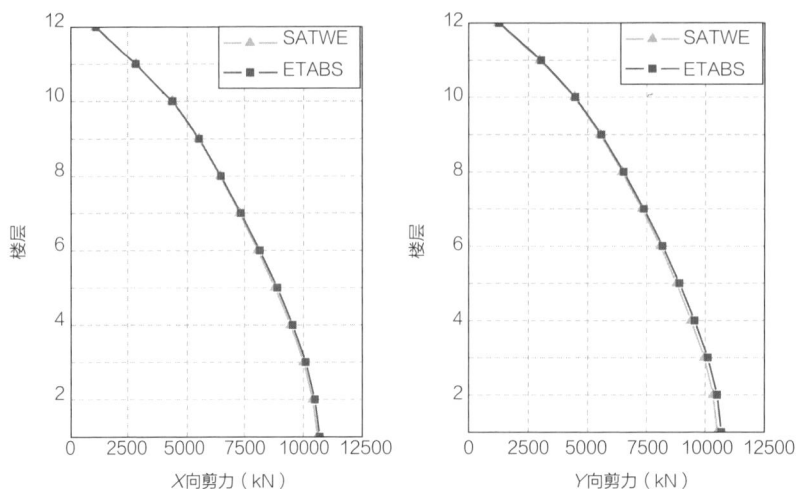

图4.5-4　SATWE与ETABS层剪力比较图

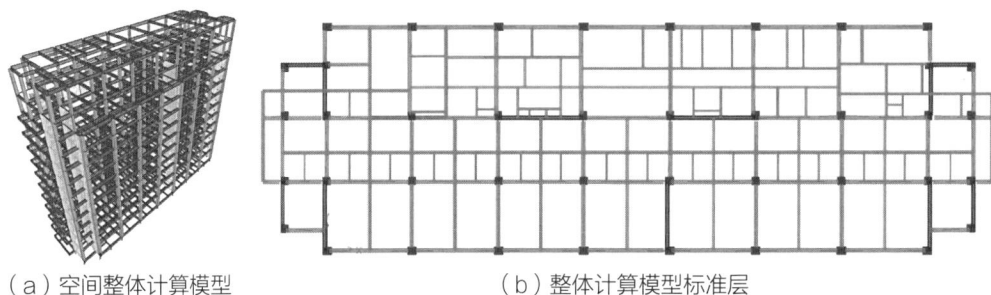

（a）空间整体计算模型　　　　　　　（b）整体计算模型标准层

图4.4-5　病房楼隔震结构有限元模型图

## 2．隔震层设计

本工程采用基础隔震，隔震层配置铅芯橡胶支座、天然橡胶支座和阻尼器。具体为：19个直径800mm的铅芯橡胶支座（产品型号为LRB800）；10个直径1100mm的铅芯橡胶支座（产品型号为LRB1100）；14个直径1100mm的天然橡胶支座（产品型号为NRB1100）；8个非线性阻尼器，阻尼系数均为800kN/（m/s）$^{0.4}$，阻尼指数0.4。隔震支座设计参数见表4.5-2，隔震层隔震支座布置如图4.5-6所示。

隔震支座设计参数　　　　　　　　　　表4.5-2

| 项目 | LRB800 | LRB1100 | NRB1100 |
|---|---|---|---|
| 外径（mm） | 800 | 1100 | 1100 |
| 铅芯直径（mm） | 160 | 220 | — |
| 橡胶层厚（mm） | 5.4 | 7 | 7 |
| 橡胶层数 | 29 | 31 | 31 |
| 橡胶总厚（mm） | 156.6 | 217 | 217 |
| $S_1$ | 37 | 39.3 | 37.3 |

续表

| 项目 | | LRB800 | LRB1100 | NRB1100 |
|---|---|---|---|---|
| $S_2$ | | 5.1 | 5.1 | 5.1 |
| 连接板外径（mm） | | 1100 | 1400 | 1400 |
| 连接板厚（mm） | | 30 | 35 | 35 |
| 封板厚（mm） | | 11 | 30 | 30 |
| 产品总高（mm） | | 364.6 | 482.0 | 482.0 |
| 竖向性能 | 竖直刚度（kN/mm） | 3973 | 5652 | 5046 |
| | 基准面压（N/mm²） | 15 | 15 | 15 |
| 水平性能 | 一次刚度（kN/mm） | 16.46 | 22.46 | 1.689 |
| | 二次刚度（kN/mm） | 1.266 | 1.727 | — |
| | 屈服荷载（kN） | 160 | 303 | — |
| | 等效刚度（kN/mm） | 2.29 | 3.124 | 1.689 |
| | 阻尼比 | 26.5 | 26.5 | — |

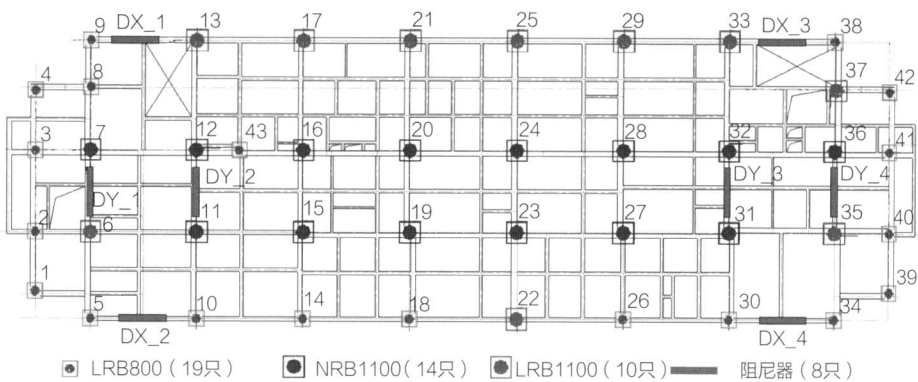

图4.5-6　隔震层隔震支座布置图

阻尼器在罕遇地震作用下可以有效地约束隔震层的变形，其在罕遇地震下的阻尼力和行程是其重要的设计依据。根据南京工业大学工程抗震研究中心提供的《阿图什市人民医院分院建筑隔震分析报告》，在设计中阻尼器的阻尼力取600kN，最大行程取300mm。

## 3．动力时程分析

为确定本工程采用基础隔震后的隔震效果，首先通过动力时程分析得出隔震结构与非隔震结构各楼层剪力和倾覆弯矩，进而得出水平向减震系数与隔震后的水平地震影响系数最大值。本工程设计共采用了6条天然地震波和2条人工地震波，分别为NGA1197、NGA1244、NGA1489、NGA169、NGA2952、ORR360、L7451、S7352。图4.5-7给出了阿图什市人民医院病房楼8度多遇（110cm/s²）各条地震波作用下的加速度时程。

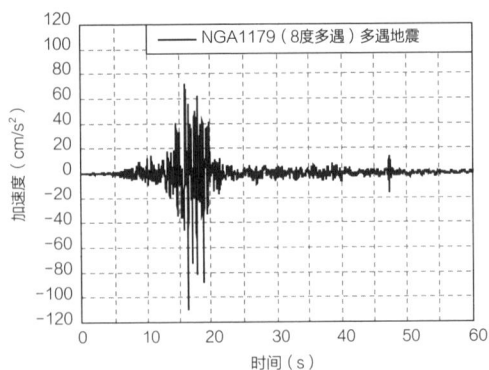

（a）NGA1179（8度多遇）多遇地震　　　　（b）NGA1244（8度多遇）多遇地震

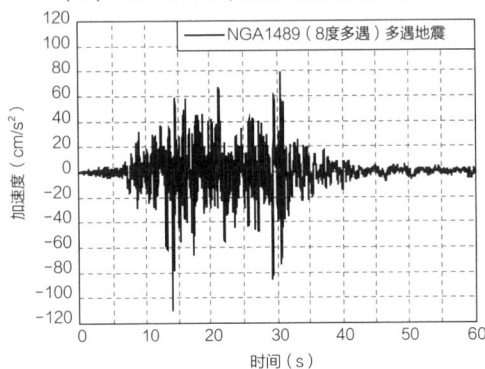

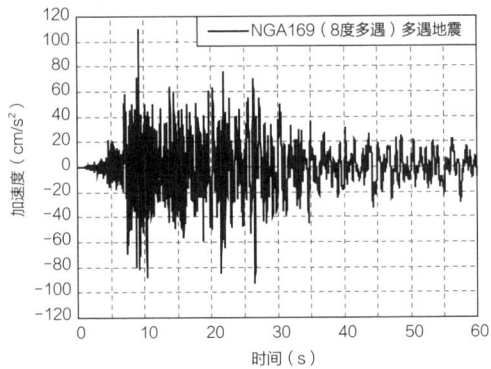

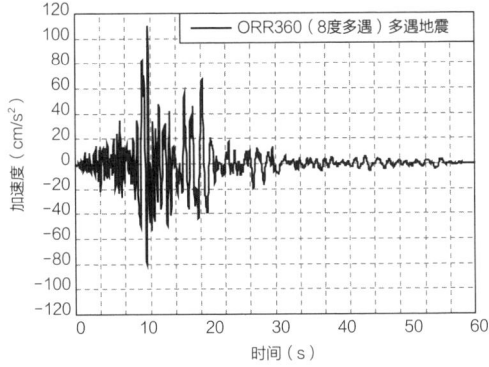

（c）NGA1489（8度多遇）多遇地震　　　　（d）NGA169（8度多遇）多遇地震

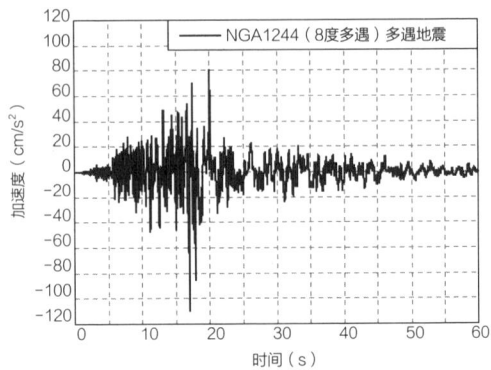

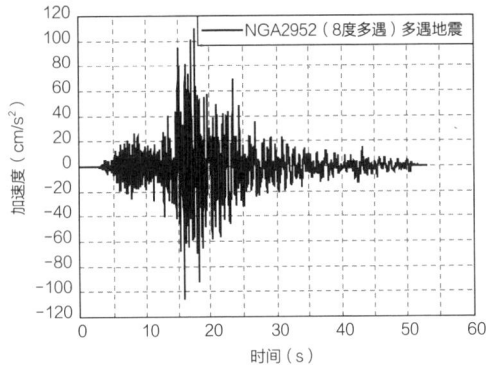

（e）NGA2952（8度多遇）多遇地震　　　　（f）ORR360（8度多遇）多遇地震

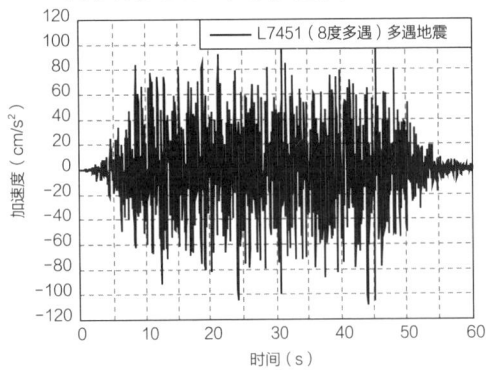

（g）L7451（8度多遇）多遇地震　　　　（h）S7352（8度多遇）多遇地震

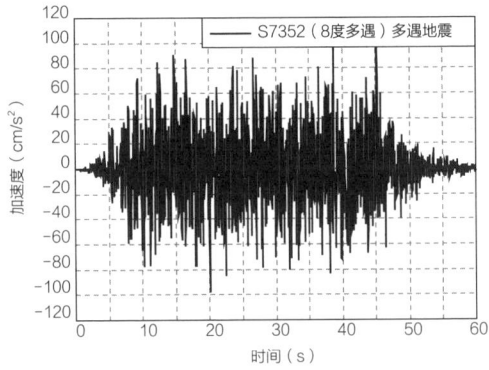

图4.5-7　各条地震动加速度时程

对于从结构动力响应的角度分析所选用的地震波,《建筑抗震设计规范》GB 50011—2010明确规定,在弹性时程分析时,每条时程曲线计算所得结构底部剪力不应小于振型分解反应谱法计算结果的65%,多条时程曲线计算所得结构底部剪力的平均值不应小于振型分解反应谱法计算结果的80%。图4.5-8给出了$X$、$Y$向非隔震结构时程分析和振型分解反应谱法楼层地震剪力对比结果,表4.5-3给出了非隔震结构时程分析和振型分解反应谱法所得的基底剪力值对比。

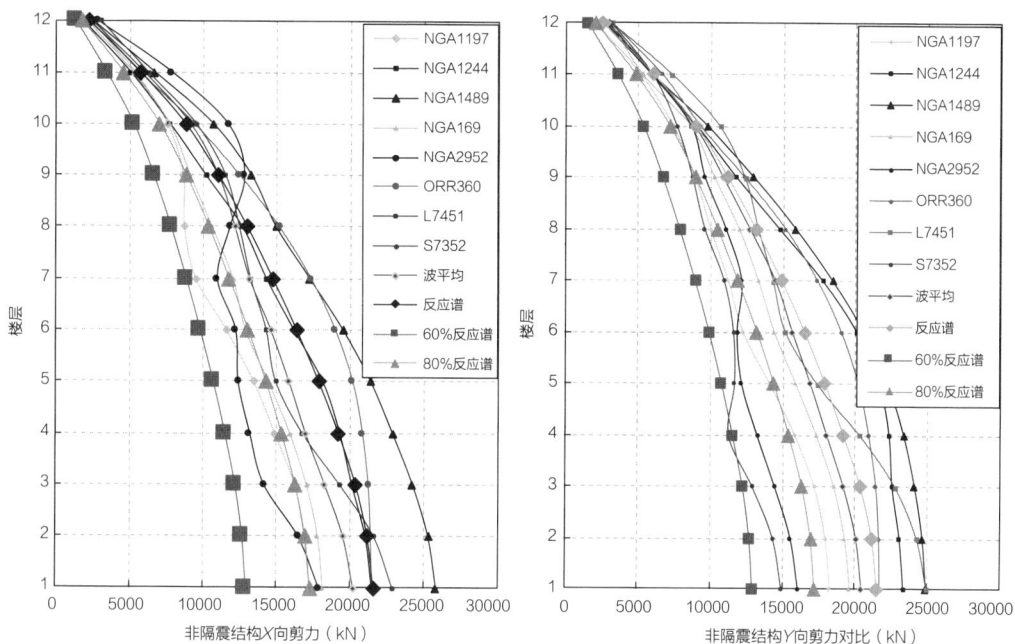

图4.5-8　非隔震结构8度多遇地震层剪力对比图

非隔震结构8度多遇地震基底剪力对比　　　　　　　　　　表4.5-3

| 工况 | | $X$向底部剪力（kN） | $Y$向底部剪力（kN） | 与CQC相比的比例 | |
|---|---|---|---|---|---|
| | | | | $X$向 | $Y$向 |
| 振型分解反应谱法（CQC） | | 21592 | 21488 | — | — |
| 时程分析 | 天然波 | NGA1197 | 17301 | 18282 | 80.13% | 85.08% |
| | | NGA1244 | 21480 | 23315 | 99.48% | 108.50% |
| | | NGA1489 | 25838 | 24893 | 119.66% | 115.85% |
| | | NGA169 | 18175 | 19681 | 84.17% | 91.59% |
| | | NGA2952 | 17905 | 16038 | 82.92% | 74.64% |
| | | ORR360 | 21490 | 21668 | 99.53% | 100.84% |
| | 人工波 | L7451 | 22864 | 24934 | 105.89% | 116.04% |
| | | S7352 | 16573 | 14884 | 76.76% | 69.27% |
| 平均值 | | 20203.25 | 20461.875 | 93.57% | 95.22% |

所选用的地震波满足规范要求，采用8条时程曲线作用下各自最大地震响应值的平均值作为时程分析的最终计算值，结果可靠，可以用于基础隔震设计。

### 4. 确定水平减震系数

在中震弹性作用下，地震响应分析利用ETABS非线性有限元软件对非隔震结构和隔震结构进行动力时程分析，重点分析了非隔震结构和隔震结构在8度0.30g中震弹性作用下地震剪力、倾覆弯矩比值。

比较隔震结构和非隔震结构在基本烈度地震作用下的响应结果，可以很清楚地看出隔震系统的隔震效果。图4.5-9和图4.5-10分别为非隔震结构8度0.30g基本烈度地震层剪力图和隔震结构8度0.30g基本烈度地震层剪力图。X向、Y向隔震效果（层剪力比）见表4.5-4、表4.5-5。

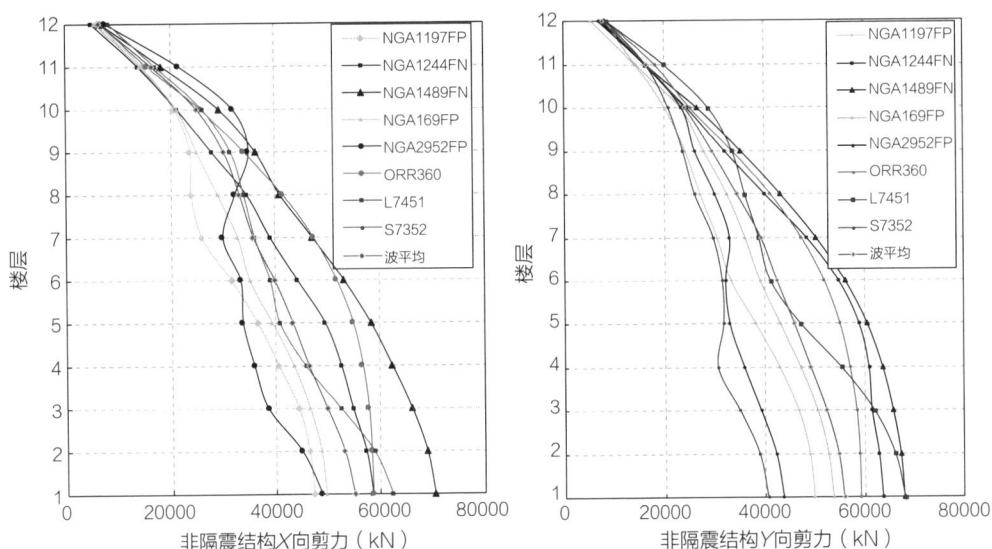

图4.5-9　非隔震结构8度基本烈度地震层剪力图

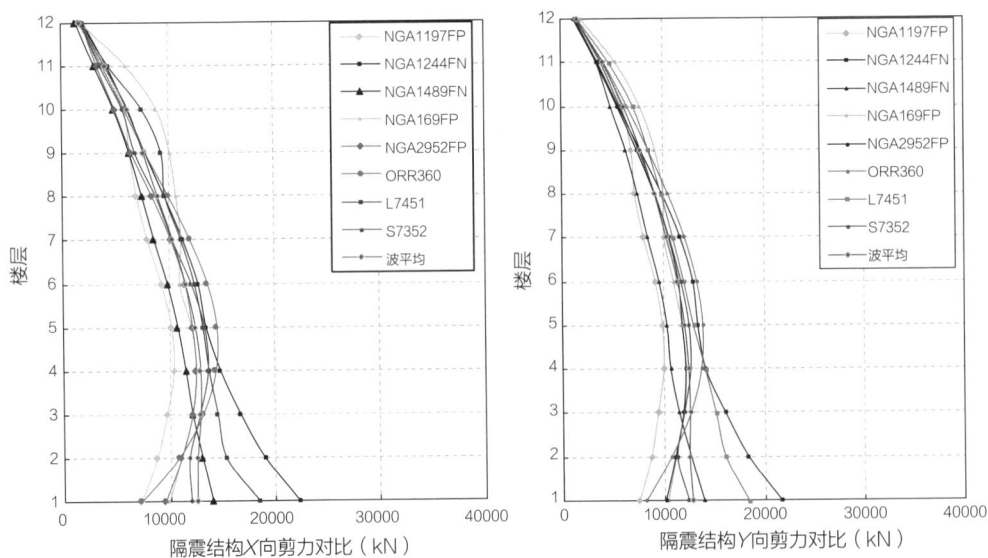

图4.5-10　隔震结构8度基本烈度地震层剪力图

X向隔震效果（层剪力比）　　　　　　　　　表4.5-4

| 楼层 | NGA1197 | NGA1244 | NGA1489 | NGA169 | NGA2952 | ORR360 | L7451 | S7352 | 波平均 |
|---|---|---|---|---|---|---|---|---|---|
| 12 | 0.27 | 0.32 | 0.20 | 0.33 | 0.26 | 0.26 | 0.24 | 0.30 | 0.27 |
| 11 | 0.28 | 0.31 | 0.17 | 0.35 | 0.15 | 0.25 | 0.26 | 0.23 | 0.25 |
| 10 | 0.28 | 0.29 | 0.17 | 0.37 | 0.16 | 0.23 | 0.29 | 0.24 | 0.25 |
| 9 | 0.27 | 0.28 | 0.17 | 0.36 | 0.19 | 0.23 | 0.29 | 0.24 | 0.25 |
| 8 | 0.29 | 0.28 | 0.18 | 0.33 | 0.26 | 0.24 | 0.28 | 0.29 | 0.27 |
| 6 | 0.29 | 0.29 | 0.18 | 0.31 | 0.34 | 0.26 | 0.32 | 0.36 | 0.30 |
| 5 | 0.28 | 0.27 | 0.18 | 0.31 | 0.36 | 0.26 | 0.32 | 0.38 | 0.30 |
| 4 | 0.25 | 0.28 | 0.18 | 0.29 | 0.35 | 0.25 | 0.30 | 0.35 | 0.28 |
| 3 | 0.22 | 0.31 | 0.18 | 0.26 | 0.31 | 0.23 | 0.28 | 0.31 | 0.26 |
| 2 | 0.19 | 0.33 | 0.19 | 0.23 | 0.25 | 0.19 | 0.26 | 0.28 | 0.24 |
| 1 | 0.15 | 0.38 | 0.20 | 0.20 | 0.19 | 0.12 | 0.30 | 0.27 | 0.23 |

Y向隔震效果（层剪力比）　　　　　　　　　表4.5-5

| 楼层 | NGA1197 | NGA1244 | NGA1489 | NGA169 | NGA2952 | ORR360 | L7451 | S7352 | 波平均 |
|---|---|---|---|---|---|---|---|---|---|
| 12 | 0.27 | 0.42 | 0.20 | 0.33 | 0.26 | 0.26 | 0.24 | 0.30 | 0.28 |
| 11 | 0.25 | 0.35 | 0.20 | 0.42 | 0.21 | 0.26 | 0.22 | 0.28 | 0.27 |
| 10 | 0.27 | 0.33 | 0.18 | 0.42 | 0.17 | 0.25 | 0.24 | 0.24 | 0.26 |
| 9 | 0.27 | 0.32 | 0.18 | 0.42 | 0.17 | 0.24 | 0.27 | 0.23 | 0.26 |
| 8 | 0.26 | 0.31 | 0.18 | 0.41 | 0.19 | 0.24 | 0.27 | 0.24 | 0.26 |
| 7 | 0.27 | 0.30 | 0.18 | 0.37 | 0.22 | 0.24 | 0.27 | 0.27 | 0.26 |
| 6 | 0.29 | 0.30 | 0.18 | 0.35 | 0.26 | 0.24 | 0.27 | 0.29 | 0.27 |
| 5 | 0.30 | 0.30 | 0.18 | 0.34 | 0.30 | 0.24 | 0.29 | 0.32 | 0.28 |
| 4 | 0.30 | 0.29 | 0.18 | 0.32 | 0.33 | 0.25 | 0.30 | 0.34 | 0.29 |
| 3 | 0.28 | 0.28 | 0.18 | 0.30 | 0.35 | 0.24 | 0.31 | 0.37 | 0.29 |
| 2 | 0.27 | 0.30 | 0.18 | 0.29 | 0.36 | 0.23 | 0.31 | 0.38 | 0.29 |
| 1 | 0.24 | 0.31 | 0.18 | 0.28 | 0.36 | 0.22 | 0.31 | 0.37 | 0.28 |

由表4.5-4、表4.5-5可知，在基本烈度地震下（中震弹性），按8条波的平均值结果可知，隔震结构X向层剪力最大为非隔震结构的0.38倍；Y向层剪力最大为非隔震结构的0.4倍。

综上，非隔震结构和隔震结构在8度0.30g中震弹性地震作用下地震剪力、倾覆弯矩比值均不大于0.38，本工程实取$\beta$=0.38，此时隔震后水平地震影响系数最大值的计算结果为：$\alpha_{max1}=\beta\alpha_{max}/\psi$=0.38×0.24/（0.80-0.05）=0.1216。

因此，本工程病房楼上部结构水平地震影响系数最大值按0.1216进行计算。

可见，根据《建筑抗震设计规范》GB 50011—2010第12.2.7条，由于$\beta$为0.38（考虑阻尼），本工程隔震层上部结构的抗震措施，可按降低1度设计。另外，按《建筑抗震设计规范》GB 50011—2010第12.2.5条第4款，由于$\beta$为0.38＞0.3，隔震层以上结构可不进行竖向地震作用计算。

## 5．隔震层计算分析与设计

### （1）隔震橡胶支座受力分析

#### 1）隔震支座面压验算

隔震支座的面压按长期面压和短期面压分别控制，长期面压考虑了结构重力荷载代表值的作用。表4.5-6给出了各隔震支座的长期面压值，从表中可以看出，隔震支座的长期面压都未超过规范限值，平均长期面压为7.97MPa，具有较好的经济性。

隔震支座在罕遇地震作用下的短期极值面压是隔震层设计中的重要指标，极值面压考虑了重力荷载代表值、罕遇地震动沿X和Y轴输入、竖向地震作用（根据我国台湾地区规范取0.3倍的重力荷载代表值）。

其中短期极大面压的轴力计算方法为：1.2×恒载+0.5×活载+1.0×罕遇水平地震作用产生的最大轴力+0.3×竖向地震作用产生的轴力；

短期极小面压的轴力计算方法为：0.8×恒载+0.5×活载-1.0×罕遇水平地震作用产生的最大轴力-0.3×竖向地震作用产生的轴力。

各隔震支座的短期极值面压，按罕遇地震工况（考虑竖向地震）进行验算。根据南京工业大学工程抗震研究中心提供的《阿图什市人民医院分院建筑隔震分析报告》可知，最大的极值面压为29.60MPa，最小的极值面压为1.60MPa，隔震支座未出现受拉的现象。

隔震支座长期面压值 表4.5-6

| 支座编号 | 产品规格 | 承压面积（cm²） | 恒荷载（kN） | 活荷载（kN） | 长期面压（N/mm²） |
|---|---|---|---|---|---|
| 1 | LRB800 | 5026 | 2200 | 126 | 4.50 |
| 2 | LRB800 | 5026 | 3666 | 401 | 7.69 |
| 3 | LRB800 | 5026 | 3752 | 543 | 8.01 |
| 4 | LRB800 | 5026 | 2187 | 245 | 4.60 |
| 5 | LRB800 | 5026 | 3868 | 390 | 8.08 |

| 支座编号 | 产品规格 | 承压面积（cm²） | 恒荷载（kN） | 活荷载（kN） | 长期面压（N/mm²） |
|---|---|---|---|---|---|
| 6 | LRB1100 | 9503 | 6052 | 983 | 6.89 |
| 7 | NRB1100 | 9503 | 5963 | 1012 | 6.81 |
| 8 | LRB800 | 5026 | 3862 | 592 | 8.27 |
| 9 | LRB800 | 5026 | 2586 | 255 | 5.40 |
| 10 | LRB800 | 5026 | 4124 | 644 | 8.85 |
| 11 | NRB1100 | 9503 | 6359 | 1360 | 7.41 |
| 12 | NRB1100 | 9503 | 8453 | 1512 | 9.69 |
| 13 | LRB1100 | 9503 | 5133 | 903 | 5.88 |
| 14 | LRB800 | 5026 | 4053 | 671 | 8.73 |
| 15 | NRB1100 | 9503 | 6328 | 1408 | 7.40 |
| 16 | NRB1100 | 9503 | 8051 | 1523 | 9.27 |
| 17 | LRB1100 | 9503 | 5718 | 1059 | 6.57 |
| 18 | LRB800 | 5026 | 4088 | 659 | 8.79 |
| 19 | NRB1100 | 9503 | 6343 | 1421 | 7.42 |
| 20 | NRB1100 | 9503 | 8241 | 1851 | 9.65 |
| 21 | LRB1100 | 9503 | 5731 | 1017 | 6.57 |
| 22 | LRB1100 | 9503 | 4808 | 678 | 5.42 |
| 23 | NRB1100 | 9503 | 7309 | 1465 | 8.46 |
| 24 | NRB1100 | 9503 | 7681 | 1765 | 9.01 |
| 25 | LRB1100 | 9503 | 5711 | 1020 | 6.55 |
| 26 | LRB800 | 5026 | 4214 | 722 | 9.10 |
| 27 | NRB1100 | 9503 | 6328 | 1446 | 7.42 |
| 28 | NRB1100 | 9503 | 8410 | 1799 | 9.80 |
| 29 | LRB1100 | 9503 | 5764 | 966 | 6.57 |
| 30 | LRB800 | 5026 | 4167 | 722 | 9.01 |
| 31 | NRB1100 | 9503 | 6471 | 1471 | 7.58 |
| 32 | NRB1100 | 9503 | 7587 | 1982 | 9.03 |
| 33 | LRB1100 | 9503 | 5950 | 1220 | 6.90 |

| 支座编号 | 产品规格 | 承压面积（cm²） | 恒荷载（kN） | 活荷载（kN） | 长期面压（N/mm²） |
|---|---|---|---|---|---|
| 34 | LRB800 | 5026 | 4204 | 515 | 8.88 |
| 35 | LRB1100 | 9503 | 5861 | 1160 | 6.78 |
| 36 | NRB1100 | 9503 | 6032 | 1065 | 6.91 |
| 37 | LRB1100 | 9503 | 4966 | 761 | 5.63 |
| 38 | LRB800 | 5026 | 2691 | 280 | 5.63 |
| 39 | LRB800 | 5026 | 2209 | 169 | 4.56 |
| 40 | LRB800 | 5026 | 3689 | 524 | 7.86 |
| 41 | LRB800 | 5026 | 3807 | 665 | 8.24 |
| 42 | LRB800 | 5026 | 2176 | 266 | 4.59 |
| 43 | LRB800 | 5026 | 3472 | 719 | 7.62 |
| 长期平均面压 | | | | | 7.40 |

　　由此可见，隔震支座长期和短期极值面压满足《建筑抗震设计规范》GB 50011—2010的相关规定，隔震层具有足够的稳定性和安全性。

　　隔震支座典型尺寸详见图4.5-11。

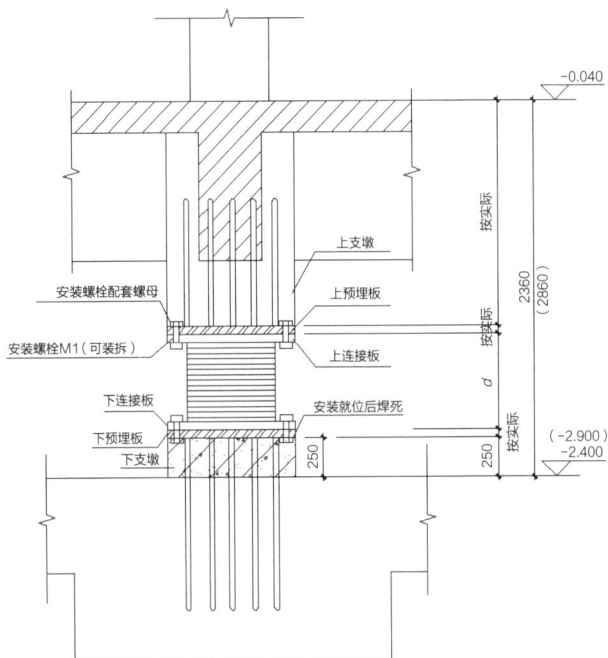

图4.5-11　隔震支座典型尺寸

**2）隔震支座水平位移验算**

在罕遇地震作用下，叠层橡胶支座的水平位移见表4.5-7。

罕遇地震作用下隔震支座的水平位移　　　　　　　　　　表4.5-7

| 位置编号 | $X$向 | | $Y$向 | |
|:---:|:---:|:---:|:---:|:---:|
| | 剪力$V_x$（kN） | 最大位移$U_x$（mm） | 剪力$V_y$（kN） | 最大位移$U_y$（mm） |
| 1 | 483 | 265 | 484 | 266 |
| 2 | 483 | 265 | 484 | 266 |
| 3 | 482 | 265 | 484 | 266 |
| 4 | 482 | 265 | 484 | 266 |
| 5 | 483 | 265 | 484 | 266 |
| 6 | 737 | 265 | 738 | 266 |
| 7 | 447 | 265 | 449 | 266 |
| 8 | 482 | 265 | 484 | 266 |
| 9 | 482 | 264 | 484 | 266 |
| 10 | 483 | 265 | 484 | 265 |
| 11 | 448 | 265 | 448 | 265 |
| 12 | 447 | 265 | 448 | 265 |
| 13 | 736 | 264 | 738 | 265 |
| 14 | 483 | 265 | 483 | 265 |
| 15 | 448 | 265 | 448 | 265 |
| 16 | 447 | 265 | 448 | 265 |
| 17 | 736 | 264 | 737 | 265 |
| 18 | 483 | 265 | 483 | 265 |
| 19 | 448 | 265 | 448 | 265 |
| 20 | 447 | 265 | 448 | 265 |
| 21 | 736 | 264 | 737 | 265 |
| 22 | 738 | 265 | 737 | 265 |
| 23 | 448 | 265 | 447 | 265 |

| 位置编号 | X向 | | Y向 | |
|---|---|---|---|---|
| | 剪力$V_x$（kN） | 最大位移$U_x$（mm） | 剪力$V_y$（kN） | 最大位移$U_y$（mm） |
| 24 | 447 | 265 | 447 | 265 |
| 25 | 736 | 264 | 737 | 265 |
| 26 | 483 | 265 | 482 | 265 |
| 27 | 448 | 265 | 447 | 265 |
| 28 | 447 | 265 | 447 | 265 |
| 29 | 736 | 264 | 736 | 265 |
| 30 | 483 | 265 | 482 | 264 |
| 31 | 448 | 265 | 446 | 264 |
| 32 | 447 | 265 | 446 | 264 |
| 33 | 736 | 264 | 736 | 264 |
| 34 | 483 | 265 | 482 | 264 |
| 35 | 737 | 265 | 735 | 264 |
| 36 | 447 | 265 | 446 | 264 |
| 37 | 736 | 265 | 735 | 264 |
| 38 | 482 | 264 | 482 | 264 |
| 39 | 483 | 265 | 481 | 264 |
| 40 | 483 | 265 | 481 | 264 |
| 41 | 482 | 265 | 481 | 264 |
| 42 | 482 | 265 | 481 | 264 |
| 43 | 483 | 265 | 483 | 265 |

从表4.5-7可以看出，隔震支座在罕遇地震作用下最大水平位移为266mm，对于LRB800规格的支座，该水平位移相当于184%的剪应变，远小于0.55D（0.55D＝440mm）和300%的剪应变（300%γ＝408mm），满足规范要求。

（2）隔震下柱墩受力分析

隔震下柱墩应满足隔震后设防地震（中震弹性）的抗震承载力要求，并按罕遇地震作用下对竖向力、水平力和力矩进行抗震承载力验算。

### （3）隔震结构中设置黏滞阻尼器

表4.5-8给出了阻尼器在8度0.30g罕遇地震作用下的阻尼力及其行程，在设计中阻尼器的阻尼力取600kN，行程取300mm。阻尼器典型尺寸详见图4.5-12。

阻尼器的最大阻尼力及行程　　　　　　表4.5-8

| 方向 | 阻尼器编号 | 阻尼力（kN） | 行程（mm） |
|---|---|---|---|
| X向 | DX_1 | 765 | 243 |
| | DX_2 | 760 | 238 |
| | DX_3 | 776 | 249 |
| | DX_4 | 776 | 249 |
| Y向 | DY_1 | 752 | 241 |
| | DY_2 | 747 | 241 |
| | DY_3 | 747 | 247 |
| | DY_4 | 747 | 247 |

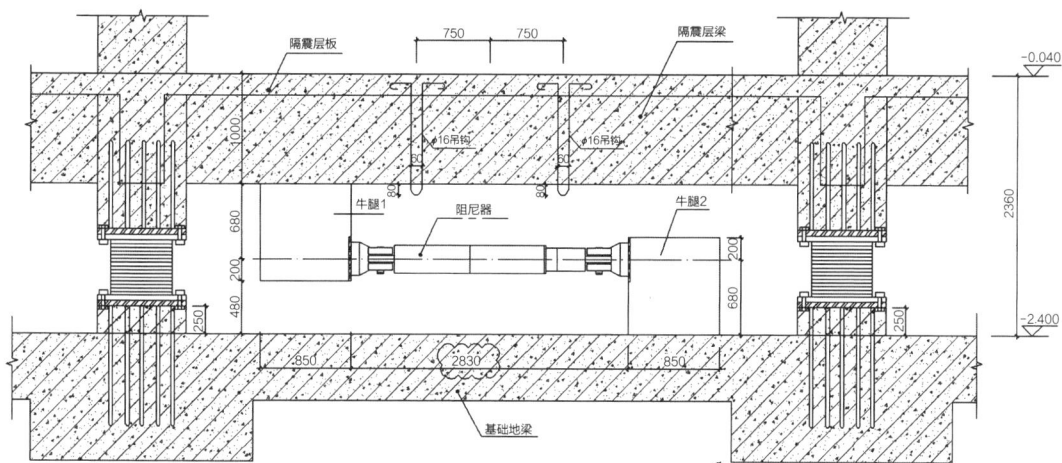

图4.5-12　阻尼器典型尺寸

阻尼器的编号详见图4.5-6。

### （4）隔震层设计

隔震层顶板最小板厚采用180mm，同时加强该层框架梁刚度，以提供必要的竖向承载力、侧向刚度和阻尼。

根据前文所述，隔震层必须具备足够的屈服前刚度，以满足风荷载和微振动的要求，将铅芯橡胶支座水平刚度简化为二线性，天然橡胶支座的水平刚度简化为线性，隔震层的水平恢复力特性由铅芯橡胶支座和天然橡胶支座共同组成。图4.5-13给出了隔震层的水平恢复力特性。

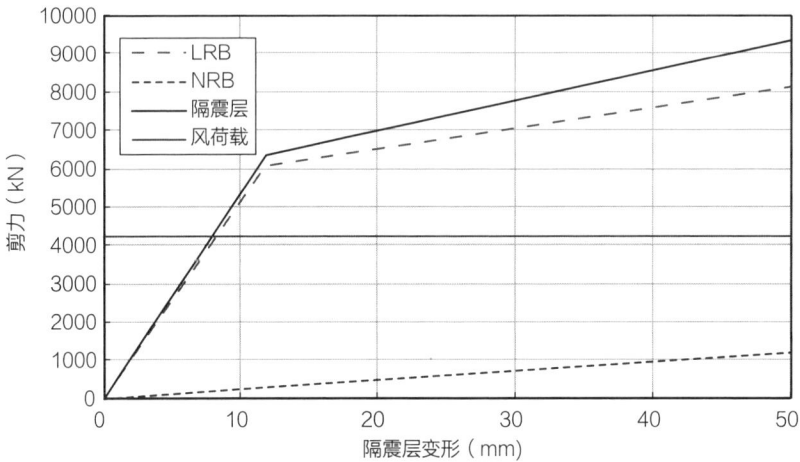

图4.5-13　隔震层水平恢复力特性

可见，本工程隔震支座配置合理，隔震层具有足够的初始刚度，可以保证结构在风荷载、较小地震或其他非地震水平荷载作用下的稳定性，而且隔震层屈服后比屈服前提供了较低的水平刚度，保证结构在较大地震下能很好地减小地震反应。

另外，隔震层偏心率计算结果显示两方向的偏心率均小于3%，说明隔震层布置规则，重心和刚心重合较好。隔震支座最大长期面压满足相关规范要求，隔震支座具有足够的稳定性和安全性。

## 4.5.4　动力弹塑性分析

### 1. 抗震性能目标

病房楼采用隔震设计后，其具体构件采取的抗震性能目标见表4.5-9。

抗震性能目标　　　　　　　　　　　　　　　　　　表4.5-9

| 项目 | 构件类型 | 多遇地震 | 设防地震 | 罕遇地震 |
|------|----------|----------|----------|----------|
| 与阻尼器相连框架梁 | 关键构件 | 弹性 | 弹性 | 不屈服 |
| 隔震支座下柱墩 | 关键构件 | 弹性 | 弹性 | 受剪弹性 |

针对不同地震水准，结构的层间位移角满足《建筑抗震设计规范》GB 50011—2010要求，本工程多遇地震层间位移角限值为1/800，罕遇地震下层间位移角限值为1/100。

### 2. 整体位移响应

为了解本工程在罕遇地震下的动力特性，按《建筑抗震设计规范》GB 50011—2010

第5.5.2条要求，采用PERFORM-3D建立了病房楼隔震及非隔震的有限元模型，梁、柱构件均采用空间梁柱单元，并划分纤维截面，隔震支座采用PERFORM-3D中自带的Seismic Isolator（隔震器）单元模拟。

图4.5-14给出了三组地震波（天然波NGA1197、NGA1489和人工波S7352）分别沿 $X$ 向 $Y$ 向输入时，在各主方向上的楼层最大位移曲线。可以看出，罕遇地震作用下隔震结构的整体侧移曲线在各工况下表现了相同的规律，是一个以弯曲变形为主的位移形态。在三组地震波六种工况输入下，隔震结构顶层 $X$ 向位移最大值（相对隔震层）依次为48mm（NGA1197）、64mm（NGA1489）、61mm（S7352），$Y$ 向位移最大值依次为51mm（NGA1197）、66mm（NGA1489）、63mm（S7352）。

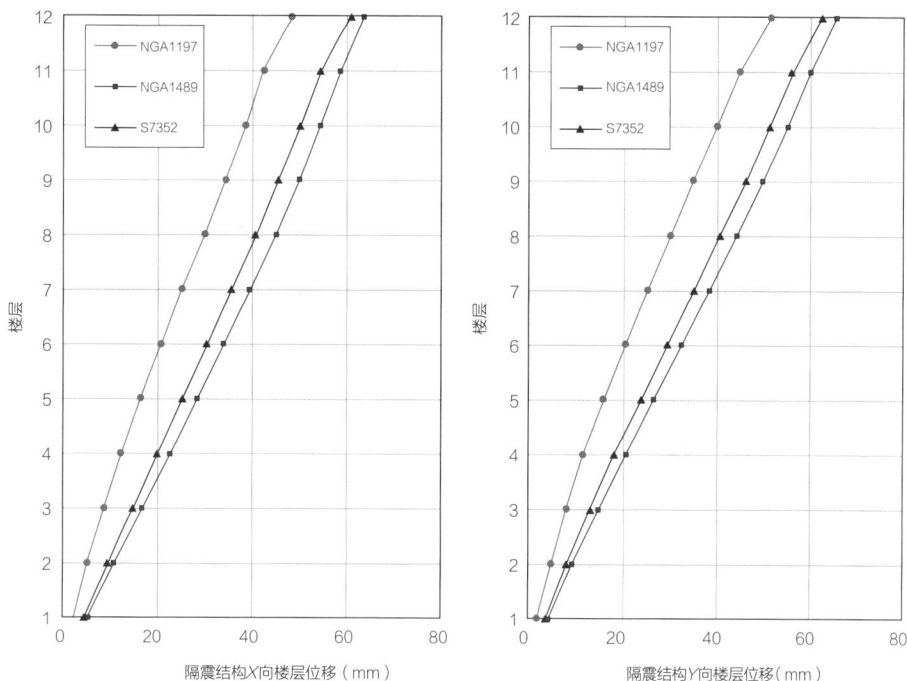

图4.5-14　结构弹塑性位移曲线

### 3．隔震结构与非隔震结构剪力及位移角

分别以 $X$ 向和 $Y$ 向输入天然波NGA1197、NGA1489和人工波S7352，峰值加速度取510cm/s$^2$。结构弹塑性最大层间剪力、最大层间位移角见图4.5-15、图4.5-16，$X$ 向、$Y$ 向输入地震波时隔震结构的位移角及包络值见表4.5-10、表4.5-11。

由图4.5-15、图4.5-16及表4.5-10、表4.5-11，可知：

1）设置隔震支座后，结构层间位移角明显小于非隔震结构，同时隔震结构两个方向的层间位移角均小于性能目标1/50的要求。

2）结构整体抗震性能满足大震不倒的要求，罕遇地震下隔震结构相较于非隔震结构具有更强的弹塑性变形能力和更大的强度储备。

X向输入地震波时隔震结构的位移角及包络值　　　表4.5-10

| 楼层 | NGA1197 | NGA1489 | S7352 | 包络值 |
|---|---|---|---|---|
| 12 | 1/902 | 1/1105 | 1/829 | 1/829 |
| 11 | 1/1027 | 1/941 | 1/918 | 1/918 |
| 10 | 1/955 | 1/874 | 1/859 | 1/859 |
| 9 | 1/865 | 1/785 | 1/801 | 1/785 |
| 8 | 1/807 | 1/720 | 1/766 | 1/720 |
| 7 | 1/871 | 1/705 | 1/770 | 1/705 |
| 6 | 1/892 | 1/700 | 1/748 | 1/700 |
| 5 | 1/948 | 1/679 | 1/735 | 1/679 |
| 4 | 1/1063 | 1/664 | 1/743 | 1/664 |
| 3 | 1/1229 | 1/687 | 1/791 | 1/687 |
| 2 | 1/1459 | 1/735 | 1/838 | 1/735 |
| 1 | 1/2011 | 1/892 | 1/1010 | 1/892 |

Y向输入地震波时隔震结构的位移角及包络值　　　表4.5-11

| 楼层 | NGA1197 | NGA1489 | S7352 | 包络值 |
|---|---|---|---|---|
| 12 | 1/821 | 1/1010 | 1/858 | 1/821 |
| 11 | 1/817 | 1/773 | 1/803 | 1/773 |
| 10 | 1/785 | 1/720 | 1/747 | 1/720 |
| 9 | 1/778 | 1/692 | 1/716 | 1/692 |
| 8 | 1/806 | 1/676 | 1/702 | 1/676 |
| 7 | 1/828 | 1/650 | 1/696 | 1/650 |
| 6 | 1/866 | 1/666 | 1/698 | 1/666 |
| 5 | 1/938 | 1/673 | 1/716 | 1/673 |
| 4 | 1/1060 | 1/694 | 1/756 | 1/694 |
| 3 | 1/1279 | 1/743 | 1/834 | 1/743 |
| 2 | 1/1530 | 1/810 | 1/932 | 1/810 |
| 1 | 1/2163 | 1/1053 | 1/1204 | 1/1053 |

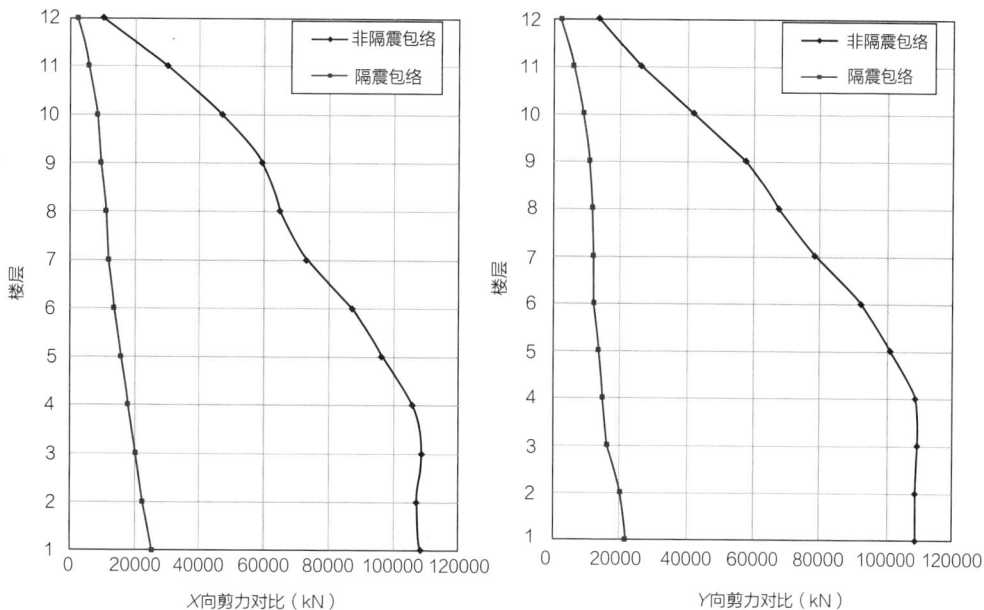

图4.5 15　结构弹塑性最大层间剪力

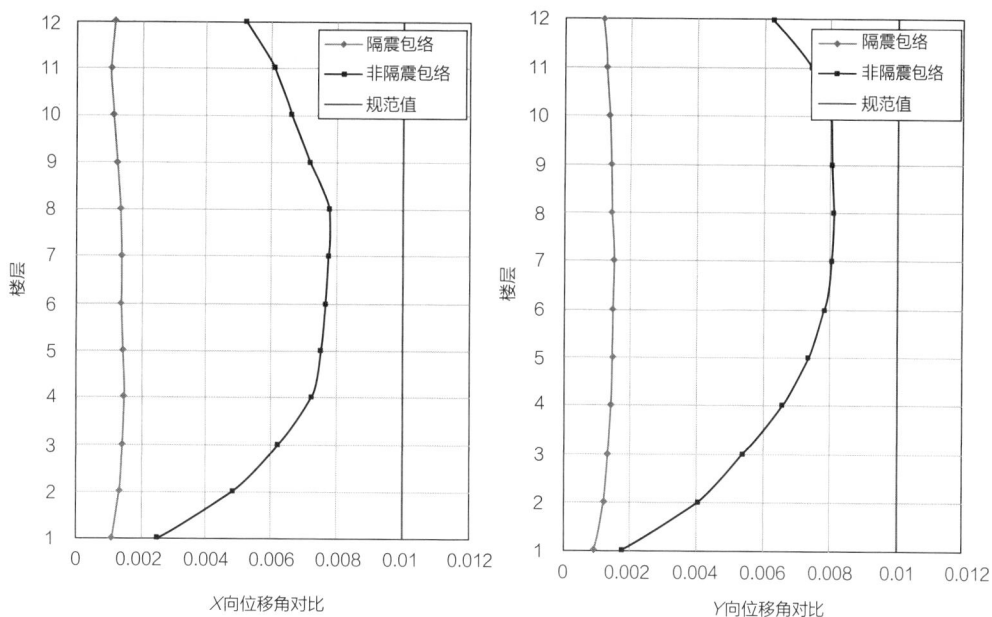

图4.5-16　结构弹塑性最大层间位移角

## 4．隔震结构在大震下构件性能

选取结构响应比较大的NGA1489X向输入地震波的模型，研究其大震状态下构件的性能状态。图4.5-17给出了隔震结构第一性能水准下的性能状态，图4.5-18给出了隔震结构第二性能水准下的性能状态。可以看出，隔震结构柱子和剪力墙在罕遇地震下第一性能水准因子小于0.7，大部分连梁屈服，少数框架梁进入屈服状态；除部分连梁及顶层局部框

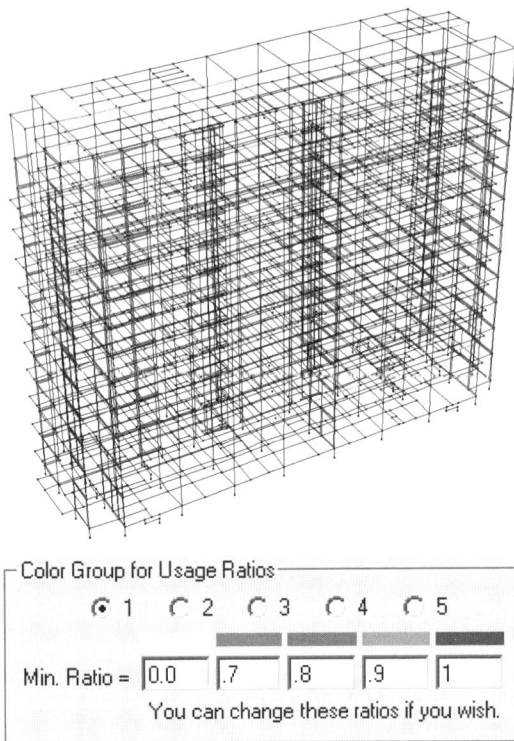

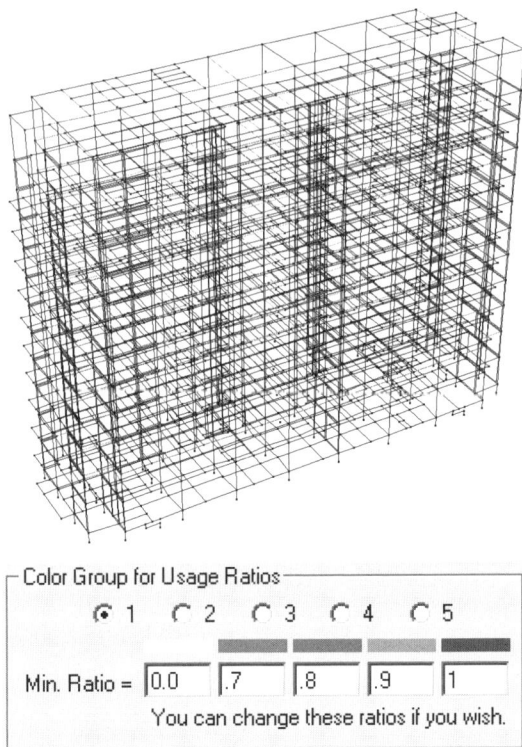

图4.5-17　隔震结构第一性能水准性能状态示意图　　图4.5-18　隔震结构第二性能水准性能状态示意图

架梁外，其他构件的第二性能水准因子小于0.7。

　　可见，在罕遇地震下，结构构件非线性情况演变顺序为：隔震支座先进入塑性，耗散地震能量，之后是连梁进入塑性，满足结构抗震设计的基本概念要求。

### 5．隔震结构抗倾覆验算

　　高层隔震结构的抗倾覆问题在《抗标》等国家现行标准中尚没有明确的规定，本工程参考我国台湾省《建筑物耐震设计规范及解说》中的相关内容进行了基础隔震结构的抗倾覆验算，该设计基准明确规定建筑物隔震系统的抗倾覆力矩不得小于倾倒力矩，倾倒力矩应该以设计地震作用的1.2倍进行计算，抗倾覆力矩则依照隔震系统上部结构总重量的0.9倍进行计算。罕遇地震作用下隔震结构$X$向、$Y$向抗倾覆验算结果见表4.5-12、表4.5-13。

罕遇地震作用下隔震结构$X$向抗倾覆验算　　　　表4.5-12

| 楼层 | 累积重量×0.9（kN） | 重心位置（m） | | 抗倾覆力矩（kN·m） | 地震倾倒力矩×1.2（kN·m） | 比值 |
| --- | --- | --- | --- | --- | --- | --- |
| | | $X$位置 | $Y$位置 | | | |
| 12 | 5387 | 27.2 | 12.2 | 75336 | 14422 | 5.22 |
| 11 | 21292 | 26.9 | 10.9 | 303520 | 41221 | 7.36 |
| 10 | 37743 | 27.4 | 9.6 | 519612 | 83072 | 6.25 |

续表

| 楼层 | 累积重量×0.9（kN） | 重心位置（m） | | 抗倾覆力矩（kN·m） | 地震倾倒力矩×1.2（kN·m） | 比值 |
| --- | --- | --- | --- | --- | --- | --- |
| | | X位置 | Y位置 | | | |
| 9 | 53485 | 27.4 | 9.8 | 736966 | 133612 | 5.52 |
| 8 | 70143 | 27.3 | 9.8 | 968953 | 188210 | 5.15 |
| 7 | 86801 | 27.3 | 9.8 | 1199068 | 246354 | 4.87 |
| 6 | 103459 | 27.3 | 9.8 | 1429183 | 307169 | 4.65 |
| 5 | 120117 | 27.3 | 9.8 | 1659298 | 373624 | 4.44 |
| 4 | 136890 | 27.4 | 9.8 | 1878262 | 444386 | 4.23 |
| 3 | 154139 | 27.2 | 9.8 | 2156410 | 521985 | 4.13 |
| 2 | 170069 | 27.3 | 9.7 | 2363442 | 602482 | 3.92 |
| 1 | 188529 | 27.5 | 9.7 | 2578698 | 688795 | 3.74 |

罕遇地震作用下隔震结构Y向抗倾覆验算　　　　表4.5-13

| 楼层 | 累积重量×0.9（kN） | 重心位置（m） | | 抗倾覆力矩（kN·m） | 地震倾倒力矩×1.2（kN·m） | 比值 |
| --- | --- | --- | --- | --- | --- | --- |
| | | X位置 | Y位置 | | | |
| 12 | 5387 | 27.2 | 12.2 | 45624 | 15899 | 2.87 |
| 11 | 21292 | 26.9 | 10.9 | 204746 | 42093 | 4.86 |
| 10 | 37743 | 27.4 | 9.6 | 316553 | 85626 | 3.70 |
| 9 | 53485 | 27.4 | 9.8 | 459487 | 137806 | 3.33 |
| 8 | 70143 | 27.3 | 9.8 | 599792 | 192554 | 3.11 |
| 7 | 86801 | 27.3 | 9.8 | 742235 | 247729 | 3.00 |
| 6 | 103459 | 27.3 | 9.8 | 884678 | 305892 | 2.89 |
| 5 | 120117 | 27.3 | 9.8 | 1027122 | 368404 | 2.79 |
| 4 | 136890 | 27.4 | 9.8 | 1168626 | 442336 | 2.64 |
| 3 | 154139 | 27.2 | 9.8 | 1316659 | 526004 | 2.50 |
| 2 | 170069 | 27.3 | 9.7 | 1436739 | 608165 | 2.36 |
| 1 | 188529 | 27.5 | 9.7 | 1597028 | 695272 | 2.30 |

　　从表4.5-12、表4.5-13可以看出，阿图什市人民医院病房楼隔震结构X向的抗倾覆力矩是罕遇地震作用下倾倒力矩的3.74倍，Y向的抗倾覆力矩是罕遇地震作用下倾倒力矩的2.30倍，隔震结构具有良好的抗倾覆能力。

　　通过采取隔震措施，在罕遇地震作用下，结构整体和各类构件还有较大的弹塑性变形能力储备，震害较轻，能够满足设定的抗震性能目标；且结构在罕遇地震作用下能满足"大震不倒"的要求。

### 4.5.5　工程小结

综上所述，在新疆阿图什市这样的高烈度区，采用基础隔震技术是可行的。通过采用基础隔震技术，本工程上部结构可按降低1度［即7度（0.15g）］进行设计，达到了预期目标，并显著提高了该结构的抗震安全性、提升了其抗震性能。

# 4.6　工程应用：阿图什市人民医院门诊医技楼减震设计

### 4.6.1　工程概况

阿图什市人民医院门诊医技楼地上3层（局部4层），其中一层建筑层高4.50m，结构计算高度5.85m，二至三层层高为4.20m，四层层高3.60m，主体建筑高度13.35m，主要功能为门诊，采用钢筋混凝土框架结构体系。本工程位于新疆维吾尔自治区阿图什市，属季节性冻土区。建筑结构安全等级为二级，建筑抗震设防类别为重点设防类（乙类），抗震设防烈度为8度（0.30g），设计地震分组为第三组，建筑场地类别为Ⅱ类，基本风压0.55kN/m²，基本雪压为0.45kN/m²。门诊医技楼建筑平面图（二层）见图4.6-1，门诊医技楼建筑立面图见图4.6-2。

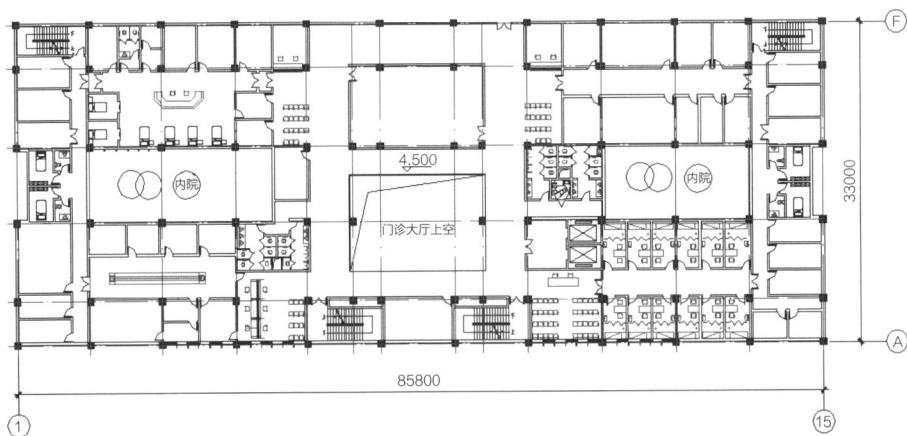

图4.6-1　门诊医技楼建筑平面图（二层）

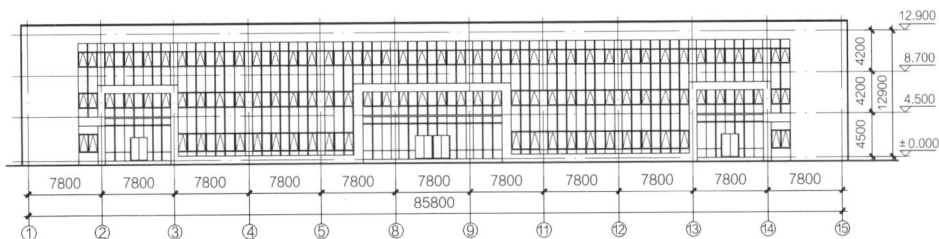

图4.6-2　门诊医技楼建筑立面图

## 4.6.2 减震设计

### 1. 减震设计必要性

阿图什市人民医院分院门诊医技楼位于地震高烈度区（8度0.30g），如按一般建筑结构进行抗震设计将会造成以下后果：

1）为承担较大地震作用，结构主要构件截面过大，配筋较多，浪费材料，工程经济性指标难以控制。

2）构件截面及配筋增大后，同时也增大了结构刚度，又会导致结构构件在地震作用下吸收更大的地震能量，且由构件的弹塑性变形来耗散，导致结构在地震中损坏严重，对结构安全不利。

3）结构截面增大较多，必然会影响建筑有效使用面积，对建筑功能也造成较大影响。

考虑到本工程为医院门诊医技楼，属于人员密集公共建筑，且为重点设防类（乙类），根据新疆维吾尔自治区住房和城乡建设厅相关要求：自2015年起，凡位于抗震设防烈度8度（含8度）以上地震高烈度区、地震重点监视防御区或地震灾后重建阶段的新建3层（含3层）以上学校、幼儿园、医院等人员密集公共建筑，应当优先采用减隔震技术进行设计。

根据国内外减震技术研究和工程实践经验以及工程所在地地方要求，在本工程中采用消能减震技术十分必要。

### 2. 建立非减震结构和减震结构有限元模型

建立可靠的分析模型是进行结构静、动力分析的基础，可靠的分析模型首先应该能够真实地反映出结构的动力特性，并且能够比较准确地分析结构在弹性和弹塑性阶段的动力响应。本工程选用大型商业有限元软件ETABS建立了阿图什市人民医院门诊医技楼的减震结构和非减震结构的三维有限元模型。

ETABS有限元软件具有很高的计算可靠度，采用空间杆系计算梁柱构件，把无洞或小洞剪力墙简化为膜单元加边梁加边柱单元，膜单元只承受平面内荷载，边柱作用等效为剪力墙平面外刚度。ETABS除具有一般结构计算分析功能之外，还具备计算减震支座、滑板支座、阻尼器、间隙、弹簧、斜板、变截面梁等特殊构件的功能。本工程为达到消能减震的目的设置了软钢阻尼墙，故选用ETABS作为结构计算分析软件来考虑软钢阻尼墙的作用。

首先建立阿图什市人民医院门诊医技楼非减震结构的有限元模型，梁、柱构件均采用空间梁柱单元，建成模型总共有1064个点对象，1866个线对象，12个面对象，建成后模型的三维视图如图4.6-3所示。

为了验证所建模型的准确性，并检验结构抗震性能，采用EATBS软件计算了非减震结构规范反应谱8度多遇地震下的动力响应，并将结果与SATWE计算结果进行了对比，其中层质量对比见表4.6-1，动力特性分析结果对比见表4.6-2。

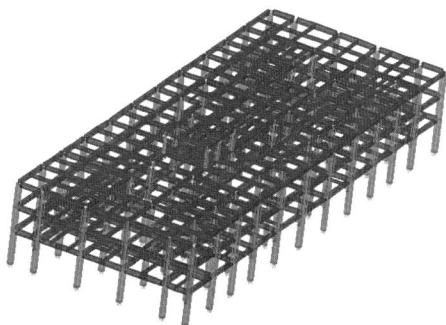

图4.6-3 门诊医技楼非减震结构有限元模型三维视图

　　ETABS模型的总质量为10444t，SATWE 模型总质量为10512t，误差率只有0.65%。表4.6-1给出了ETABS模型和SATWE模型的楼层质量对比。

非减震结构层质量对比　　　　　　　　　　　表4.6-1

| 楼层 | SATWE（t） | ETABS（t） | 误差率 |
|:---:|:---:|:---:|:---:|
| 4 | 96 | 96 | 0 |
| 3 | 3210 | 3252 | 1.31% |
| 2 | 3496 | 3510 | 0.40% |
| 1 | 3710 | 3586 | 3.34% |

注：由于数值修约，部分尾数不闭合。

非减震结构动力特性分析结果对比　　　　　　　表4.6-2

| 振型 | 周期（s） | | | 振型描述 | ETABS累计质量参与系数（%） | |
|:---:|:---:|:---:|:---:|:---:|:---:|:---:|
| | SATWE | ETABS | 误差 | | $X$向 | $Y$向 |
| 1 | 0.602 | 0.595 | 1.16% | $X$向一阶平动 | 92 | 0 |
| 2 | 0.566 | 0.563 | 0.53% | $Y$向一阶平动 | 92 | 89 |
| 3 | 0.521 | 0.519 | 0.38% | 一阶扭转 | 92 | 90 |
| 4 | 0.207 | 0.207 | 0 | $Y$向二阶平动 | 92 | 91 |
| 5 | 0.191 | 0.189 | 1.05% | $X$向二阶平动 | 96 | 91 |
| 6 | 0.172 | 0.171 | 0.58% | $Y$向三阶平动 | 96 | 98 |

　　非减震结构振型分解反应谱法计算的楼层$X$向、$Y$向地震剪力与层间位移角见表4.6-3、表4.6-4，图4.6-4、图4.6-5。从 表4.6-3、表4.6-4和图4.6-4、图4.6-5可以看出，利用ETABS建立的模型与SATWE模型地震剪力分布是十分吻合的，楼层最大地震剪力误差率$X$向为4.4%，$Y$向为3.0%。

非减震结构反应谱法计算的楼层$X$向地震剪力与层间位移角　　表4.6-3

| 楼层 | 地震剪力（kN） | | 层间位移角 | | 剪力误差率 |
|:---:|:---:|:---:|:---:|:---:|:---:|
| | SATWE | ETABS | SATWE | ETABS | |
| 4 | 467 | 473 | 1/808 | 1/796 | 1.28% |
| 3 | 8982 | 9366 | 1/818 | 1/809 | 4.28% |
| 2 | 16109 | 16770 | 1/515 | 1/512 | 4.10% |
| 1 | 20637 | 21290 | 1/525 | 1/521 | 3.26% |

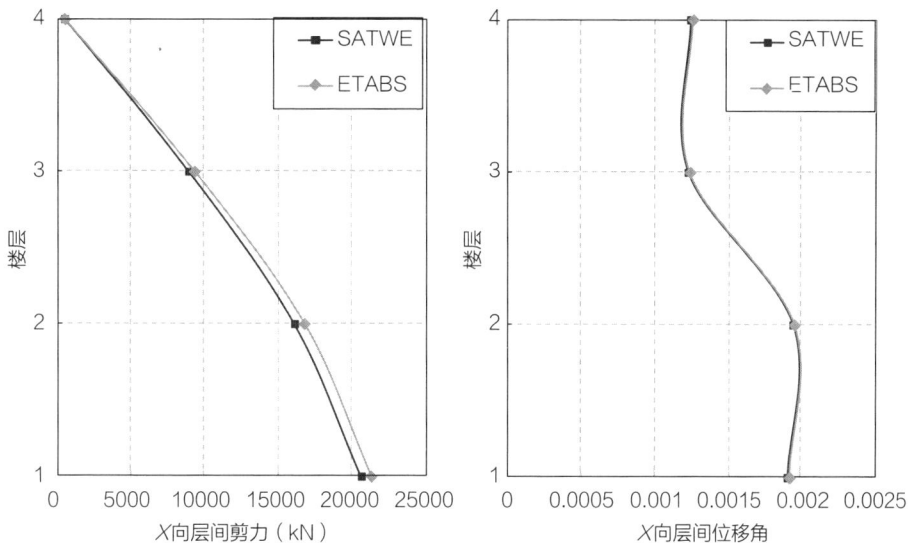

图4.6-4　非减震结构反应谱法计算的楼层X向地震剪力与层间位移角

非减震结构反应谱法计算的楼层Y向地震剪力与层间位移角　　　表4.6-4

| 楼层 | 地震剪力（kN） | | 层间位移角 | | 剪力误差率 |
|---|---|---|---|---|---|
| | SATWE | ETABS | SATWE | ETABS | |
| 4 | 482 | 482 | 1/541 | 1/535 | 0 |
| 3 | 9689 | 9978 | 1/683 | 1/675 | 3.0% |
| 2 | 16904 | 17320 | 1/508 | 1/509 | 2.5% |
| 1 | 21225 | 21520 | 1/617 | 1/630 | 1.4% |

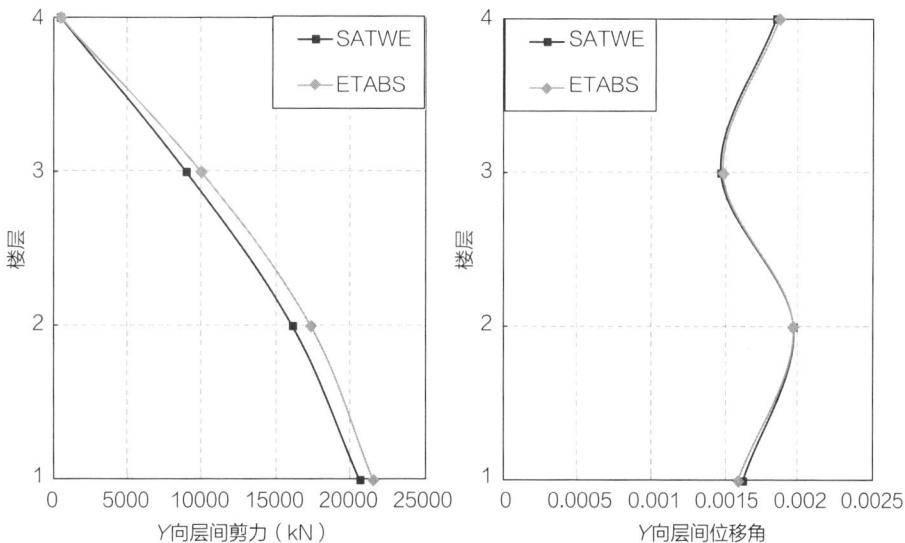

图4.6-5　非减震结构反应谱法计算的楼层Y向地震剪力与层间位移角

以上数据分析表明，利用ETABS建立的非减震结构有限元模型准确反映了实际结构的质量和刚度分布，能够准确地反映结构的动力特性，可以作为非减震结构的动力响应计算的基准模型，也可以作为后续减震分析的初始模型；可以在上述所建立非减震结构有限元模型的基础上添加阻尼单元。

## 3. 多遇地震非线性时程分析

选取6条天然地震波和2条人工地震波进行时程分析，表4.6-5给出了设计输入地震波的基本情况。

设计输入地震波 表4.6-5

| 地震波 | 最大输入加速度（cm/s²） | |
| --- | --- | --- |
| | 8度多遇地震 | 8度罕遇地震 |
| NGA284FN | 110 | 510 |
| NGA501FP | 110 | 510 |
| NGA1113FP | 110 | 510 |
| NGA1164FP | 110 | 510 |
| NGA2092FN | 110 | 510 |
| NGA1056FN | 110 | 510 |
| L7451（人工波） | 110 | 510 |
| L7454（人工波） | 110 | 510 |

图4.6-6给出了各条地震波8度多遇地震动加速度时程。

将8条地震波输入模型进行弹性时程分析，每条时程曲线计算所得结构底部剪力不小于振型分解反应谱法计算结果的65%，多条时程曲线计算所得结构底部剪力的平均值不小于振型分解反应谱法计算结果的80%。图4.6-7、图4.6-8给出了阿图什人民医院门诊医技楼X、Y向非减震结构时程和反应谱分析楼层地震剪力对比结果，均满足《建筑抗震设计规范》GB 50011—2010要求，表明所选地震波合适。

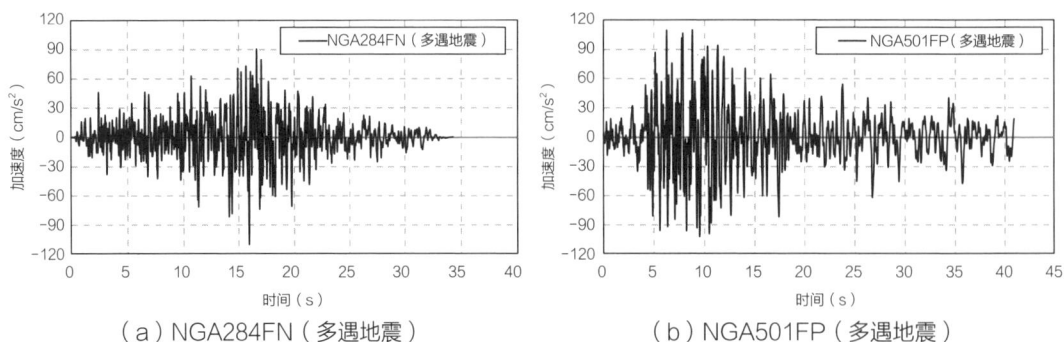

（a）NGA284FN（多遇地震） （b）NGA501FP（多遇地震）

图4.6-6 8度多遇地震动加速度时程

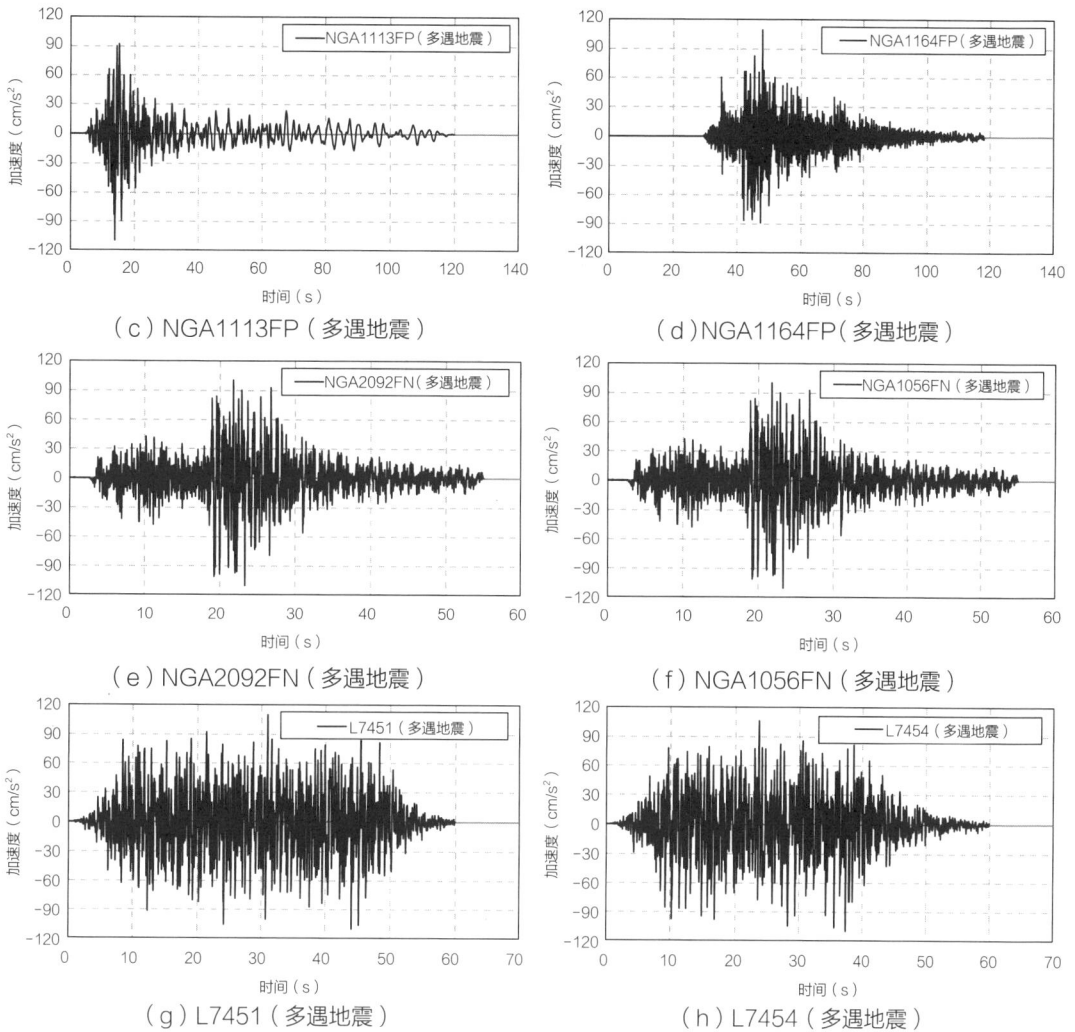

（c）NGA1113FP（多遇地震）

（d）NGA1164FP（多遇地震）

（e）NGA2092FN（多遇地震）

（f）NGA1056FN（多遇地震）

（g）L7451（多遇地震）

（h）L7454（多遇地震）

图4.6-6　8度多遇地震动加速度时程（续）

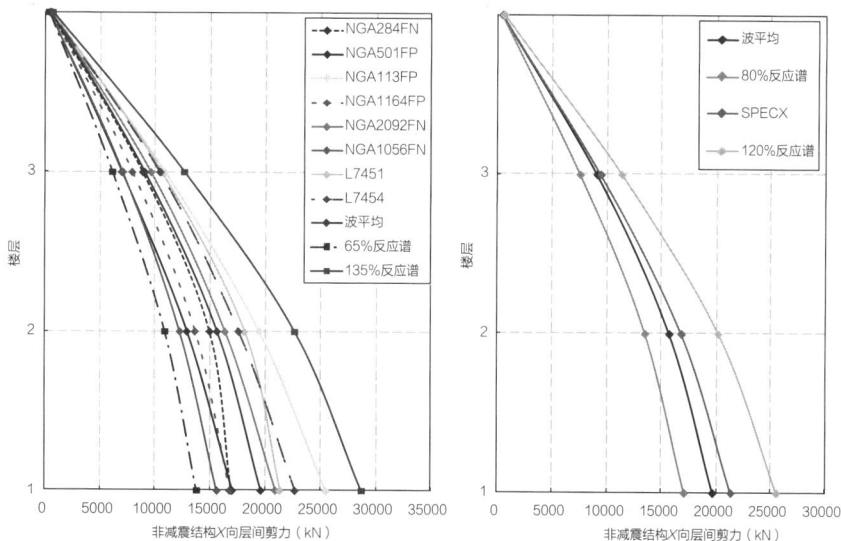

图4.6-7　X向非减震结构时程和反应谱分析楼层地震剪力对比

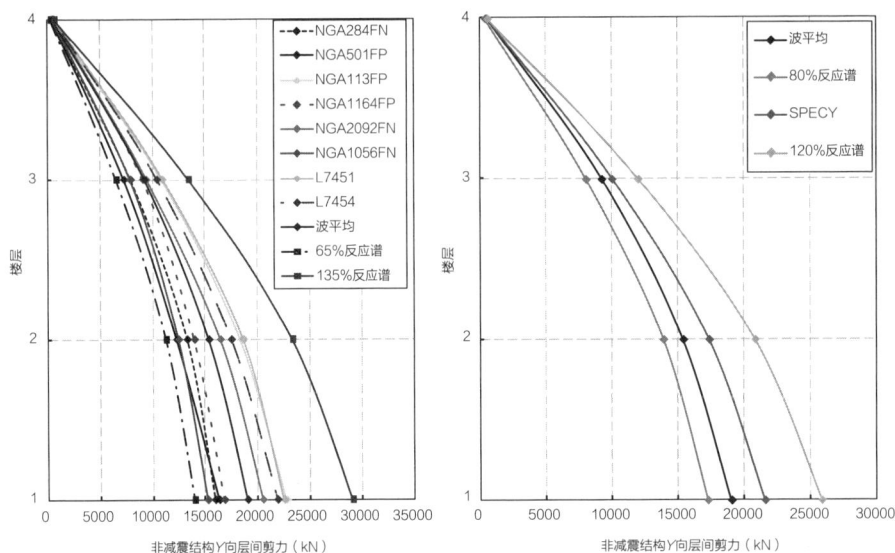

图4.6-8　Y向非减震结构时程和反应谱分析楼层地震剪力对比

确定减震目标在结构减震设计中十分重要，它是减震效果和经济性的一个平衡点，所确定的减震目标要求减震系统既能达到常规设计提出的要求，又不能过多配置造价相对较高的消能元件。通过对非减震结构动力特性和动力响应的计算分析，对其结构特点有了一定的认识，在此基础之上确定本工程的消能减震目标：由附加阻尼器产生5%的阻尼比，即消能减震结构的总阻尼比为10%。

在阻尼器的布置中，除了要遵循"大分散，小集中"的原则外，还要考虑到建筑物本身的一些特点，如楼电梯等交通核所在隔墙等。通过对阻尼器数量、位置的多轮时程分析、优化调整后，确定了最终减震方案。本工程阻尼墙布置方案具体各层分布数量见表4.6-6，软钢阻尼墙设计参数见表4.6-7，一、二层阻尼墙平面布置图见图4.6-9，三层阻尼墙平面布置图见图4.6-10。

软钢阻尼墙分布数量（10%阻尼比）　　　　表4.6-6

| 方向 | 楼层 | | | | 合计 |
|---|---|---|---|---|---|
| | 1 | 2 | 3 | 4 | |
| X向 | 4 | 4 | 2 | 0 | 10 |
| Y向 | 4 | 4 | 2 | 0 | 10 |

软钢阻尼墙设计参数　　　　表4.6-7

| 方向 | 刚度（kN/m） | 屈服力（kN） | 数量（个） |
|---|---|---|---|
| X向 | 500000 | 500 | 10 |
| Y向 | 500000 | 500 | 10 |

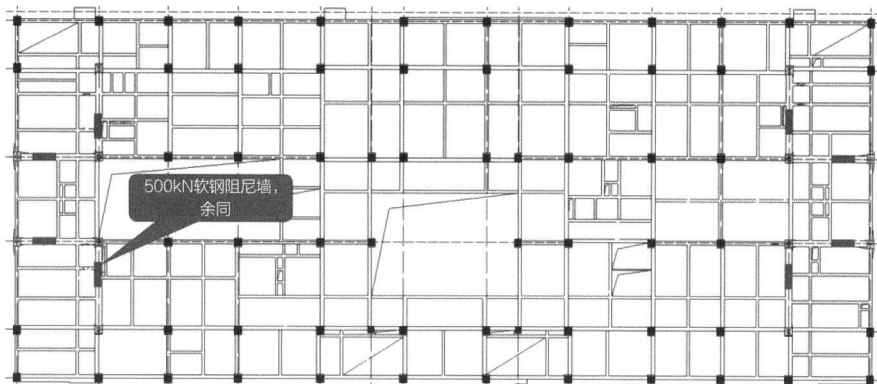

图4.6-9　门诊医技楼一、二层阻尼墙平面布置图

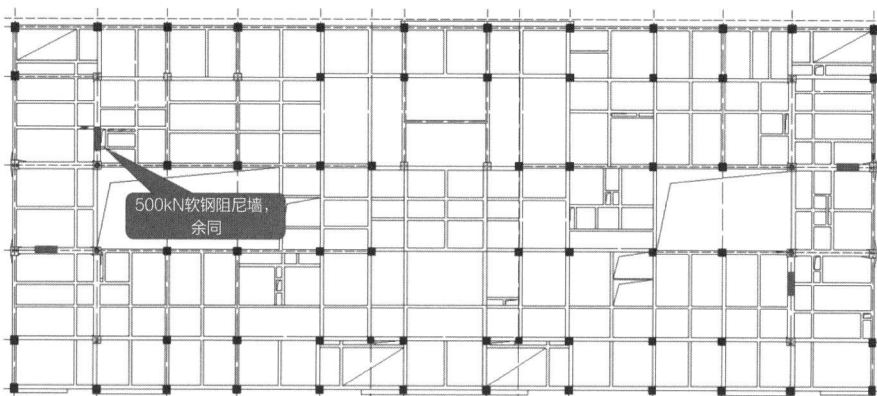

图4.6-10　门诊医技楼三层阻尼墙平面布置图

采用ETABS对附加阻尼器的消能减震结构模型进行分析得出，多遇地震下X向、Y向楼层最大地震剪力和层间位移角见表4.6-8～表4.6-11。从表中可以看出，消能减震结构在8度多遇地震作用下两个方向的最大层间位移角均小于1/550，满足《建筑抗震设计规范》GB 50011—2010要求。

消能减震结构多遇地震下X向楼层最大地震剪力（kN）　　　　表4.6-8

| 层号 | NGA284 FN | NGA501 FP | NGA1113 FP | NGA1164 FP | NGA2092 FN | NGA1056 FN | L7451 | L7454 | 波平均 |
|---|---|---|---|---|---|---|---|---|---|
| 4 | 295 | 180 | 239 | 322 | 326 | 291 | 323 | 402 | 297 |
| 3 | 5697 | 5187 | 7488 | 5328 | 6109 | 6116 | 7907 | 6966 | 6350 |
| 2 | 8556 | 8855 | 12503 | 8651 | 10586 | 10043 | 12485 | 10551 | 10279 |
| 1 | 10499 | 12118 | 15385 | 11632 | 12995 | 12681 | 14204 | 13582 | 12887 |

消能减震结构多遇地震下Y向楼层最大地震剪力（kN）　　　表4.6-9

| 层号 | NGA284 FN | NGA501 FP | NGA1113 FP | NGA1164 FP | NGA2092 FN | NGA1056 FN | L7451 | L7454 | 波平均 |
|---|---|---|---|---|---|---|---|---|---|
| 4 | 339 | 226 | 252 | 428 | 304 | 345 | 372 | 399 | 333 |
| 3 | 5690 | 5147 | 7543 | 5951 | 7695 | 6687 | 8318 | 7472 | 6813 |
| 2 | 8717 | 8856 | 12985 | 9265 | 10717 | 10890 | 13783 | 11389 | 10825 |
| 1 | 10900 | 12050 | 15924 | 12099 | 13520 | 13609 | 15493 | 14485 | 13510 |

消能减震结构多遇地震下X向楼层层间位移角　　　表4.6-10

| 层号 | NGA284 FN | NGA501 FP | NGA1113 FP | NGA1164 FP | NGA2092 FN | NGA1056 FN | L7451 | L7454 | 波平均 |
|---|---|---|---|---|---|---|---|---|---|
| 4 | 1/1032 | 1/1129 | 1/1164 | 1/923 | 1/919 | 1/1036 | 1/889 | 1/751 | 1/963 |
| 3 | 1/1764 | 1/1859 | 1/1233 | 1/1923 | 1/1650 | 1/1560 | 1/1211 | 1/1393 | 1/1531 |
| 2 | 1/1311 | 1/1227 | 1/831 | 1/1357 | 1/1031 | 1/1088 | 1/857 | 1/1001 | 1/1056 |
| 1 | 1/1344 | 1/1144 | 1/845 | 1/1218 | 1/1043 | 1/1087 | 1/923 | 1/986 | 1/1053 |

消能减震结构多遇地震下Y向楼层层间位移角　　　表4.6-11

| 层号 | NGA284 FN | NGA501 FP | NGA1113 FP | NGA1164 FP | NGA2092 FN | NGA1056 FN | L7451 | L7454 | 波平均 |
|---|---|---|---|---|---|---|---|---|---|
| 4 | 1/714 | 1/878 | 1/944 | 1/598 | 1/842 | 1/783 | 1/665 | 1/664 | 1/745 |
| 3 | 1/1621 | 1/1776 | 1/1116 | 1/1621 | 1/1232 | 1/1340 | 1/1031 | 1/1189 | 1/1320 |
| 2 | 1/1309 | 1/1282 | 1/821 | 1/1244 | 1/1038 | 1/1007 | 1/779 | 1/975 | 1/1021 |
| 1 | 1/1585 | 1/1383 | 1/983 | 1/1376 | 1/1206 | 1/1198 | 1/999 | 1/1111 | 1/1201 |

采用SATWE对消能减震结构模型按阻尼比为10%进行计算分析，得出X向、Y向楼层最大地震剪力和层间位移角，换算为折算减震系数，见表4.6-12、表4.6-13。

为了确定结构设置软钢阻尼墙以后结构总等效阻尼比的数值，本工程采用ETABS软件进行了结构在8条地震波（6条天然波、2条人工波）作用下的结构减震分析，具体计算结果见表4.6-8～表4.6-11。对每条波、X和Y方向、各个楼层的层间剪力与10%阻尼比下的SATWE结果进行了减震前后的对比，得到了每条波、每个方向、每个楼层的层间剪力减震系数，在其基础上采用8条地震波在每个方向、每个楼层的层间剪力减震系数平均值作为结构设置软钢阻尼墙以后的实际层间剪力减震系数。

表4.6-12、表4.6-13给出了SATWE计算的10%阻尼比结构与5%阻尼比结构的层间剪力对比。

X向附加阻尼比后层剪力对比

表4.6-12

| 层号 | SATWE | | |
|---|---|---|---|
| | 5%阻尼比（kN） | 10%阻尼比（kN） | 10%阻尼比/5%阻尼比 |
| 4 | 467 | 307 | 0.657 |
| 3 | 8982 | 7166 | 0.798 |
| 2 | 16109 | 12837 | 0.797 |
| 1 | 20637 | 16489 | 0.799 |

Y向附加阻尼比后层剪力对比

表4.6-13

| 层号 | SATWE | | |
|---|---|---|---|
| | 5%阻尼比（kN） | 10%阻尼比（kN） | 10%阻尼比/5%阻尼比 |
| 4 | 482 | 345 | 0.716 |
| 3 | 9689 | 7696 | 0.794 |
| 2 | 16904 | 13432 | 0.795 |
| 1 | 21225 | 16928 | 0.798 |

表4.6-14、表4.6-15给出了ETABS计算的加阻尼器减震结构与5%阻尼比结构的层间剪力对比（以8条波中的X向NGA284FN波为例）

X向NGA284FN地震波作用下层剪力对比

表4.6-14

| 层号 | X向NGA284FN波 | | |
|---|---|---|---|
| | 5%阻尼比 | 5%阻尼比+阻尼器 | 剪力比值 |
| 4 | 406 | 295 | 0.727 |
| 3 | 8862 | 5697 | 0.643 |
| 2 | 14996 | 8556 | 0.571 |
| 1 | 16988 | 10499 | 0.618 |

Y向NGA284FN地震波作用下层剪力对比

表4.6-15

| 层号 | Y向NGA284FN波 | | |
|---|---|---|---|
| | 5%阻尼比 | 5%阻尼比+阻尼器 | 剪力比值 |
| 4 | 382 | 339 | 0.887 |
| 3 | 7850 | 5690 | 0.725 |
| 2 | 13284 | 8717 | 0.656 |
| 1 | 15923 | 10900 | 0.685 |

将ETABS模型与SATWE模型在5%阻尼比和10%阻尼比作用下的每个方向、每个楼层的层间剪力减震系数进行了计算对比，见表4.6-16和表4.6-17。

X向ETABS模型各层层间剪力实际减震系数和SATWE模型
折算减震系数对比 表4.6-16

| 层号 | SATWE | ETABS | | | | | | | | | ETABS/SATWE |
| --- | --- | --- | --- | --- | --- | --- | --- | --- | --- | --- | --- |
| | | NGA 284FN | NGA 501FP | NGA 1113FP | NGA 1164FP | NGA 2092FN | NGA 1056FN | L7451 | L7454 | 平均 | |
| 4 | 0.657 | 0.726 | 0.512 | 0.644 | 0.704 | 0.596 | 0.755 | 0.567 | 0.736 | 0.655 | 0.998 |
| 3 | 0.798 | 0.643 | 0.746 | 0.688 | 0.675 | 0.635 | 0.868 | 0.750 | 0.669 | 0.709 | 0.889 |
| 2 | 0.797 | 0.571 | 0.687 | 0.643 | 0.634 | 0.647 | 0.819 | 0.689 | 0.600 | 0.661 | 0.830 |
| 1 | 0.799 | 0.618 | 0.711 | 0.604 | 0.691 | 0.622 | 0.809 | 0.666 | 0.599 | 0.665 | 0.832 |

Y向ETABS模型各层层间剪力实际减震系数和SATWE模型
折算减震系数对比 表4.6-17

| 层号 | SATWE | ETABS | | | | | | | | | ETABS/SATWE |
| --- | --- | --- | --- | --- | --- | --- | --- | --- | --- | --- | --- |
| | | NGA 284FN | NGA 501FP | NGA 1113FP | NGA 1164FP | NGA 2092FN | NGA 1056FN | L7451 | L7454 | 平均 | |
| 4 | 0.716 | 0.886 | 0.644 | 0.683 | 0.702 | 0.577 | 0.754 | 0.694 | 0.726 | 0.708 | 0.991 |
| 3 | 0.794 | 0.725 | 0.715 | 0.694 | 0.660 | 0.822 | 0.859 | 0.758 | 0.719 | 0.744 | 0.937 |
| 2 | 0.795 | 0.656 | 0.721 | 0.708 | 0.663 | 0.652 | 0.875 | 0.740 | 0.652 | 0.708 | 0.891 |
| 1 | 0.798 | 0.685 | 0.739 | 0.698 | 0.721 | 0.659 | 0.894 | 0.687 | 0.661 | 0.718 | 0.900 |

结果表明，采用ETABS模型计算得到的实际层间剪力减震系数均小于SATWE模型的折算层间剪力减震系数，结构可以采用10%的总等效阻尼比进行设计，且偏于安全。

## 4.6.3 动力弹塑性分析

### 1. 抗震设防目标

本工程消能减震设计拟达到抗震设防目标C的要求。

针对不同地震水准，根据抗震性能化设计要求，确定的抗震性能目标见表4.6-18。

抗震性能目标　　　　　　　　　　　　　表4.6-18

| 项目 | 构件类型 | 多遇地震 | 设防地震 | 罕遇地震 |
|---|---|---|---|---|
| 普通框架柱 | 关键构件 | 弹性 | 正截面不屈服，受剪弹性 | 不屈服 |
| 普通框架梁 | 耗能构件 | 弹性 | 部分受弯进入塑性（轻度损坏、部分中度损坏），受剪不屈服 | 大部分受弯屈服（中度损坏、部分比较严重损坏），满足最小受剪截面要求 |
| 与阻尼墙相连的框架梁 | 关键构件 | 弹性 | 正截面不屈服，受剪弹性 | 不屈服 |
| 与阻尼墙相连的框架柱 | 关键构件 | 弹性 | 正截面不屈服，受剪弹性 | 不屈服 |

注：小震下整体结构按线弹性计算（采用SATWE计算）。大震下的构件抗震性能目标采用动力弹塑性分析验算（采用PERFORM-3D计算）。

　　针对不同地震水准，结构的层间位移角满足《建筑抗震设计规范》GB 50011—2010要求，位移角控制限值见表4.6-19。

位移角控制限值　　　　　　　　　　　　　表4.6-19

| 地震水准 | 多遇地震 | 罕遇地震 |
|---|---|---|
| 层间位移角限值 | 1/550 | 1/50 |

## 2. 构件弹塑性变形限值确定原则

　　限制结构的最大弹塑性层间位移角并不足以保证达到防倒塌的抗震设计目标。以结构构件的弹塑性变形和强度退化来衡量构件的破坏也必须被限制在可接受的限值以内，以保证结构构件在地震过程中仍有能力承受地震作用和重力，并保证地震结束后结构仍有能力承受作用在结构上的重力荷载。

　　然而，国内规范并没有提供结构构件的弹塑性变形限值。因此，有必要参考其他被国际广泛应用的基于性能设计的抗震设计指导文件。本工程采用美国联邦紧急事务管理署（FEMA）第356号文件《建筑抗震修复预标准及其说明》[FEMA356（ASCE41）]以及ATC 40（Applied Technology Council，1996）确定的结构性能目标（Structural Performance Levels）划分相应的结构构件弹塑性变形可接受限值。抗震性能评价将构件的弹塑性变形需求与构件的弹塑性变形能力（可接受弹塑性变形限值）进行比较（D/C），定性确定构件的破坏程度。根据性能化抗震设计指导文件FEMA356的建议，结构构件破坏程度分为四级，分别是：Operational Performance（可运行，简称OP）、Immediate Occupancy Structural Performance（立即入住，简称IO）、Life Safety Performance（生命安全，简称LS）、Collapse Prevention Performance（接近倒塌，简称CP）。结构构件相应的破坏状态描述和可接受弹塑性变形限值的确定原则见表4.6-20。

结构构件破坏状态描述和可接受弹塑性变形限值的确定原则　　表4.6-20

| 破坏程度 | 破坏极限状态描述 | 弹塑性变形限值确定原则 |
| --- | --- | --- |
| 可运行（OP） | 构件达到强度极限状态 | 尚无塑性变形 |
| 立即入住（IO） | 有轻微结构性破坏 | 有轻微塑性变形 |
| 生命安全（LS） | 结构性破坏显著但可以修复，但不一定经济合算。可确保生命安全，人员可从建筑中安全撤离 | 距离接近倒塌状态还有至少25%的变形能力储备 |
| 接近倒塌（CP） | 严重结构性破坏，不可修复，接近倒塌 | 位移控制逐级循环加载。每级位移荷载循环三次，构件抗力-变形骨架曲线开始出现强度退化 |

### 3．建立非线性有限元模型

#### （1）材料及构件本构关系

用大型有限元软件PERFORM-3D建立了门诊医技楼减震分析的三维有限元模型。采用纤维杆元模型模拟框架柱、框架梁、连梁等结构构件；剪力墙的纤维截面由基本配筋纤维截面和附加配筋纤维截面组成。

设计采用非屈曲钢材本构，采用双线性随动硬化模型，在循环过程中，无刚度退化。设定钢材的强屈比为1.2，屈服后弹性模量比$E_2/E_1=0.01$，极限应变为0.025。混凝土材料采用弹塑性损伤模型，可考虑材料拉压强度的差异、刚度的退化和拉压循环的刚度恢复。钢筋本构关系如图4.6-11所示，约束混凝土本构关系如图4.6-12所示。

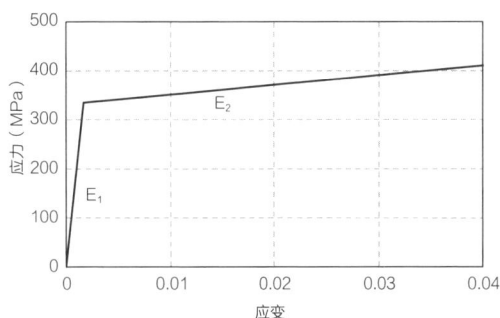

图4.6-11　钢筋本构关系

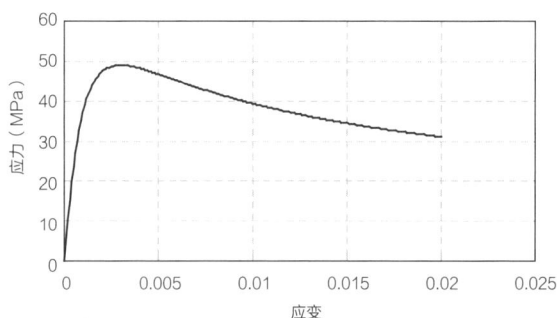

图4.6-12　约束混凝土本构关系

PERFORM-3D同时为构件提供了多种单元模型，包括塑性铰模型及纤维模型。在现行计算条件下，由于计算量巨大，在选用单元模型时需要兼顾精度和效率。为此，对不同结构构件根据其受力和弹塑性发展特点采用合适的构件单元模型，框架梁采用$M-\phi$弯矩曲率铰模型，框架柱采用$P-M-M$轴力-双向弯矩铰模型。

#### （2）建立有限元模型

建立阿图什市人民医院门诊医技楼减震分析的有限元模型，梁、柱构件均采用空间梁柱单元，PERFORM-3D模型三维视图如图4.6-13所示，PERFORM-3D模型底层平面如图4.6-14所示，PERFORM-3D模型二层平面如图4.6-15所示。

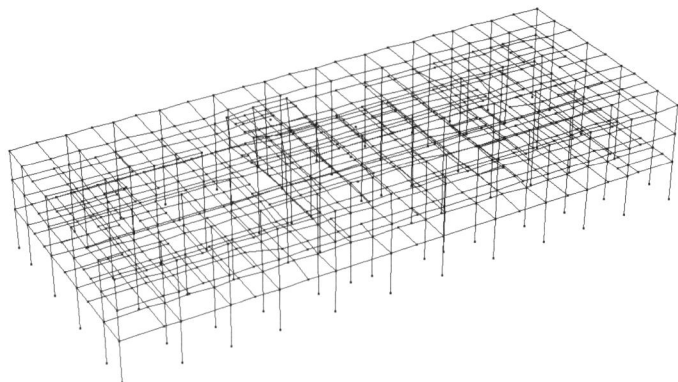

图4.6-13　PERFORM-3D模型三维视图

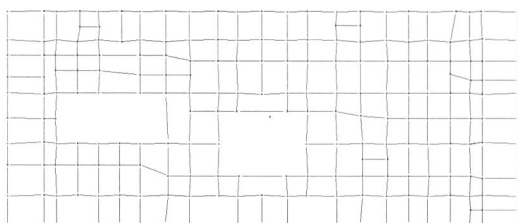

图4.6-14　PERFORM-3D模型底层平面

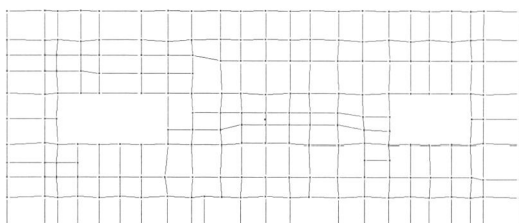

图4.6-15　PERFORM-3D模型二层平面

　　了解结构的动力特性可以为其动力弹塑性分析提供重要信息，也可以对模型的准确性进行初步判断。采用Ritz向量法计算出了结构前27阶动力特性，并将前6阶结果与SATWE模型计算结果进行对比，详见表4.6-21，前三阶振型如图4.6-16所示。由此可见，两者的动力特性比较吻合。表中误差率的算法见式（4.6-1）。

$$误差率 = （|SATWE - PERFORM 3D|/SATWE）\times 100\% \qquad （4.6-1）$$

结构前6阶周期对比

表4.6-21

| 阶数 | SATWE | | | PERFORM-3D | 周期误差率 |
|---|---|---|---|---|---|
| | 周期（s） | 平动系数（$X+Y$） | 扭转系数 | 周期（s） | |
| 1 | 0.602 | 1.00+0.00 | 0.00 | 0.597 | 0.83% |
| 2 | 0.566 | 0.00+1.00 | 0.00 | 0.560 | 1.06% |
| 3 | 0.521 | 0.00+0.01 | 0.99 | 0.516 | 0.96% |
| 4 | 0.207 | 0.00+0.97 | 0.03 | 0.207 | 0 |
| 5 | 0.191 | 1.00+0.00 | 0.00 | 0.186 | 2.62% |
| 6 | 0.172 | 0.00+0.93 | 0.07 | 0.170 | 1.16% |

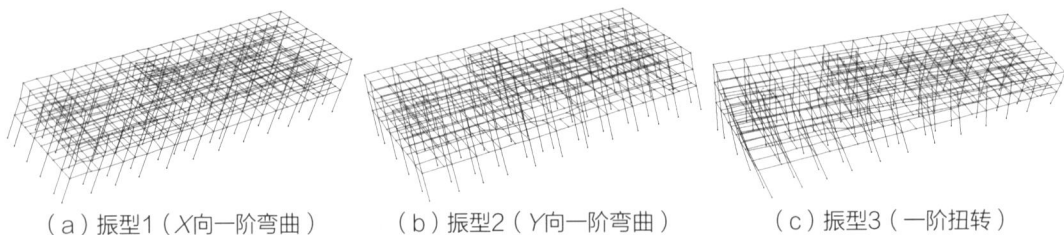

（a）振型1（X向一阶弯曲）　　　（b）振型2（Y向一阶弯曲）　　　（c）振型3（一阶扭转）

图4.6-16　结构前三阶振型

## 4. 结构的弹塑性位移及层间剪力响应

### （1）结构整体位移响应

图4.6-17给出了3组地震波（天然波NGA1056波、NGA1113波和人工波L7451）分别沿X向、Y向输入时，在各主方向上的楼层最大位移曲线。可以看出，罕遇地震作用下减震结构的整体侧移曲线在各工况下表现了相同的规律，是一个以剪切变形为主的位移形态。在3组地震波6种工况输入下，结构顶层X向位移最大值依次为0.154m（NGA1056）、0.121m（NGA1113）、0.149m（L7451），Y向位移最大值依次为0.129m（NGA1056）、0.165m（NGA1113）、0.132m（L7451）。

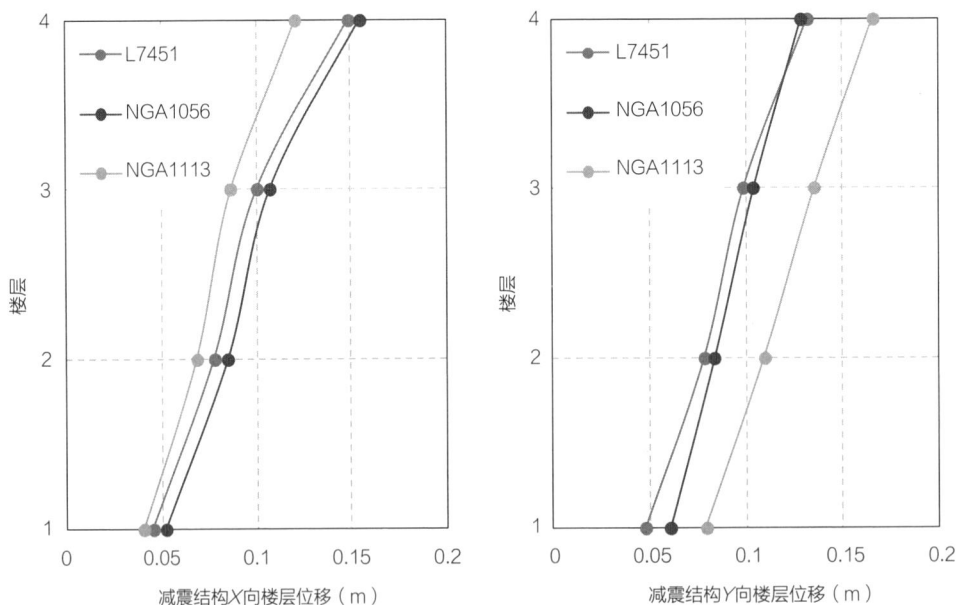

图4.6-17　结构弹塑性层位移

### （2）结构层间位移角响应

图4.6-18给出了地震波分别沿X向、Y向输入时结构在各主方向的最大楼层位移角曲线。可以看出结构在罕遇地震作用下，弹塑性层间位移角整体上变化不大。

表4.6-22和表4.6-23给出了各组地震波输入时，各主方向减震结构最大层间位移角及非减震结构最大层间位移角的具体数值及包络。以X方向为主向输入地震波，减震结构最

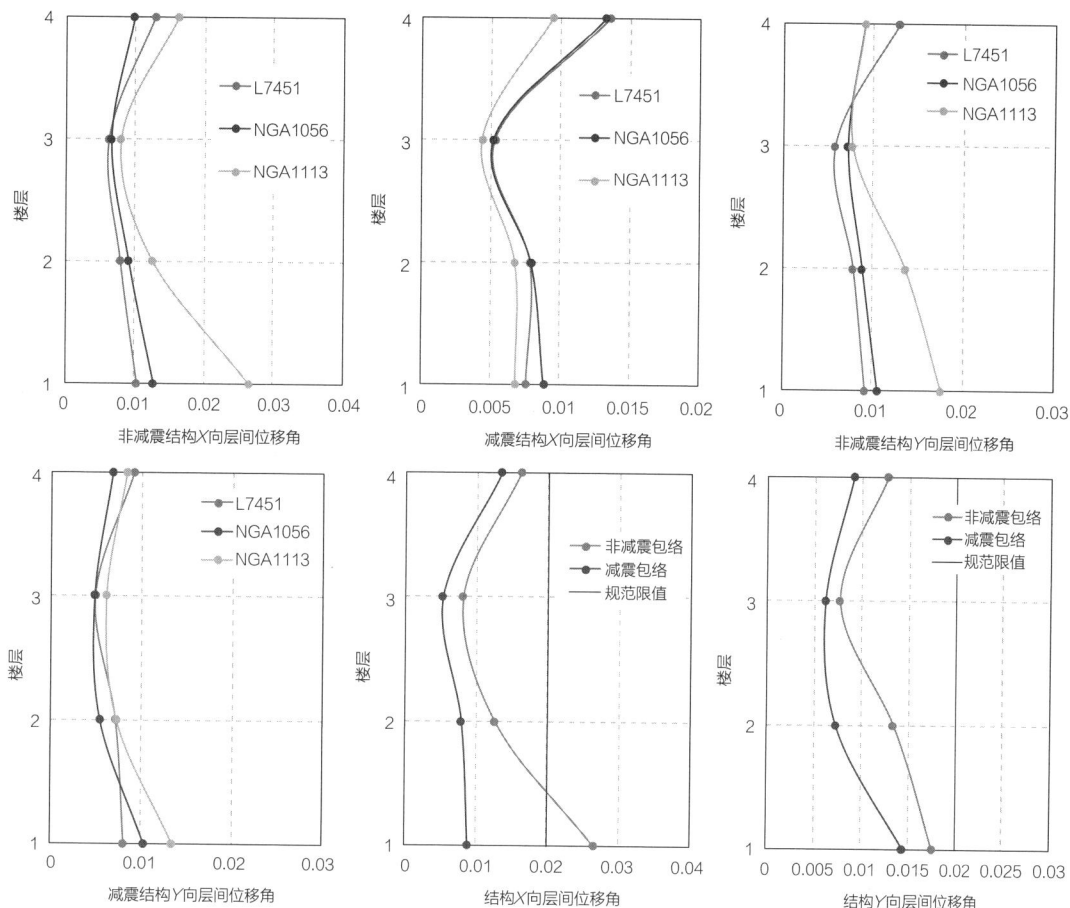

图4.6-18　结构弹塑性最大层间位移角

大层间位移角分别为1/75、1/106和1/74（NGA1056、NGA1113、L7451），包络值为1/74，小于1/50限值。非减震结构最大层间位移角分别为1/77（NGA1056）、1/37（NGA1113）和1/77（L7451），包络值为1/37，小于1/50限值。以$Y$方向为主向输入地震波，减震结构最大层间位移角分别为1/96（NGA1056）、1/74（NGA1113）和1/109（L7451），包络值为1/74。非减震结构最大层间位移角分别为1/94（NGA1056）、1/57（NGA1113）和1/78（L7451），包络值为1/57，小于1/50限值。由此可见，减震结构在罕遇地震下的层间位移角小于非减震结构，减震效果比较明显。

结构$X$向弹塑性最大层间位移角　　　　　　　　表4.6-22

| 楼层 | 非减震结构 | | | | 减震结构 | | | | 减震效果 |
|---|---|---|---|---|---|---|---|---|---|
| | NGA1056 | NGA1113 | L7451 | 包络 | NGA1056 | NGA1113 | L7451 | 包络 | |
| 4 | 1/99 | 1/61 | 1/77 | 1/61 | 1/75 | 1/106 | 1/74 | 1/74 | 17.57% |
| 3 | 1/148 | 1/122 | 1/157 | 1/122 | 1/193 | 1/229 | 1/189 | 1/189 | 35.45% |
| 2 | 1/107 | 1/79 | 1/124 | 1/79 | 1/125 | 1/147 | 1/126 | 1/125 | 36.80% |
| 1 | 1/77 | 1/37 | 1/95 | 1/37 | 1/112 | 1/145 | 1/130 | 1/112 | 66.96% |

结构Y向弹塑性最大层间位移角 表4.6-23

| 楼层 | 非减震结构 | | | | 减震结构 | | | | 减震效果 |
|---|---|---|---|---|---|---|---|---|---|
| | NGA1056 | NGA1113 | L7451 | 包络 | NGA1056 | NGA1113 | L7451 | 包络 | |
| 4 | 1/110 | 1/110 | 1/78 | 1/78 | 1/146 | 1/119 | 1/109 | 1/109 | 28.44% |
| 3 | 1/138 | 1/129 | 1/173 | 1/129 | 1/205 | 1/161 | 1/203 | 1/161 | 19.88% |
| 2 | 1/113 | 1/74 | 1/127 | 1/74 | 1/182 | 1/137 | 1/138 | 1/137 | 45.99% |
| 1 | 1/94 | 1/57 | 1/108 | 1/57 | 1/96 | 1/74 | 1/122 | 1/74 | 22.97% |

### （3）结构层间剪力响应

罕遇地震下各组地震波以X为主向和Y为主向输入时减震结构与非减震结构在各主方向上的最大层间剪力的具体数值及包络对比见表4.6-24和表4.6-25。图4.6-19给出了减震结构与非减震结构最大层间剪力的对比图。

结构X向弹塑性最大层间剪力 表4.6-24

| 楼层 | 非减震结构 | | | | 减震结构 | | | | 比值 |
|---|---|---|---|---|---|---|---|---|---|
| | NGA1056 | NGA1113 | L7451 | 包络 | NGA1056 | NGA1113 | L7451 | 包络 | |
| 4 | 2145 | 2191 | 2219 | 2219 | 1883 | 1945 | 2044 | 2044 | 0.92 |
| 3 | 41603 | 37552 | 43111 | 43111 | 35584 | 34866 | 29975 | 35584 | 0.83 |
| 2 | 58445 | 53011 | 57967 | 58445 | 57873 | 48883 | 51652 | 57873 | 0.99 |
| 1 | 62124 | 63378 | 67491 | 67491 | 56963 | 59402 | 54501 | 59402 | 0.88 |

结构Y向弹塑性最大层间剪力 表4.6-25

| 楼层 | 非减震结构 | | | | 减震结构 | | | | 比值 |
|---|---|---|---|---|---|---|---|---|---|
| | NGA1056 | NGA1113 | L7451 | 包络 | NGA1056 | NGA1113 | L7451 | 包络 | |
| 4 | 1892 | 2249 | 1962 | 2249 | 1630 | 2048 | 1711 | 2048 | 0.91 |
| 3 | 32063 | 44756 | 38121 | 44756 | 28920 | 34486 | 36098 | 36098 | 0.81 |
| 2 | 48448 | 54790 | 55689 | 55689 | 44047 | 48828 | 48594 | 48828 | 0.88 |
| 1 | 54837 | 60320 | 54917 | 60320 | 54015 | 55362 | 52692 | 55362 | 0.92 |

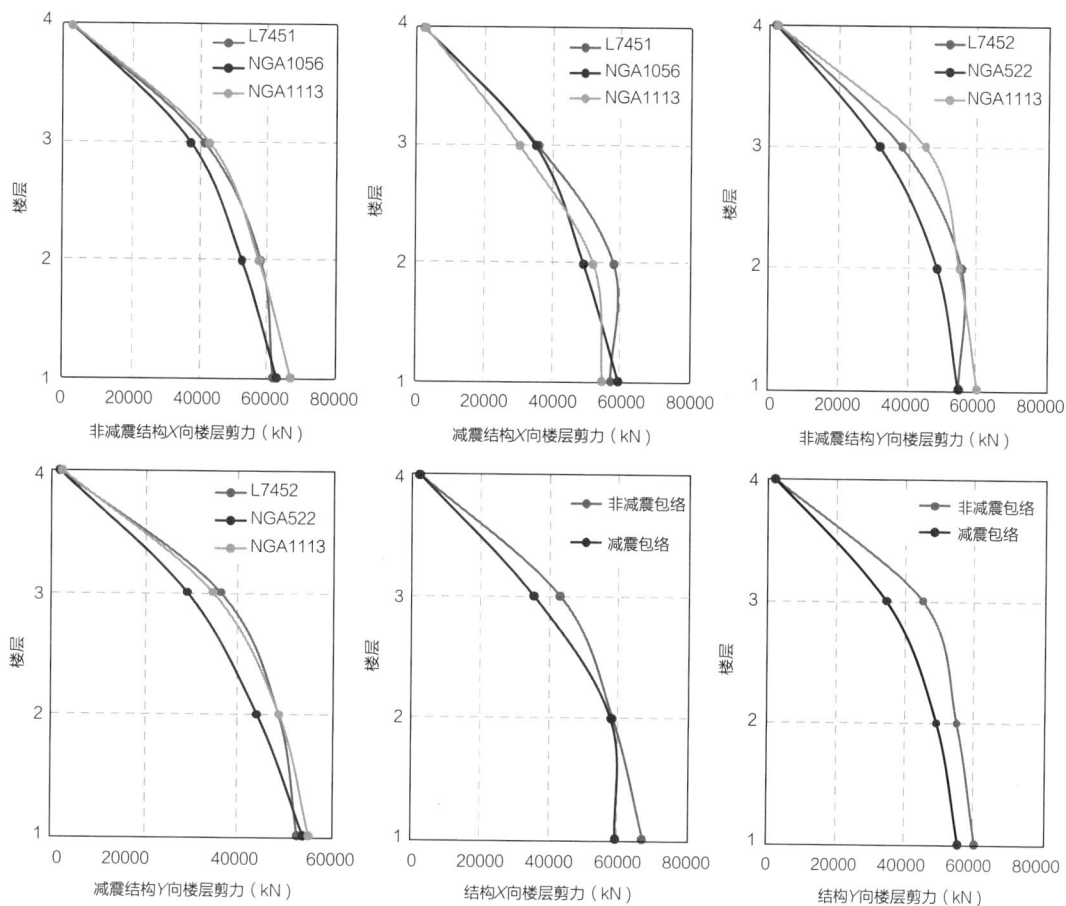

图4.6-19 结构弹塑性最大层间剪力对比

## 5．关键构件（与阻尼器相连构件）性能评估及设计

本工程的阻尼器与型钢混凝土梁连接，在罕遇地震作用下阻尼器的最大输出力应该作为与其连接的型钢混凝土梁的验算荷载。

表4.6-26给出了减震结构在罕遇地震作用下阻尼器的最大输出阻尼力。本书仅给出了每层的最大输出阻尼力，主要用于与阻尼器连接的钢筋混凝土梁的强度验算。

罕遇地震作用下的最大输出阻尼力　　　　　表4.6-26

| 层数 | X向输出最大阻尼力（kN） | Y向输出最大阻尼力（kN） |
|:---:|:---:|:---:|
| 3 | 401 | 310 |
| 2 | 513 | 541 |
| 1 | 710 | 781 |

通过对各组波输入下减震结构变形和塑性损伤的对比，发现天然波NGA1113输入下结构破坏程度相对最大，因此，以下仅列出天然波NGA1113输入下减震结构的变形和塑性损伤情况。

图4.6-20、图4.6-21分别给出了与阻尼器相连的柱、梁（X向1榀，Y向1榀）在罕遇地震作用下的性能水准。本书中，某一性能水准构件利用率是指构件实际变形（或强度）与相应目标性能水准可接受限值的比值。可以看出，罕遇地震作用下，所有与阻尼器相连的构件对应第一目标性能水准总体利用率在0.8以下。

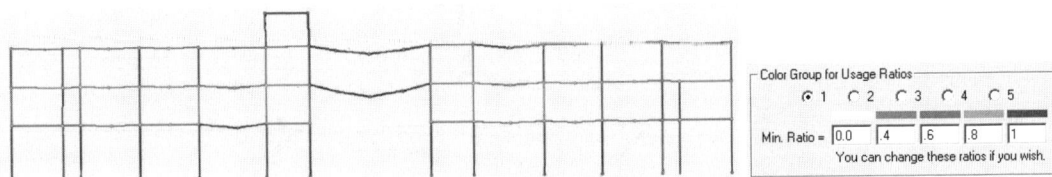

图4.6-20 X向与阻尼器相连构件的性能水准

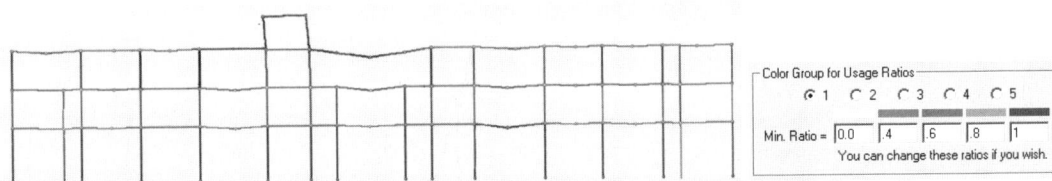

图4.6-21 Y向与阻尼器相连构件的性能水准

## 4.6.4 工程小结

阿图什市人民医院门诊医技楼位于地震高烈度区，从结构安全性及经济性等方面考虑，采用消能减震措施是十分必要的，通过计算分析可以得出以下结论：

1）采用ETABS建立阿图什市人民医院门诊医技楼三维有限元模型，用于结构弹性阶段多遇地震响应分析，与SATWE程序计算结果吻合较好，结果可靠，可用于工程设计。

2）采用PERFORM-3D进行动力弹塑性分析，表明采用PERFORM-3D建立的计算模型能够准确地反映结构的动力特性，可以作为动力弹塑性分析的三维有限元模型。

3）计算了减震结构在罕遇地震作用下非线性动力响应，并对结构整体抗震性能进行了评价。结果表明，设置阻尼墙的结构层间位移角明显小于未设置阻尼墙的结构层间位移角；结构整体抗震性能满足大震不倒的要求，罕遇地震下减震结构相对于非减震结构而言，拥有更强的弹塑性变形能力和更大的强度储备。

# 第 5 章

# 满足设防地震正常使用
# 医疗建筑结构设计研究

# 5.1　关于《建设工程抗震管理条例》（国务院令第744号）

## 5.1.1　引言

　　我国是一个多地震国家，地震灾害多发频发，近几年来破坏性地震时有发生，如2021年云南漾濞地震、2022年青海门源地震、2022年四川泸定地震等，是世界上地震灾害最严重的国家之一。我国处于8度及以上高烈度设防地区的国土面积，其分布比例约占17.5%，所有的直辖市、省会城市以及长三角和珠三角等经济发达地区，均属于地震重点监视防御区。由此可见，我国建设工程抗震防灾工作正面临严峻的考验。

　　自2021年9月1日起施行的《建设工程抗震管理条例》（国务院令第744号）（简称《条例》），从法规层面上解决了目前我国建设工程抗震防灾面临的一些问题：①各地执行抗震设防强制性标准不够严格，存在较大的安全隐患；②老旧建设工程、农村建设工程普遍未采取抗震设防措施，应对地震灾害风险、保障人民生命财产安全的能力明显不足；③建设工程抗震设防、鉴定加固等相关责任的规定不够完善，与建设工程抗震防灾全过程管理的现实需求存在差距；④建设工程抗震领域相关保障措施以及监督管理等存在薄弱环节，影响和制约了抗震设防标准的落实及防灾能力的提升。其中《条例》第十六条明确规定：位于地震两区的新建八类建筑应当保证发生本区域设防地震时能够满足正常使用要求。

### 1.《条例》第十六条条文内容

　　建筑工程根据使用功能以及在抗震救灾中的作用等因素，分为特殊设防类、重点设防类、标准设防类和适度设防类。学校、幼儿园、医院、养老机构、儿童福利机构、应急指挥中心、应急避难场所、广播电视等建筑，应当按照不低于重点设防类的要求采取抗震设防措施。

　　位于高烈度设防地区、地震重点监视防御区的新建学校、幼儿园、医院、养老机构、儿童福利机构、应急指挥中心、应急避难场所、广播电视等建筑应当按照国家有关规定采用隔震减震等技术，保证发生本区域设防地震时能够满足正常使用要求。

　　国家鼓励在除前款规定以外的建设工程中采用隔震减震等技术，提高抗震性能。

### 2.《条例》第十六条条文要点

　　1）地震两区：高烈度设防地区、地震重点监视防御区。

　　2）新建八类建筑：学校、幼儿园、医院、养老机构、儿童福利机构、应急指挥中心、应急避难场所、广播电视。

　　3）按照国家有关规定采用隔震减震等技术，包括隔震技术、减震技术、抗震技术。

　　4）保证发生本区域设防地震时能够满足正常使用要求。

### 3.《条例》第十六条条文术语

1）高烈度设防地区：抗震设防烈度为8度及以上地区。

2）地震重点监视防御区：未来5～10年内存在发生破坏性地震危险或者受破坏性地震影响，可能造成严重的地震灾害损失的地区和城市。

3）保持正常使用功能：指在遭受相当于本区域抗震设防烈度地震影响时能够满足正常使用要求，保证结构构件和建筑非结构构件基本完好、建筑附属机电设备和功能性仪器设备正常工作。

### 4.《条例》第十六条相关术语

1）结构构件：指主体结构构件，包括关键构件、普通竖向构件、重要水平构件和普通水平构件，但不包括隔震部件、减震部件等。

①关键构件：是指构件的失效可能引起结构的连续破坏或危及生命安全的严重破坏。一般情况下，以下构件宜按关键构件考虑：框架结构的底层框架柱（底层指地面以上首层，当嵌固端位于地下室顶板层以下时，关键构件宜向下延伸到计算嵌固端），剪力墙结构、框架-剪力墙结构、框架-核心筒结构的底部加强部位竖向构件，部分框支剪力墙结构的框支柱、框支梁，托柱的转换柱、转换梁，支承大跨框架梁及大悬挑构件的框架柱，空间结构中邻近支座的杆件等。

②普通竖向构件：是指关键构件之外的竖向构件。

③重要水平构件：是指关键构件之外不宜提早屈服的水平构件，包括对结构整体性有较大影响的水平构件，承受较大集中荷载的框架梁、跨度较大的框架架，承受竖向地震的大悬挑梁，以及消能减震结构中消能子结构的框架梁等。

④普通水平构件：是指关键构件和重要水平构件之外的一般框架梁。

2）建筑非结构构件：指建筑中除承重骨架体系以外的固定构件和部件，主要包括非承重墙体、附着于楼面和屋面结构的构件、装饰构件和部件、固定于楼面的大型储物柜等。

3）建筑附属机电设备：指为建筑使用功能服务的附属机械、电气构件、部件和系统，主要包括电梯、照明和应急电源、通信设备、管道系统、供暖和空气调节系统、烟火监测和消防系统、公用天线等。

4）功能性仪器设备：除建筑附属机电设备外，为建筑特定使用功能直接服务的专门仪器设备及其系统，主要包括医疗设备、教学设备、信息系统等。

## 5.1.2 《条例》第十六条带来的疑惑

### 1. 大学类建筑

按照《建筑工程抗震设防分类标准》GB 50223—2008第6.0.8条及相应条文说明规定：

（1）幼儿园、小学、中学（包括普通中、小学和有未成年人的各类初级、中级学校）的教学用房（包括教室、实验室、图书室、微机室、语音室、体育馆、礼堂）、学生食堂、学生宿舍等人员比较密集的建筑，抗震设防类别应不低于重点设防类。

（2）上述规定一般不包括上述学校单独建设的门房、传达室、设备用房等配套建筑，此类建筑抗震设防类别应不低于标准设防类。

《条例》实施前，如工程建设所在省、自治区、直辖市无特殊要求，大学类建筑一般均为标准设防类，允许按照本地区抗震设防烈度确定其抗震措施和地震作用。但《条例》第十六条明确规定，学校类建筑应当按照不低于重点设防类的要求采取抗震设防措施，此处未明确学校类建筑是否应当包含大学类建筑。

### 2．地震重点监视防御区的范围

地震重点监视防御区是指对我国人口稠密、经济发达，未来5~10年（或更长一段时间）内可能发生破坏性地震危险或者受破坏性地震影响，可能造成严重的地震灾害损失，应重点加强监视和采取防御措施，并经国务院或省级人民政府批准的确定性地区和城市。但《条例》第十六条未明确地震重点监视防御区都包括哪些地区和城市。

### 3．新建八类建筑采用减隔震技术

一直以来，除新疆、云南、河北唐山等少数地区制定了对新建学校、医院、幼儿园等建设项目强制采用减隔震技术的政府性文件外，大部分地区对于减隔震技术的应用仍处在推荐使用层面。《条例》第十六条的实施为减隔震技术的应用和发展创造了机遇。

### 4．设防地震下满足正常使用要求

关于设防地震下满足正常使用要求的问题，这里又涉及两个概念需要明确：首先是建设项目地震烈度的取值；其次是如何做到满足建筑工程的正常使用要求。

（1）地震烈度的取值

《条例》出台之前，全国很多地方如天津、苏州、唐山、南通等城市都制定了要求包括学校、医院、幼儿园等工程在内的建设项目提高抗震设防等级的政府文件。在这些文件中，对学校、医院、幼儿园等项目，有的文件规定仅提高设防烈度，有的文件规定须同时提高设防烈度和抗震措施。《条例》第十六条实施后，未明确在设防地震下满足正常使用的前提下是否还需要进一步提高抗震设防等级。

（2）正常使用的含义

《条例》的实施意味着建筑抗震设防要求正在从保证基本的生命安全，向保证生命和财产的双安全转变，甚至向目标更高的保证功能安全转变；正在由传统的"小震不坏、中震可修、大震不倒"，向"小震完好、中震不坏、大震可修、超大震不倒"转变，甚至向基于性能以及韧性的抗震设计转变。对于新建八类建筑来说，满足设防地震下正常使用要求的标准是做到中震弹性、中震不屈服还是满足其他控制指标，《条例》第十六条并没有明确规定。

## 5.1.3 《条例》第十六条内容的理解

### 1．大学类建筑

目前大多数专家学者认为，大学类建筑属于《条例》提到的八类建筑，其原因是大学生虽具有正常的行为能力,但大学教学用房、学生宿舍及食堂等建筑属于人员密集场所,在大震下学生难以安全逃生,可能会造成严重的人员和财产损失。

2023年11月28日,住房和城乡建设部在其官方网站上就《条例》中"大学建筑是否应当按照不低于重点设防类的要求采取抗震设防措施"的提问进行了解答。具体问题及住房和城乡建设部回复如下:

**(1)具体问题**

《建设工程抗震管理条例》第十六条学校、幼儿园、医院、养老机构、儿童福利机构、应急指挥中心、应急避难场所、广播电视等建筑,应当按照不低于重点设防类的要求采取抗震设防措施。其中学校是否包含大学建筑?大学校园内建筑使用功能众多,其中非教学用建筑是否可以不按重点设防类考虑?目前此条与现行《建筑工程抗震设防分类标准》GB 50223—2008不统一,设计应如何执行?

**(2)住房和城乡建设部回复**

1)《建设工程抗震管理条例》第十六条规定的"学校"的范围包括大学。一是根据《中华人民共和国教育法》《中华人民共和国高等教育法》相关规定,高等学校包括在学校范围内。二是《中华人民共和国防震减灾法》《中华人民共和国民法典》《建设工程抗震管理条例》等相关法律法规,在调整和规定"学校"相关事项时,并未将"大学"或"高等学校"从"学校"中予以排除。三是从实践中看,教育等行政主管部门均将"大学"或"高等学校"纳入"学校"范围进行统计管理。四是按照法律的文义解释原则,"学校"的文字意思包括了"大学"或"高等学校"。

2)《建筑工程抗震设防分类标准》GB 50223—2008第6.0.8条规定"教育建筑中,幼儿园、小学、中学的教学用房以及学生宿舍和食堂,抗震设防类别应不低于重点设防类",未对大学相关建筑作出要求,第1.0.3条的条文说明明确"本标准的规定是最低的要求",与《建设工程抗震管理条例》并无冲突。

3)国务院制定发布的《建设工程抗震管理条例》属于行政法规,在中华人民共和国境内从事建设工程的勘察、设计、施工、鉴定、加固、维护等活动时应严格执行。

据此,《条例》作为更高层级的行政法规,其规定具有优先适用性,即使《建筑工程抗震设防分类标准》GB 50223—2008未对大学类建筑作出具体要求,在实际操作中,大学类建筑也应按照《条例》的规定,采取不低于重点设防类的抗震设防措施。

大学类建筑包括新建教学科研用房(如教学楼、实训楼、学科楼、试验楼、图书馆、体育场馆、礼堂等),以及学生食堂和学生宿舍,抗震设防类别不应低于重点设防类。

## 2.地震重点监视防御区

一直以来,地震重点监视防御区的具体信息属涉密内容,除河北、黑龙江等少数地方公布了本地区内地震重点监视防御区的具体分布,其余省、自治区、直辖市对本地区内地震重点监视防御区的分布均未予以公开,这也给结构人员的设计工作造成了很大的阻碍。

从全国大概的地理分布来看,环渤海的经济发达地区,长三角、珠三角、大西南等地区都属于地震重点监视防御区,所有的直辖市和省会城市也都是地震重点监视防御区。具体执行过程中应当与项目所在地的地震局等管理部门加强沟通,避免出现误判;同时还应注意部分地区地理上的归属关系与行政管辖权的区别。

### 3．新建八类建筑地震设防烈度

目前，我国抗震设防一直执行的是"三水准、两阶段"设计方法，大多数建筑结构（包括规则结构和一般不规则结构）以多遇地震动参数计算结构的地震作用效应，通过概念设计和抗震措施来满足设防地震的设防要求，并通过弹塑性变形验算来满足罕遇地震的设防要求。提高重点设防类建筑的设防烈度或抗震措施都是基于本地区的"多遇地震"，其本意是通过提高关键部位结构构件的抗震性能，达到提高建筑结构安全性的目标，全国各地以此为基础制定的新建学校、医院、幼儿园等工程在内的建设项目提高抗震设防要求的政府性文件也是这个目的。而《条例》列举的满足正常使用要求的新建八类建筑是基于本地区"设防地震"的，其建筑整体抗震性能和安全性已得到明显提高，因此可以认为《条例》所述的本区域设防地震对应的设防烈度即为工程所在地区的基本烈度。

### 4．满足正常使用要求

《条例》第十六条中"保证发生本区域设防地震时能够满足正常使用要求"的含义，可以理解为三重保护，即保护主体结构构件、建筑非结构构件以及建筑附属机电设备和仪器设备。当发生本区域设防地震时，不仅要保证生命安全，还要保证建筑结构的功能不能中断。对于钢筋混凝土结构，下面分别从主体结构构件的设计要求和建筑非结构构件及各类设备的设计要求这两个方面进行论述。

#### （1）主体结构构件的设计要求

设防地震作用相当于多遇地震地震作用的2.85倍，如果从多遇地震弹性设计直接过渡到设防地震弹性设计，对于主体结构构件设计及造价的影响是巨大的，因此必须考虑我国的实际情况，选择主体结构构件在设防地震下的合理性能目标。

目前，设防地震下满足正常使用要求主流的设计要求如下：

1）地震动参数不调整，按工程所在地区的基本烈度进行计算。

2）水平和竖向地震作用标准值的效应按不计抗震等级相应的调整系数进行计算。

3）关键结构构件按设防地震下受剪弹性、受弯弹性进行计算。

4）普通竖向构件和重要水平构件按设防地震下受剪弹性、受弯不屈服进行计算。

5）普通水平构件按设防地震下受剪不屈服、受弯不屈服进行计算，其中对水平构件支座或节点边缘截面的正截面承载力计算，可考虑将钢筋的强度标准值提高25%。

#### （2）建筑非结构构件及各类设备的设计要求

在我国经济发达地区，非结构系统造价平均占建筑总造价的60%～70%，大型现代化医院等建筑内的非结构系统造价占建筑总造价的比例可达90%以上。为保证达到设防地震下建筑非结构构件基本完好、建筑附属机电设备和功能性仪器设备正常工作的目标，幕墙、围护墙、女儿墙等建筑非结构构件其自身及与结构主体的连接，建筑附属机电设备、功能性仪器设备与建筑结构的连接及其基座和支架，应按设防地震进行计算。

设防地震下，楼面水平绝对加速度是引起建筑非结构构件及各类重要设备损伤的关键响应指标。调查结果表明，当楼面水平绝对加速度值超过3m/s²时，大多数建筑非结构构件及各类重要设备会面临损坏、倾倒的风险，从而丧失应急救灾能力。因此，在设防地震下，新建八类建筑应当根据建筑功能及建筑内部各类设备的类型，分别确定建筑的最大楼面水平加速度限值，从而起到保护建筑非结构构件及各类设备的作用。

## 5.1.4　满足设防地震正常使用建筑与重点设防类建筑的区别

### 1．两类建筑的定义

（1）满足设防地震正常使用建筑：指在遭受相当于本区域设防烈度地震影响时，能够保证结构构件和建筑非结构构件基本完好、建筑附属机电设备和功能性仪器设备正常工作的建筑。

（2）重点设防类建筑：指地震时使用功能不能中断或需尽快恢复的生命线建筑，以及地震时可能导致大量人员伤亡等重大灾害后果，需要提高设防标准的建筑。

### 2．两类建筑的区别

（1）《条例》第十六条列举的新建八类建筑在《建筑工程抗震设防分类标准》GB 50223—2008中均属于重点设防类建筑。

（2）《抗标》中的三水准抗震设防目标是"小震不坏，中震可修，大震不倒"。针对重点设防类建筑，设计应按高于本地区抗震设防烈度一度的要求加强其抗震措施；同时，应按本地区抗震设防烈度确定其地震作用。

（3）《条例》第十六条列举的满足正常使用要求的新建八类建筑是按本地区抗震设防烈度的"设防地震"确定地震作用的，而重点设防类建筑是按本地区抗震设防烈度的"多遇地震"确定地震作用的，两者的地震作用明显不同。

（4）可以看出，重点设防类建筑只是提高一度加强其抗震措施，提高其延性性能，但理论上仍属于"中震可修"。因此，重点设防类建筑并未达到《条例》第十六条中满足设防地震正常使用要求的规定。

# 5.2　结构设计相关资料研究

## 5.2.1　《建筑隔震设计标准》GB/T 51408—2021

《建筑隔震设计标准》GB/T 51408—2021（简称《隔震标准》），于2021年9月1日起实施。

《隔震标准》的编制以设计目标安全可靠、设计概念清晰合理、设计方法先进可行、构造措施有效简便为原则，结合我国国情和工程经验，并充分吸收借鉴国外的研究和应用成果，将原来的三水准设计"多遇地震不坏、设防地震可修、罕遇地震不倒"提升到"设防地震基本不坏、罕遇地震可修、极罕遇地震不倒"，这无疑更加挖掘了隔震技术的潜力，大幅度提高了隔震结构的工作性能和安全储备。

《隔震标准》的设计采用包含隔震层的"一体化直接设计法"，即将上部结构、隔震层进行一体化分析设计，并顺接下部结构、基础的设计分析方法；相比于传统的"分部设计法"，该方法能综合考虑隔震结构的非比例阻尼特性和支座非线性。采用隔震前后结构的基底剪力之比，即底部剪力比来确定隔震目标，较原有的"减震系数"更加直观明了、易于掌握，并且设计流程更加简洁、地震作用分布更趋合理。

## 1.《隔震标准》的相关条文

（1）第1.0.3条

除特殊规定外，隔震建筑的基本设防目标是：当遭受相当于本地区基本烈度的设防地震时，主体结构基本不受损坏或不需修理即可继续使用；当遭受罕遇地震时，结构可能发生损坏，经修复后可继续使用；特殊设防类建筑遭受极罕遇地震时，不致倒塌或发生危及生命的严重破坏。

（2）第4.4.6条

在设防地震作用下，隔震建筑的结构构件应按下列规定进行设计：

1）关键构件的抗震承载力应满足弹性设计要求，并应符合式（5.2-1）的规定：

$$\gamma_G S_{GE} + \gamma_{Eh} S_{Ehk} + \gamma_{Ev} S_{Evk} \leq R/\gamma_{RE} \tag{5.2-1}$$

式中：$R$——构件承载力设计值（N）；

$\gamma_{RE}$——构件承载力抗震调整系数，应符合《抗标》的规定；

$S_{GE}$——重力荷载代表值的效应（N）；

$\gamma_G$——重力荷载代表值的分项系数，应符合《抗标》的规定；

$S_{Ehk}$——水平地震作用标准值的效应（N），尚应乘以相应的增大系数、调整系数；

$\gamma_{Eh}$——水平地震作用分项系数，应符合《抗标》的规定；

$S_{Evk}$——竖向地震作用标准值的效应（N），尚应乘以相应的增大系数、调整系数；

$\gamma_{Ev}$——竖向地震作用分项系数，应符合《抗标》的规定。

2）普通竖向构件及重要水平构件的受剪承载力应符合式（5.2-1）的规定，正截面承载力应符合式（5.2-2）、式（5.2-3）的规定：

$$S_{GE} + S_{Ehk} + 0.4 S_{Evk} \leq R_k \tag{5.2-2}$$

$$S_{GE} + 0.4 S_{Ehk} + S_{Evk} \leq R_k \tag{5.2-3}$$

式中：$R_k$——构件承载力标准值（N），按材料强度标准值计算。

3）普通水平构件的受剪承载力应符合式（5.2-2）的规定，正截面承载力应符合式（5.2-4）的规定：

$$S_{GE} + S_{Ehk} + 0.4 S_{Evk} \leq R_k^* \tag{5.2-4}$$

式中：$R_k^*$——构件承载力标准值（N），按材料强度标准值计算，对钢筋混凝土梁支座或节点边缘截面可考虑钢筋的超强系数1.25。

（3）第4.5.1条（节选）

隔震层上部结构在设防地震作用下弹性层间位移角限值，应符合表5.2-1的规定。

隔震层上部结构设防地震作用下弹性层间位移角限值　　　　表5.2-1

| 上部结构类型 | 弹性层间位移角限值 |
|---|---|
| 钢筋混凝土框架结构 | 1/400 |

| 上部结构类型 | 弹性层间位移角限值 |
|---|---|
| 底部框架砌体房屋中的框架-抗震墙、钢筋混凝土框架-抗震墙、框架-核心筒结构 | 1/500 |
| 钢筋混凝土抗震墙、板-柱抗震墙结构 | 1/600 |
| 钢结构 | 1/250 |

（4）第4.5.2条（节选）

隔震层上部结构在罕遇地震作用下弹塑性层间位移角限值，应符合表5.2-2的规定。

隔震层上部结构罕遇地震作用下弹塑性层间位移角限值　　　表5.2-2

| 上部结构类型 | 弹塑性层间位移角限值 |
|---|---|
| 钢筋混凝土框架结构 | 1/100 |
| 底部框架砌体房屋中的框架-抗震墙、钢筋混凝土框架-抗震墙、框架-核心筒结构 | 1/200 |
| 钢筋混凝土抗震墙、板-柱抗震墙结构 | 1/250 |
| 钢结构 | 1/100 |

（5）第4.5.3条（节选）

对于特殊设防类隔震建筑，隔震层上部结构在极罕遇地震作用下弹塑性层间位移角限值，应符合表5.2-3的规定。

隔震层上部结构极罕遇地震作用下弹塑性层间位移角限值　　　表5.2-3

| 上部结构类型 | 弹塑性层间位移角限值 |
|---|---|
| 钢筋混凝土框架结构 | 1/50 |
| 底部框架砌体房屋中的框架-抗震墙、钢筋混凝土框架-抗震墙、框架-核心筒结构 | 1/100 |
| 钢筋混凝土抗震墙、板-柱抗震墙结构 | 1/120 |
| 钢结构 | 1/50 |

（6）第4.7.3条

隔震层以下的地下室，或塔楼底盘结构中直接支撑隔震塔楼的部分及其相邻一跨的相关构件，应满足设防烈度地震作用下的抗震承载力要求，层间位移角限值应符合表5.2-4的规定。隔震层以下且地面以上的结构在罕遇地震作用下的弹塑性层间位移角限值尚应符合表5.2-5的规定。特殊设防类建筑尚应进行极罕遇地震作用下的变形验算，其弹塑性层间位移角限值应符合表5.2-6的规定。

隔震层下部结构设防地震作用下弹性层间位移角限值　　　　表5.2-4

| 下部结构类型 | 弹性层间位移角限值 |
|---|---|
| 钢筋混凝土框架结构 | 1/500 |
| 底部框架砌体房屋中的框架-抗震墙、钢筋混凝土框架-抗震墙、框架-核心筒结构 | 1/600 |
| 钢筋混凝土抗震墙、板-柱抗震墙结构 | 1/700 |
| 钢结构 | 1/300 |

隔震层下部结构罕遇地震作用下弹塑性层间位移角限值　　　　表5.2-5

| 下部结构类型 | 弹塑性层间位移角限值 |
|---|---|
| 钢筋混凝土框架结构 | 1/100 |
| 底部框架砌体房屋中的框架-抗震墙、钢筋混凝土框架-抗震墙、框架-核心筒结构 | 1/200 |
| 钢筋混凝土抗震墙、板-柱抗震墙结构 | 1/250 |
| 钢结构 | 1/100 |

隔震层下部结构极罕遇地震作用下弹塑性层间位移角限值　　　　表5.2-6

| 下部结构类型 | 弹塑性层间位移角限值 |
|---|---|
| 钢筋混凝土框架结构 | 1/60 |
| 底部框架砌体房屋中的框架-抗震墙、钢筋混凝土框架-抗震墙、框架-核心筒结构 | 1/130 |
| 钢筋混凝土抗震墙、板-柱抗震墙结构 | 1/150 |
| 钢结构 | 1/60 |

## 2．满足设防地震正常使用的设计要求

1）当隔震建筑遭受相当于本地区基本烈度的设防地震时，主体结构基本不受损坏或不需修理即可继续使用的基本设防目标，据此，可以满足《条例》第十六条的相关要求。

2）隔震建筑上部结构构件承载力设计要求，应符合表5.2-7的规定。

隔震建筑上部结构构件承载力设计要求　　　表5.2-7

| 构件类型 | | 设防地震 |
|---|---|---|
| 关键构件 | 抗剪 | 弹性（考虑调整系数） |
| | 抗弯 | 弹性（考虑调整系数） |
| 普通竖向构件 重要水平构件 | 抗剪 | 弹性（考虑调整系数） |
| | 抗弯 | 不屈服 |
| 普通水平构件 | 抗剪 | 不屈服 |
| | 抗弯 | 不屈服（考虑超强系数1.25） |

3）隔震建筑隔震层上部结构变形限值要求，应符合表5.2-8的规定。

隔震建筑隔震层上部结构变形限值要求　　　表5.2-8

| 上部结构类型 | 设防地震 | 罕遇地震 | 极罕遇地震 |
|---|---|---|---|
| 钢筋混凝土框架结构 | 1/400 | 1/100 | 1/50 |
| 底部框架砌体房屋中的框架-抗震墙、钢筋混凝土框架-抗震墙、框架-核心筒结构 | 1/500 | 1/200 | 1/100 |
| 钢筋混凝土抗震墙、板柱-抗震墙结构 | 1/600 | 1/250 | 1/120 |
| 钢结构 | 1/250 | 1/100 | 1/50 |

4）隔震建筑隔震层下部结构变形限值要求，应符合表5.2-9的规定。

隔震建筑隔震层下部结构变形限值要求　　　表5.2-9

| 下部结构类型 | 设防地震 | 罕遇地震 | 极罕遇地震 |
|---|---|---|---|
| 钢筋混凝土框架结构 | 1/500 | 1/100 | 1/60 |
| 底部框架砌体房屋中的框架-抗震墙、钢筋混凝土框架-抗震墙、框架-核心筒结构 | 1/600 | 1/200 | 1/130 |
| 钢筋混凝土抗震墙、板柱-抗震墙结构 | 1/700 | 1/250 | 1/150 |
| 钢结构 | 1/300 | 1/100 | 1/60 |

## 5.2.2　《建筑抗震设计标准》GB/T 50011—2010

《建筑抗震设计标准》GB/T 50011—2010（简称《抗标》）于2024年进行了局部修订，补充了预期地震（设防地震）下需保持正常使用建筑的抗震性能化设计要求。借鉴我国超限高层建筑工程抗震性能化设计的实践与经验，综合考虑管理部门、研究机构、高等院校以及勘察设计等单位的意见和建议，对这类建筑中的竖向抗侧力构件，提出应按不低于性能2的相关规定进行设计的要求。至于抗侧力体系中水平构件的抗震性能要求未作明确，但应与竖向抗侧力构件相匹配、协调，一般不宜低于性能3的规定，同时，尚需满足"强柱弱梁、强竖弱平"等抗震概念设计的原则要求。

### 1.《抗标》的相关条文

#### （1）第3.10.3条第2款

建筑抗震性能目标的确定，应符合下列要求：

1）抗震性能化设计的建筑，其性能目标应不低于本标准第1.0.1条对基本设防目标的规定。

2）预期地震动水准下需保持正常使用的建筑，其设计应综合考虑结构及其构件、建筑非结构构件、建筑附属机电设备以及专门仪器设备对其使用功能的影响。其结构竖向抗侧力构件和非结构部分的设计要求，可分别按不低于本标准附录M.1中有关性能2的规定和附录M.2中有关性能2的规定采用；也可根据相关规定确定建筑性能目标以及相应的控制要求。

#### （2）附录M.1节

结构构件的设计要求。结构构件实现抗震性能要求的承载力参考指标示例，见表5.2-10。

**结构构件实现抗震性能要求的承载力参考指标示例**　　表5.2-10

| 性能要求 | 多遇地震 | 设防地震 | 罕遇地震 |
|---|---|---|---|
| 性能1 | 完好，按常规设计 | 完好，承载力按抗震等级调整地震效应的设计值复核 | 基本完好，承载力按不计抗震等级调整地震效应的设计值复核 |
| 性能2 | 完好，按常规设计 | 基本完好，承载力按不计抗震等级调整地震效应的设计值复核 | 轻~中等破坏，承载力按极限值复核 |
| 性能3 | 完好，按常规设计 | 轻微损坏，承载力按标准值复核 | 中等破坏，承载力达到极限值后能维持稳定，降低少于5% |
| 性能4 | 完好，按常规设计 | 轻~中等破坏，承载力按极限值复核 | 不严重破坏，承载力达到极限值后基本维持稳定，降低少于10% |

结构构件的设计要求。结构构件实现抗震性能要求的层间位移参考指标示例，见表5.2-11。

**结构构件实现抗震性能要求的层间位移参考指标示例**　　表5.2-11

| 性能要求 | 多遇地震 | 设防地震 | 罕遇地震 |
|---|---|---|---|
| 性能1 | 完好，变形远小于弹性位移限值 | 完好，变形小于弹性位移限值 | 基本完好，变形略大于弹性位移限值 |
| 性能2 | 完好，变形远小于弹性位移限值 | 基本完好，变形略大于弹性位移限值 | 有轻微塑性变形，变形小于2倍弹性位移限值 |
| 性能3 | 完好，变形明显小于弹性位移限值 | 轻微损坏，变形小于2倍弹性位移限值 | 有明显塑性变形，变形约4倍弹性位移限值 |
| 性能4 | 完好，变形小于弹性位移限值 | 轻~中等破坏，变形小于3倍弹性位移限值 | 不严重破坏，变形不大于0.9倍塑性变形限值 |

注：设防烈度和罕遇地震下的变形计算，应考虑重力二阶效应，可扣除整体弯曲变形。

## （3）附录M.2节

非结构部分的设计要求。建筑构件和附属机电设备的参考性能水准，见表5.2-12。

建筑构件和附属机电设备的参考性能水准　　　　表5.2-12

| 性能水准 | 功能描述 | 变形指标 |
|---|---|---|
| 性能1 | 外观可能损坏，不影响使用和防火能力，安全玻璃开裂；使用、应急系统可照常运行 | 可经受相连结构构件出现1.4倍的建筑构件、设备支架设计挠度 |
| 性能2 | 可基本正常使用或很快恢复，耐火时间减少1/4，强化玻璃破碎；使用系统检修后运行，应急系统可照常运行 | 可经受相连结构构件出现1.0倍的建筑构件、设备支架设计挠度 |
| 性能3 | 耐火时间明显减少，玻璃掉落，出口受碎片阻碍；使用系统明显损坏，需修理才能恢复功能，应急系统受损仍可基本运行 | 只能经受相连结构构件出现0.6倍的建筑构件、设备支架设计挠度 |

## 2．满足设防地震正常使用的设计要求

1）对于预期地震动（如设防地震动）水准下需保持正常使用的建筑，其竖向抗侧力构件应不低于《抗标》附录M.1中有关性能2的要求，水平抗侧力构件一般不宜低于《抗标》附录M.1中有关性能3的要求，非结构部分应不低于《抗标》附录M.2中有关性能2的要求。综上所述，可以满足《条例》第十六条的相关要求。

2）上部结构构件承载力设计要求，应符合表5.2-13的规定。

上部结构构件承载力设计要求　　　　表5.2-13

| 构件类型 | | 设防地震 |
|---|---|---|
| 竖向抗侧力构件 | 抗剪 | 弹性 |
| | 抗弯 | 弹性 |
| 水平抗侧力构件 | 抗剪 | 不屈服 |
| | 抗弯 | 不屈服 |

3）上部结构变形限值要求，应符合表5.2-14的规定。

上部结构变形限值要求　　　　表5.2-14

| 上部结构类型 | 设防地震 | 罕遇地震 |
|---|---|---|
| 钢筋混凝土框架结构 | 略大于1/550 | 1/275 |
| 钢筋混凝土框架-抗震墙、板柱-抗震墙、框架-核心筒结构 | 略大于1/800 | 1/400 |
| 钢筋混凝土抗震墙、筒中筒、钢筋混凝土框支层 | 略大于1/1000 | 1/500 |
| 多、高层钢结构 | 略大于1/250 | 1/125 |

## 5.2.3 《基于保持建筑正常使用功能的抗震技术导则》RISN-TG046-2023

《基于保持建筑正常使用功能的抗震技术导则》RISN-TG046-2023（简称《技术导则》），2023年7月第一版。

《技术导则》的主要内容是明确《条例》中两区新建八类建筑设防地震时正常使用的功能目标，按使用功能及其损坏后果将两区新建八类建筑分为两类：其中Ⅰ类建筑确定原则为在地震发生时和发生后建筑损坏将产生严重次生灾害或严重影响抗震救灾的建筑；Ⅱ类建筑确定原则为用于保护弱势群体的建筑及某些人员密集建筑。综合考虑震后影响，规定Ⅰ类建筑的抗震性能目标高于Ⅱ类建筑。

《技术导则》遵循《条例》对采用减隔震技术的规定，同时要求应基于设防地震进行承载力设计，并进行设防地震和罕遇地震下的结构变形和楼面水平加速度验算。《技术导则》首次提出通过位移、加速度双控实现结构构件、非结构构件、建筑附属机电设备和功能性仪器设备三保护的设计理念，给出了相应的设计流程以及地震作用计算、结构构件承载力验算、结构层间变形限值、楼面水平加速度限值等相关要求，并给出了建筑非结构构件、建筑附属机电设备和功能性仪器设备的相关要求以及适用的建筑类型。

《技术导则》的实施为贯彻落实《条例》中提出的建设工程抗震目标和性能要求，降低地震灾害损失，保障人民生命财产安全，保证震后抗震救灾工作的顺利开展提供了技术路径。

### 1.《技术导则》的相关条文

（1）第1.0.2条

本导则适用于位于高烈度设防地区或地震重点监视防御区的新建学校、幼儿园、医院、养老机构、儿童福利机构、应急指挥中心、应急避难场所、广播电视等建筑的抗震设计及维护。其他需要保证设防地震时正常使用功能的建筑设计及维护，也可参考本导则执行。

（2）第1.0.3条

按本导则设计的建筑，当遭受相当于本地区抗震设防烈度地震影响时，应保证能够满足正常使用要求。

（3）第3.1.1条

地震时保持正常使用功能建筑包括Ⅰ类建筑和Ⅱ类建筑，其分类应符合表5.2-15的规定。

地震时保持正常使用功能建筑分类　　　　　　　　表5.2-15

| 分类 | 建筑 |
|---|---|
| Ⅰ类 | 应急指挥中心建筑、医院主要建筑、应急避难场所建筑、广播电视建筑等 |
| Ⅱ类 | 学校建筑、幼儿园建筑、医院附属用房、养老机构建筑、儿童福利机构建筑等 |

（4）第3.1.2条

地震时保持正常使用功能 I 类建筑的总体性能目标：当遭受相当于本地区抗震设防烈度地震影响时，无须修理可继续使用；当遭受罕遇地震时，经简单修理可继续使用。II 类建筑的总体性能目标：当遭受相当于本地区抗震设防烈度地震影响时，无须修理可继续使用；当遭受罕遇地震时，经适度修理可继续使用。

（5）第3.1.3条

地震时保持正常使用功能建筑各类构件的性能目标不应低于表5.2-16、表5.2-17的规定。

**I 类建筑正常使用的性能目标**　　　　　　　　　　　　表5.2-16

| 构件类型 | 设防地震 | 罕遇地震 |
|---|---|---|
| 结构构件 | 完好或基本完好 | 轻微或轻度损坏 |
| 减震部件 | 正常工作 | 正常工作 |
| 隔震部件 | 正常工作 | 正常工作 |
| 建筑非结构构件 | 基本完好 | 轻度损坏 |
| 建筑附属机电设备 | 正常工作 | 轻度损坏 |
| 功能性仪器设备 | 正常工作 | 轻度损坏 |

**II 类建筑正常使用的性能目标**　　　　　　　　　　　　表5.2-17

| 构件类型 | 设防地震 | 罕遇地震 |
|---|---|---|
| 结构构件 | 基本完好或轻微损坏 | 轻度或中度损坏 |
| 减震部件 | 正常工作 | 正常工作 |
| 隔震部件 | 正常工作 | 正常工作 |
| 建筑非结构构件 | 基本完好 | 中度损坏 |
| 建筑附属机电设备 | 正常工作 | 中度损坏 |
| 功能性仪器设备 | 正常工作 | 中度损坏 |

（6）第4.1.3条

6度和7度（0.10g）区 I 类建筑的地震作用，应考虑1.4的超设防烈度调整系数，II 类建筑的地震作用，应考虑1.2的超设防烈度调整系数。

6度和7度（0.10g）区相应的地震加速度最大值见表5.2-18，水平地震影响系数最大值见表5.2-19。

6度和7度（0.10g）区地震加速度最大值（单位：cm/s²）　　表5.2-18

| 地震水平 | 《抗标》 | | 《技术导则》（Ⅰ类建筑） | | 《技术导则》（Ⅱ类建筑） | |
|---|---|---|---|---|---|---|
| | 6度 | 7度（0.10g） | 6度 | 7度（0.10g） | 6度 | 7度（0.10g） |
| 设防地震 | 50 | 100 | 70 | 140 | 60 | 120 |
| 罕遇地震 | 125 | 220 | 175 | 308 | 150 | 264 |

6度和7度（0.10g）区水平地震影响系数最大值　　表5.2-19

| 地震水平 | 《抗标》 | | 《技术导则》（Ⅰ类建筑） | | 《技术导则》（Ⅱ类建筑） | |
|---|---|---|---|---|---|---|
| | 6度 | 7度（0.10g） | 6度 | 7度（0.10g） | 6度 | 7度（0.10g） |
| 设防地震 | 0.12 | 0.23 | 0.168 | 0.322 | 0.144 | 0.276 |
| 罕遇地震 | 0.28 | 0.50 | 0.392 | 0.70 | 0.336 | 0.60 |

（7）第4.2.1条

地震时保持正常使用功能建筑的结构构件承载力应按照设防地震作用进行验算。

（8）第4.2.2条（节选）

设防地震作用下，关键构件的抗震承载力，应符合式（5.2-5）的规定：

$$S=\gamma_G S_{GE}+\gamma_{Eh}S_{Eh}+\gamma_{Ev}S_{Ev}\leq R/\gamma_{RE} \tag{5.2-5}$$

式中：$S$ ——结构构件内力组合的设计值，包括组合的弯矩、轴向力和剪力设计值等；

　　　$R$ ——构件承载力设计值；

　　　$\gamma_{RE}$ ——构件承载力抗震调整系数；

　　　$S_{GE}$ ——重力荷载代表值的效应；

　　　$\gamma_G$ ——重力荷载代表值的分项系数；

　　　$S_{Eh}$ ——水平地震作用标准值的效应；

　　　$\gamma_{Eh}$ ——水平地震作用分项系数；

　　　$S_{Ev}$ ——竖向地震作用标准值的效应；

　　　$\gamma_{Ev}$ ——竖向地震作用分项系数。

（9）第4.2.3条

设防地震作用下，普通竖向混凝土构件及重要水平混凝土构件的受剪承载力应符合式（5.2-5）的规定，正截面承载力应符合式（5.2-6）、式（5.2-7）的规定；普通竖向钢构件及重要水平钢构件的受剪承载力和正截面承载力应符合式（5.2-6）、式（5.2-7）的规定。

$$S_{GE}+S_{Eh}+0.4S_{Ev}\leq R_k \tag{5.2-6}$$

$$S_{GE}+0.4S_{Eh}+S_{Ev}\leq R_k \tag{5.2-7}$$

式中：$R_k$——普通竖向构件及重要水平构件承载力标准值，按材料强度标准值计算。

（10）第4.2.4条

设防地震作用下，普通水平混凝土构件的受剪承载力应符合式（5.2-6）、式（5.2-7）的规定，正截面承载力应符合式（5.2-8）、式（5.2-9）的规定；普通水平钢构件的受剪承载力和正截面承载力应符合式（5.2-8）、式（5.2-9）的规定：

$$S_{GE}+S_{Eh}+0.4S_{Ev} \leq R_k^*　　　　（5.2-8）$$

$$S_{GE}+0.4S_{Eh}+S_{Ev} \leq R_k^*　　　　（5.2-9）$$

式中：$R_k^*$——普通水平构件承载力标准值，按材料强度标准值计算，对钢筋混凝土梁支座或节点边缘截面可考虑将钢筋的强度标准值提高25%进行计算，对钢梁支座或节点边缘截面可考虑将钢材屈服强度标准值提高25%进行计算。

（11）第4.3.1条

地震时保持正常使用功能Ⅰ类建筑的最大层间位移角限值应符合表5.2-20的规定。

地震时保持正常使用功能Ⅰ类建筑的最大层间位移角限值　　表5.2-20

| 上部结构类型 | 设防地震 | 罕遇地震 |
| --- | --- | --- |
| 钢筋混凝土框架结构 | 1/400 | 1/150 |
| 底部框架砌体房屋中的框架-抗震墙、钢筋混凝土框架-抗震墙、框架-核心筒结构 | 1/500 | 1/200 |
| 钢筋混凝土抗震墙、板-柱抗震墙、筒中筒、钢筋混凝土框支层结构 | 1/600 | 1/250 |
| 多层、高层钢结构 | 1/250 | 1/100 |

（12）第4.3.2条

地震时保持正常使用功能Ⅱ类建筑的最大层间位移角限值应符合表5.2-21的规定。

地震时保持正常使用功能Ⅱ类建筑的最大层间位移角限值　　表5.2-21

| 上部结构类型 | 设防地震 | 罕遇地震 |
| --- | --- | --- |
| 钢筋混凝土框架结构 | 1/300 | 1/100 |
| 底部框架砌体房屋中的框架-抗震墙、钢筋混凝土框架-抗震墙、框架-核心筒结构 | 1/400 | 1/150 |
| 钢筋混凝土抗震墙、板-柱抗震墙、筒中筒、钢筋混凝土框支层结构 | 1/500 | 1/200 |
| 多层、高层钢结构 | 1/200 | 1/80 |

（13）第4.4.1条

地震时保持正常使用功能建筑的最大楼面水平加速度限值宜符合表5.2-22的规定。

地震时保持正常使用功能建筑的最大楼面水平加速度限值（$g$）　表5.2-22

| 地震水平 | 设防地震 | 罕遇地震 |
| --- | --- | --- |
| Ⅰ类建筑 | 0.25 | 0.45 |
| Ⅱ类建筑 | 0.45 | — |

（14）第4.4.2条

当楼面水平加速度不满足本导则第4.4.1条的规定时，应对建筑非结构构件、建筑附属机电设备和功能性仪器设备采取专门措施并进行专门研究和论证。

## 2．满足设防地震正常使用的设计要求

1）Ⅰ类建筑遭受相当于本地区抗震设防烈度地震影响时，无须修理可继续使用；遭受罕遇地震时，经简单修理可继续使用；Ⅱ类建筑遭受相当于本地区抗震设防烈度地震影响时，无须修理可继续使用；遭受罕遇地震时，经适度修理可继续使用的总体性能目标，可以满足《条例》第十六条的相关要求。

2）上部结构构件承载力设计要求，应符合表5.2-23的规定。

上部结构构件承载力设计要求　　　　　　　　　表5.2-23

| 构件类型 | | 设防地震 |
|---|---|---|
| 关键构件 | 抗剪 | 弹性 |
| | 抗弯 | 弹性 |
| 普通竖向混凝土构件 重要水平混凝土构件 | 抗剪 | 弹性 |
| | 抗弯 | 不屈服 |
| 普通竖向钢构件 重要水平钢构件 | 抗剪 | 不屈服 |
| | 抗弯 | 不屈服 |
| 普通水平混凝土构件 | 抗剪 | 不屈服 |
| | 抗弯 | 不屈服（考虑超强系数1.25） |
| 普通水平钢构件 | 抗剪 | 不屈服（考虑超强系数1.25） |
| | 抗弯 | 不屈服（考虑超强系数1.25） |

3）上部结构变形限值要求，应符合表5.2-24的规定。

上部结构变形限值要求　　　　　　　　　表5.2-24

| 上部结构类型 | 设防地震 | | 罕遇地震 | |
|---|---|---|---|---|
| | Ⅰ类建筑 | Ⅱ类建筑 | Ⅰ类建筑 | Ⅱ类建筑 |
| 钢筋混凝土框架结构 | 1/400 | 1/300 | 1/150 | 1/100 |
| 底部框架砌体房屋中的框架-抗震墙、钢筋混凝土框架-抗震墙、框架-核心筒结构 | 1/500 | 1/400 | 1/200 | 1/150 |
| 钢筋混凝土抗震墙、板-柱抗震墙、筒中筒、钢筋混凝土框支层结构 | 1/600 | 1/500 | 1/250 | 1/200 |
| 多层、高层钢结构 | 1/250 | 1/200 | 1/100 | 1/80 |

## 5.2.4　四川省关于《建设工程抗震管理条例》实施意见

四川省关于《建设工程抗震管理条例》实施意见（简称《实施意见》），为四川省落实《条例》精神的宣讲材料，2022年5月5日起实施。

### 1.《实施意见》的相关条文

关于《条例》第十六条中"满足正常使用要求"的设计要求：

1）所指"满足正常使用要求"，即按《建筑抗震设计规范》GB50011—2010（2016年版）附录M，关键构件不应低于性能2，普通竖向构件不应、普通水平构件（框架梁、连梁等）不宜低于性能3，进行结构构件的抗震承载力、变形和构造设计，以及非结构构件和建筑附属设备支座抗震设计，并满足位移角限值要求（见表5.2-26）。待相关标准正式公布后，应依据相关内容执行。

2）在保证发生本区域设防地震时能够满足正常使用要求前提下，可以采用除"隔震减震"技术以外的其他技术，但工程设计单位应当对"其他技术"予以具体专项说明。

3）结构构件实现抗震性能要求的承载力参考指标示例（包括性能2和性能3的要求），详见表5.2-10。

### 2．满足设防地震正常使用的设计要求

1）对于设防地震下需保持正常使用的建筑，其关键构件不应低于《建筑抗震设计规范》GB50011—2010（2016年版）附录M性能2的要求，普通竖向构件不应、普通水平构件（框架梁、连梁等）不宜低于附录M性能3的要求。综上所述，可以满足《条例》第十六条的相关要求。

2）上部结构构件承载力设计要求，应符合表5.2-25的规定。

上部结构构件承载力设计要求　　　　　　表5.2-25

| 构件类型 | | 设防地震 |
|---|---|---|
| 关键构件 | 抗剪 | 弹性 |
| | 抗弯 | 弹性 |
| 普通竖向构件 | 抗剪 | 不屈服 |
| | 抗弯 | 不屈服 |
| 普通水平构件<br>（框架梁、连梁等） | 抗剪 | 不屈服 |
| | 抗弯 | 不屈服 |

3）上部结构位移角限值要求，应符合表5.2-26的规定。

| 上部结构类型 | 设防地震 | 罕遇地震 |
|---|---|---|
| 钢筋混凝土框架结构 | 1/400 | 1/150 |
| 钢筋混凝土框架−抗震墙、框架−核心筒结构 | 1/500 | 1/200 |
| 钢筋混凝土剪力墙、筒中筒、钢筋混凝土框支层 | 1/600 | 1/250 |
| 钢结构 | 1/250 | 1/100 |

上部结构位移角限值要求        表5.2-26

## 5.2.5 南京市"保证发生本地区设防烈度地震时满足正常使用"结构设计审查指导意见

南京市"保证发生本地区设防烈度地震时满足正常使用"结构设计审查指导意见（简称《指导意见》），2022年12月13日起实施。

### 1.《指导意见》的相关条文

按照《建设工程抗震管理条例》及《关于贯彻落实建设工程抗震管理条例的通知》（宁建科字〔2022〕227号）的相关要求，南京市新建学校、幼儿园、医院、养老机构、儿童福利机构、应急指挥中心、应急避难场所、广播电视等建筑应当按照不低于重点设防的要求采取抗震措施，并按照国家有关规定优先采用隔震减震等技术，保证发生本地区设防地震时能够满足正常使用要求。现阶段过渡时期，对以上建筑的结构抗震设计提出如下设计审查指导意见：

1）设防烈度地震作用下满足"正常使用要求"的建筑除应按现行国家、行业标准设计外，尚应满足以下规定：

①地震动参数应符合《中国地震动参数区划图》GB18306—2015的规定，按《建筑抗震设计规范》GB 50011—2010（2016年版）的规定进行设防烈度地震作用的计算；采用隔震减震或其他技术的建筑结构，可按相关标准进行地震作用的计算。

②关键构件承载力按不计抗震等级调整地震效应的设计值计算，采用不计入风荷载效应的基本组合，并应符合式（5.2-10）的规定：

$$\gamma_G S_{GE} + \gamma_E S_{Ek} \leqslant R/\gamma_{RE} \qquad (5.2-10)$$

式中：$R$ ——构件承载力设计值；

    $\gamma_{RE}$ ——承载力抗震调整系数；

    $S_{GE}$ ——重力荷载代表值的效应；

    $\gamma_G$ ——重力荷载分项系数；

    $S_{Ek}$ ——地震作用标准值的效应，不考虑与抗震等级有关的增大系数；

    $\gamma_E$ ——地震作用分项系数。

③除关键构件外的普通竖向构件和重要水平构件承载力可按材料强度标准值计算，采用不计入风荷载效应的标准组合，钢筋混凝土构件受剪承载力应符合式（5.2-10）的规

定，钢筋混凝土构件正截面承载力和钢构件承载力应符合式（5.2-11）的规定：

$$S_{GE}+S_{Ek}\leqslant R_k \tag{5.2-11}$$

式中：$R_k$——构件承载力标准值。

④普通水平构件承载力按材料强度标准值计算，采用不计入风荷载效应的标准组合，钢筋混凝土构件受剪承载力应符合式（5.2-11）的规定，正截面承载力应符合式（5.2-12）的规定；钢构件承载力应符合式（5.2-12）的规定。

$$S_{GE}+S_{Ek}\leqslant R_k^{*} \tag{5.2-12}$$

式中：$R_k^{*}$——考虑材料超强系数的构件承载力标准值。

对钢筋混凝土梁支座或节点边缘截面的正截面承载力计算，可考虑将钢筋的强度标准值提高25%进行计算；对钢梁支座或节点边缘截面可考虑将钢材屈服强度标准值提高25%进行计算。

⑤结构层间位移角限值不应大于表5.2-28的规定。

⑥结构抗震构造措施应符合《建筑抗震设计规范》GB50011—2010（2016年版）的规定，采用隔震减震的结构，应符合相关标准的要求。

2）幕墙、围护墙、女儿墙等非结构构件其自身及与结构主体的连接，建筑附属机电设备与建筑结构的连接及其基座和支架，应按设防地震进行抗震设防。

## 2. 满足设防地震正常使用的设计要求

1）根据设防烈度地震作用下满足"正常使用要求"的新建八类建筑，对其结构构件和建筑非结构构件、建筑附属机电设备提出的性能目标要求，可以满足《条例》第十六条的相关要求。

2）上部结构构件承载力设计要求，应符合表5.2-27的规定。

上部结构构件承载力设计要求　　　　表5.2-27

| 构件类型 | | 设防地震 |
|---|---|---|
| 关键构件 | 抗剪 | 弹性 |
| | 抗弯 | 弹性 |
| 普通竖向混凝土构件<br>重要水平混凝土构件 | 抗剪 | 弹性 |
| | 抗弯 | 不屈服 |
| 普通竖向钢构件<br>重要水平钢构件 | 抗剪 | 不屈服 |
| | 抗弯 | 不屈服 |
| 普通水平混凝土构件 | 抗剪 | 不屈服 |
| | 抗弯 | 不屈服（考虑超强系数1.25） |
| 普通水平钢构件 | 抗剪 | 不屈服（考虑超强系数1.25） |
| | 抗弯 | 不屈服（考虑超强系数1.25） |

3）上部结构位移角限值要求，应符合表5.2-28的规定。

上部结构位移角限值要求 表5.2-28

| 上部结构类型 | 设防地震 | 罕遇地震 |
|---|---|---|
| 钢筋混凝土框架结构 | 1/300 | 1/100 |
| 钢筋混凝土框架-抗震墙、框架-核心筒结构 | 1/400 | 1/150 |
| 钢筋混凝土抗震墙、板-柱抗震墙、筒中筒、钢筋混凝土框支层结构 | 1/500 | 1/200 |
| 多、高层钢结构 | 1/200 | 1/80 |

## 5.2.6 上述相关资料研究成果总结

### 1. 研究成果汇总

因上部结构类型众多，本书以最常用的钢筋混凝土框架结构、钢筋混凝土框架-抗震墙结构和钢筋混凝土抗震墙结构为例，汇总在设防地震作用下上部结构构件承载力设计要求，以及在设防地震、罕遇地震作用下上部结构位移角限值要求。

（1）上部结构（隔震建筑为隔震层上部结构）构件承载力设计要求汇总，见表5.2-29。

上部结构构件承载力设计要求汇总 表5.2-29

| 相关资料 | | 《隔震标准》 | 《抗标》 | 《技术导则》 | 《实施意见》 | 《指导意见》 |
|---|---|---|---|---|---|---|
| 地震动参数调整系数 | | — | — | 6度：1.2<br>7度：1.4<br>（0.10g） | — | — |
| 关键构件 | 抗剪 | 弹性<br>（考虑调整系数） | 弹性 | 弹性 | 弹性 | 弹性 |
| | 抗弯 | 弹性<br>（考虑调整系数） | 弹性 | 弹性 | 弹性 | 弹性 |
| 普通竖向构件 | 抗剪 | 弹性<br>（考虑调整系数） | 弹性 | 弹性 | 不屈服 | 弹性 |
| | 抗弯 | 不屈服 | 弹性 | 不屈服 | 不屈服 | 不屈服 |
| 重要水平构件 | 抗剪 | 弹性<br>（考虑调整系数） | 不屈服 | 弹性 | 不屈服 | 弹性 |
| | 抗弯 | 不屈服 | 不屈服 | 不屈服 | 不屈服 | 不屈服 |
| 普通水平构件 | 抗剪 | 不屈服 | 不屈服 | 不屈服 | 不屈服 | 不屈服 |
| | 抗弯 | 不屈服<br>（考虑超强系数1.25） | 不屈服 | 不屈服<br>（考虑超强系数1.25） | 不屈服 | 不屈服<br>（考虑超强系数1.25） |

（2）上部结构（隔层建筑为隔震层上部结构）位移角限值要求汇总，见表5.2-30。

上部结构位移角限值要求汇总　　　　　　表5.2-30

| 相关资料 | | 《隔震标准》 | 《抗标》 | 《技术导则》 | 《实施意见》 | 《指导意见》 |
|---|---|---|---|---|---|---|
| 钢筋混凝土框架结构 | 设防地震 | 1/400 | 略大于1/550 | Ⅰ类：1/400<br>Ⅱ类：1/300 | 1/400 | 1/300 |
| | 罕遇地震 | 1/100 | 1/275 | Ⅰ类：1/150<br>Ⅱ类：1/100 | 1/150 | 1/100 |
| 钢筋混凝土框架-抗震墙结构 | 设防地震 | 1/500 | 略大于1/800 | Ⅰ类：1/500<br>Ⅱ类：1/400 | 1/500 | 1/400 |
| | 罕遇地震 | 1/200 | 1/400 | Ⅰ类：1/200<br>Ⅱ类：1/150 | 1/200 | 1/150 |
| 钢筋混凝土抗震墙结构 | 设防地震 | 1/600 | 略大于1/1000 | Ⅰ类：1/600<br>Ⅱ类：1/500 | 1/600 | 1/500 |
| | 罕遇地震 | 1/250 | 1/500 | Ⅰ类：1/250<br>Ⅱ类：1/200 | 1/250 | 1/200 |

## 2. 研究成果总结

1）当采用隔震技术时，上部结构构件承载力设计要求和隔震层上部结构、隔震层下部结构变形限值要求应符合《隔震标准》的相关要求。

2）地震动参数仅《技术导则》考虑超设防烈度调整系数，实际工程设计时一般可不予采用。

3）除隔震建筑外，上部结构关键构件的承载力设计要求完全一致，可按设防地震作用下弹性设计。

4）除隔震建筑外，上部结构普通竖向构件、重要水平构件和普通水平构件的承载力设计要求基本一致。对于普通竖向构件、重要水平构件，可按设防地震作用下受剪弹性、受弯不屈服设计；对于普通水平构件可按设防地震作用下受剪不屈服、受弯不屈服（考虑超强系数1.25）设计。其中《抗标》的设计要求较笼统，宜将竖向抗侧力构件和水平抗侧力构件按构件失效可能引起结构的连续破坏或危及生命安全的严重程度作适当区分，比较合理。

5）上部结构变形限值要求除《抗标》外基本一致，除隔震建筑外，可按《技术导则》中Ⅰ类建筑和Ⅱ类建筑在设防地震、罕遇地震作用下的变形限值采用。

6）《抗标》附录M.1节中有关层间位移不低于性能2，即设防地震作用下变形略大于弹性位移限值，罕遇地震作用下变形小于2倍弹性位移限值的要求，实际工程设计中难以控制，且造价会增加很多，一般情况下可不予采用。

7）最大楼面水平加速度限值，可按《技术导则》中地震时保持正常使用功能Ⅰ类建筑和Ⅱ类建筑的水平加速度限值采用，详见表5.2-22。

8）幕墙、围护墙、女儿墙等非结构构件其自身及与结构主体的连接，建筑附属机电设备与建筑结构的连接及其基座和支架，应按设防地震进行抗震设防。

# 5.3 医疗建筑结构设计研究

医疗建筑属于《条例》中明确的新建八类建筑之一，按照《条例》第十六条规定，位于高烈度设防地区、地震重点监视防御区的新建医院，应当按照国家有关规定采用隔震减震等技术，保证发生本区域设防地震时能够满足正常使用要求。

保证发生本区域设防地震满足正常使用要求采用的隔震减震等技术包括：减震技术（减震结构）、隔震技术（隔震结构）和抗震技术（抗震结构），不同结构地震时的运动示意图如图5.3-1所示。

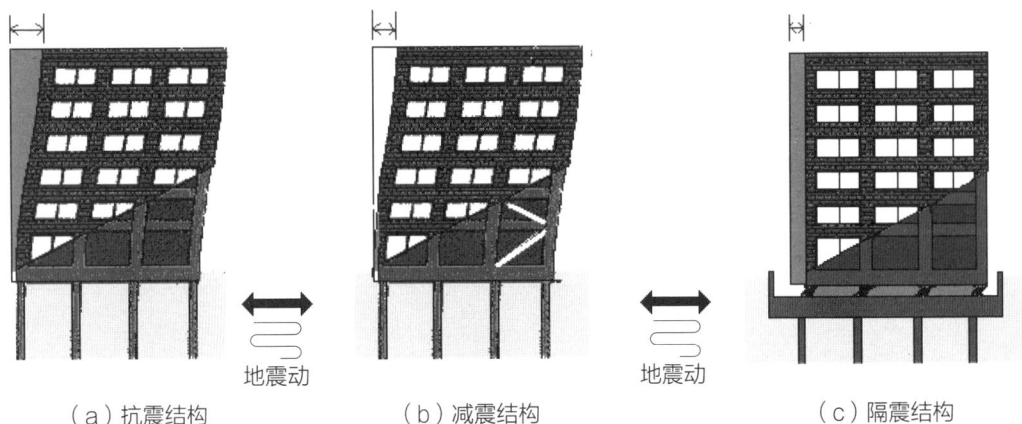

（a）抗震结构 　　　　　（b）减震结构 　　　　　（c）隔震结构

图5.3-1　不同结构地震时的运动示意图

因上部结构类型众多，本节以最常用的钢筋混凝土框架结构、钢筋混凝土框架-抗震墙结构和钢筋混凝土抗震墙结构为例进行相关设计研究。

## 5.3.1 减震结构设计研究

减震结构是指在房屋结构中设置消能器，通过消能器的相对变形和相对速度提供附加阻尼，以消耗输入结构的地震能量，有效降低地震作用，从而达到预期防震减灾目标的结构。

根据速度、位移的相关性，减震结构的耗能减震装置可分为速度相关型阻尼器、位移相关型阻尼器和复合型阻尼器。

速度相关型阻尼器通常由黏滞材料或黏弹性材料制成，在地震往复作用下利用其黏滞材料和黏弹性材料的阻尼特性来耗散地震能量，阻尼器耗散的地震能量与阻尼器两端的相对速度有关，如黏滞阻尼器（杆式黏滞阻尼器和黏滞阻尼墙）和黏弹性阻尼器。

位移相关型阻尼器通常由塑性变形性能好的金属材料或耐摩擦元件制成，在地震往复作用下通过金属材料屈服时产生的弹塑性滞回变形或构件相对运动产生摩擦做功来耗散地震能量，阻尼器耗散的地震能量与阻尼器两端的相对位移有关，如金属阻尼器和摩擦阻尼器。

复合型阻尼器兼具了以上两种类型阻尼器的特性，其耗能能力与阻尼器两端的相对速度和相对位移有关，通常由塑性变形性能好的金属材料和利用剪切滞回变形耗能的黏弹性材料组成，如铅黏弹性阻尼器。

### 1．采用减震技术结构的性能水准

减震结构的性能水准可按表5.3-1进行宏观判别。

减震结构的性能水准　　　　　　　　　　　　　表5.3-1

| 性能水准 | 宏观损坏程度 | 损坏部位 | | | | 继续使用的可能性 | 变形参考值 |
|---|---|---|---|---|---|---|---|
| | | 关键构件 | 普通竖向构件及重要水平构件 | 普通水平构件 | 消能子结构 | | |
| 1 | 完好、无损坏 | 无损坏 | 无损坏 | 无损坏 | 无损坏 | 不需修理即可继续使用 | 小于弹性层间位移限值 |
| 2 | 基本完好、轻微损坏 | 无损坏 | 无损坏 | 轻微损坏 | 无损坏 | 不需或稍加修理即可继续使用 | 略大于弹性层间位移限值 |
| 3 | 轻度损坏 | 轻微损坏 | 轻微损坏 | 轻度损坏、部分中度损坏 | 无损坏 | 一般修理后可继续使用，检查减震部件 | 1.5~2倍弹性层间位移限值 |
| 4 | 轻~中度损坏 | 轻微损坏、部分轻度损坏 | 轻度损坏 | 中度损坏 | 无损坏 | 修理后可继续使用，检修减震部件 | 小于3倍弹性层间位移限值 |
| 5 | 中度损坏 | 轻度损坏 | 部分构件中度损坏 | 中度损坏、部分比较严重损坏 | 无损坏 | 修复或加固后可继续使用，检修减震部件 | 3~4倍弹性层间位移限值 |
| 6 | 比较严重损坏 | 中度损坏 | 部分构件比较严重损坏 | 比较严重损坏 | 轻微损坏 | 需排险大修，检查是否更换减震部件 | 小于0.9倍弹塑性层间位移限值 |

### 2．对应于减震结构性能水准的设计要求

1）对于减震结构，为满足发生本区域设防地震时能够正常使用的要求，其总体设计要求如下：

①设防地震作用下，关键构件承载力满足性能水准1；普通竖向构件、重要水平构件承载力满足性能水准2；普通水平构件承载力满足性能水准3；消能子结构承载力满足性能水准1。上部结构变形限值满足性能水准3。

②罕遇地震作用下，消能子结构承载力满足性能水准2。上部结构变形限值满足性能水准5。

③最大楼面水平加速度限值，可按《技术导则》中地震时保持正常使用功能Ⅰ类建筑和Ⅱ类建筑的水平加速度限值采用，详见表5.2-22。

④幕墙、围护墙、女儿墙等非结构构件其自身及与结构主体的连接，建筑附属机电设

备与建筑结构的连接及其基座和支架，应按设防地震进行抗震设防。

2）减震结构上部结构构件承载力设计要求，应符合表5.3-2的规定。

**减震结构上部结构构件承载力设计要求** 表5.3-2

| 构件类型 | | 设防地震 | 罕遇地震 |
|---|---|---|---|
| 关键构件 | 受剪 | 弹性 | — |
| | 受弯 | 弹性 | — |
| 普通竖向构件<br>重要水平构件 | 受剪 | 弹性 | — |
| | 受弯 | 不屈服 | — |
| 普通水平构件 | 受剪 | 不屈服 | — |
| | 受弯 | 不屈服（考虑超强系数1.25） | — |
| 消能子结构 | 受剪 | 弹性 | 弹性 |
| | 受弯 | 弹性 | 不屈服 |

3）减震结构上部结构位移角限值要求，应符合表5.3-3的规定。

**减震结构上部结构位移角限值要求** 表5.3-3

| 上部结构类型 | 设防地震 | | 罕遇地震 | |
|---|---|---|---|---|
| | Ⅰ类建筑 | Ⅱ类建筑 | Ⅰ类建筑 | Ⅱ类建筑 |
| 钢筋混凝土框架结构 | 1/400 | 1/300 | 1/150 | 1/100 |
| 钢筋混凝土框架-抗震墙结构 | 1/500 | 1/400 | 1/200 | 1/150 |
| 钢筋混凝土抗震墙结构 | 1/600 | 1/500 | 1/250 | 1/200 |

## 5.3.2 隔震结构设计研究

隔震结构是指在房屋基础、底部或下部结构与上部结构之间设置由橡胶隔震支座和阻尼装置等部件组成具有整体复位功能的隔震层，以延长整体结构的自振周期，减少输入上部结构的水平地震作用，从而达到预期的防震减灾目标的结构。

隔震结构的隔震层构成装置通常可分成两大部分，即隔震支座和阻尼器。

隔震支座一方面要支撑上部结构的竖向重量，另一方面在水平方向提供一个较小的水平刚度，并且具有自复位的功能。隔震支座根据其特性不同可分为叠层橡胶支座和滑动支座两大类。

叠层橡胶支座包括天然橡胶支座、高阻尼橡胶支座和铅芯橡胶支座等。其中天然橡胶支座具备较好的竖向刚度，水平刚度呈线性特征，不提供阻尼，实际工程中多与阻尼器混合使用；高阻尼橡胶支座力学性能与天然橡胶支座类似，但可提供阻尼；铅芯橡胶支座主要由连接钢板、铅芯、多层橡胶、中间钢板和保护层橡胶等组成，具备较好的竖向刚度，水平刚度呈双折线特征，具备一定的初始刚度，同时能提供一定的阻尼。

滑动支座包括滑板支座、摩擦摆支座和滚动支座等。其中滑板支座具备较好的竖向刚度，滑块与滑板间摩擦系数较小，该类支座本身不具备自复位能力，通常需与橡胶隔震支座混合使用；摩擦摆支座具备较好的竖向刚度，滑块与滑动曲面间摩擦系数较小，该类支座具备自复位能力，其复位力大小与滑动曲面的曲率有关；滚动支座具备较好的竖向刚度，该类支座利用钢球在直线轨道上的滚动，摩擦系数极低，没有自复位能力。

阻尼器主要用来吸收或耗散地震能量，抑制隔震层产生较大的层间水平位移，常用的阻尼器主要有金属阻尼器与黏滞阻尼器。

### 1. 采用隔震技术结构的性能水准

隔震结构的性能水准可按表5.3-4进行宏观判别。

隔震结构的性能水准

表5.3-4

| 性能水准 | 宏观损坏程度 | 损坏部位 | | | | 继续使用的可能性 | 变形参考值 |
| --- | --- | --- | --- | --- | --- | --- | --- |
| | | 关键构件 | 普通竖向构件及重要水平构件 | 普通水平构件 | 隔震支座 | | |
| 1 | 完好、无损坏 | 无损坏 | 无损坏 | 无损坏 | 无损坏 | 不需修理即可继续使用 | 小于弹性层间位移限值 |
| 2 | 基本完好、轻微损坏 | 无损坏 | 无损坏 | 轻微损坏 | 无损坏 | 不需修理即可继续使用 | 略大于弹性层间位移限值 |
| 3 | 轻度损坏 | 轻微损坏 | 轻微损坏 | 轻度损坏、部分中度损坏 | 无损坏 | 一般修理后可继续使用，检查隔震部件 | 1.5~2倍弹性层间位移限值 |
| 4 | 轻~中度损坏 | 轻微损坏、部分轻度损坏 | 轻度损坏 | 中度损坏 | 无损坏 | 修理后可继续使用，检修隔震部件 | 小于3倍弹性层间位移限值 |
| 5 | 中度损坏 | 轻度损坏 | 部分构件中度损坏 | 中度损坏、部分比较严重损坏 | 无损坏 | 修复或加固后可继续使用，检修隔震部件 | 3~4倍弹性层间位移限值 |
| 6 | 比较严重损坏 | 中度损坏 | 部分构件比较严重损坏 | 比较严重损坏 | 轻微损坏 | 需排险大修，检查是否更换隔震部件 | 小于0.9倍弹塑性层间位移限值 |

### 2. 对应于隔震结构性能水准的设计要求

1）隔震结构应按照《隔震标准》进行设计，可满足发生本区域设防地震时能够正常使用的要求，其总体设计要求如下：

①设防地震作用下，关键构件承载力满足性能水准1；普通竖向构件、重要水平构件承载力满足性能水准2；普通水平构件承载力满足性能水准3。隔震层上部结构变形限值满

足性能水准3；隔震层下部结构变形限值满足性能水准2。

②隔震层以下的地下室，或塔楼底盘结构中直接支撑隔震塔楼的部分及其相邻一跨的相关构件，应满足设防烈度地震作用下的抗震承载力要求。

③罕遇地震作用下，隔震层上部结构、隔震层下部结构变形限值满足性能水准5。

④最大楼面水平加速度限值，可按《技术导则》中地震时保持正常使用功能Ⅰ类建筑和Ⅱ类建筑的水平加速度限值采用，详见表5.2-22。

⑤幕墙、围护墙、女儿墙等非结构构件其自身及与结构主体的连接，建筑附属机电设备与建筑结构的连接及其基座和支架，应按设防地震进行抗震设防。

2）隔震结构上部结构构件承载力设计要求，应符合表5.3-5的规定。

隔震结构上部结构构件承载力设计要求　　　　表5.3-5

| 构件类型 | | 设防地震 |
|---|---|---|
| 关键构件 | 受剪 | 弹性（考虑调整系数） |
| | 受弯 | 弹性（考虑调整系数） |
| 普通竖向构件<br>重要水平构件 | 受剪 | 弹性（考虑调整系数） |
| | 受弯 | 不屈服 |
| 普通水平构件 | 受剪 | 不屈服 |
| | 受弯 | 不屈服（考虑超强系数1.25） |

3）隔震结构隔震层上部结构位移角限值要求，应符合表5.3-6的规定。

隔震结构隔震层上部结构位移角限值要求　　　　表5.3-6

| 上部结构类型 | 设防地震 | 罕遇地震 |
|---|---|---|
| 钢筋混凝土框架结构 | 1/400 | 1/100 |
| 钢筋混凝土框架-抗震墙 | 1/500 | 1/200 |
| 钢筋混凝土抗震墙 | 1/600 | 1/250 |

4）隔震结构隔震层下部结构位移角限值要求，应符合表5.3-7的规定。

隔震结构隔震层下部结构位移角限值要求　　　　表5.3-7

| 下部结构类型 | 设防地震 | 罕遇地震 |
|---|---|---|
| 钢筋混凝土框架结构 | 1/500 | 1/100 |
| 钢筋混凝土框架-抗震墙结构 | 1/600 | 1/200 |
| 钢筋混凝土抗震墙结构 | 1/700 | 1/250 |

## 5.3.3　抗震结构设计研究

抗震结构是指在房屋结构中通过增大构件截面、增加抗侧力构件数量、采用高强材料等方法来提高主体结构的刚度和强度，通过"强柱弱梁、强剪弱弯、强节点弱构件"的抗震概念设计来提高主体结构的延性，利用主体结构构件屈服后的塑性变形能和滞回耗能来耗散地震能量，从而达到预期的防震减灾目标的结构。

### 1. 采用抗震技术结构的性能水准

抗震结构的性能水准可按表5.3-8进行宏观判别。

抗震结构的性能水准 表5.3-8

| 性能水准 | 宏观损坏程度 | 损坏部位 | | | | 继续使用的可能性 | 变形参考值 |
| --- | --- | --- | --- | --- | --- | --- | --- |
| | | 关键构件 | 普通竖向构件及重要水平构件 | 普通水平构件 | 耗能构件 | | |
| 1 | 完好、无损坏 | 无损坏 | 无损坏 | 无损坏 | 无损坏 | 不需修理即可继续使用 | 小于弹性层间位移限值 |
| 2 | 基本完好、轻微损坏 | 无损坏 | 无损坏 | 轻微损坏 | 轻微损坏 | 不需或稍加修理即可继续使用 | 略大于弹性层间位移限值 |
| 3 | 轻度损坏 | 轻微损坏 | 轻微损坏 | 轻度损坏、部分中度损坏 | 轻度损坏、部分中度损坏 | 一般修理后可继续使用 | 1.5~2倍弹性层间位移限值 |
| 4 | 轻~中度损坏 | 轻微损坏、部分轻度损坏 | 轻度损坏 | 中度损坏 | 中度损坏 | 修理后可继续使用 | 小于3倍弹性层间位移限值 |
| 5 | 中度损坏 | 轻度损坏 | 部分构件中度损坏 | 中度损坏、部分比较严重损坏 | 中度损坏、部分比较严重损坏 | 修复或加固后可继续使用 | 3~4倍弹性层间位移限值 |
| 6 | 比较严重损坏 | 中度损坏 | 部分构件比较严重损坏 | 比较严重损坏 | 比较严重损坏 | 需排险大修 | 小于0.9倍弹塑性层间位移限值 |

### 2. 对应于抗震结构性能水准的设计要求

1) 对于抗震结构，为满足发生本区域设防地震时能够正常使用的要求，其总体设计要求如下：

①设防地震作用下，关键构件承载力满足性能水准1；普通竖向构件、重要水平构件承载力满足性能水准2；普通水平构件承载力满足性能水准3。上部结构变形限值满足性能水准3。

②罕遇地震作用下，上部结构变形限值满足性能水准5。

③最大楼面水平加速度限值，可按《技术导则》中地震时保持正常使用功能Ⅰ类建筑

和Ⅱ类建筑的水平加速度限值采用，详见表5.2-22。

④幕墙、围护墙、女儿墙等非结构构件其自身及与结构主体的连接，建筑附属机电设备与建筑结构的连接及其基座和支架，应按设防地震进行抗震设防。

2）抗震结构上部结构构件承载力设计要求，应符合表5.3-9的规定。

抗震结构上部结构构件承载力设计要求　　　　　　表5.3-9

| 构件类型 | | 设防地震 |
| --- | --- | --- |
| 关键构件 | 受剪 | 弹性 |
| | 受弯 | 弹性 |
| 普通竖向构件<br>重要水平构件 | 受剪 | 弹性 |
| | 受弯 | 不屈服 |
| 普通水平构件 | 受剪 | 不屈服 |
| | 受弯 | 不屈服（考虑超强系数1.25） |

3）抗震结构上部结构位移角限值要求，应符合表5.3-10的规定。

抗震结构上部结构位移角限值要求　　　　　　表5.3-10

| 上部结构类型 | 设防地震 | | 罕遇地震 | |
| --- | --- | --- | --- | --- |
| | Ⅰ类建筑 | Ⅱ类建筑 | Ⅰ类建筑 | Ⅱ类建筑 |
| 钢筋混凝土框架结构 | 1/400 | 1/300 | 1/150 | 1/100 |
| 钢筋混凝土框架-抗震墙结构 | 1/500 | 1/400 | 1/200 | 1/150 |
| 钢筋混凝土抗震墙结构 | 1/600 | 1/500 | 1/250 | 1/200 |

## 5.3.4　采用减震、隔震和抗震结构的适宜性

### 1. 医疗建筑采用减震、隔震和抗震结构的适宜性

根据《条例》第十六条规定，对于高烈度设防地区、地震重点监视防御区的医疗建筑，应当采用减震技术（减震结构）、隔震技术（隔震结构）和抗震技术（抗震结构）等，保证发生本区域设防地震时能够满足正常使用的要求。医疗建筑采用减震、隔震和抗震结构的适宜性见表5.3-11。

医疗建筑采用减震、隔震和抗震结构的适宜性　　　　　　表5.3-11

| 地震两区 | 减震结构 | 隔震结构 | 抗震结构 |
| --- | --- | --- | --- |
| 高烈度设防地区 | 较适宜 | 适宜 | 不太适宜 |
| 地震重点监视防御区 | 适宜 | 不太适宜 | 较适宜 |

## 2．采用减震、隔震和抗震结构的适宜性分析

1）表5.3-11中地震重点监视防御区是指抗震设防烈度为8度以下地区，8度及以上地区为高烈度设防地区。

2）对于高烈度设防地区的医疗建筑，采用减震结构通常比较适宜，但往往由于部分楼层的楼面水平加速度难以满足《技术导则》规定的最大楼面水平加速度限值的要求，需对建筑非结构构件、建筑附属机电设备和功能性仪器设备采取专门的措施；对于地震重点监视防御区的医疗建筑采用减震结构，通过附加阻尼比降低地震作用，效果比较明显，因此非常适宜采用。

3）医疗建筑往往地上、地下联系密切，难以上下分隔，给采用隔震结构带来较大难度。医疗建筑地上、地下联系密切的系统包括：电梯扶梯系统、物流供应系统、物流收集系统、医用纯水系统、医用气体系统、机电各类管线系统等，种类繁多、数量较大。如采用隔震结构，这些系统都需要在隔震层进行转换，转换量特别大，部分系统可能难以转换甚至无法转换。

4）对于高烈度设防地区的医疗建筑采用隔震结构，虽然存在隔震层系统转换难度大等问题，但通常隔震效果比较明显，因此还是非常适宜采用；对于地震重点监视防御区的医疗建筑采用隔震结构往往效果不太明显，尤其对长周期的高层建筑，加上隔震层系统转换难度大等问题，因此一般情况下不太适宜采用。

5）对于高烈度设防地区的医疗建筑采用抗震结构，由于受抗震结构自身刚度和强度的限制，往往难以承担高烈度设防地区的地震作用，难以满足相应构件承载力和结构变形的要求，因此一般情况下不太适宜采用；对于地震重点监视防御区的医疗建筑采用抗震结构，由于地震作用较小且经济实用、施工方便，通常比较适宜采用。

6）当然，由于全国各地医疗建筑的房屋高度、平面布置、立面形式等千差万别，加之上部结构类型也各不相同，因此，以上医疗建筑采用减震、隔震和抗震结构的适宜性分析仅供读者参考。

# 5.4　工程应用

## 5.4.1　减震结构：某医院新建医疗卫生楼

### 1．工程概况

本工程由中国建筑设计研究院有限公司设计。

本工程是某医院新建院区项目中的单体建筑之一——新建医疗卫生楼，为新建医院主要建筑。总建筑面积7724m²，其中，地上建筑面积5928m²，地下建筑面积1796m²。地上3层，层高均为5.20m；地下1层，层高为5.40m，室外地坪至结构主要屋面高度为15.75m，为多层建筑，建筑效果图如图5.4-1所示。

建筑主要功能为医疗卫生，建筑平面形状为四角倒角的平行四边形，长向约78m，短向约26m，主要柱网尺寸8.4m×8.4m。

根据《抗标》和《建筑工程抗震设防分类标准》GB 50223—2008的相关规定，本工程抗震设计基本参数见表5.4-1。

图5.4-1 建筑效果图

抗震设计参数 表5.4-1

| 设计参数 | 参数值 |
| --- | --- |
| 抗震设防烈度 | 6度 |
| 结构设计工作年限 | 50年 |
| 抗震设防类别 | 重点设防类 |
| 设计基本地震加速度值 | 0.05g |
| 设计地震分组 | 第三组 |
| 建筑场地类别 | Ⅱ类 |

本工程采用钢筋混凝土框架结构体系，框架抗震等级为三级，采用消能减震技术，减震装置采用黏滞阻尼器（VFD）。根据当地政策规定，本工程进行了地震安全性评价，安评主要地震动参数见表5.4-2。

安评主要地震动参数 表5.4-2

| 地震等级 | 方向 | 超越概率 | 重现周期（年） | 地面加速度峰值（$cm/s^2$） | 地震影响系数最大值$\alpha_{max}$ | 场地特征周期$T_g$（s） |
| --- | --- | --- | --- | --- | --- | --- |
| 多遇地震 | 水平 | 63% | 50 | 30 | 0.08 | 0.45 |
| 设防地震 | 水平 | 10% | 475 | 80 | 0.20 | 0.45 |
| 罕遇地震 | 水平 | 2% | 2475 | 150 | 0.38 | 0.50 |

本工程多遇地震作用下、设防地震作用下结构设计及罕遇地震作用下变形验算均采用安评反应谱。

## 2．消能减震设计方法

本工程消能减震设计方法如下：

1）建立未设置阻尼器的无控模型进行中震安评反应谱分析，得到结构层间位移、配筋超限等结果，以方便后续确定减震目标，无控模型的结构阻尼比采用5%。

2）通过预设附加阻尼比，对无控模型提高结构阻尼比进行试算，初步确定减震目标，建立无控目标模型。

3）初步设计阻尼器的参数和数量，布置在无控模型中，建立有控模型。

4）对有控模型进行中震等效弹性时程分析（即主体结构弹性、阻尼器考虑非线性参数），计算附加阻尼比。

5）将有控模型和无控目标模型计算结果进行对比验证。

6）上一步计算结果对比验证满足要求后，采用无控目标模型进行中震结构设计。

7）对有控模型进行大震弹塑性时程分析，分析结构的屈服机制，判断结构是否能满足预定的性能目标，确定阻尼器最大阻尼力、最大位移，进行大震下消能子结构设计等。

### 3．结构性能目标

本工程位于地震重点监视防御区。结合抗震设防烈度、设防类别、场地条件、结构特点等因素，为贯彻执行《条例》第十六条规定，保证发生本区域设防地震时能够满足正常使用的要求，采用了抗震性能化设计方法。

本工程属于医院主要建筑，各地震水准下结构整体性能水平及层间位移角控制目标见表5.4-3。

整体性能水平及层间位移角控制目标　　　　　表5.4-3

| 设防水准 | 多遇地震 | 设防地震 | 罕遇地震 |
|---|---|---|---|
| 性能水平定性描述 | 完好 | 正常使用 | 轻度损坏 |
| 层间位移角限值 | 1/550 | 1/400 | 1/150 |

结构构件根据性能目标划分为关键构件、普通竖向构件、普通水平构件和消能子结构四类，其构件承载力具体设计要求如下：

1）关键构件：底层框架柱，性能目标为中震受剪弹性、受弯弹性。

2）普通竖向构件：关键构件以外的其他框架柱，性能目标为中震受剪弹性、受弯不屈服。

3）普通水平构件：一般框架梁，性能目标为中震受剪不屈服、受弯不屈服，其中受弯承载力计算时可考虑钢筋超强系数1.25。

4）消能子结构：消能子结构中的框架柱和框架梁，性能目标为中震受剪弹性、受弯弹性，大震受剪弹性、受弯不屈服。

### 4．阻尼器布置

本工程黏滞阻尼器非线性参数在结构计算模型中采用Maxwell模型，黏滞阻尼器力学性能参数见表5.4-4。

黏滞阻尼器力学性能参数　　　　　　　表5.4-4

| 阻尼器位置（编号） | 阻尼指数$\alpha$ | 阻尼系数$C$<br>$[kN/(m/s)^{\alpha}]$ | 阻尼力<br>（kN） | 最大行程<br>（mm） | 数量<br>（套） |
|---|---|---|---|---|---|
| $X$向（VFD-1） | 0.20 | 350 | 280 | ±50 | 8 |
| $Y$向（VFD-2） | 0.20 | 255 | 210 | ±50 | 12 |

考虑到阻尼器布置不能影响建筑使用功能和美观。经分析比较，本工程黏滞阻尼器采用墙式连接，充分结合建筑墙体位置，按照均匀、分散、上下尽量对齐的原则进行布置。黏滞阻尼器各层平面布置示意图如图5.4-2所示，黏滞阻尼器墙式连接典型立面示意图如图5.4-3所示。

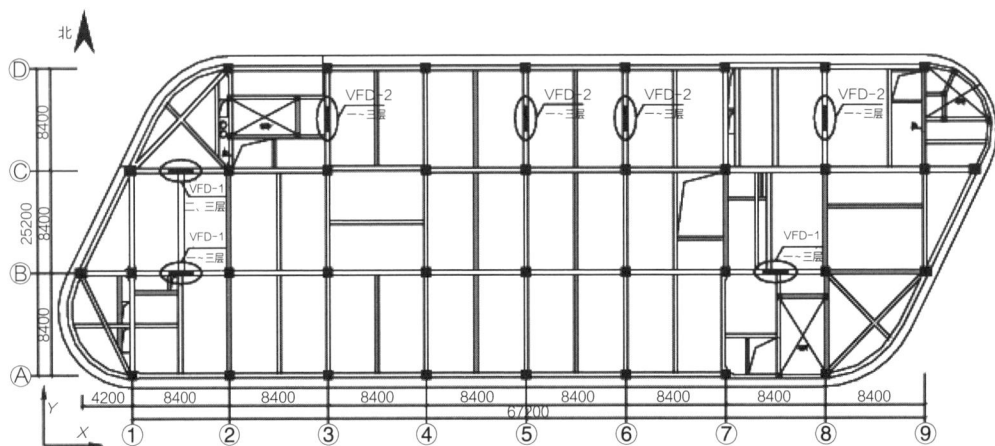

图5.4-2　黏滞阻尼器各层平面布置示意图

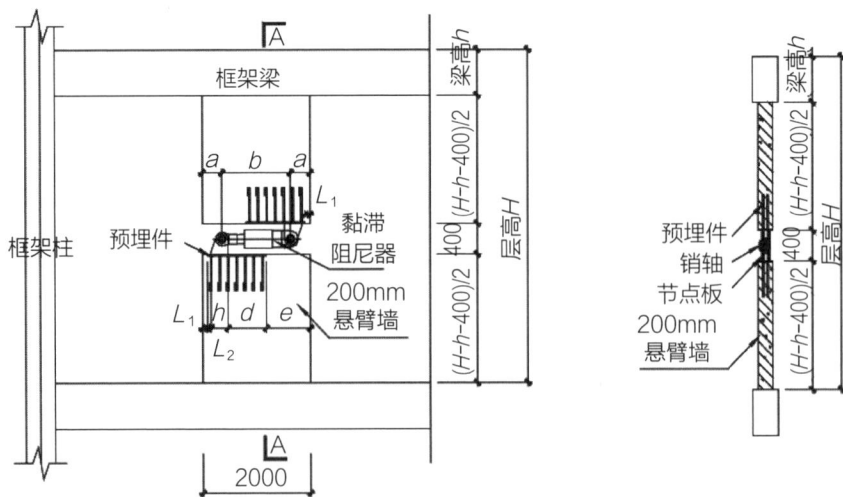

（a）阻尼器立面安装示意图　　　　　（b）A-A剖面示意图

图5.4-3　黏滞阻尼器墙式连接典型立面示意图

## 5．结构计算与分析

### （1）中震安评反应谱分析

对结构分别进行无控模型中震安评反应谱计算和预设附加阻尼比的无控目标模型中震安评反应谱计算，计算结果对比见表5.4-5。

无控模型和无控目标模型计算结果对比　　　　　表5.4-5

| 方向 | 楼层层间位移角 | | | 基底剪力 | | |
|---|---|---|---|---|---|---|
| | 无控模型 | 无控目标模型 | 减小率（%） | 无控模型（kN） | 无控目标模型（kN） | 减小率（%） |
| X向 | 1/370 | 1/443 | 16.5 | 10817 | 9146 | 15.4 |
| Y向 | 1/321 | 1/402 | 20.1 | 10518 | 8946 | 14.9 |

由计算结果可知，采用钢筋混凝土框架+消能减震结构体系，经多次反复试算，在预设附加阻尼比达到4%时，可有效减小上部结构在设防烈度地震作用下的楼层层间位移角和基底剪力，减小率约为15%～20%，同时框架柱和框架梁的超筋超限情况也得到明显改善，构件配筋水平显著降低。

因此，对于本工程，采取消能减震技术措施是较为经济、合理的手段。将黏滞阻尼器的设计目标定为设防烈度地震作用下，给结构提供4%的附加阻尼比，可以满足预期的结构性能目标要求。

### （2）中震等效弹性时程分析

对考虑黏滞阻尼器非线性参数的有控模型进行中震等效弹性时程分析，考虑阻尼器的非线性行为，主体结构为弹性。旨在通过时程分析确定在采用一定的阻尼器布置方案后，阻尼器装置能否在设防烈度地震作用下为结构提供预期的附加阻尼比。

选取5条天然波（T1～T5）和2条人工波（R1～R2）进行中震等效弹性时程分析，单条地震波时程基底剪力与安评反应谱基底剪力对比结果均满足不小于65%且不大于135%的要求，7条地震波时程基底剪力平均值与安评反应谱基底剪力对比结果均满足不小于80%且不大于120%的要求，具体计算结果对比见表5.4-6。

时程分析与安评反应谱分析基底剪力对比　　　　　表5.4-6

| 工况 | | 安评反应谱 | T1 | T2 | T3 | T4 | T5 | R1 | R2 | 平均值 |
|---|---|---|---|---|---|---|---|---|---|---|
| 基底剪力（kN） | X向 | 10817 | 10375 | 11151 | 8568 | 11374 | 8304 | 9309 | 10355 | 9920 |
| | Y向 | 10518 | 9419 | 11549 | 8407 | 10729 | 8759 | 8636 | 9315 | 9545 |
| 基底剪力比（%） | X向 | — | 96 | 103 | 79 | 105 | 77 | 86 | 96 | 92 |
| | Y向 | — | 90 | 110 | 80 | 102 | 83 | 82 | 89 | 91 |

7条地震波时程的平均地震影响系数曲线与安评反应谱在对应于结构主要振型周期点的差值见表5.4-7，满足规范相差不超过20%的要求。可见，这7条地震波时程与安评反应谱地震影响系数曲线在统计意义上相符。

地震波时程与安评反应谱曲线对比 表5.4-7

| 振型 | 周期（s） | 时程平均影响系数α | 安评反应谱影响系数α | 差值（%） |
|---|---|---|---|---|
| 1 | 0.9254 | 0.114 | 0.104 | 8.8 |
| 2 | 0.8935 | 0.115 | 0.108 | 6.1 |
| 3 | 0.7910 | 0.117 | 0.120 | -2.6 |

根据《建筑消能减震技术规程》JGJ 297—2013第6.3.2条规定的附加阻尼比计算方法，各条地震波时程工况结构附加阻尼比计算结果见表5.4-8。

考虑到黏滞阻尼器性能偏差、连接安装缺陷等不利因素影响，在附加阻尼比实际取值时应留有安全储备。一般情况下，在进行主体结构设计时，实际采用的附加阻尼比不宜高于计算值的90%。

各条地震波时程工况附加阻尼比计算结果 表5.4-8

| 工况 | | T1 | T2 | T3 | T4 | T5 | R1 | R2 | 平均值 |
|---|---|---|---|---|---|---|---|---|---|
| 附加阻尼比（%） | $X$向 | 4.13 | 4.15 | 4.10 | 4.69 | 5.12 | 4.35 | 4.59 | 4.45 |
| | $Y$向 | 4.22 | 4.20 | 4.23 | 4.77 | 4.95 | 4.43 | 4.18 | 4.43 |

根据表5.4-8附加阻尼比计算结果，结构$X$向和$Y$向附加阻尼比平均值分别乘以0.9安全系数后为4.00%和3.99%，基本可满足预期附加阻尼比为4%的目标要求。因此，可以按9.0%的总阻尼比对主体结构进行中震安评反应谱计算，对关键构件、普通竖向构件、普通水平构件和消能子结构进行设防烈度地震作用下的构件配筋设计，从而达到预期的构件承载力性能目标要求。

（3）大震弹塑性时程分析

采用SAUSAGE有限元计算软件对有控模型进行罕遇地震作用下的弹塑性时程分析，其主要目的如下：

1）分析结构大震作用下的屈服机制，判断其薄弱部位。

2）验算结构大震作用下的弹塑性层间位移角，结构整体性能水平等能否满足预期的性能目标。

3）提取阻尼器的最大力、最大位移等结果，以确定阻尼器的设计参数。

4）计算结构大震作用下的附加阻尼比，进行消能子结构的大震承载力验算等。

选取5条天然波（TH1～TH5）和2条人工波（RH1～RH2）对有控模型进行大震弹塑性时程分析，采用的7条大震地震波时程参数信息见表5.4-9。

7条大震地震波时程参数信息 表5.4-9

| 编号 | 地震波名称 | 有效持续时间（s） | 主方向加速度（cm/s²） | 次方向加速度（cm/s²） |
|---|---|---|---|---|
| TH1 | TH050TG055 | 39.9 | 150.0 | 127.5 |
| TH2 | Mt.Lewis_N | 35.0 | 150.0 | 127.5 |
| TH3 | Northrideg | 40.0 | 150.0 | 127.5 |
| TH4 | Erzican_Tu | 20.8 | 150.0 | 127.5 |
| TH5 | TH020TG055 | 87.1 | 150.0 | 127.5 |
| RH1 | RH1TG055 | 30.0 | 150.0 | 127.5 |
| RH2 | RH2TG055 | 30.0 | 150.0 | 127.5 |

　　罕遇地震作用下，结构构件平均性能水平如图5.4-4所示，框架柱和框架梁平均性能水平均为轻度损坏，连接黏滞阻尼器的上下端悬臂墙均为无损坏。

　　罕遇地震作用下，结构能量耗散曲线图（以TH3为例）如图5.4-5所示，黏滞阻尼器典型滞回曲线如图5.4-6所示。从图中可以看出，黏滞阻尼器滞回曲线饱满，在大震作用下充分发挥了耗能作用，可以有效降低主体结构的损伤。

　　罕遇地震作用下，结构最大层间位移角如图5.4-7所示，$X$向7条地震波平均最大值为1/294，$Y$向7条地震波平均最大值为1/276。

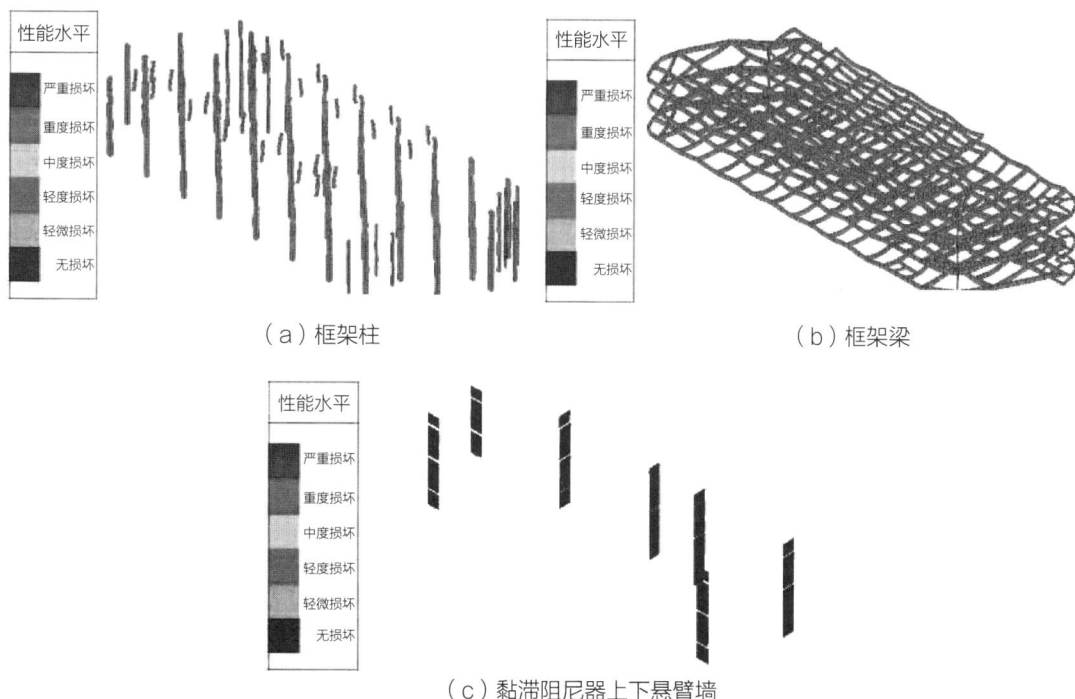

（a）框架柱　　（b）框架梁

（c）黏滞阻尼器上下悬臂墙

图5.4-4　罕遇地震下结构构件平均性能水平

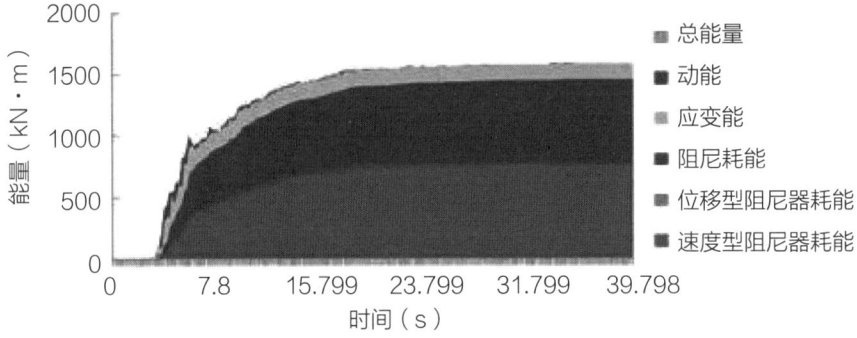

图5.4-5　结构能量耗散曲线图（以TH3为例）

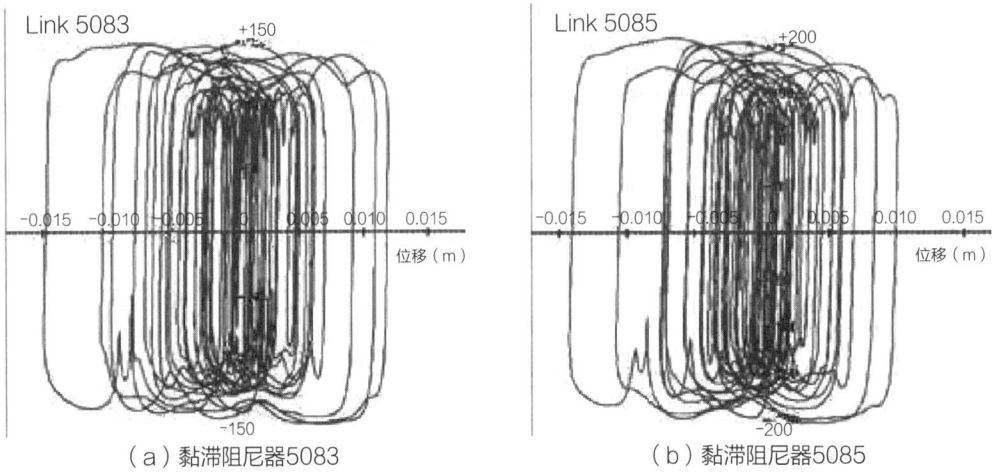

（a）黏滞阻尼器5083　　　　　　　（b）黏滞阻尼器5085

图5.4-6　黏滞阻尼器典型滞回曲线

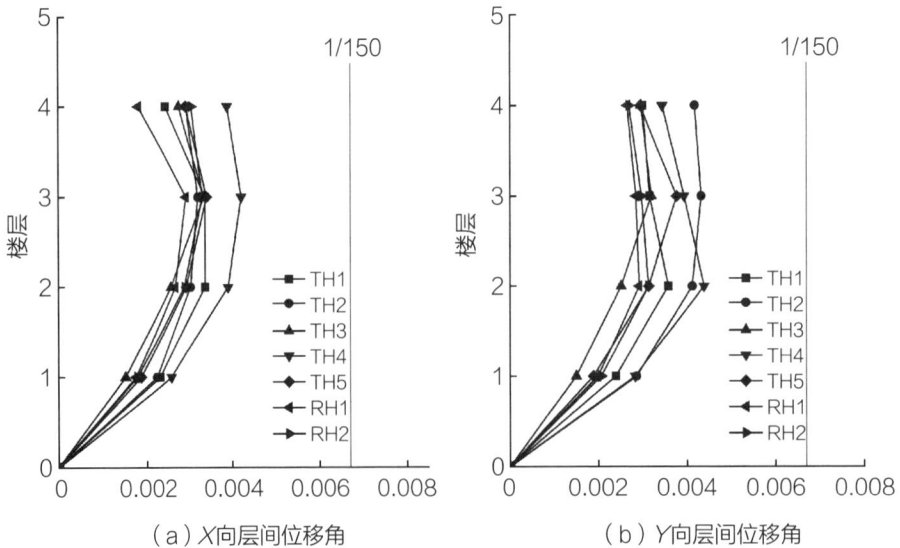

（a）X向层间位移角　　　　　　　（b）Y向层间位移角

图5.4-7　罕遇地震下结构最大层间位移角

通过基于能量耗散的方法计算大震下结构等效阻尼比，计算结果见表5.4-10。

大震下结构等效阻尼比计算结果　　　　　表5.4-10

| 工况 | $\xi_1$（%） | | $\xi_2$（%） | | $\xi_3$（%） | | $\xi$（%） | |
|---|---|---|---|---|---|---|---|---|
| | X向 | Y向 | X向 | Y向 | X向 | Y向 | X向 | Y向 |
| TH1 | 5.0 | 5.0 | 0.7 | 0.7 | 6.3 | 6.8 | | |
| TH2 | 5.0 | 5.0 | 1.1 | 1.2 | 5.6 | 5.5 | | |
| TH3 | 5.0 | 5.0 | 0.9 | 0.9 | 5.6 | 5.7 | | |
| TH4 | 5.0 | 5.0 | 2.1 | 2.1 | 5.1 | 5.4 | 11.3 | 11.3 |
| TH5 | 5.0 | 5.0 | 0.5 | 0.6 | 6.1 | 6.1 | | |
| RH1 | 5.0 | 5.0 | 0.7 | 0.6 | 6.3 | 6.0 | | |
| RH2 | 5.0 | 5.0 | 0.7 | 0.7 | 6.1 | 6.0 | | |

表5.4-10中，$\xi_1$为结构初始的阻尼比；$\xi_2$为主体结构弹塑性开展的阻尼比；$\xi_3$为黏滞阻尼器提供的附加阻尼比（按计算值的90%采用）；$\xi$为结构在大震下总体阻尼比的平均值，即等效阻尼比。$\xi$可按式（5.4-1）计算：

$$\xi=\xi_1+\xi_2+0.9\xi_3 \tag{5.4-1}$$

由此，可以得到结构在大震下的双向等效阻尼比均为11.3%，从而可以进一步通过大震等效弹性安评反应谱分析，对消能子结构中的框架柱和框架梁等关键构件进行罕遇地震作用下的配筋设计，从而达到预期的构件承载力性能目标要求。

## 6．工程小结

1）本工程采用消能减震技术措施，在设防烈度地震作用下，给结构提供4%的附加阻尼比，能够有效减小主体结构的楼层层间位移角和基底剪力，减小率约为15%～20%。

2）设防烈度地震作用下，主体结构层间位移角X向最大值为1/443，Y向最大值为1/402，双向均能满足不大于1/400的预期位移性能目标要求。

3）罕遇地震作用下，主体结构层间位移角X向平均最大值为1/294，Y向平均最大值为1/276，双向均能满足不大于1/150的预期位移性能目标要求。

4）设防烈度地震作用下，对关键构件、普通竖向构件、普通水平构件和消能子结构中的框架柱和框架梁进行设计，能够满足预期构件承载力性能目标要求。

5）罕遇地震作用下，对消能子结构中的框架柱和框架梁进行设计，能够满足预期构件承载力性能目标要求。

6）罕遇地震作用下，框架柱、框架梁等构件损伤，能够满足轻度损坏的预期性能目标要求。

7）本工程设计在采用黏滞阻尼器提供附加阻尼比的消能减震技术措施后，经计算分析表明，能够满足设防烈度地震作用下正常使用的要求。

## 5.4.2 隔震结构：某医院新建门诊楼

### 1．工程概况

本工程由广西华蓝工程管理有限公司设计。

本工程为某医院新建门诊楼，无地下室，地上8层，大屋面檐口标高为31.90m，屋顶为具有地方特色的双向坡屋面，为高层建筑，建筑效果图如图5.4-8所示。

建筑主要功能为医院门诊，建筑平面形状为矩形，长向尺寸为46.20m，短向尺寸为18.95m，高宽比1.68。

根据《抗标》和《建筑工程抗震设防分类标准》GB 50223—2008的相关规定，本工程抗震设计基本参数见表5.4-11。

抗震设计参数　　　　　　　　　　　　表5.4-11

| 设计参数 | 参数值 |
| --- | --- |
| 抗震设防烈度 | 8度 |
| 结构设计工作年限 | 50年 |
| 抗震设防类别 | 重点设防类 |
| 设计基本地震加速度值 | 0.2g |
| 设计地震分组 | 第三组 |
| 建筑场地类别 | Ⅱ类 |
| 场地特征周期 | 0.45s |

本工程采用钢筋混凝土框架结构体系，框架抗震等级为一级，采用基础隔震技术，工程所在地基本风压为0.45kN/m²。

本工程勘察区周边有6条活动断裂带：①澜沧江断裂带（F31，距离约3.0km）；②育种队断裂带（F34，距离约5.0km）；③打洛—景洪断裂带（F109，距离约3.5km）；④澜沧—勐遮断裂带（F107，距离约43.0km）；⑤大水缸—茨通断裂带（F207，距离约16.0km）；⑥勐养河断裂带（F206，距离约17.0km）。

图5.4-8　建筑效果图

### 2．隔震设计方法

根据《隔震标准》，隔震结构采用整体分析设计方法，即对隔震结构的上部结构、隔震层和下支墩进行整体计算分析，一体化设计。

根据《隔震标准》第4.1.4条规定，当处于发震断层10km以内时，隔震结构地震作用计算应考虑近场影响，乘以增大系数，5km及以内宜取1.25，5km以外可取不小于1.15。

本工程距澜沧江断裂带约3.0km，因此计算地震作用时，乘以1.25的增大系数。

本工程隔震设计方法如下：

1）选取合理的隔震支座布置方案，通过隔震前后底部剪力对比，评估隔震支座的隔震效果。

2）对隔震结构进行设防地震作用下的变形计算和构件承载力设计。

3）对隔震结构进行罕遇地震作用下的弹塑性时程分析，验算隔震支座的变形及拉、压应力等是否满足规范要求。

4）根据隔震支座在罕遇地震作用下的变形量来设计隔震沟及隔震缝的宽度。

### 3．结构性能目标

本工程位于高烈度设防地区。采用基础隔震技术，当按《隔震标准》进行设计时，可满足《条例》第十六条规定的发生本区域设防地震时能够正常使用的要求。

根据《隔震标准》规定，各地震水准下隔震层上部结构整体性能水平及层间位移角控制目标见表5.4-12。

整体性能水平及层间位移角控制目标　　　　　　　　　　表5.4-12

| 设防水准 | 多遇地震 | 设防地震 | 罕遇地震 |
|---|---|---|---|
| 性能水平定性描述 | 完好 | 正常使用 | 轻度损坏 |
| 层间位移角限值 | 1/550 | 1/400 | 1/100 |

隔震层上部结构构件根据性能目标划分为关键构件、普通竖向构件、普通水平构件和隔震层支墩、支柱及相连构件四类，其构件承载力具体设计要求如下：

1）关键构件：底层框架柱，性能目标为中震受剪弹性（考虑调整系数）、受弯弹性（考虑调整系数）。

2）普通竖向构件：关键构件以外的其他框架柱，性能目标为中震受剪弹性（考虑调整系数）、受弯不屈服。

3）普通水平构件：一般框架梁，性能目标为中震受剪不屈服、受弯不屈服，其中受弯承载力计算时可考虑钢筋超强系数1.25。

4）隔震层支墩、支柱及相连构件：性能目标为中震受剪弹性（考虑调整系数）、受弯弹性（考虑调整系数），大震受剪弹性（考虑调整系数）、受弯不屈服。

### 4．隔震支座布置

本工程无地下室，在基础面上设计下支墩，把隔震支座固定在下支墩上，再在隔震支座上表面设计上支墩及隔震层梁板。这样设计的优点是不影响上部结构的使用功能及观感，且隔震支墩受力情况简单，截面尺寸及配筋较少；缺点是隔震层楼板与基础面之间有约2m净高的空间未得到充分利用，仅作为隔震支座检修空间使用，同时也会相应增加基础埋置深度，从而增加造价。

本工程为重点设防类建筑，采用橡胶隔震支座，在选择其直径、个数和平面布置时，根据《隔震标准》规定主要考虑了以下因素：

1）隔震层刚度中心与质量中心宜重合，设防烈度地震作用下的偏心率不大于3%。

2）橡胶支座在重力荷载代表值（1.0恒荷载+0.5活荷载）作用下，竖向压应力设计值（长期应力）不应超过12MPa。

3）隔震层抗风承载力设计值（由抗风装置和隔震支座的屈服力构成，按屈服强度设计值确定）不应小于风荷载作用下隔震层水平剪力标准值的1.5倍。

4）结构整体抗倾覆验算时，上部结构重力代表值计算的抗倾覆力矩$M_r$不应小于罕遇地震作用计算的倾覆力矩$M_{ov}$的1.1倍，即隔震支座布置时要保证$M_r/M_{ov} \geqslant 1.1$。

5）在罕遇地震作用下，橡胶支座最大竖向压应力（短期极大应力）不应超过25MPa。

6）在罕遇地震作用下，橡胶支座竖向拉应力（短期极小应力）不应超过1MPa，且同一地震动加速度时程曲线作用下出现拉应力的支座个数不宜超过支座总数的30%。

7）在罕遇地震作用下，橡胶支座考虑扭转的水平位移不应大于支座直径的0.55倍，且不应大于各层橡胶厚度之和的3倍。

本工程共布置隔震支座30个，隔震支座力学性能参数见表5.4-13，隔震支座平面布置如图5.4-9所示，其中铅芯橡胶单支座（LRB）20个，铅芯橡胶双支座（2LRB）2个，普通叠层橡胶支座（LNR）6个，图5.4-9中标注线以上为隔震支座类别，标注线以下为隔震支座编号。

隔震支座力学性能参数　　　　　　　　表5.4-13

| 项目 | 符号 | 单位 | LRB1000 | LNR1000 | 2LRB1000 |
|---|---|---|---|---|---|
| 使用数量 | $N$ | 套 | 20 | 6 | 2 |
| 第一形状系数 | $S_1$ | — | ≥15 | ≥15 | ≥15 |
| 第二形状系数 | $S_2$ | — | ≥5 | ≥5 | ≥5 |
| 竖向刚度 | $K_v$ | kN/mm | 4200 | 3900 | 8400 |
| 等效水平刚度（100%剪应变） | $K_{eq}$ | kN/mm | 2.77 | 1.67 | 5.54 |
| 屈服前刚度 | $K_u$ | kN/mm | 21.67 | — | 43.34 |
| 屈服后刚度 | $K_d$ | kN/mm | 1.67 | — | 13.34 |
| 屈服力 | $Q_d$ | kN | 203.5 | — | 407 |
| 橡胶层总厚度 | $T_r$ | mm | 186 | 186 | 186 |

由于受上部建筑使用功能的限制，$X$向左右两侧框架柱未能对称布置，若按上部框架柱位来布置隔震支座，则偏心率较大，难以满足《隔震标准》规定，因此需将上部结构的部分框架柱进行转换设计。上部结构$X$向左侧柱距较大，右侧柱距较小，会导致左侧支座压应力过大，右侧支座拉应力过大。为了使橡胶隔震支座的拉、压应力均控制在《隔震标准》允许的范围内，将右侧第二列支座向左移了2.05m，通过托柱转换梁将右侧第二列框

架柱进行转换，同时左侧角部布置双支座。将上端入口处门口的四个小框架柱也进行转换，用于减小隔震支座在Y向的偏心率，隔震层结构平面布置图如图5.4-10所示。

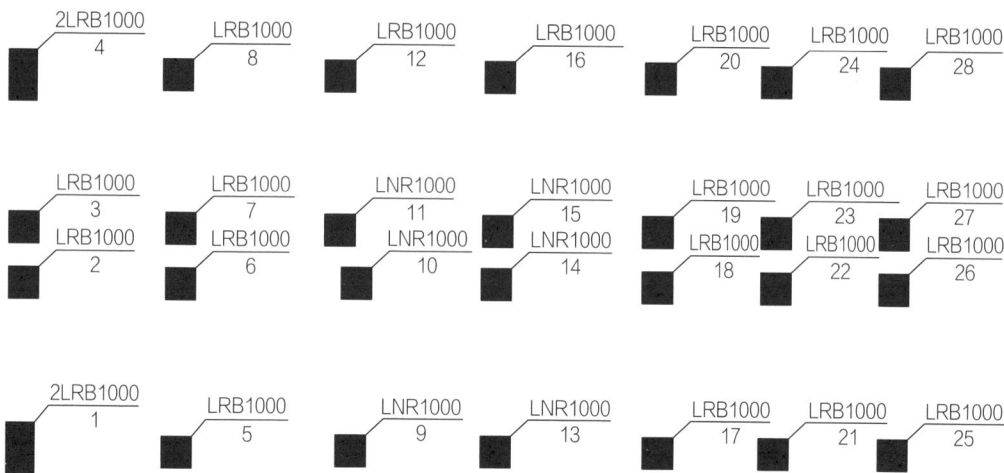

图5.4-9　隔震支座平面布置图

图5.4-10中，左侧角部双支座隔震支墩截面为1.3m×2.4m，右侧与转换梁相连的隔震支墩截面为1.6m×1.6m，其余隔震支墩截面均为1.3m×1.3m，右侧转换梁截面为1.4m×1.6m。

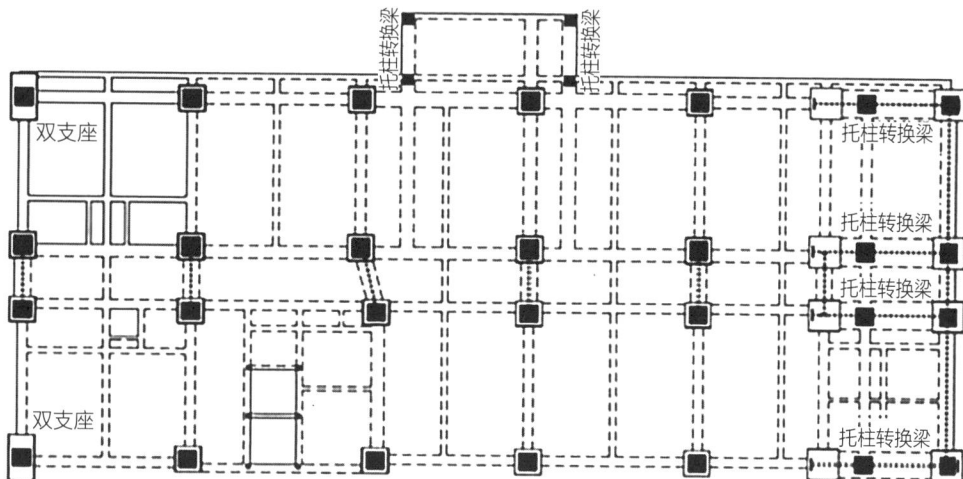

图5.4-10　隔震层结构布置图

## 5. 结构计算与分析

本工程采用YJK软件建模设计，采用ETABS软件模型进行隔震分析。

### （1）静力分析

首先通过YJK软件建模，采用复振型分解反应谱法进行静力分析，主要包括以下内容：

1）设防烈度地震作用下，计算隔震层偏心率小于3%。

2）在1.0恒荷载+0.5活荷载工况下，橡胶支座竖向压应力设计值小于12MPa。

3）根据《隔震标准》第4.6.8条规定进行抗风承载力验算。

4）隔震支座的弹性恢复力验算。

其次将YJK软件模型转换到ETABS软件模型，此时需将YJK和ETABS模型计算得到的质量与周期进行对比，当两者误差在5%以内时，即可认为YJK和ETABS模型计算结果相当接近，均能较为真实地反映结构基本特性，ETABS模型可用于隔震分析，YJK和ETABS模型质量与周期对比见表5.4-14。

YJK和ETABS模型质量与周期对比　　　表5.4-14

| 项目 | YJK | ETABS | 差值（%） |
|---|---|---|---|
| 质量（t） | 18300.56 | 18253.76 | 0.26 |
| 第1周期（s） | 3.773 | 3.746 | 0.72 |
| 第2周期（s） | 3.758 | 3.732 | 0.69 |
| 第3周期（s） | 3.231 | 3.201 | 0.93 |

（2）时程分析

1）地震波选取

本工程选取5条天然波（T1～T5）和2条人工波（R1～R2）进行时程分析。由于本工程距澜沧江断裂带约3.0km，根据《隔震标准》第4.1.4条规定，考虑近场影响的增大系数取1.25。因此，在设防地震下，弹性时程分析加速度峰值为1.25×200cm/s²；在罕遇地震下，弹塑性时程分析加速度峰值为1.25×400cm/s²。7条时程波的平均地震影响系数曲线与振型分解反应谱法所用的地震影响系数曲线相比，在对应于结构主要振型的周期点上相差不大于20%，满足规范要求，7条时程波与规范反应谱曲线对比见表5.4-15。

7条时程波与规范反应谱曲线对比　　　表5.4-15

| 振型 | ETABS周期（隔震）（s） | 7条时程平均影响系数α | 规范反应谱影响系数α | 差值（%） |
|---|---|---|---|---|
| 1 | 3.746 | 0.1845 | 0.1812 | 1.82 |
| 2 | 3.732 | 0.1850 | 0.1815 | 1.93 |
| 3 | 3.201 | 0.2295 | 0.2092 | 9.70 |

2）弹性时程分析

弹性时程分析是对振型分解反应谱法的一种补充计算，在设防地震下，用实际的地震动输入ETABS软件中，得到较为真实的结构动力反应。通过对7条波进行弹性时程分析，得到每条时程曲线计算所得结构底部剪力不小于振型分解反应谱法计算结果的65%，也不大于135%，多条时程曲线计算所得结构底部剪力的平均值不小于振型分解反应谱法计算结果的80%，也不大于120%，满足规范要求，7条时程波与规范反应谱基底剪力对比见表5.4-16。

**7条时程波与规范反应谱基底剪力对比**　　　　表5.4-16

| 工况 | | 反应谱 | R1 | R2 | T1 | T2 | T3 | T4 | T5 | 平均值 |
|---|---|---|---|---|---|---|---|---|---|---|
| 基底剪力（kN） | X向 | 45346 | 38857 | 43499 | 50864 | 55319 | 42209 | 41888 | 46996 | 45662 |
| | Y向 | 44469 | 40797 | 41507 | 49491 | 53714 | 40015 | 39661 | 43513 | 44100 |
| 基底剪力比（%） | X向 | — | 86 | 96 | 112 | 122 | 93 | 92 | 104 | 101 |
| | Y向 | — | 92 | 93 | 111 | 121 | 90 | 89 | 98 | 99 |

根据《抗标》，当采用7条波进行弹性时程分析时，结构地震作用效应可取时程法计算结果的平均值与振型分解反应谱法计算结果的较大值，即采用时程分析法计算得到的7条波楼层剪力的平均值与振型分解反应谱法计算得到的楼层剪力对比，大于1时需对反应谱分析的楼层地震作用进行放大，不大于1时无须对反应谱分析的楼层地震作用进行放大。一般情况下，动力分析无法得出配筋结果，构件的配筋依据静力分析的计算结果进行设计，因此弹性时程分析结果的对比并回代是结构计算中必不可少的一步。

本工程7条地震波时程分析计算得到的各楼层剪力平均值与规范反应谱计算得到的各楼层剪力之比均不大于1，因此无须对规范反应谱计算的地震作用进行放大。

隔震结构与非隔震结构楼层剪力比计算结果见表5.4-17。可以看出，隔震后底部剪力与隔震前底部剪力之比的最大值为0.486，小于0.5，说明设置隔震支座后，上部结构在设防地震下的地震作用减小了约一半，这也相当于在上部结构抗震设计时水平地震影响系数最大值可以按降低1度考虑，按照《隔震标准》第6.1.3条第2款规定，此时上部结构可按本地区设防烈度降低1度确定抗震措施。

**隔震前后结构楼层剪力比计算结果**　　　　表5.4-17

| 层号 | X向剪力 | | | Y向剪力 | | |
|---|---|---|---|---|---|---|
| | 非隔震（kN） | 隔震（kN） | 楼层剪力比 | 非隔震（kN） | 隔震（kN） | 楼层剪力比 |
| 11 | 6195.50 | 1300.70 | 0.210 | 7000.60 | 1321.30 | 0.189 |
| 10 | 11666.40 | 2910.20 | 0.249 | 11334.30 | 2926.50 | 0.258 |
| 9 | 14547.80 | 4120.00 | 0.283 | 14025.60 | 4132.40 | 0.295 |
| 8 | 16635.10 | 5353.50 | 0.322 | 16172.10 | 5360.20 | 0.331 |
| 7 | 18494.40 | 6549.60 | 0.354 | 18075.20 | 6548.10 | 0.362 |
| 6 | 20303.70 | 7733.40 | 0.381 | 19949.20 | 7723.50 | 0.387 |
| 5 | 22201.70 | 8889.60 | 0.400 | 21861.40 | 8873.20 | 0.406 |
| 4 | 24006.50 | 10001.90 | 0.417 | 23556.00 | 9980.30 | 0.424 |

| 层号 | X向剪力 | | | Y向剪力 | | |
|---|---|---|---|---|---|---|
| | 非隔震（kN） | 隔震（kN） | 楼层剪力比 | 非隔震（kN） | 隔震（kN） | 楼层剪力比 |
| 3 | 25658.80 | 11189.90 | 0.436 | 25106.10 | 11163.20 | 0.445 |
| 2 | 25771.70 | 12295.00 | 0.477 | 25249.10 | 12265.10 | 0.486 |
| 隔震层 | | | | | | |

根据表5.4-12层间位移角控制目标，上部结构在设防地震作用下的层间位移角限值为1/400。对隔震结构的计算分析表明，本工程上部结构在设防地震作用下的最大层间位移角为1/407，满足预期位移性能目标要求。

在设防地震作用下，对主体结构关键构件、普通竖向构件、普通水平构件和隔震层支墩、支柱及相连构件进行构件配筋设计，从而达到预期的构件承载力性能目标要求。

**3）弹塑性时程分析**

弹塑性时程分析采用ETABS软件提供的逐步积分法求解运动微分方程，按7条地震波进行计算，最终取7条地震波的平均值。弹塑性时程分析的主要计算结果如下：

①隔震支座考虑扭转的最大水平位移计算。在罕遇地震作用下，隔震支座在1.0恒荷载+0.5活荷载±1.0水平地震作用组合工况下，计算出每个支座7条地震波作用下两个方向的水平位移平均值，其中X向水平位移平均值为$\delta_x$，Y向水平位移平均值为$\delta_y$，再从中取出最大值，即$\delta=\max\{\delta_x, \delta_y\}$。本工程计算得到考虑扭转的最大水平位移$\delta=380$mm，小于$0.55D=550$mm（D为隔震支座直径1000mm），且小于$3T_r=558$mm（$T_r$为橡胶层总厚度186mm），满足规范要求。隔震缝、隔震沟宽度应不小于$1.2\delta=456$mm，本工程取隔震沟宽度为500mm。

②隔震支座拉、压应力计算。在罕遇地震作用下，隔震支座在0.9恒荷载±1.0水平地震±0.5竖向地震作用组合工况下，有两个支座出现竖向拉应力，其中26号支座竖向拉应力为0.44MPa，小于1MPa，27号支座竖向拉应力为0.6MPa，小于1MPa，满足短期极小应力要求，且出现竖向拉应力的支座个数不超过支座总数的30%；在罕遇地震作用下，隔震支座在1.0恒荷载+0.5活荷载±1.0水平地震±0.65竖向地震作用组合工况下，最大竖向压应力出现在7号支座，最大竖向压应力为16.38MPa，小于25MPa，满足短期极大应力要求（支座编号见图5.4-9）。

③弹塑性层间位移角验算。根据表5.4-12层间位移角控制目标，上部结构在罕遇地震作用下的层间位移角限值为1/100。计算分析表明，本工程上部结构在罕遇地震作用下的最大弹塑性层间位移角为1/247，出现在第4层，满足预期位移性能目标要求。

④结构整体抗倾覆验算。在罕遇地震作用下，本工程上部结构重力代表值计算的抗倾覆力矩$M_r$与罕遇地震作用计算的倾覆力矩$M_{ov}$之比$M_r/M_{ov}=2.55$大于1.1，隔震支座布置满足规范要求。

## 6. 工程小结

1）本工程位于高烈度设防地区，采用基础隔震技术后，上部结构在设防地震下的地震作用减少约一半，相当于在上部结构抗震设计时水平地震影响系数最大值可以按降低

1度考虑,按照《隔震标准》第6.1.3条第2款规定,此时上部结构可按本地区设防烈度降低1度确定抗震措施。

2)设防烈度地震作用下,上部结构最大层间位移角为1/407,能够满足不大于1/400的预期位移性能目标要求。

3)罕遇地震作用下,上部结构最大弹塑性层间位移角为1/247,能够满足不大于1/100的预期位移性能目标要求。

4)罕遇地震作用下,隔震支座考虑扭转的最大水平位移380mm,隔震支座最大竖向拉应力0.6MPa,隔震支座最大竖向压应力16.38MPa,结构整体抗倾覆力矩之比2.55,均满足规范要求。

5)设防烈度地震作用下,对关键构件、普通竖向构件、普通水平构件和隔震层支墩、支柱及相连构件进行设计,能够满足预期构件承载力性能目标要求。

6)罕遇地震作用下,对隔震层支墩、支柱及相连构件进行设计,能够满足预期构件承载力性能目标要求。

7)本工程设计在采用基础隔震技术并对隔震支座进行合理布置后,经计算分析,能够满足设防烈度地震作用下正常使用的要求。

## 5.4.3　抗震结构:某医疗健康产业园医疗综合楼

### 1. 工程概况

本工程由启迪设计集团股份有限公司设计。

#### (1)建筑总体概况

本工程为某医疗健康产业园,总用地面积约92156m²,总建筑面积约37.95万m²,其中地上建筑面积约21.99万m²,地下建筑面积约15.96万m²,编制床位1500张。建筑地上包括1栋10层医疗综合楼、1栋2层发热门诊楼、1栋2层开闭所等,满铺地下室2层,局部1层,建筑总平面图如图5.4-11所示,建筑效果图如图5.4-12(图片为上海瑞盟建设咨询有限公司设计的本项目建筑方案图片)所示。

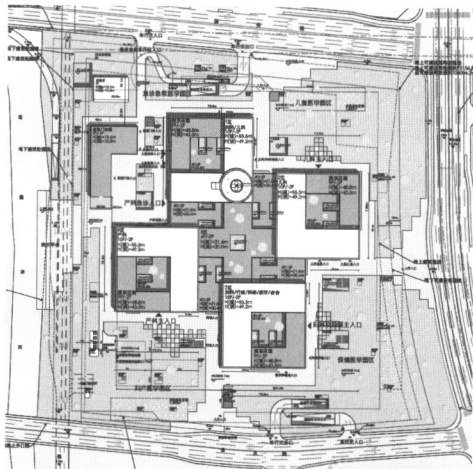

图5.4-11　建筑总平面示意图

图5.4-12　建筑效果图

## （2）建筑单体概况

本工程建筑单体概况见表5.4-18。

建筑单体概况 表5.4-18

| 楼号/区域 | | 地上层数 | 地下层数 | 房屋高度（m） | 房屋总高（m） | 地上建筑面积（m²） | 备注 |
|---|---|---|---|---|---|---|---|
| 医疗综合楼 | A塔 | 10/9 | 2 | 48.90 | 55.80 | 215380 | 医疗用房 |
| | B塔 | 10/9 | 2 | 48.90 | 55.80 | | |
| | C塔 | 10/9 | 2 | 48.90 | 55.80 | | |
| | D塔 | 10/9 | 2 | 48.90 | 55.80 | | |
| | E塔 | 6 | 2 | 30.30 | 34.20 | | |
| | 底盘裙房 | 4 | 2 | 20.70 | 25.20 | | |
| 发热门诊楼 | | 2 | 2 | 10.20 | 15.00 | 3500 | 医疗用房 |
| 开闭所 | | 2 | 1 | 9.00 | 9.90 | 800 | 辅助用房 |

上部建筑单体均坐落在地下室顶板上，其中建筑五层（裙房屋顶）平面图如图5.4-13所示，建筑七层平面图如图5.4-14所示。

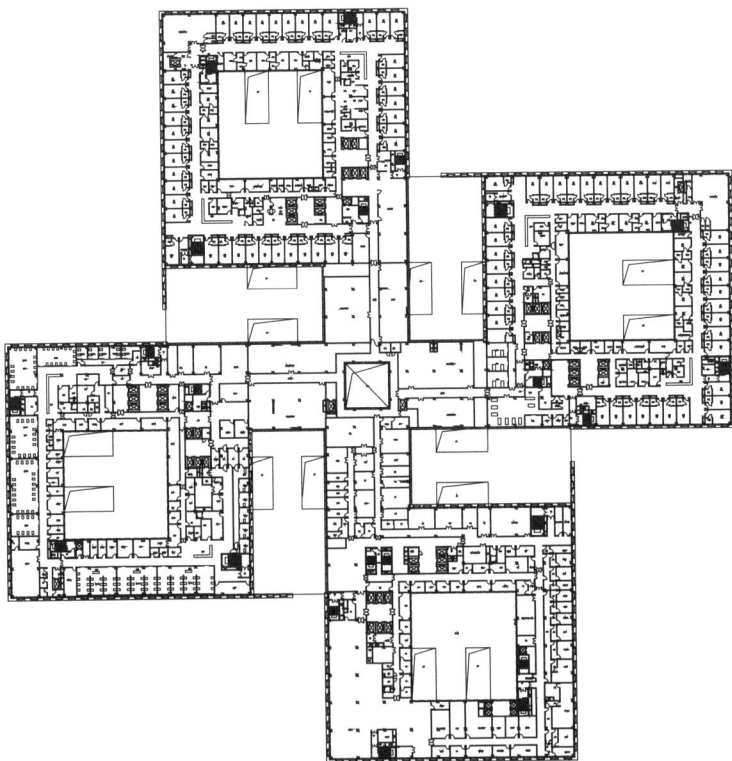

图5.4-13 建筑五层（裙房屋顶）平面图

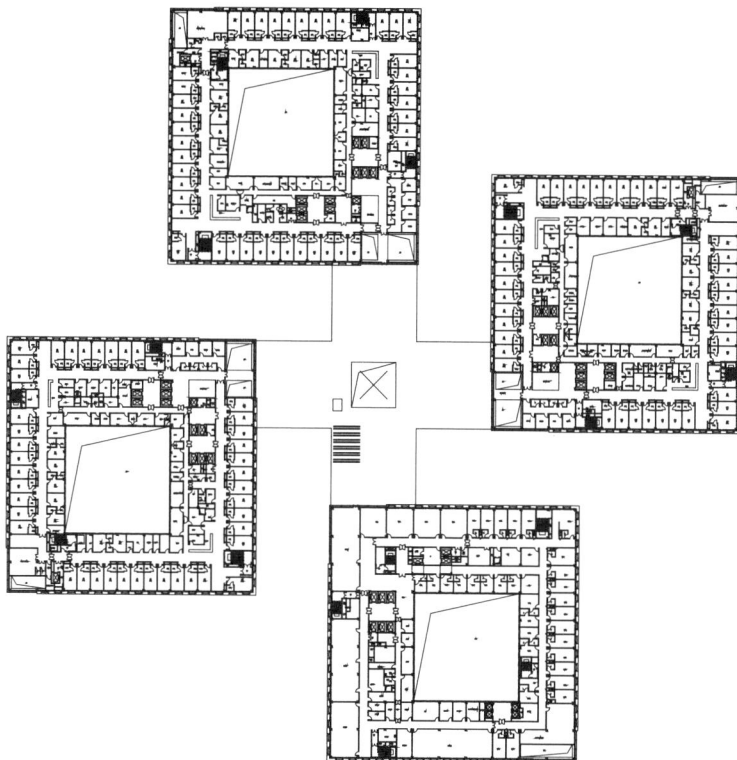

图5.4-14　建筑七层平面图

本书主要介绍医疗综合楼采用抗震技术（抗震结构）满足设防地震正常使用要求的结构设计，医疗综合楼五层及以下为医技区，六层及以上为病房区。

## 2.结构体系与特点

### （1）抗震设计参数

根据《抗标》和《建筑工程抗震设防分类标准》GB 50223—2008的相关规定，本工程抗震设计基本参数见表5.4-19。

抗震设计参数　　　　　　　　　　　　　　表5.4-19

| 设计参数 | 参数值 |
|---|---|
| 抗震设防烈度 | 7度 |
| 结构设计工作年限 | 50年 |
| 抗震设防类别 | 重点设防类 |
| 设计基本地震加速度值 | 0.10g |
| 设计地震分组 | 第一组 |
| 建筑场地类别 | Ⅲ类 |
| 场地特征周期 | 0.50s |
| 基本风压 | 0.45kN/m² |

**（2）抗震单元划分**

1）医疗综合楼：一层～四层由于医疗使用功能限制不允许设置变形缝，从五层楼面（裙房屋顶）开始向上设置4条变形缝（防震缝），划分为5个单塔（A塔、B塔、C塔、D塔、E塔），因此属于大底盘多塔结构，五层楼面（裙房屋顶）以上变形缝设置及分塔示意图如图5.4-15所示。变形缝宽度除满足规范防震缝宽度要求外，按设防地震下不发生碰撞进行复核，最终变形缝宽度取200mm。

2）地下室：整个地下室连成整体，不设置变形缝。

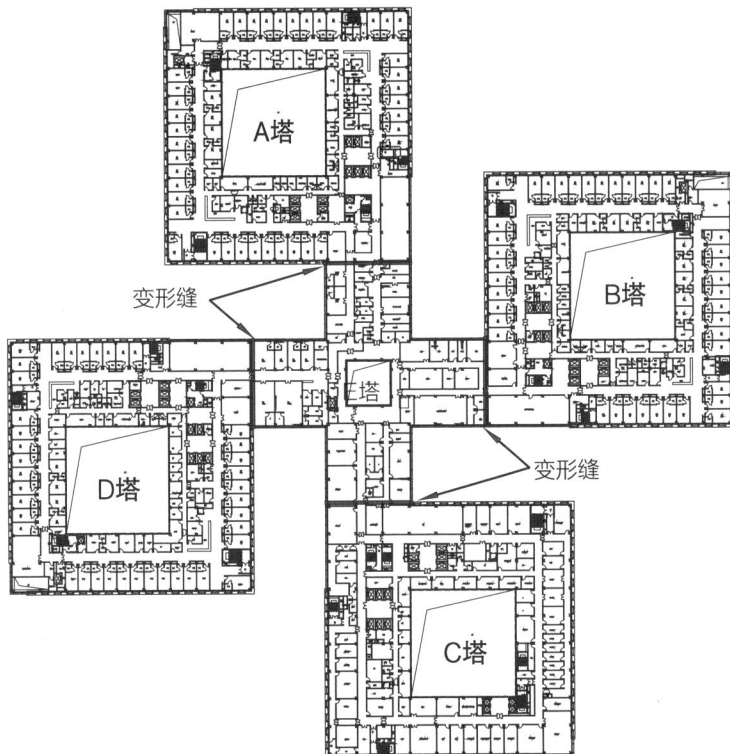

图5.4-15　五层楼面（裙房屋顶）以上变形缝设置及分塔示意图

**（3）结构体系**

1）医疗综合楼：采用钢筋混凝土框架-剪力墙结构体系，为大底盘（4层）多塔结构，属于A级高度的钢筋混凝土复杂高层建筑结构。

2）嵌固端：上部结构以地下室顶板为嵌固端。

3）抗震等级：框架二级、剪力墙一级；转换桁架及转换柱一级；竖向体型收进部位上下各2层塔楼周边竖向结构构件的抗震等级提高一级。

4）底部加强部位：剪力墙底部加强部位的高度，取底部两层且不小于房屋高度的1/10，实际设计取至收进部位（五层楼面即裙房屋面）以上2层高度（即七层楼面）。

**（4）结构特点**

1）医疗综合楼为大底盘多塔结构，其中A、B、C、D塔平面尺寸相同，层数相同，位于底盘裙房四边，并呈旋转对称布置，E塔位于底盘中部且沿中轴对称，多塔与大底盘的质心基本重合。大底盘平面东西向、南北向总长均为219.50m，属平面超长结构，多塔与底盘的位置关系图如图5.4-16所示。

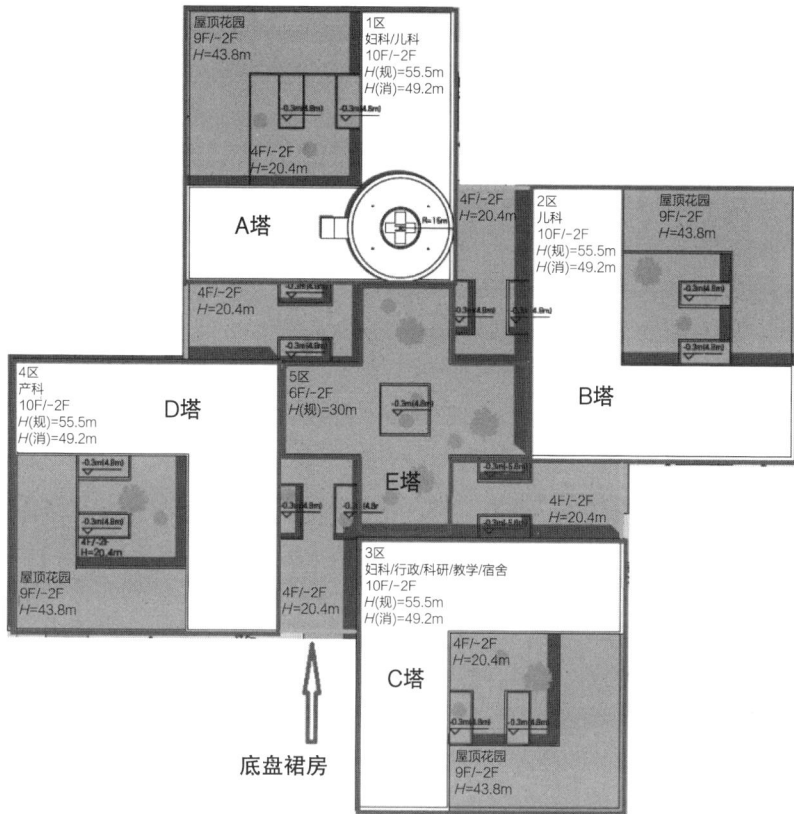

图5.4-16　多塔与底盘的位置关系图

2）A、B、C、D塔标准层平面呈回字形，较小宽度处长宽比31.60/17.00m=1.86，小于2.0，楼板平面内刚度相对较好，A、B、C、D塔标准层平面图如图5.4-17所示。

3）A、B、C、D塔屋顶平面呈L形，属于凹凸不规则，A、B、C、D塔屋顶平面图如图5.4-18所示。

4）E塔六层和屋顶平面呈十字形，凸出尺寸23.30/25.10m=0.93，小于1.0，不属于凹凸不规则；但由于中部区域楼板开洞后，楼板有效宽度8.344×2/35.497m=0.47，接近0.50，属于楼板局部不连续，E塔六层和屋顶平面图如图5.4-19所示。

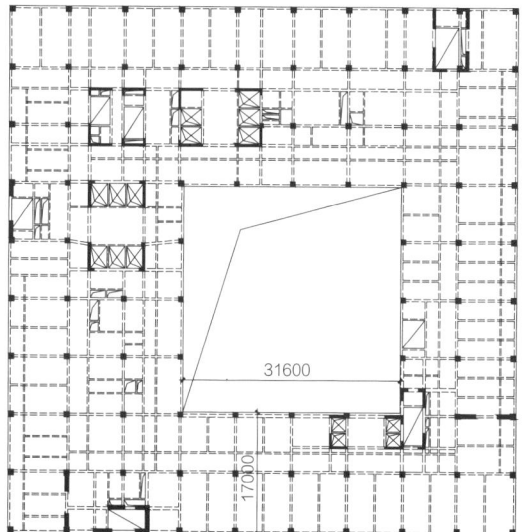

图5.4-17　A、B、C、D塔标准层平面图

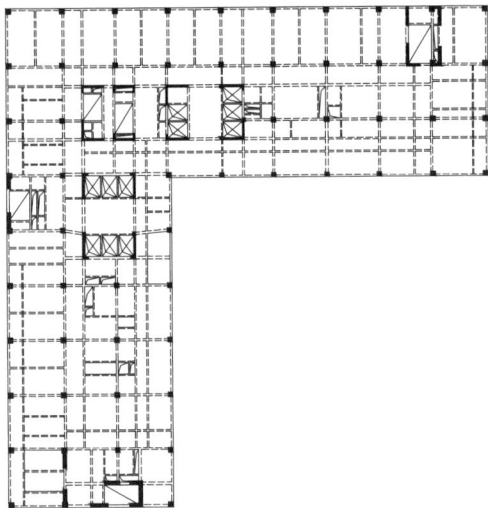

图5.4-18 A、B、C、D塔屋顶平面

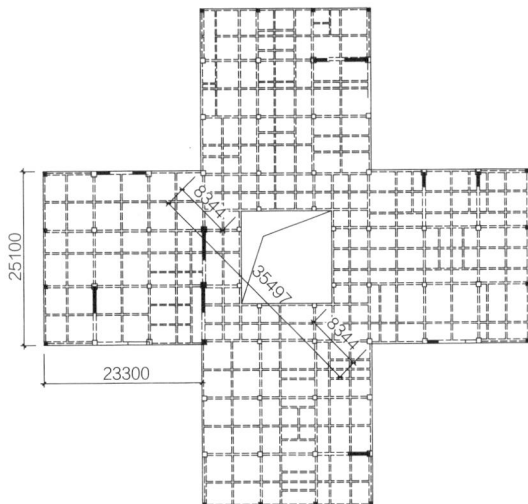

图5.4-19 E塔六层和屋顶平面

5）五层平面对应B塔区托柱转换位置图如图5.4-20所示，五层平面对应D塔区托柱转换位置图如图5.4-21所示。五层平面（即裙房屋面）对应B、D塔区各存在4根框架柱需要转换（图中圈出位置），采用桁架转换，上托5~6层，下吊1~2层。

6）二层平面对应E塔区转换柱位置图如图5.4-22所示。二层平面中庭位置对应E塔区存在8根框架柱需要转换（图中圈出位置），采用梁托柱转换。

7）五层平面E塔转换柱位置图如图5.4-23所示。五层平面E塔存在16根框架柱需要转换（图中圈出位置），采用梁托柱转换。

8）A、B、C、D塔均存在多处穿层柱。

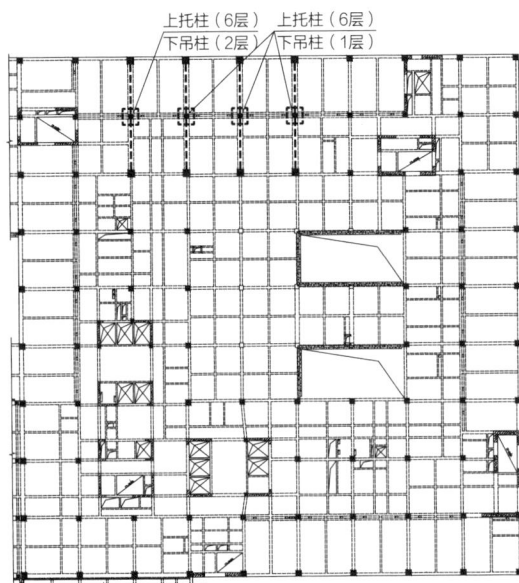

图5.4-20 五层平面对应B塔托柱转换位置

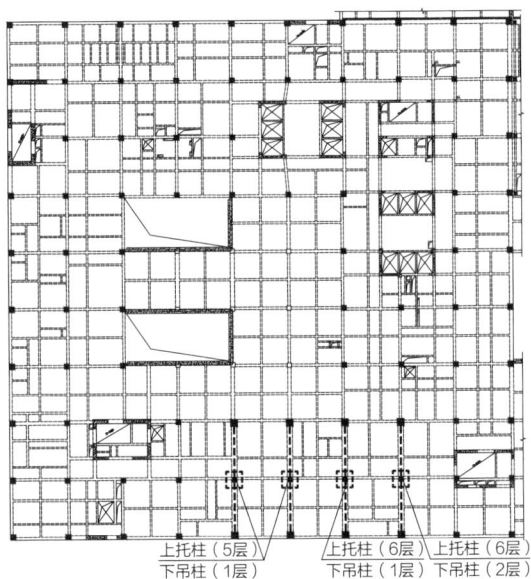

图5.4-21 五层平面对应D塔托柱转换位置

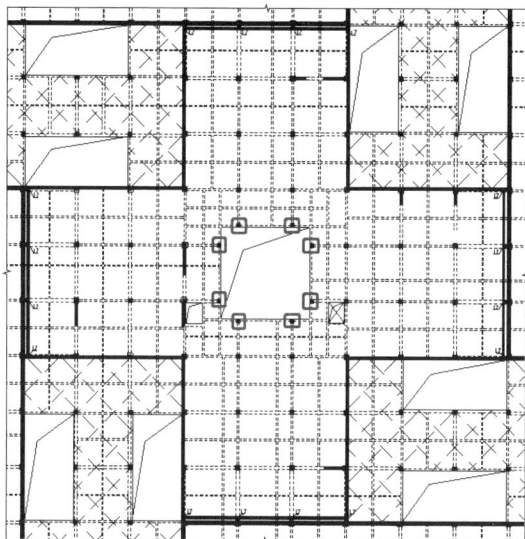

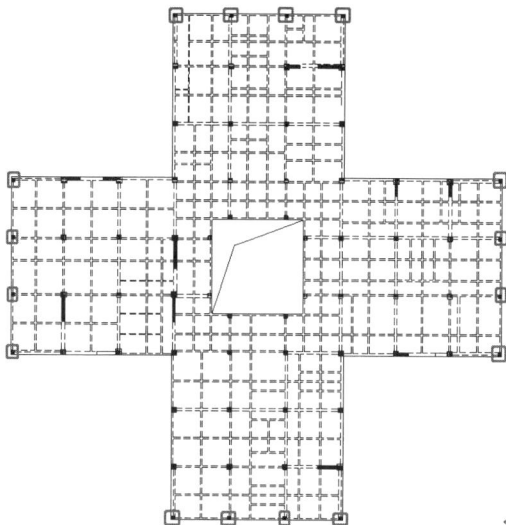

图5.4-22　二层平面对应E塔转换柱位置　　　　图5.4-23　五层平面E塔转换柱位置

## 3. 结构超限判别

根据医疗综合楼结构特点和计算结果，按《审查要点》附件1表1～表4进行不规则项及超限判别，结论见表5.4-20。

不规则项及超限判别结论　　　　　　　　　　　　表5.4-20

| 抗震单元 | 房屋高度（表1） | 不规则项（表2） | 不规则项（表3） | 不规则项（表4） | 超限判别 |
|---|---|---|---|---|---|
| 医疗综合楼 | A级高度 | 扭转不规则 | 无 | 无 | 超限 |
| | | 竖向尺寸突变（多塔） | | | |
| | | 竖向抗侧力构件间断（转换桁架、转换梁、转换柱） | | | |
| | | 穿层柱（A、B、C、D塔） | | | |
| | | 楼板局部不连续（E塔6F、7F） | | | |
| | | 凹凸不规则（A、B、C、D塔10F） | | | |

## 4. 结构性能目标

本工程位于地震重点监视防御区。结合抗震设防烈度、设防类别、场地条件、结构特点等因素，为贯彻执行《条例》第十六条规定，保证发生本区域设防地震时能够满足正常使用的要求，采用了抗震性能化设计方法，各地震水准下结构整体性能水平及层间位移角控制目标见表5.4-21。

整体性能水平及层间位移角控制目标　　　　　　　表5.4-21

| 设防水准 | | 多遇地震 | 设防地震 | 罕遇地震 |
|---|---|---|---|---|
| 性能水平定性描述 | 五层以上（塔楼病房区） | 完好 | 正常使用 | 轻度~中度损坏 |
| | 五层及以下（底盘医技区） | | | 轻微~轻度损坏 |
| 层间位移角限值 | 五层以上（塔楼病房区） | 1/800 | 1/400 | 1/150 |
| | 五层及以下（底盘医技区） | 1/800 | 1/500 | 1/200 |

　　结构构件根据性能目标划分为关键构件、普通竖向构件、重要水平构件、普通水平构件和基础构件五类，其构件承载力具体设计要求如下：

　　1）关键构件：转换桁架、转换梁、转换柱性能目标为中震受剪弹性、受弯弹性，大震受剪不屈服、受弯不屈服；底部加强部位剪力墙、框架柱（含穿层柱）性能目标为中震受剪弹性、受弯弹性，大震满足极限承载力要求。

　　2）普通竖向构件：其余部位剪力墙、框架柱（含穿层柱），性能目标为中震受剪弹性、受弯不屈服，大震满足受剪截面控制条件。

　　3）重要水平构件：本工程无。

　　4）普通水平构件：一般框架梁，性能目标为中震受剪不屈服、受弯不屈服，其中受弯承载力计算时可考虑钢筋超强系数1.25。

　　5）基础构件：基础、嵌固部位上部结构相关范围内地下室构件性能目标为中震受剪弹性（包括冲切）、受弯不屈服；桩基承载力按中震进行拉、压验算。

　　非结构构件自身及与主体结构的连接，建筑附属机电设备与主体结构的连接及其基座和支架，按设防地震进行抗震设防；砌体填充墙采用柔性连接。

## 5.结构计算与分析

### （1）多遇地震反应谱分析

采用YJK和Midas Building两个不同力学模型的结构分析软件进行整体分析。

### 1）整体计算模型

YJK整体计算模型如图5.4-24所示，Midas Building整体计算模型如图5.4-25所示。

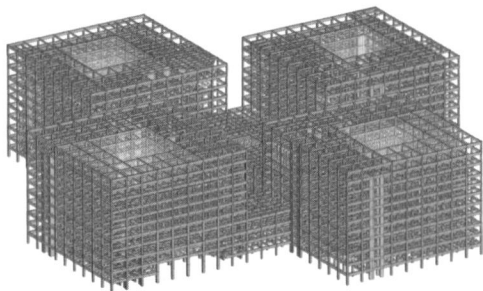

图5.4-24　YJK整体计算模型　　　　图5.4-25　Midas Building整体计算模型

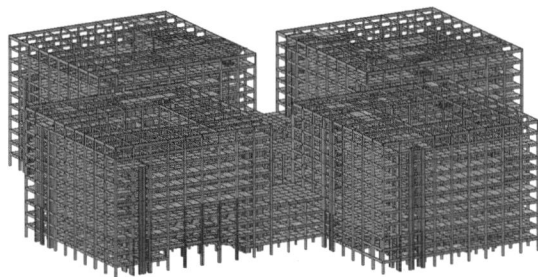

## 2）质量和周期

两个结构分析软件质量和周期计算结果见表5.4-22，两个软件计算结果相差均小于5%，第一扭转周期与第一平动周期之比小于0.85，满足规范要求。

质量和周期计算结果　　　　表5.4-22

| 计算指标 | | YJK | Midas Building | 备注 |
|---|---|---|---|---|
| 结构总质量（t） | | 428703.125 | 427198.947 | 相差0.35% |
| 周期 | $T_1$（s） | 1.3837（$X$向平动） | 1.3715（$X$向平动） | 相差0.88% |
| | $T_2$（s） | 1.3612（$Y$向平动） | 1.3477（$Y$向平动） | 相差0.99% |
| | $T_3$（s） | 0.8260（扭转） | 0.8012（扭转） | 相差3.00% |
| | 最大地震作用方向（°） | 101.097 | 84.000 | —— |
| | $T_3/T_1$ | 0.5970 | 0.5842 | 小于0.85 |
| | $T_2/T_1$ | 0.9837 | 0.9826 | 大于0.80 |

## 3）层间位移角

多遇地震作用下，采用YJK计算得到的层间位移角见表5.4-23，计算结果满足1/800的层间位移角控制目标。

多遇地震作用下层间位移角　　　　表5.4-23

| 层号 | X向 | | | | | Y向 | | | | |
|---|---|---|---|---|---|---|---|---|---|---|
| | A塔 | B塔 | C塔 | D塔 | E塔 | A塔 | B塔 | C塔 | D塔 | E塔 |
| 11 | 1/1412 | 1/1504 | 1/1469 | 1/1447 | — | 1/1507 | 1/1658 | 1/1332 | 1/1322 | — |
| 10 | 1/1745 | 1/1874 | 1/1817 | 1/1753 | — | 1/1917 | 1/1760 | 1/1595 | 1/1638 | — |
| 9 | 1/1363 | 1/1532 | 1/1541 | 1/1519 | — | 1/1627 | 1/1404 | 1/1290 | 1/1344 | — |
| 8 | 1/1341 | 1/1478 | 1/1471 | 1/1578 | — | 1/1603 | 1/1338 | 1/1233 | 1/1358 | — |
| 7 | 1/1309 | 1/1443 | 1/1413 | 1/1532 | — | 1/1575 | 1/1275 | 1/1203 | 1/1314 | — |
| 6 | 1/1326 | 1/1435 | 1/1371 | 1/1454 | 1/2149 | 1/1584 | 1/1245 | 1/1229 | 1/1320 | 1/2186 |
| 5 | 1/1422 | 1/1465 | 1/1405 | 1/1470 | 1/2016 | 1/1659 | 1/1431 | 1/1389 | 1/1450 | 1/1971 |
| 4 | 1/1439 | | | | | 1/1668 | | | | |
| 3 | 1/1540 | | | | | 1/1528 | | | | |
| 2 | 1/1825 | | | | | 1/1696 | | | | |
| 1 | 1/3364 | | | | | 1/3036 | | | | |

## （2）多遇地震弹性时程分析

采用YJK分析软件进行弹性时程分析。

### 1）地震波选取

本工程弹性时程分析选取5条天然波和2条人工波，选取的7条地震波信息见表5.4-24。

选取的7条地震波信息 表5.4-24

| | 波名 | 持续时间（s） | 加速度最大值（cm/s²） | 时间间距（s） |
|---|---|---|---|---|
| 天然波1 | Chi-Chi, Taiwan_NO_1191 | 79.1 | 44.3061 | 0.004 |
| 天然波2 | Big Bear-01_NO_921 | 50.8 | 78.2767 | 0.02 |
| 天然波3 | Morgan Hill_NO_465 | 32.2 | 98.1388 | 0.005 |
| 天然波4 | Superstition Hills-02_NO_726 | 16.9 | 166.598 | 0.01 |
| 天然波5 | San Fernando_NO_55 | 25.1 | 12.0646 | 0.005 |
| 人工波1 | ArtWave-RH1TG055 | 20.1 | 100 | 0.02 |
| 人工波2 | ArtWave-RH2TG055 | 21.2 | 100 | 0.02 |

弹性时程分析按双向地震加速度输入，其中主分量峰值加速度35cm/s²，次分量峰值加速度35×0.85=29.75cm/s²，结构阻尼比5%。

对7条地震波谱与规范反应谱进行了对比，如图5.4-26所示。从图中可见，7条地震波的平均地震影响系数曲线与振型分解反应谱法所采用的地震影响系数曲线相比，在对应于结构主要振型的周期点上相差不大于20%，在统计意义上相符，满足规范要求。

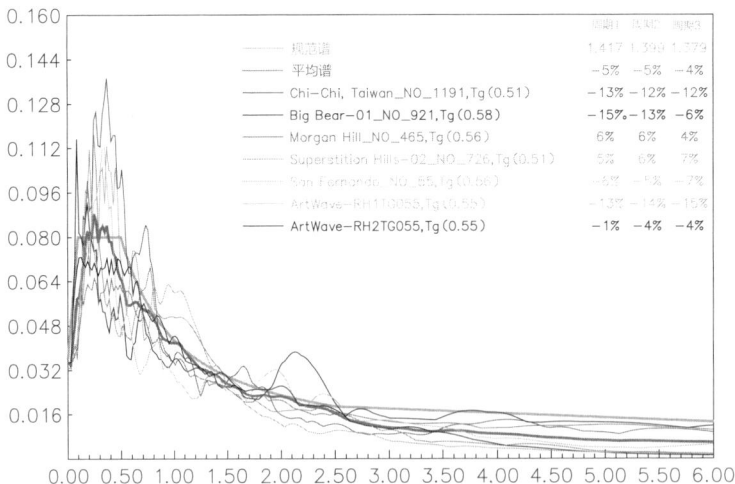

图5.4-26 7条地震波谱与规范反应谱对比图

### 2）底部剪力

时程分析法底部剪力与振型分解反应谱法底部剪力比较见表5.4-25，可以看出，每条时程曲线计算所得的结构底部剪力不小于振型分解反应谱法所得的底部剪力的65%且不大于135%，7条时程曲线计算所得的结构底部剪力平均值不小于振型分解反应谱法所得的底部剪力的80%且不大于120%，满足规范要求。

时程分析法与振型分解反应谱法底部剪力比较　　　　表5.4-25

| 方法 | | X向 | | Y向 | |
|---|---|---|---|---|---|
| | | $Q_0$或$Q$（kN） | $Q/Q_0$ | $Q_0$或$Q$（kN） | $Q/Q_0$ |
| 振型分解反应谱法 | | 128975.765 | — | 127193.822 | — |
| 时程分析法 | 天然波1 | 112465.904 | 87% | 108643.718 | 85% |
| | 天然波2 | 112005.583 | 87% | 111005.868 | 87% |
| | 天然波3 | 112479.438 | 87% | 112223.532 | 88% |
| | 天然波4 | 114946.445 | 89% | 111518.297 | 88% |
| | 天然波5 | 123537.266 | 96% | 127455.122 | 100% |
| | 人工波1 | 104218.309 | 81% | 103612.887 | 81% |
| | 人工波2 | 137069.055 | 106% | 141630.009 | 111% |
| | 平均值 | 116674.571 | 90% | 116584.205 | 92% |

注：$Q_0$和$Q$分别为振型分解反应谱法和时程分析法的底部剪力。

### 3）楼层剪力放大系数

将时程分析法楼层剪力计算结果与振型分解反应谱法楼层剪力计算结果进行对比，结果显示在五层至十一层，时程分析7条波的平均值略大于振型分解反应谱法的计算结果，其余各层时程分析7条波的平均值均小于振型分解反应谱法的计算结果，各楼层剪力放大系数见表5.4-26，振型分解反应谱法计算时考虑表5.4-26中相应的楼层剪力放大系数。

各楼层剪力放大系数　　　　表5.4-26

| 层号 | X向 | | | | | Y向 | | | | |
|---|---|---|---|---|---|---|---|---|---|---|
| | A塔 | B塔 | C塔 | D塔 | E塔 | A塔 | B塔 | C塔 | D塔 | E塔 |
| 11 | 1 | 1.023 | 1.030 | 1.019 | — | 1.024 | 1 | 1 | 1.020 | — |
| 10 | 1 | 1.044 | 1.034 | 1.040 | — | 1.035 | 1 | 1 | 1.027 | — |
| 9 | 1 | 1.036 | 1.024 | 1.042 | — | 1.045 | 1 | 1 | 1.025 | — |
| 8 | 1 | 1.017 | 1.006 | 1.035 | — | 1.052 | 1 | 1 | 1.039 | — |
| 7 | 1 | 1.006 | 1.001 | 1.029 | — | 1.056 | 1 | 1 | 1.030 | — |
| 6 | 1 | 1 | 1 | 1.006 | 1 | 1.055 | 1 | 1 | 1.013 | 1 |
| 5 | 1 | 1 | 1 | 1 | 1 | 1.033 | 1 | 1 | 1 | 1 |
| 4 | 1 | | | | | 1 | | | | |
| 3 | 1 | | | | | 1 | | | | |
| 2 | 1 | | | | | 1 | | | | |
| 1 | 1 | | | | | 1 | | | | |

### （3）设防地震层间位移角计算

设防地震作用下，采用YJK软件计算得到的层间位移角见表5.4-27，可以看出，设防地震下的层间位移角：五层及以下（底盘医技区）小于1/500，五层以上（塔楼病房区）小于1/400，可以满足设防地震下正常使用的层间位移角控制目标。

设防地震作用下层间位移角　　　　表5.4-27

| 层号 | X向 | | | | | Y向 | | | | |
|---|---|---|---|---|---|---|---|---|---|---|
| | A塔 | B塔 | C塔 | D塔 | E塔 | A塔 | B塔 | C塔 | D塔 | E塔 |
| 11 | 1/765 | 1/818 | 1/812 | 1/815 | — | 1/833 | 1/730 | 1/913 | 1/716 | — |
| 10 | 1/633 | 1/650 | 1/682 | 1/668 | — | 1/709 | 1/604 | 1/648 | 1/579 | — |
| 9 | 1/492 | 1/562 | 1/555 | 1/562 | — | 1/592 | 1/489 | 1/513 | 1/462 | — |
| 8 | 1/479 | 1/586 | 1/534 | 1/533 | — | 1/576 | 1/492 | 1/486 | 1/436 | — |
| 7 | 1/472 | 1/572 | 1/527 | 1/516 | — | 1/565 | 1/481 | 1/466 | 1/428 | — |
| 6 | 1/486 | 1/555 | 1/527 | 1/507 | 1/872 | 1/577 | 1/484 | 1/462 | 1/442 | 1/785 |
| 5 | 1/527 | 1/564 | 1/543 | 1/525 | 1/732 | 1/615 | 1/536 | 1/534 | 1/507 | 1/714 |
| 4 | 1/545 | | | | | 1/634 | | | | |
| 3 | 1/588 | | | | | 1/586 | | | | |
| 2 | 1/702 | | | | | 1/653 | | | | |
| 1 | 1/1313 | | | | | 1/1181 | | | | |

### （4）设防地震构件性能目标计算

本工程设防地震下关键构件、普通竖向构件和普通水平构件性能目标见表5.4-28。

设防地震下构件性能目标　　　　表5.4-28

| 构件类型 | | 设防地震 |
|---|---|---|
| 关键构件 | 转换桁架、转换梁、转换柱 | 抗剪弹性、抗弯弹性 |
| | 底部加强部位剪力墙、框架柱（含穿层柱） | 抗剪弹性、抗弯弹性 |
| 普通竖向构件 | 其余部位剪力墙、框架柱（含穿层柱） | 抗剪弹性、抗弯不屈服 |
| 普通水平构件 | 一般框架梁 | 抗剪不屈服、抗弯不屈服（考虑超强系数1.25） |

设防地震作用下，采用YJK软件进行构件性能目标计算。计算分析表明，设防地震下关键构件、普通竖向构件和普通水平构件均能达到预期构件承载力性能目标要求。

### （5）罕遇地震弹塑性时程分析

采用SAUSAGE（Seismic Analysis Usage）分析软件进行罕遇地震弹塑性时程分析。

#### 1）模型校核

SAUSAGE与YJK软件质量和周期对比见表5.4-29，可以看出，SAUSAGE计算的质量和周期与YJK计算的质量和周期基本一致，相差均不超过5%，说明SAUSAGE计算模型与YJK计算模型基本一致，具有可比性，可用于弹塑性时程分析。

SAUSAGE与YJK软件质量和周期对比　　　表5.4-29

| 计算指标 | | SAUSAGE | YJK | 相差 |
|---|---|---|---|---|
| 总质量（t） | | 440856.28 | 428703.125 | +2.76% |
| 周期（s） | $T_1$ | 1.3670 | 1.3837 | -1.22% |
| | $T_2$ | 1.3220 | 1.3612 | -2.97% |
| | $T_3$ | 0.8120 | 0.8260 | -1.72% |

#### 2）地震波选取

本工程弹塑性时程分析选取2条天然波和1条人工波，选取的3条地震波信息见表5.4-30。计算罕遇地震时地震波的有效峰值加速度为220cm/s²，按三向地震加速度输入，主方向、次方向以及竖直方向地震波峰值加速度比按1:0.85:0.65确定，所选地震波按有效峰值加速度对各点进行等比例调整。

选取的3条地震波信息　　　表5.4-30

| 工况 | | 起始时间（s） | 终止时间（s） | 加速度（cm/s²） | | |
|---|---|---|---|---|---|---|
| | | | | 主方向 | 次方向 | 竖直方向 |
| 天然波1 Chi-Chi，Taiwan-06_NO_3271 | X向 | 0.0 | 56.4 | 220.0 | 187.0 | 143.0 |
| | Y向 | | | | | |
| 天然波2 Anza-02_NO_1921 | X向 | 0.0 | 27.7 | 220.0 | 187.0 | 143.0 |
| | Y向 | | | | | |
| 人工波 RH2TG055 | X向 | 0.8 | 20.8 | 220.0 | 187.0 | 143.0 |
| | Y向 | | | | | |

#### 3）弹塑性层间位移角

罕遇地震作用下，3条地震波分别按X向为主方向和Y向为主方向输入时，结构各主方向的弹塑性最大层间位移角见表5.4-31，可以看出，罕遇地震下的弹塑性层间位移角：五层及以下（底盘医技区）小于1/200，五层以上（塔楼病房区）小于1/150，满足罕遇地震下的层间位移角控制目标。

结构各主方向的弹塑性最大层间位移角　　　　表5.4-31

| 主方向 | 地震波 | 顶点最大位移 | 五层及以下（底盘医技区） | | 五层以上（塔楼病房区） | |
|---|---|---|---|---|---|---|
| | | | 最大层间位移角 | 对应层号 | 最大层间位移角 | 对应层号 |
| X向 | 天然波1 | 0.155 | 1/245 | 4 | 1/164 | 6 |
| | 天然波2 | 0.220 | 1/339 | 4 | 1/159 | 9 |
| | 人工波 | 0.199 | 1/256 | 4 | 1/160 | 8 |
| Y向 | 天然波1 | 0.145 | 1214 | 2 | 1/188 | 7 |
| | 天然波2 | 0.184 | 1/267 | 3 | 1/155 | 9 |
| | 人工波 | 0.237 | 1/259 | 2 | 1/153 | 7 |

### 4）能量耗散图及等效阻尼比

罕遇地震作用下，3条地震波分别按X向为主方向和Y向为主方向输入时，得到两个方向的能量耗散图及等效阻尼比如图5.4-27～图5.4-29所示，可以看出，随着时间增加，结构的塑性耗能占比逐渐增加，反映了结构在大震下逐步进入塑性的能量发展过程。

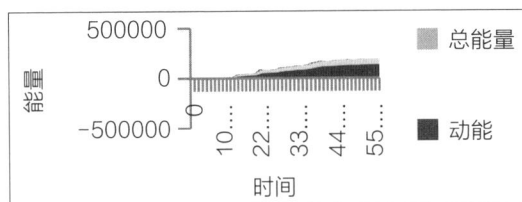

结构初始阻尼比5.0%，附加等效阻尼比2.1%，总等效阻尼比7.1%

（a）X向

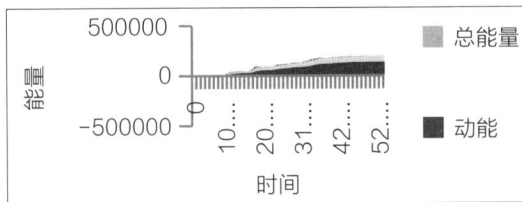

结构初始阻尼比5.0%，附加等效阻尼比2.2%，总等效阻尼比7.2%

（b）Y向

图5.4-27　天然波1能量耗散图及等效阻尼比

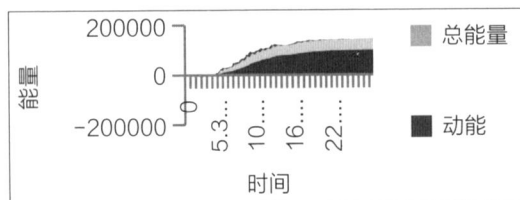

结构初始阻尼比5.0%，附加等效阻尼比2.2%，总等效阻尼比7.2%

（a）X向

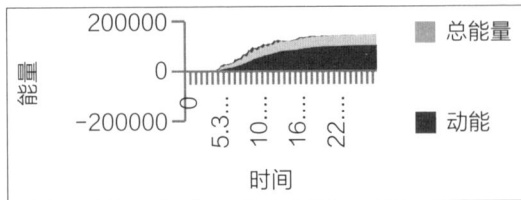

结构初始阻尼比5.0%，附加等效阻尼比2.0%，总等效阻尼比7.0%

（b）Y向

图5.4-28　天然波2能量耗散图及等效阻尼比

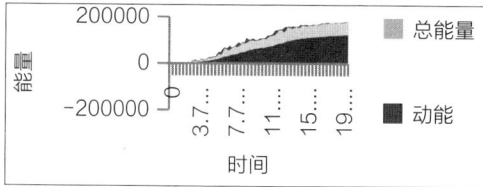

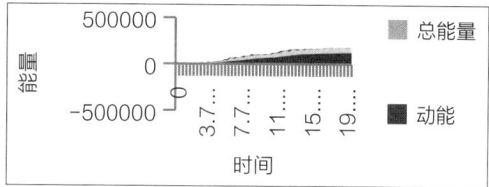

结构初始阻尼比5.0%，附加等效阻尼比2.3%，
总等效阻尼比7.3%

结构初始阻尼比5.0%，附加等效阻尼比2.3%，
总等效阻尼比7.3%

（a）X向　　　　　　　　　　　　　　（b）Y向

图5.4-29　人工波能量耗散图及等效阻尼比

### 5）构件损伤及性能水准

罕遇地震作用下，通过输入3条地震波进行弹塑性时程分析，取计算结果的包络值统计，各类构件损伤及性能水准如图5.4-30～图5.4-35所示，可以看出：

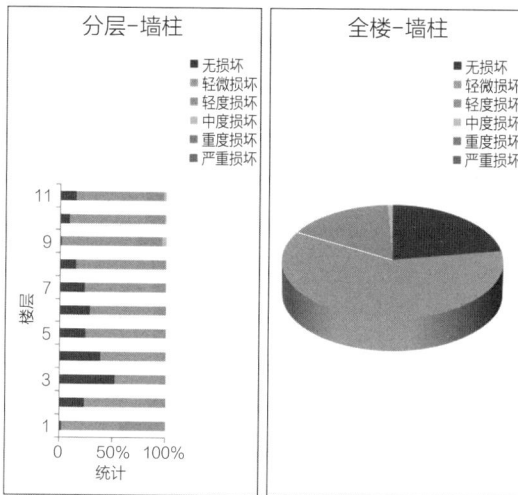

图5.4-30　墙柱损伤及性能水准

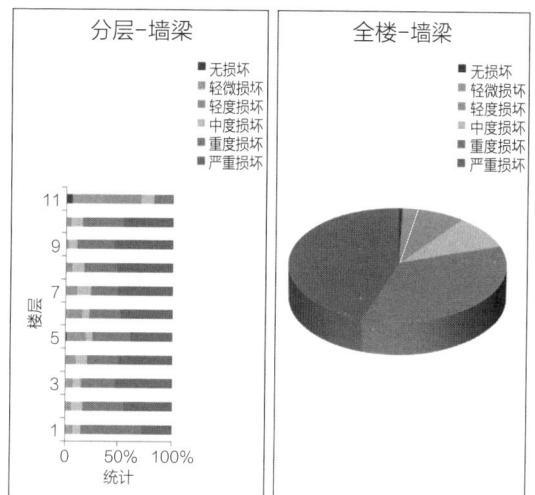

图5.4-31　墙梁损伤及性能水准

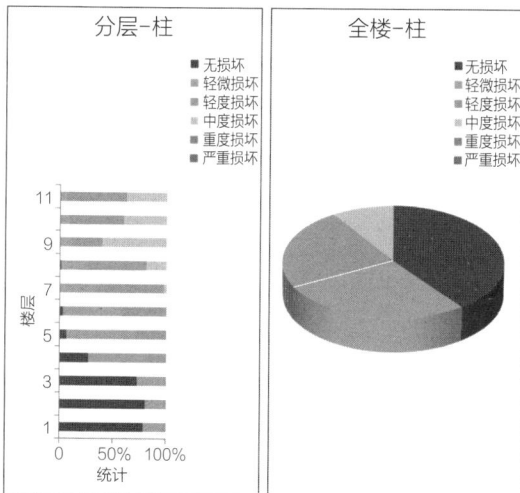

图5.4-32　柱损伤及性能水准

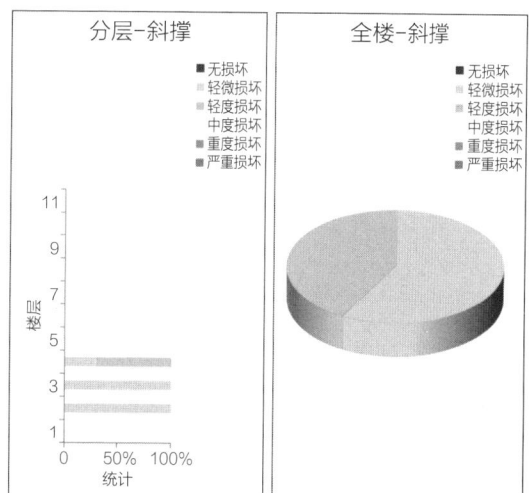

图5.4-33　斜撑损伤及性能水准

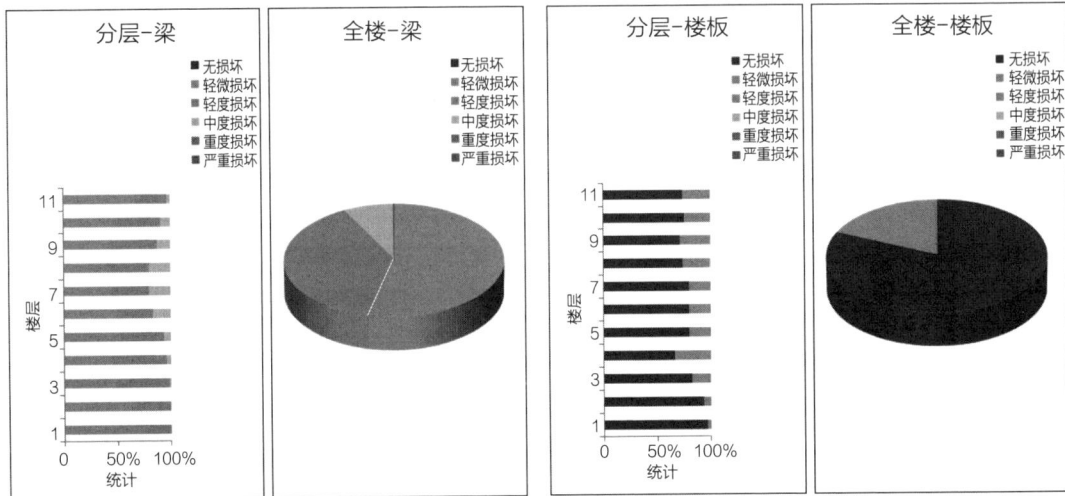

图5.4-34　梁损伤及性能水准

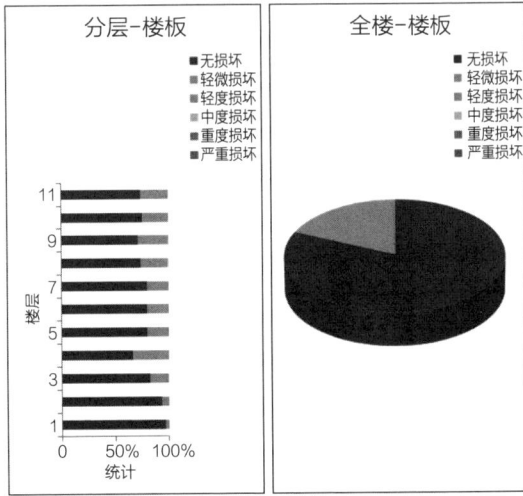

图5.4-35　楼板损伤及性能水准

①底层至收进部位以上2层的剪力墙，基本处于无损坏~轻微损坏范围，少部分洞口边缘位置出现轻度损坏；上部剪力墙基本处于轻微损坏~轻度损坏，个别出现中度损坏。

②连梁中度损坏~重度损坏，部分严重损坏，能够充分发挥耗能作用。

③底层至收进部位以上2层的框架柱，基本处于无损坏~轻度损坏范围；上部部分框架柱出现中度损坏；转换柱基本处于无损坏~轻度损坏范围，转换桁架基本处于无损坏~轻微损坏范围。

④框架梁基本处于轻微损坏~轻度损坏范围，五层以上少部分框架梁出现中度损坏。

⑤各层楼板，包括收进部位和转换部位楼板，基本处于无损坏~轻微损坏范围。

## 6. 工程小结

1）多遇地震作用下，X向层间位移角最大值为1/1309，Y向层间位移角最大值为1/1203，双向均能满足不大于1/800的预期位移性能目标要求。

2）设防烈度地震作用下，五层及以下（底盘医技区）层间位移角X向最大值为1/525，Y向最大值为1/507，双向均能满足不大于1/500的预期位移性能目标要求；五层以上（塔楼病房区）层间位移角X向最大值为1/472，Y向最大值为1/428，双向均能满足不大于1/400的预期位移性能目标要求。

3）罕遇地震作用下，五层及以下（底盘医技区）弹塑性层间位移角X向最大值为1/245，Y向最大值为1/214，双向均能满足不大于1/200的预期位移性能目标要求；五层以上（塔楼病房区）弹塑性层间位移角X向最大值为1/159，Y向最大值为1/153，双向均能满足不大于1/150的预期位移性能目标要求。

4）设防烈度地震作用下，对关键构件、普通竖向构件、普通水平构件进行设计，能够满足预期构件承载力性能目标要求。

5）罕遇地震作用下，转换桁架、转换梁、转换柱，底部加强部位剪力墙、框架柱（含穿层柱）、五层及以下框架梁等构件损伤，能够满足轻微~轻度损坏的预期性能目标要求；

其余部位剪力墙、框架柱（含穿层柱）、五层以上框架梁等构件损伤，能够满足轻度~中度损坏的预期性能目标要求。

6）本工程设计采用抗震技术（抗震结构），一方面通过加强钢筋混凝土框架和剪力墙等抗侧力构件的刚度和强度，利用主体结构构件屈服后的塑性变形能和滞回耗能来耗散地震能量；另一方面通过"强柱弱梁、强剪弱弯、强节点弱构件"的抗震概念设计来提高主体结构的延性。经计算分析表明，能够满足设防烈度地震作用下正常使用的要求。

第 **6** 章

# 装配式医疗建筑结构
# 设计研究

# 6.1　我国装配式建筑历程和现状

## 6.1.1　发展历程和演变

### 1．早期

装配式建筑的发展历程和演变，一直与建筑工业化水平密切相关。早在第一个五年计划，我国就已经提出了建筑工业化的发展目标。1956年，国务院发布了《关于加强和发展建筑工业的决定》，要求"积极地有步骤地实行工厂化、机械化施工，逐步完成对建筑工业的技术改造，逐步完成向建筑工业化的过渡"。虽然当时的建筑材料、施工工艺和机械设备较为落后，预制装配式结构仍获得了一定发展。从20世纪50年代到70年代末，预制梁、预制柱、空心楼板、预制屋架等构件的应用日渐广泛，装配式混凝土柱单层厂房、钢结构厂房、装配式大板住宅、大模板"内浇外挂"、框架轻板、预制装配式框架-剪力墙等结构体系逐步得到应用和推广。但这一时期的建筑行业处于计划经济体制之下，企业缺乏技术创新的动力，加之受限于工业化水平和经济技术条件，当时的装配式建筑主要应用于住宅和工业厂房，其他方面很少应用。

### 2．中期

从20世纪70年代末开始，改革开放带来了我国经济的腾飞，建筑业飞速发展，对建筑工业化提出了更高的要求。

1978年，建设部召开建筑工业化规划会议，要求到1985年大、中城市基本实现建筑工业化，到2000年全面实现建筑工业现代化。

1996年，建设部发布《住宅产业现代化试点工作大纲》，提出在20年内推进住宅产业化的规划。

1999年，国务院发布《关于推进住宅产业现代化提高住宅质量的若干意见》，对住宅产业现代化提出指导思想和发展方向。

这一时期，出现了预应力T形板等新型预制构件，以及升板、预应力板柱等新型装配式混凝土结构体系，建成的装配式建筑数量也有了较大增长。

然而，随着我国经济水平的提高，建筑形式和功能越来越复杂，建筑设计日益多样化、个性化，装配式建筑在很多场合下无法满足建筑市场的需求；市场经济的发展使得商品混凝土兴起，各类新型模板体系不断涌现，混凝土浇筑技术有了长足的进步，大量农民工提供了充足的廉价劳动力，现浇混凝土成本大幅下降，装配式建筑失去了性价比优势；另一方面，由于前期的装配式建筑材料相对落后，施工工艺较为粗糙，预制构件接缝和节点往往处理不当，已有的工程逐渐显示出在防水、隔声、保温、耐久性等方面的不足；特别是在1976年唐山地震、1988年澜沧耿马地震等大地震中，采用预制板的砖混结构房屋以及预制装配式工业厂房等装配式混凝土结构破坏较为严重，暴露出其整体性较差、抗震性能较弱的缺陷，引发了人们对其安全性的担忧。种种因素使得现浇混凝土结构在建筑市场上的份额遥遥领先，而装配式建筑的发展有所减缓甚至停滞。2002年9月，我国开始禁止使用预制板建造商品房。2003年，建设部发布了相关政策，明确禁止在新建、改建、扩建的工业与民用建筑项目中使用预应力空心板和非预应力空心板、混凝土平板、混凝土槽形板等各类预制混凝土板，旨在推动建筑行业向更加高效、安全的方向发展。2008年汶川地震震害再次表明，过去的预制装配式建筑由于设计对抗震概念考虑不周、施工对抗震构造重视不够，存在预制空心楼板端部连接薄弱、楼盖整体性不强等缺陷。这一时期，尽管预制构件和装配式结构体系都有所创新，但尚未形成集成化的设计思想，预制构件的类型和规格仍然有限，装配式的应用范围仍然较为狭窄，公共建筑应用不多。

### 3．近期

进入21世纪以来，我国综合国力显著提高，从注重发展速度转向着力提升发展质量，更加关注环境保护和可持续发展，提出了加强生态文明建设，坚持绿色发展理念的发展目标。同时，人民生活水平的提高也使得人力成本不断上涨，人工费用已成为建筑造价中的重要组成部分。

发展环境的改变既给建筑业提出了新问题，也带来了转型升级的新局面。为了降低人力成本，加快建设速度，提高工程质量，满足绿色环保需求，改变建筑业低效率、高能耗的现状，我国加快了建筑工业化的步伐，而装配式建筑正是其中的重要环节。2010年以来，国家层面陆续出台了多项与装配式有关的政策，如：

2013年住房和城乡建设部发布《"十二五"绿色建筑和绿色生态区域发展规划》《绿色建筑行动方案》；

2014年住房和城乡建设部发布《关于推进建筑业发展和改革的若干意见》；

2016年国务院发布《关于大力发展装配式建筑的指导意见》（简称《指导意见》）；

2017年，住房和城乡建设部连续发布了《"十三五"装配式建筑行动方案》《建筑业发展"十三五"规划》《装配式建筑产业基地管理办法》《装配式建筑示范城市管理办法》《装配式建筑评价标准》，国务院办公厅发布了《关于促进建筑业持续健康发展的意见》；

2018年召开全国住房和城乡建设工作会议，要求以发展新型建造方式为重点，深入推进建筑业供给侧结构性改革，大力发展钢结构等装配式建筑，积极化解建筑材料、用工供需不平衡的矛盾，加快完善装配式建筑技术和标准体系；

2020年发布《关于加强新型建筑工业化发展的若干意见》；

2021年发布《关于推动城乡建设绿色发展的意见》以及《"十四五"建筑业发展规划》；

2022年发布《"十四五"建筑节能与绿色建筑发展规划》。

其中2016年的《指导意见》，是推进装配式建筑的纲领性文件，明确了发展装配式建筑是建造方式的重大变革，提出了"健全标准规范体系、创新装配式建筑设计、优化部品部件生产、提升装配施工水平、推进建筑全装修、推广绿色建材、推进工程总承包、确保工程质量安全"八项重点任务，并要求以京津冀、长三角、珠三角三大城市群为重点推进地区，常住人口超过300万的其他城市为积极推进地区，其余城市为鼓励推进地区，因地制宜发展装配式结构。

在此背景下，各地相继推出了地方性装配式政策。截至2023年，全国31个省、自治区、直辖市均已出台相应的装配式实施意见或促进措施，制定了明确的发展规划，确定了装配式建筑在新建建筑中面积占比的目标，提出了在适宜条件下采用装配式的强制要求，编制了适合各地特点的地方装配式评价标准，并提供了多方面的补助和优惠以鼓励装配式建筑的发展，大力推动装配式建筑进入快速发展的轨道。同时，各地通过建立装配式建筑示范城市、布局装配式建筑产业化基地、推动装配式产业聚集等方式，为国家装配式建筑政策的落实打下了坚实的基础。

最近十多年，全国各地装配式建筑的建成面积迅速增长，出现了混凝土结构、钢结构、木结构等多种装配式建筑类型。不少企业、高校和研究机构积极开展相关研究，开发了种类繁多的装配式结构体系，适合装配式的新材料、新技术、新工艺层出不穷。与此同时，集成化的设计概念开始受到重视，结构与建筑、机电等专业相结合，研制了形形色色的集成部品和部件。许多预制构件和集成部品厂家得到了快速发展，一些国外的集成部品品牌也开始进入国内市场。这些进展使得装配式建筑的应用范围得到了空前的扩大，不再局限于住宅和工业厂房，大量的市政公用设施以及包括医疗建筑在内的公共建筑也开始采用装配式建造。

## 6.1.2  研究现状

2010年以前，针对预制混凝土柱单层厂房、升板结构等装配式结构体系以及非预应力空心板、预应力空心板、T形板、蒸压加气板材等预制构件的相关研究工作广泛开展，有效地支持了装配式建筑的设计、施工。

2016年，配合装配式建筑的新一轮大发展，国务院发布的《"十三五"国家科技创新规划》提出：加强装配式建筑设计理论、技术体系和施工方法研究；研究装配式混凝土结构、钢结构、木结构和混合结构技术体系、关键技术和通用化、标准化、模数化部品部件；研究装配式装修集成技术；构建装配式建筑的设计、施工、建造和检测评价技术及标准体系，开发耐久性好、本质安全、轻质高强的绿色建材，促进绿色建筑及装配式建筑实现规模化、高效益和可持续发展。此后，装配式研究的范围（广度和深度）有了新的突破。除了装配式结构体系、预制构件之外，建筑、机电、内装、工艺等各专业的模块化、集成化设计，以及集成部品的研究都有了较大进展。

### 1. 装配式建筑

#### （1）一般装配式建筑

结合实际工程，许多设计者针对装配式建筑的特点对其设计要点作了研究和总结。主要包括：装配式建筑设计的基本原则，平面设计，立面与剖面设计，预制外墙防水、保温设计，内装设计，设备与管线设计。这方面的内容已经比较成熟，但随着新型材料和工艺的出现，仍有不少方面需要进一步研究。

#### （2）装配式医疗建筑

医疗建筑与其他民用建筑相比，具有使用功能多样、工艺要求复杂等特点，因此对装配式医疗建筑的设计提出了特别的要求。对于这方面的问题也有许多研究和总结。例如：医疗专业功能对于装配式结构体系选择的影响，医疗工艺设施、医疗专业设备及管线与结构专业的配合，医疗专业预制部品的应用等，都有不少有价值的成果。随着医疗设备种类的增加、预制部品应用范围的扩大，这方面的研究还在不断更新。例如，出现了一批集成装配式手术室、装配式实验室、装配式屏蔽防护用房等新型专利产品。

## 2. 装配式结构

### （1）结构体系

随着装配式应用范围的扩大，原有的少数几种装配式结构体系越来越不能满足建筑日益复杂和多样化的需求。许多研究者针对新时期涌现出来的多种多样的新结构体系，从结构受力特点、设计原则、设计流程与方法、预制构件拆分和设计、预制构件生产和安装工艺、连接节点设计和工艺等多方面进行了深入的研究。

我国现行规范推行的装配式结构体系，预制构件之间通过现浇节点"湿式连接"，基本可按照现浇结构进行分析计算，从而简化了设计；但带来的问题是，构件加工复杂，施工工艺烦琐，接头质量难以保证，工期和成本难以控制。为了解决这些问题，不少研究者研发了按照"非等同现浇"原则设计的装配式混凝土结构体系，其中有代表性的是中国建筑标准设计研究院推出的EMC（Efficient Manufacure and Construction高效加工及施工）体系。

EMC体系采用多种新型连接构造，大幅度减少钢筋接头数量和现浇作业量，钢筋连接以套筒连接等成熟的机械连接为主，降低了施工难度，提高了连接可靠性。通过深入研究受力形态屈服机制，构件、接缝及节点承载力计算方法，变形能力的保证措施以及构造形式，达到了受力性能"等同现浇"（Equivalent Monolithic Capacity）的目标，同时保留了等同现浇设计原则。

EMC体系包含全预制剪力墙、预制空心叠合剪力墙、双面叠合剪力墙、多层装配式剪力墙、装配式框架、装配式组合框架等多种结构类型，适用于不同场景。其中，EMC装配式框架可应用于框架结构和框剪结构中，对于医疗建筑也有着广阔的应用前景。它采用预制空心叠合柱，在预制柱内部预埋金属管道成孔，形成带竖孔的叠合柱体系。预制柱仅布设竖向构造钢筋与柱箍筋、拉筋形成钢筋笼。受力纵筋采用大直径贯通钢筋，以减少钢筋数量，集中配置在金属管道内，采用直螺纹套筒等机械连接方式，传力可靠。其他部位的构造纵筋无需连接。竖孔减轻了预制构件重量，降低了吊装要求；上下层柱之间后浇连接，避免了灌浆封仓作业，降低了安装难度和成本；预制柱无外伸钢筋，简化了制作和施工工艺。

### （2）构件、连接与节点

预制构件、连接方式、节点构造是装配式建筑研究和创新的重点和热点。新型构件、连接与节点层见叠出，研究范围和方法包括试验、有限元应变和应力分析分析、承载力验算方法、抗震性能；防水、耐久性等物理性能。不少成果在实际工程中得到了应用，其中部分已经在全国范围推广，成为装配式技术的主流。例如：预制构件方面，关于钢筋桁架叠合板、预应力叠合板的研究；连接技术方面，关于钢筋套筒连接、钢筋浆锚连接、混凝土粗糙面连接、混凝土键槽连接等连接方式的结构性能研究；结构节点方面，关于预制剪力墙连接节点、预制柱-柱连接节点、叠合梁-预制柱连接节点、外挂墙板连接节点、填充墙与结构构件连接节点的构造形式、静力和抗震性能的研究。

关于生产制作、安装与检测方面的研究，也取得了相当的进展。其中，各类连接和节点，特别是干式连接及其节点的开发是意义较为重大的研究热点之一。部分干式连接方式，如焊接连接、螺栓连接、钢吊架连接、牛腿连接、企口连接、后张预应力连接等，已有比较成熟的设计方法和施工工艺，并已有实际工程案例。一些从事装配式的企业，还开发出专门的干式连接产品，如用于预制墙板竖缝连接的预制构件连接器和预埋套筒、用于柱与柱连接以及柱脚的锚固螺栓和柱靴连接件、用于柱与梁连接的万向连接件和栓钉连接件、用于阳台栏杆的预埋槽连接、用于外挂预制混凝土幕墙的干式连接系统等。

此外对于多种新型连接，如用于钢筋的双螺套连接，用于预制柱的榫式连接，用于预制剪力墙和大板的键槽连接，用于预制剪力墙的螺栓连接和焊接连接、高强度螺栓和钢框连接、钢板抗剪键连接、钢板-高强度螺栓配合连接，以及新型梁柱节点，如阶梯钢板式节点、钩挂式节点、加强环节点等，也已有较为深入的研究，为今后装配式结构的应用提供了新的思路和方法。

**（3）技术标准**

2021年发布的《装配式医院建筑设计标准》T/CECS 920—2021是对装配式医疗建筑设计有重要意义的技术标准。该标准由中国工程建设标准协会组织中国建筑标准设计研究院有限公司等单位编制，经中国工程建设标准化协会建筑产业化分会组织审查，自2022年5月1日起开始施行。该标准主要适用于设计使用年限50年的普通医院装配式建筑设计，涵盖了建筑、结构、外围护、设备与管线、内装各专业，对技术策划、技术经济可行性、装配式技术与医疗工艺的匹配性等多方面提出了指导性规定和要求。特别是针对建筑的集成设计、模数协调、标准化设计；结构的安全等级、结构材料等基本规定，结构体系、构件和节点的设计要求；外围护系统、设备管线系统、内装系统的集成化、一体化设计等均作出了许多针对医院建筑特点的明确规定，给出了如装配式医院的常用模数、柱网体系优先尺寸、各类功能房间的平面优先尺寸、楼盖结构选型等许多具有实用价值的建议。

# 6.2　装配式医疗建筑特点

## 6.2.1　适用性和设计原则

### 1．适用性

就装配式的技术要求而言，医疗建筑与住宅、办公、商业等其他民用建筑有不少共同点，特别是在结构体系层面、构件与节点的计算和构造层面，装配式技术具有较为广泛的通用性，装配式建筑的一般性优点同样能在医疗建筑中得到体现，这给装配式技术在医疗建筑中的应用带来了便利。但是实际工程还需要充分考虑以下因素：

首先，医疗建筑的功能性极强，设计的关键在于满足患者和医疗人员双方的特殊使用要求以及医疗工艺要求。因此在结构布置、构件拆分、部品系统、模块化和集成化设计、建筑总体系统等层面，装配式医疗建筑有其自身的特点，设计、生产、安装等各方面都需要考虑其适用性。对于一些特殊使用功能和工艺要求，各专业与一般民用建筑不同的细节不可忽视。

其次，大多数医疗建筑属于重点设防类建筑，其中一部分还属于需要满足设防烈度正常使用要求的建筑，抗震设防要求普遍高于普通的居住建筑及办公、商业类公共建筑，因此对预制构件及连接节点的质量控制和安装精度要求较高。现阶段我国的部分装配式关键技术尚不够成熟，产业工人素质不高，有可能对建筑质量及建筑寿命产生不利影响。

同时，医疗综合楼、门急诊楼、医技楼等类型的建筑，其使用功能多样，工艺要求复杂，构件尺寸和形式较难实现标准化。不少部位的荷载明显大于一般民用建筑，使得构件截面尺寸和重量也偏大，对预制构件的运输、堆放、吊装提出了较高要求。

此外，当前我国医疗建筑设计的现状是，医疗工艺设计进度往往滞后于建筑、结构、机电设计；并且随着医疗技术的进步，医疗设备的更新换代也成为常态，医疗工艺流程也在不断改进。这些因素加大了预制构件在后期进行加固或开洞开槽等改动的风险，使得装配式技术的优势不能充分发挥。因此，合理选择装配式范围是装配式医疗建筑设计中的一个重要环节。

总体来说，装配式建筑是建筑业未来的发展趋势，虽然装配式医疗建筑还有不少问题有待解决，但从技术可行性到经济性，各方面的条件正在逐步向有利于实施装配式的方向转变。医疗建筑的主要类型中，门诊、急诊、医技、病房、行政、科研、宿舍、后勤保障等的大部分功能空间都有可能采用单元式布局、模块化建造。通过结合医疗建筑特点精心设计，装配式医疗建筑也有条件逐步走向繁荣。

## 2．设计原则

1）宜采用标准化、系列化尺寸。

2）应根据医疗工艺设计和装配式建筑的生产、运输、安装等条件，对结构系统、外围护系统、设备与管线系统、内装系统等进行集成设计，并应进行全过程、全专业的协同设计。

3）应在模数协调的基础上进行功能空间、部件部品及接口的标准化和模块化设计，遵循少规格、多组合的原则。

4）部件部品的连接应采用标准化接口。

5）宜采用大空间和灵活可变的布局方式，使空间具有功能适应性。

6）宜采用设备与管线系统、内装系统和主体结构相分离的布置方式。

7）应遵循建筑模数协调标准，并应符合现行国家标准《建筑模数协调标准》GB/T 50002的有关规定。

8）围护结构及建筑部品等宜采用工业化、标准化产品。

9）宜采用规则平面和立面布置。

10）应满足结构构件布置的可实施性，在满足医疗功能要求的前提下尽量减轻结构的不规则程度。

## 6.2.2 系统组成

### 1．结构系统

装配式医疗建筑中常见的结构类型包括预制装配式混凝土结构和装配式钢结构。常用的混凝土结构体系为框架结构、框架-剪力墙结构，常用的钢结构体系为钢框架结构、钢框架-支撑结构或钢框架-延性墙板结构。根据《装配式混凝土结构技术规程》JGJ 1—2014 的规定，装配式框架-剪力墙结构中，剪力墙部分应现浇；装配式钢结构体系中，支撑可根据具体工程选择中心支撑、偏心支撑或屈曲约束支撑。

装配式医疗建筑常用的预制结构构件种类见表 6.2-1。

装配式医疗建筑常用预制结构构件　　　　　　　　表 6.2-1

| 结构体系 | 构件种类 |
| --- | --- |
| 装配整体式混凝土框架结构 | 预制梁、叠合梁、预制柱、叠合楼板、预制楼梯、预制空调板、预制阳台板 |
| 装配整体式混凝土框架-现浇剪力墙结构 | 预制梁、叠合梁、预制柱、叠合楼板、预制楼梯、预制空调板、预制阳台板 |
| 装配式钢框架结构 | 钢梁、钢柱、叠合楼板、预制楼梯、预制空调板、预制阳台板 |
| 装配式钢框架-支撑结构 | 钢梁、钢柱、钢支撑、叠合楼板、预制楼梯、预制空调板、预制阳台板 |
| 装配式钢框架延性墙板结构 | 钢梁、钢柱、预制延性墙板、叠合楼板、预制楼梯、预制空调板、预制阳台板 |

## 2. 围护系统及内隔墙

### （1）围护系统

装配式医疗建筑常用的装配式围护构件包括预制外挂混凝土墙板、蒸压加气混凝土墙板、装配式复合玻璃纤维增强混凝土板外墙、发泡陶瓷外墙挂板、装配式混凝土轻型条板、整体式钢骨架复合板、钢框架内填混凝土墙板等。

### （2）内隔墙

内隔墙应优先采用装配式轻质隔墙，有条件时宜采用墙面集成系统，或内隔墙与管线一体化模块安装。但某些特殊情况宜考虑采用非装配式隔墙，包括但不限于：

1）设备管井尺度较小，但需要穿越较多管线，增加了装配式隔墙构造的复杂性；

2）电梯井道隔墙需安装电梯导轨并承受电梯运行产生的水平力，通常需设置轨道圈梁，预制轻质墙板一般不容易满足要求；

3）卫生间等房间防水要求较高，如采用装配式隔墙需对防水构造采取加强措施。

## 3. 内装部品

装配式医疗建筑常用的内装部品及配套构件见表 6.2-2。

**装配式医疗建筑常用内装部品及配套构件** 表6.2-2

| 类别 | 构件种类 | |
|---|---|---|
| 一般内装部品 | 集成装配式卫生间、整体收纳、集成式吊顶、干式工法地面 | |
| 医疗专业部品 | 装配式病房内装系统 | |
| | 钢制隔墙系统（用于精神病人隔离防护） | |
| | 集成装配式手术室 | |
| | 模块化装配式实验室 | |
| | 装配式屏蔽防护用房 | 测听室、放射诊疗用房 |
| | 模块化定制式医疗家具 | 病房储物柜、护士站专用家具、处置治疗室边柜、实验室检验试验台 |

### 4．机电设备与管线

应采用标准化、集成化、一体化的方法，给水排水、暖通、电气及智能化等机电设备和管线与建筑、结构、内装专业同步协同设计，有条件时还可包括医疗气体系统、医院物流传输系统等其他专业设施。

## 6.2.3　标准化、模块化

### 1．建筑平面设计

#### （1）建筑平面布局的标准化和模块化

建筑平面设计应遵循"少规格、多组合"的原则，尽可能提高建筑基本单元、结构和非结构构配件、连接构造、建筑部品及设备管线的重复率。例如采取以下措施：

1）将门诊功能和医技功能各自成区。

2）护理单元为一个标准层，在护理单元中，医生办公区与病房区分别设置。

3）病房单元同样进行模块化设计，开间大小尽量减少变化。

4）柱网尽量采用标准化模数。

5）建筑的模块以数个轴网为单元，轴线处作为标准模块的接口。

在医疗建筑中，病房楼平面布置一般较为规整，特别适于采用模块化设计。可以将病房模块、卫生间模块、阳台模块等基本模块进行组合，构成病房单元模块，再将病房单元模块与廊道模块、医护办公模块、护士站模块、楼电梯交通核模块、设备管井模块等组合成为标准层模块，最终形成可复制的模块化建筑。医技楼、门急诊楼、感染楼、科研楼等类型建筑，其中的某些功能区域，如大型医疗设备用房等，各自具有特殊要求，不适于模块化设计，但其他功能区域仍有可能局部构成诊室模块、手术室模块、办公室模块、实验室模块、廊道模块等，再与非模块化部分组合形成楼层平面。

#### （2）建筑平面形状的规整化

建筑平面宜选用以结构单元空间为功能模块的平面布局，合理布置柱、墙及核心筒位置，公共交通空间宜集约布置，竖向管线宜集中设置管井，满足适用空间的灵活性和可变性。采用适度的大空间结构，有利于减少预制构件的数量和种类，提高生产和施工效率，减少人工，节省造价。

另一方面，建筑形体对抗震性能有较大影响，因此应符合《抗标》的规定，优先采用规则平面，不应采用严重不规则平面。

### （3）建筑平面尺寸的模数化

平面设计中的开间与进深尺寸应采用统一模数尺寸系列，并尽可能优化出利于组合的尺寸规格。预制构件与部品的定位尺寸既要满足平面功能的需要，又应符合模数协调的原则。建筑单元、预制构件和建筑部品的重复使用率是项目标准化程度的重要指标。

《装配式医院建筑设计标准》T/CECS 920—2021根据工程经验，并综合考虑地上建筑医疗功能要求与地下车库停车要求，总结出适宜的柱网优先尺寸，见表6.2-3。对于该表中的柱网尺寸，实际工程应结合工程具体情况进行选择，必要时也可适当调整。

门诊、医技用房，一般可结合柱网进行灵活布置，同一柱网可以出现多种布局，因此可以根据地下停车位以及预制构件要求确定。住院用房的柱网需考虑病房床位布置和地下停车位的协调，同时考虑到建筑模数要求，开间取8100mm，进深取8700mm等柱网尺寸也是可行且较为合理的。

对于装配式结构来说，圆弧柱网及斜交柱网会带来预制梁板非标、构件在节点交汇区安装困难等问题，宜尽量避免采用此类柱网，局部无法避免时这些区域宜现浇。

装配式医院建筑的柱网体系优先尺寸（单位：mm） 表6.2-3

| 功能布局 | 开间 | 进深 |
| --- | --- | --- |
| 门诊部用房 | 7800、8100、8400、9000、10800 | 7800、8100、8400 |
| 医技部用房 | 8100、8400、9000、10800 | 7800、8100、8400 |
| 住院部用房 | 7200、7600、8000、8400 | 7200、7800、8400、9000、9600 |

## 2. 建筑立面、剖面设计

### （1）建筑立面的规整化和模块化

装配式混凝土建筑立面设计应根据技术策划的要求最大限度考虑采用预制构件，并依据"少规格、多组合"的设计原则尽量减少立面预制构件的规格种类。

建筑立面应规整，外墙宜无凹凸，立面开洞统一，减少装饰构件，尽量避免复杂的外墙构件。基本单元在满足项目要求配置比例的前提下尽量统一。通过标准单元的简单复制、有序组合，达到高重复率的标准层组合方式，实现立面外墙构件的标准化和类型的最少化，使建筑立面呈现整齐划一、简洁精致的效果。

### （2）建筑立面尺寸的模数化

建筑立面尺寸应符合模数化要求，层高、门窗洞口、立面分格等尺寸应尽可能协调统一。门窗洞口宜上下对齐、成列布置，其平面位置和尺寸应满足结构受力及预制构件设计要求。立面、造型尽量简洁，减少凹凸造型，外立面的预制墙板或幕墙等可采用不同的材质、色彩来实现立面的多样化。

**（3）建筑立面分格的标准化和模块化**

门窗应采用标准化部件，宜采用预留副框或预埋等方式与墙体可靠连接，外窗宜采用合理的遮阳一体化技术，建筑的围护结构、阳台、空调板等配套构件宜采用工业化、标准化产品。

**（4）层高和建筑高度的标准化**

影响建筑层高的因素包括建筑使用要求的净高尺寸、梁板的厚度、吊顶的高度等。采用管线分离体系设计的建筑楼地面高度与一般建筑是不同的。传统楼地面做法是将强弱电管线等敷设在叠合楼板的现浇层内，给水管、太阳能管线等设备管线敷设在建筑面层内，如给水管、暖气管、太阳能管线等采用预留预埋；管线分离设计采用建筑结构体与建筑内装体、设备管线相分离的方式，取消了结构楼板和墙体中的管线预留预埋，而采用与吊顶、架空地板和轻质双层墙体结合进行管线明装的安装方式，因此需要考虑留出这一部分管线占用的高度。

建筑专业层高设计应与结构、机电及室内装修专业协同一体化设计，配合确定梁的高度及楼板的厚度，合理布置吊顶内的机电管线，避免交叉，尽量减少空间占用，合理确定建筑的层高和净高，满足建筑的使用要求。

结合工程经验，总结出常用的医疗建筑各部门层高要求，见表6.2-4。

医疗建筑各部门层高参考值　　　　　　　　　　　　　　　　表6.2-4

| 部门/区域 | 功能用房 | 净高控制（m） | 建议层高（m） |
|---|---|---|---|
| 门诊部 | 诊室 | 2.4 ~ 2.8 | 4.2 ~ 5.1 |
| | 公共部分 | | |
| 医技部 | 医技检查用房 | 2.8 ~ 3.0 | 4.5 ~ 5.1 |
| | 手术部等 | 2.8 ~ 3.4 | |
| 住院部 | 病房 | 2.8 ~ 3.0 | 3.9 ~ 4.2 |
| | 走廊 | 2.6 | |
| 地下室 | 机动车车库 | 2.2 | 3.6 ~ 4.0 |
| | 设备用房 | 3.0 ~ 4.0 | 4.5 ~ 5.4 |

实际工程应用时，应在满足功能需求的前提下，结合模数协调原则，尽可能采用标准的层高，提高结构、外围护等构件的重复率。尚应结合模数协调的原则确定层高。

## 6.2.4　集成化、一体化

只有将主体结构、围护结构和内装部品等集成为完整的体系，才能体现装配式建筑的整体优势，实现提高质量、减少人工、减少浪费、增加效益的目的。在设计初始阶段应进行前期整体策划，以统筹规划设计、构件部品生产、施工建造和运营维护全过程。在技术设计之前应先行确定技术标准和方案选型，在技术设计阶段应进行建筑、结构、机电设备、室内装修一体化设计，充分协调各专业的技术系统，同时考虑与后续预制构件、设备、部品的技术衔接，保证在施工环节的顺利对接。

装配式建筑系统性集成包括建筑主体结构、围护结构、设备及管线以及建筑内装修的系统及技术集成。建筑主体结构可以集成主体结构、构件拆分与连接、施工与安装等技术，并将设备、内装、医疗工艺专业所需要的前置预留条件均集成到建筑构件中；围护结构系统应将建筑外观与围护性能相结合，可集成承重、保温和外装饰等技术；设备及管线系统可以应用管线系统的集约化技术与设备能效技术，保证系统的集成高效；内装修系统应采用集成化的干法施工技术，做到安装快捷、无损维修、优质环保。

对于设备管线和内装的集成化设计，具体来说，可采取以下措施：将设备管线集中布置于交通核、公共卫生间附近，尽量减少管井对于其他功能空间的影响，便于集中维护、更新和管理。装配式建筑的内装设计应与建筑、结构、机电设计同步进行，统筹考虑。各专业相互配合，有机衔接，加强一体化设计，有条件时尽量应用集成化内装部品。设计时应注意内装部品和构件与主体结构连接构造的合理性，并应及早确定与结构的接口部位和水电管线敷设位置。

对于医疗专业部品设计来说，以下内容值得关注：

1）测听室：要求做到完全屏蔽外界噪声且环保通风。其全装修与机电管线集成化程度较高，但与主体结构联系不是很紧密。

2）放射诊疗用房：需要在墙体与顶面的土建结构层做相应的屏蔽防护，且管线的埋设与门窗均要考虑屏蔽防护措施，主体结构、机电管线与全装修的一体化要求非常高。传统建造模式，专业的屏蔽防护厂家在二次装修阶段进行防辐射施工，建造效率低、屏蔽整体性差。如能采用装配式建造技术，可极大地提升建造效率，提高屏蔽效果。

# 6.3 装配式医疗建筑结构设计要点

## 6.3.1 设计流程

装配式医疗建筑的结构设计，与其他装配式民用建筑一样，需要从一开始就协调建筑、机电、内装各专业做好技术策划，结构方案应与其他专业的密切配合。所不同的是，医疗工艺流程设计和医疗专项设计在很大程度上影响建筑和结构、机电方案的确定，因此，有条件时应尽可能从设计策划阶段就让医疗工艺流程设计和医疗专项设计参与进来。

此外，在设计阶段，从结构布置直至构件、节点设计，应充分考虑后期预制构件深化设计的需求，有条件时及时与混凝土结构预制构件或钢结构构件生产厂家沟通，随时关注构件的生产、堆放、运输、吊装、施工等各环节的可行性，以及模具成本、重复使用率、运输及吊装设备性能等经济性因素。

装配式医疗建筑结构设计流程如图6.3-1所示。

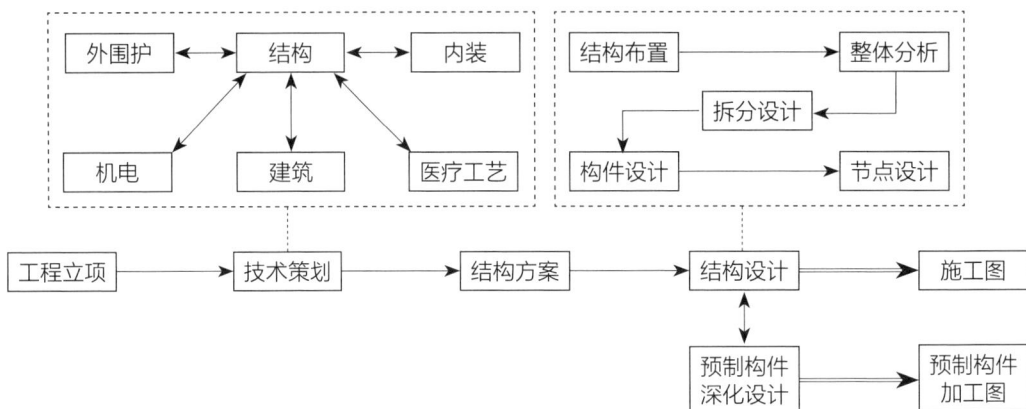

图6.3-1 装配式医疗建筑结构设计流程

## 6.3.2　结构类型

### 1.结构体系的选择

尽管新时期多种多样的装配式结构体系不断涌现,但其中部分体系比较适用于住宅、办公、商业、厂房等建筑,而不太适用于医疗建筑。此外,一些新型装配式体系还不够成熟,现阶段主流的装配式混凝土结构体系仍为按照等同现浇原则设计的装配整体式结构。对于装配式医疗建筑,当前比较适用的结构体系见表6.3-1。

医疗建筑适用的装配式结构体系　　　　　　　　　表6.3-1

| 结构类别 | 结构体系 |
| --- | --- |
| 装配式混凝土结构 | 装配整体式混凝土框架结构、装配整体式混凝土框架-现浇剪力墙结构 |
| 装配式钢结构 | 装配式钢框架结构、装配式钢框架-中心支撑结构、装配式钢框架-偏心支撑结构、装配式钢框架-屈曲约束支撑结构、装配式钢框架-延性墙板结构 |
| 装配式钢-混凝土组合结构 | 装配整体式钢筋混凝土框架-钢支撑结构、装配整体式混合框架结构（预制混凝土柱-钢梁）、装配式劲性柱混合梁框架结构、装配式劲性柱混合梁框架-支撑结构 |

在确定装配式医院结构体系时,应根据建筑的平面布局、建筑高度、抗震设防烈度、当地的装配式政策要求,结合项目工期、成本因素等选择合适的装配式结构体系。除表6.3-1中列出的结构体系外,还可根据工程具体情况,在充分论证技术可行性、经济性的基础上,灵活应用各类装配式技术,形成如装配式型钢混凝土柱-钢梁框架、装配式型钢混凝土柱-钢梁框架-支撑等新型结构体系。

门急诊楼、医技楼、感染楼、后勤服务楼一般是多层建筑，抗震设防6～7度地区一般可采用混凝土框架结构或钢框架结构，8度及以上宜采用混凝土框架-剪力墙结构或钢框架结构；病房楼、行政楼、多功能的综合楼多为高层建筑，可采用混凝土框架-剪力墙结构或钢框架结构、钢框架-支撑结构；各建筑之间的低层连廊，跨度较小时可采用混凝土框架结构，跨度较大时宜采用钢框架结构，当需要与主体结构相连时宜采用滑动铰支座的弱连接。高烈度区，必要时可采用耗能减震结构或隔震结构。

医疗建筑常用的装配式结构体系最大适用高度见表6.3-2。

**医疗建筑装配式结构最大适用高度（m）**　　　　　　表6.3-2

| 结构类型 | 抗震设防烈度 | | | | | |
|---|---|---|---|---|---|---|
| | 6度 | 7度 | | 8度 | | 9度 |
| | | （0.10g） | （0.15g） | （0.20g） | （0.30g） | |
| 装配整体式混凝土框架结构 | 60 | 50 | 50 | 40 | 30 | 不应采用 |
| 装配整体式混凝土框架-现浇剪力墙结构 | 130 | 120 | 120 | 100 | 80 | 不应采用 |
| 装配式钢框架结构 | 110 | 110 | 90 | 90 | 70 | 50 |
| 装配式钢框架-中心支撑结构 | 220 | 220 | 200 | 180 | 150 | 120 |
| 装配式钢框架-偏心支撑结构 装配式钢框架-屈曲约束支撑结构 装配式钢框架-延性墙板结构 | 240 | 240 | 220 | 200 | 180 | 160 |
| 装配整体式钢筋混凝土框架-钢支撑结构* | 95 | 85 | 85 | 70 | 50 | 不应采用 |
| 装配整体式混合框架结构 （预制混凝土柱-钢梁）* | 50 | 40 | 40 | 30 | 24 | 不应采用 |
| 装配式劲性柱混合梁框架结构 | 70 | 60 | 60 | 50 | 40 | 不应采用 |
| 装配式劲性柱混合梁框架-支撑结构 | 110 | 100 | 100 | 85 | 70 | 不应采用 |

注：带"*"号者现行国家或行业标准未作明确规定，为笔者建议值。

## 2．预制装配应用范围的确定

### （1）预制率和装配率的政策要求

如果从预制构件与全部混凝土体积比分析，对于混凝土框架结构，优先选用加工安装方便、综合成本低的预制楼梯、预制阳台板及叠合板，如要实现更高的预制率，梁及柱也需要预制。对于混凝土框架-剪力墙结构，由于剪力墙多采用现浇，相比框架结构预制率有所降低。

如果从结构竖向构件中的预制构件占比分析，对于装配整体式框架-现浇剪力墙结构，一般情况下，在竖向构件中框架柱需要全部预制才有可能提高装配率。由于与剪力墙相连的端柱通常现浇，因此整体实现较高装配率的难度较大。

如果从应用预制水平构件的投影面积比分析，要达到较高装配率要求，医院建筑因功能原因部分范围无法应用叠合板，因此仅应用叠合楼板不易满足，多数情况下还要应用预制梁，且框架–剪力墙结构比框架结构达标的难度更高。

钢结构楼盖选用压型钢板组合楼盖或钢筋桁架楼承板，较易实现较高的楼盖装配率，且主体结构的钢梁、钢柱、钢支撑均属预制构件，更有利于提高总装配率。但目前阶段钢结构的前期投入略高，此外还须考虑钢结构进行防腐及防火处理的成本。

综上，在选择装配式医院建筑结构体系时，如对主体预制率的要求不高、成本控制严格，可选择仅采用叠合楼板或其他类型预制楼板、预制楼梯的装配式混凝土结构；如对主体预制率要求较高，可选择水平构件及竖向构件均预制的混凝土结构，或者选择装配式钢结构；如地基条件差、体型复杂、工期紧张，可优先选择装配式钢结构。

**（2）结构承载力和抗震要求**

医院建筑，特别是医技部分，功能布局复杂，柱网形式可能多变，荷载取值多样，结构降板区域分散，构件重复率低，标准化、模块化设计难度大。特殊区域，如放射影像科、洁净手术部等，存在不少重型设备，或存在楼板大开洞形成的薄弱部位。对于有重型设备或设备有明显振动的房间宜采用现浇。开洞较大的楼层和存在转换的楼层由于楼板平面内应力较大，同样宜采用现浇。底层柱受力较大，且柱根在大震下可能产生塑性铰，因此通常现浇。

**（3）建筑、机电和医疗工艺要求**

随着医疗技术进步、医疗设备发展、诊疗流程的转变等，对建筑布局进行功能转换是医疗建筑的常态。由此带来装配式结构叠合楼板后开孔洞的加固、装配式墙体后加设备设施的管线开槽开孔等问题。医疗建筑设备管线众多，部分管线还可能需要穿过结构梁；电气管线密集处的楼板如采用叠合板，其现浇层厚度可能不足以排布管线。存在以上问题的部位一般不宜采用预制构件；当然，如果能够在设计过程中确定未来的设计条件，通过结构方案的技术经济比较，有条件时也有可能应用装配式技术。

**（4）经济性和施工便利性要求**

装配式结构的应用范围应当首选建筑布局易于模块化、结构布置易于标准化、构件拆分易于规则化的区域，以便批量生产预制构件，统一施工工艺，充分发挥预制装配技术的优势，同时还应考虑施工因素。例如，医院的门诊入口常有较大的跨层中庭，中庭顶板属高支模；行政办公、科研等功能的建筑，可能有报告厅、大型会议厅等局部大跨空间。对于跨层和大跨空间，当预制梁板施工有困难时可采用现浇或钢结构。又如，通过合理拆分，叠合板的重量通常容易控制在2~3t，甚至更低，而不少医疗建筑楼梯板跨度较大，自重可能达到4~5t，甚至更高。如果仅仅为了数量不多的楼梯板而对吊装机械提出较高要求，经济性必然较差。另外，还应考虑预制构件生产和运输的便利性，预制构件生产厂家与建筑现场的距离不宜过远，因此设计前应了解工程所在地点附近的预制构件供应情况，以及道路、桥梁、水路等运输条件。

## 6.3.3 主体结构

### 1. 结构总体设计

#### （1）结构总体布置及抗震

装配式建筑的结构总体布置，不仅应考虑承受竖向荷载的需要，还应满足抗震要求。

**1）结构平面布置**

根据《装配式混凝土结构技术规程》JGJ 1—2014第6.1.5条，装配式结构的平面布置宜符合下列规定：

①平面形状宜简单、规则、对称，质量、刚度分布宜均匀；不应采用严重不规则的平面布置；

②平面长度不宜过大，长宽比（$L/B$）宜按表6.3-3采用；

③平面突出部分的长度$l$不宜过大、宽度$b$不宜过小，$l/B_{max}$、$l/b$宜按表6.3-3采用；

④平面不宜采用角部重叠或细腰形平面布置。

平面尺寸及突出部位尺寸的比值限值  表6.3-3

| 抗震设防烈度 | $L/B$ | $l/B_{max}$ | $l/b$ |
|---|---|---|---|
| 6、7度 | ≤6.0 | ≤0.35 | ≤2.0 |
| 8度 | ≤5.0 | ≤0.30 | ≤1.5 |

装配式钢结构、混合结构的平面布置可参照混凝土结构的要求。

**2）结构竖向布置**

根据《装配式混凝土结构技术规程》JGJ 1—2014第6.1.6条，装配式结构竖向布置应连续、均匀，应避免抗侧力构件的侧向刚度和承载力沿竖向突变，并应符合现行国家标准《建筑抗震设计标准》GB/T 50011的有关规定。

平面设计中应使承重墙、柱等竖向构件上下连续，结构竖向布置均匀、合理，避免抗侧力结构的侧向刚度和承载力沿竖向突变，应符合结构抗震设计要求。

**3）结构抗震等级**

医疗建筑较为普遍的抗震设防类别为重点设防类（乙类），应按在本地区设防烈度的基础上提高一度确定抗震等级。按此原则，常用结构体系的抗震等级见表6.3-4。

乙类医疗建筑装配式结构抗震等级  表6.3-4

| 结构类型 | | 抗震设防烈度 | | | | | | |
|---|---|---|---|---|---|---|---|---|
| | | 6度 | | 7度 | | 8度 | | 9度 |
| 装配整体式混凝土框架结构 | 高度（m） | ≤24 | >24 | ≤24 | >24 | ≤24 | >24 | — |
| | 框架 | 三 | 二 | 二 | 一 | 一* | 特一* | |
| | 大跨度框架 | 二 | | 一 | | 特一* | | |

续表

| 结构类型 | | 抗震设防烈度 | | | | | | | | | | |
| | | 6度 | | | 7度 | | | 8度 | | | 9度 | |
|---|---|---|---|---|---|---|---|---|---|---|---|---|
| 装配整体式混凝土框架-现浇剪力墙结构 | 高度（m） | ≤24 | >24且≤60 | >60 | ≤24 | >24且≤60 | >60 | ≤24 | >24且≤60 | >60 | — | |
| | 框架 | 四 | 三 | 二 | 三 | 二 | 一 | 二* | 一* | 特一* | — | |
| | 剪力墙 | 三 | 二 | 二 | 二 | 一 | 一 | 一* | 特一* | 特一* | — | |
| 装配式钢框架结构 | 高度（m） | ≤50 | >50 | | ≤50 | >50 | | ≤50 | >50 | | ≤50 | >50 |
| | 框架 | 四 | 三 | | 三 | 二 | | 二 | 一 | | 一* | 特一* |
| 装配式钢框架-支撑结构 | 高度（m） | ≤50 | >50 | | ≤50 | >50 | | ≤50 | >50 | | ≤50 | >50 |
| | 框架 | 四 | 三 | | 三 | 二 | | 二 | 一 | | 一* | 特一* |
| | 支撑 | 四 | 三 | | 三 | 二 | | 二 | 一 | | 一* | 特一* |
| 装配式钢框架-延性墙板结构 | 高度（m） | ≤50 | >50 | | ≤50 | >50 | | ≤50 | >50 | | ≤50 | >50 |
| | 框架 | 四 | 三 | | 三 | 二 | | 二 | 一 | | 一* | 特一* |
| | 延性墙板 | 四 | 三 | | 三 | 二 | | 二 | 一 | | 一* | 特一* |
| 装配整体式混凝土框架-钢支撑结构 | 高度（m） | ≤24 | >24且≤50 | >50 | ≤24 | >24且≤50 | >50 | ≤24 | >24且≤50 | >50 | — | |
| | 无支撑框架 | 三 | 二 | 二 | 二 | 一 | 一 | 一* | 特一* | 特一* | — | |
| | 有支撑框架 | 二 | 一 | 一 | 特一 | 特一 | 特一* | 特一* | 特一* | 特一* | — | |
| | 支撑 | 三 | 二 | 二 | 二 | 一 | 一 | 一* | 特一* | 特一* | — | |
| 装配整体式混合框架结构 | 高度（m） | ≤24 | >24 | | ≤24 | >24 | | ≤24 | >24 | | — | |
| | 框架柱 | 三* | 二* | | 二* | 一* | | 一* | 特一* | | — | |
| | 框架梁 | 三* | | | 二* | | | | | | — | |
| 装配式劲性柱混合梁框架结构 | 高度（m） | ≤24 | >24 | | ≤24 | >24 | | ≤24 | >24 | | — | |
| | 框架 | 三 | 二 | | 二 | 一* | | 一* | 特一* | | — | |
| 装配式劲性柱混合梁框架-支撑结构 | 高度（m） | ≤24 | >24且≤60 | >60 | ≤24 | >24且≤60 | >60 | ≤24 | >24且≤60 | >60 | — | |
| | 框架 | 四 | 三 | 二 | 三 | 二 | 一 | 二* | 一* | 特一* | — | |
| | 支撑 | 三 | 二 | 二 | 二 | 一 | 一 | 一* | 特一* | 特一* | — | |

注：1. 场地类别为Ⅰ类时，可按照本地区设防烈度采取抗震构造措施。
2. 带"*"号者现行国家或行业标准未作明确规定，为笔者建议值。

### 4）结构设计基本原则

对于装配整体式混凝土结构，当前的主流设计原则是，通过合理的节点设计和构造，并针对装配式的特殊要求采取相应措施，其整体受力性能可认为等同于现浇混凝土结构。装配式纯钢结构和装配式混合结构中的钢结构部分，应满足国家现行标准《建筑抗震设计标准》GB/T 50011、《钢结构设计标准》GB 50017、《高层民用建筑钢结构技术规程》JGJ 99的规定，其设计方法与普通钢结构基本一致。装配式混合结构中的混凝土部分，其设计方法可参照装配式混凝土结构。

**（2）结构整体分析计算**

装配式钢结构的分析计算完全等同于普通钢结构，以下内容主要关注装配整体式混凝土结构的分析计算。

装配整体式混凝土结构的整体受力性能可认为等同于现浇混凝土结构。但考虑到其接缝较多，结构整体性受到一定程度削弱，结构构件和节点构造也与现浇结构有一定差异，因此现行国家与行业标准对部分计算分析参数进行了适当调整。对于医疗建筑所采用的装配整体式框架结构、装配整体式框架-现浇剪力墙结构，规范相关内容如下：

根据《高规》第5.2.2条，在结构内力与位移计算中，现浇楼盖和装配整体式楼盖中，梁的刚度可考虑翼缘的作用予以增大。近似考虑时，楼面梁刚度增大系数可根据翼缘情况取1.3～2.0。对于无现浇面层的装配式楼盖，不宜考虑楼面梁刚度的增大。

根据《高规》第5.2.3条，在竖向荷载作用下，可考虑框架梁端塑性变形内力重分布对梁端负弯矩乘以调幅系数进行调整，装配整体式框架梁端负弯矩调幅系数可取为0.7～0.8。

根据《装配式混凝土建筑技术标准》GB/T 51231—2016第5.3.3条，内力和变形计算时，应计入填充墙对结构刚度的影响。当采用轻质墙板填充墙时，可采用周期折减的方法考虑其对结构刚度的影响；对于框架结构，周期折减系数可取0.7～0.9；对于剪力墙结构，周期折减系数可取0.8～1.0。本书建议对于装配整体式框架-现浇剪力墙，周期折减系数宜取0.8～0.95。对于柔性连接轻质隔墙，各结构类型的周期折减系数均可适当加大。

根据《装配式混凝土结构技术规程》JGJ 1—2014第10.1.3条，对外挂墙板和连接节点进行承载力验算时，其结构重要性系数$\gamma_0$应取不小于1.0，连接节点承载力抗震调整系数$\gamma_{RE}$应取1.0。本书建议对于乙类建筑，主体结构安全等级宜取一级，重要性系数宜取1.1，普通楼屋面板可不提高。

**（3）结构设计注意事项**

结构设计时应考虑到装配式医疗建筑不同于一般民用建筑的特点，应特别关注以下问题，采取针对性的措施。

**1）楼盖结构布置**

装配式结构的楼盖结构布置在满足建筑需求的同时应尽量规整化。要做到这一点，首先需要建筑专业配合提高建筑布局的模块化程度。其次，结构专业应针对不同类别的建筑，选择合适的楼盖结构体系。例如：住院楼常结合病房的分隔采用单向肋梁楼盖，简化楼盖布置，减少梁板规格数量。门诊及医技楼在装修及使用阶段有可能调整建筑布局，宜采用井字或十字次梁结构，以提高楼盖的冗余度。井字或十字次梁的楼面梁和楼板均为双向传力，受力均匀，板跨适中，对于承担板上的隔墙荷载较为有利，同时楼面梁板较为规整，有利于提高标准化程度。

**2）梁的平面定位**

建筑、机电的布置经常会影响楼面梁的平面定位。例如：门诊房间洗手盆以及卫生间洁具的排水管可能与楼面梁冲突；电梯井道、机电管井可能要求楼面梁避让。遇到这类情况，现浇混凝土结构常常将楼面梁局部偏移。但在装配式建筑中，梁的偏移会产生大量非标构件，显著降低标准化程度，增加成本和施工难度。因此，预制梁应尽可能全长对齐，梁宽宜尽可能全长统一；同一框架梁各跨与框架柱的偏心关系应尽可能一致，有条件时宜对中布置。在初步设计时结构专业就应与建筑、机电专业协调，从源头解决这一问题。

3）预留预埋

由于医院的功能复杂，机电管井和工艺竖井众多，设备管线复杂，预制构件特别是叠合板要提前预留开洞。例如，诊室的洗手池和病房的卫生间均需要在板中预留洞口；如果电气管线走结构板内，还需预埋线盒。因此，需要机电和内装专业提供准确定位，以便工厂加工时能与实际相符。对于应用预制梁的装配式混凝土医院建筑，特别是楼盖封边梁，加工时需要预埋幕墙或其他外挂围护构件的埋件。

4）结构降板和结构标高的归并

医技用房的洗消间、中心检验、肠胃镜室、口腔科等有废水的部位，以及有用水点的房间，当下层对应位置有电气功能时，一般需采取降板同层排水的做法。此外，部分医疗设备（如MRI等）用房为满足设备工艺要求也需要降板。在应用叠合楼板时，必须避免加工不便、经济性差的折板，为此应尽量使降板区域规整化，必要时可适当扩大降板范围，一般可按梁格整跨降板或整个柱网降板，以利于标准预制板的排布。

建筑面层厚度应模数化。医技部等区域的功能复杂，建筑面层可能有多种做法。当建筑高差较小（例如50mm以下）时，特别是位于同一柱网中的楼板有高差时，结构标高宜统一。否则在高差分界处，混凝土预制梁、柱需采用不同型号，钢结构的梁柱节点、主次梁节点也需增加构造角钢，不仅增加钢材用量，也使得构造复杂。

5）截面和配筋的归并

预制构件应加强标准化，以便批量制作，统一施工工艺，这样才能体现出装配式结构的优势。因此，与现浇混凝土结构相比，预制构件的截面尺寸、配筋应适当提高归并系数，不宜过分追求材料的节约。

6）梁、柱钢筋的排布

对于预制混凝土梁柱的连接节点，梁、柱的钢筋位置无法现场调节，构件加工时不大的钢筋定位偏差就可能导致梁柱节点无法安装，同时钢筋的排布还必须考虑构件安装的顺序和便利性，因此连接节点在深化设计阶段有可能修改施工图中的构件钢筋布置方式。相比现浇混凝土结构设计，预制梁、柱的截面设计需要在满足结构计算要求的基础上二次调整，根据实配钢筋进行避让。这就需要施工图设计与预制构件深化设计密切配合，相互协调。需要特别引起重视的是梁柱节点。节点区往往钢筋十分密集，为保证预制装配施工顺利实施，可采取以下措施：

①设计时应注意控制框架节点部位的梁、柱配筋率。当确实无法避免较高配筋率，将会造成安装困难时，可考虑与该节点相关的部分或全部构件现浇。

②梁、柱纵筋宜采用大直径钢筋以减少钢筋根数，纵筋常常不按照最小间距排布。

③梁边不宜与柱边齐平，有条件时梁、柱边缘距离宜不小于100mm。

④在满足结构承载力和延性要求的前提下，部分梁底筋可不伸入支座。

⑤框架梁不承受扭矩时，腰筋可不锚入梁柱核心区。

⑥核心区柱箍筋应在预制梁吊装前安放。

⑦梁、柱钢筋宜实体建模，进行碰撞分析，指导施工图设计。

**7）预制梁留洞处理**

一般来说，有条件时管线宜避开预制梁。但医疗建筑各类管线较多，有时为争取建筑净高，可能有必要穿梁。此时应注意以下问题：

①管线排布细节需要各专业相互配合，尽早确定。开洞位置、尺寸和间距宜按照《混凝土结构构造手册》（第五版，中国建筑工业出版社，2014）的规定加以限制，超过规定限值时应采用有限元方法复核梁的承载力和刚度。管线过于密集或管线数量、位置不确定时不宜穿梁。

②留洞部位应采取加强措施以满足使用阶段的安全要求。根据洞口尺寸和位置，在洞口周边配置补强钢筋，具体要求可参照《混凝土结构构造手册》（第五版）。

③留洞部位还应采取保护措施以满足预制梁在制作、脱模、运输、吊装时的刚度要求。当洞口宽度较大时，宜在孔口两侧增设吊点，并在脱模吊装前在洞口对角设置角钢加固，吊装完成后拆除。

**8）叠合板留洞处理**

对于留洞楼板，应通过设置加强钢筋保证楼板的承载力；通过控制拆分后预制板形状，避免运输安装过程中薄弱部位的损坏。对于卫生间等用水房间的楼板，因预制楼板厚度通常只有60mm，无法预埋止水套管。此时可在预制板上预留洞口，止水套管后期安装，后浇叠合层时一并将洞口封堵。

**9）建筑隔墙材料选择**

装配式建筑为了梁格的规则性，隔墙往往不一定布置于梁上。对于常规跨度楼板，如隔墙位置靠近板块跨中，即使采用重量相对较小的蒸压加气混凝土隔墙，楼板配筋也会明显增大。当采用钢结构时，隔墙荷载对钢结构用钢量也有较大影响。因此，门诊、医技等隔墙较多、后期改造可能性较大的区域宜优先采用轻钢龙骨隔墙。

## 2．预制构件拆分设计

由于装配整体式框架-剪力墙结构采用的是装配整体式框架、现浇剪力墙，因此其构件拆分设计基本等同于装配整体式框架结构。下面以装配整体式框架结构为例讨论预制构件拆分设计。

**（1）基本原则**

1）拆分位置宜选择构件受力和变形较小的部位，应避开塑性铰区域，还须考虑生产和施工的便利性、运输和吊装的可行性等因素。预制构件的长度和宽度不应超出运载工具及道路的限值，重量不应超出吊装设备的起吊能力。

2）应尽可能提高预制构件标准化程度，力求减少预制构件品种。拆分设计时，可灵活调整现浇部分的尺寸，使预制部分尽可能规整。小型附属预制构件，例如空调板、建筑立面造型等，设计时宜创造条件，将其和主要预制构件如梁、板、柱、外挂墙板等合为一体预制，以减少预制构件的数量。

3）拆分时应考虑预制构件与相邻构件的相互影响，尽可能简化连接构造。

4）构件接缝位置还须考虑防水、外观等建筑功能要求。

**（2）柱的拆分**

对于常规的医疗建筑层高，柱可按1～3层高度拆分。但多层柱的脱模、运输、吊装、支撑都比较困难，吊装过程中钢筋连接部位易变形，构件的垂直度难以控制，因此一般按1层层高拆分，以保证质量。柱在楼层标高处拆分较为常见，但也可在内力较小的层高中部拆分。

（3）梁的拆分

框架梁一般按柱网拆分为单跨梁，当跨距较小时也可拆分为双跨梁；次梁一般以主梁间距为单元拆分为单跨梁。梁拆分位置可以在梁端，也可以在梁跨中。由于纵向钢筋套筒连接的刚度和承载力均强于钢筋，不利于梁端塑性铰的形成。因此对于框架梁，当拆分位置在梁端时，套筒连接位置距柱边不宜小于$1.0h$，不应小于$0.5h$（$h$为梁高）。

（4）楼板的拆分

叠合板宜在墙、柱、梁等主体结构构件的位置进行拆分，并应注意与剪力墙、框架柱、框架梁、次梁等其他构件的协调性。楼板长度较大时宜进一步拆分为较小板块。

叠合板可按单向板或双向板拆分。按单向板拆分时，采用分离式接缝，板缝平行于受力方向，可在任意位置拼接；按双向板拆分时，采用整体式接缝，接缝位置宜在叠合板的次要受力方向上受力较小部位，宜设置宽度满足板底钢筋搭接要求（一般不小于300mm）的后浇带，用于预制板底钢筋连接。为方便运输和吊装，预制底板宽度一般不超过3m，跨度一般不超过5m。预制底板应尽量选择等宽拆分，以减少预制底板的类型。

当楼板跨度不大时，板缝可设置在有内隔墙的部位，内隔墙可起到遮挡作用。手术室、ICU等有医用吊塔或其他较重吊挂设备的房间，预制板的接缝宜避开吊点。对于有吊顶的房间，叠合板可采用分离式密接缝，减少板侧出筋，便于生产和安装。

卫生间等用水房间，楼板通常采用现浇。对于病房或办公、值班等部位的面积较小的套内卫生间，也可采用叠合板。此时宜与相邻楼板统一结构标高，通过调整建筑面层厚度实现建筑高差，与相邻楼板拆分成一整块，使接缝位于卫生间以外，以保证叠合板防水性能。

（5）楼梯的拆分

预制楼梯板作为单向受力板，通常为一个整体，不宜再拆分。宜采用高端固定铰低端滑动铰的方式支承在主体结构上，其转动及滑动变形能力应满足结构层间变形的要求，其端部在支承构件上的最小搁置长度应符合表6.3-5的要求。

预制楼梯端部的最小搁置长度　　　　　　　　　表6.3-5

| 抗震设防烈度 | 6度 | 7度 | 8度 |
| --- | --- | --- | --- |
| 最小搁置长度（mm） | 75 | 75 | 100 |

（6）预制混凝土墙板的拆分

装配式医疗建筑所应用的结构体系，一般不采用预制剪力墙，而内隔墙通常采用蒸压加气混凝土墙板、轻钢龙骨隔墙等成品预制墙板，无需拆分。需要进行拆分设计的预制混凝土墙板主要是指外挂混凝土围护墙板。

外挂墙板在满足运输与安装能力的前提下，应合理增大墙板尺寸，减少拼接数量。但一般不宜跨越楼层，以免主体结构层间位移对外挂墙板内力产生过大影响。拼缝宜处于梁轴线或柱轴线位置，并应注意与剪力墙、框架柱、框架梁等主体构件的协调性。同时应结合窗洞位置、建筑立面造型合理划分，避免接缝影响防水性能和建筑外观。

### 3．预制构件设计计算

混凝土预制构件的设计计算应满足国家现行标准《混凝土结构设计标准》GB/T 50010、《建筑抗震设计标准》GB/T 50011、《装配式混凝土建筑技术标准》GB/T 51231、《装配式混凝土结构技术规程》JGJ 1的相关规定，但应注意各工况的分项系数应按照《建筑结构可靠性设计统一标准》GB 50068—2018的要求进行调整。预制构件设计其他方面不同于现浇结构的主要内容有：

（1）预制柱

根据《装配式混凝土建筑技术标准》GB/T 51231—2016第5.6.3条，预制柱的设计应符合现行国家标准《混凝土结构设计标准》GB/T 50010的要求，并应符合下列规定：

1）矩形柱截面边长不宜小于400mm，圆形截面柱直径不宜小于450mm，且不宜小于同方向梁宽的1.5倍。

2）柱纵向受力钢筋在柱底连续时，柱箍筋加密区长度不应小于纵向受力钢筋连续区域长度与500mm之和；当采用套筒灌浆连接或浆锚搭接连接等方式时，套筒或搭接段上端第一道箍筋距离套筒或搭接段顶部不应大于50mm。

3）柱纵向受力钢筋直径不宜小于20mm，纵向受力钢筋的间距不宜大于200mm且不应大于400mm，柱的纵向受力钢筋可集中于四角配置且宜对称布置。柱中可设置纵向辅助钢筋且直径不宜小于12mm和箍筋直径；当正截面承载力计算不计入纵向辅助钢筋时，纵向辅助钢筋可不伸入框架节点。

4）预制柱箍筋可采用连续复合箍筋。

（2）叠合梁

由于当前装配式混凝土结构实际工程中大多采用叠合梁，很少采用全预制梁，以下仅讨论叠合梁相关内容。

根据《混标》第9.5.1条，叠合梁应满足以下规定：

二阶段成形的水平叠合受弯构件，当预制构件高度不足全截面高度的40%时，施工段应有可靠的支撑。

施工阶段有可靠的叠合受弯构件，可按整体受弯构件设计计算，但其斜截面受剪承载力和叠合面受剪承载力应按《混标》附录H计算。

施工阶段无可靠的叠合受弯构件，应对底部预制构件及浇筑混凝土后的叠合构件按《混标》附录H的要求进行二阶段受力计算。

根据《混标》H.0.4条：当叠合梁符合《混标》第9.2节梁的各项构造要求时，其叠合面的受剪承载力应符合式（6.3-1）的规定。

$$V \leqslant 1.2 f_{\mathrm{t}} b h_0 + 0.85 f_{\mathrm{yv}} \frac{A_{\mathrm{sv}}}{s} h_0 \qquad (6.3\text{-}1)$$

此处，混凝土的抗拉强度设计值$f_{\mathrm{t}}$取叠合层和预制构件中的较低值。

根据《装配式混凝土建筑技术标准》GB/T 51231—2016第5.6.2条，叠合梁的箍筋配置应符合下列规定：

1）抗震等级为一、二级的叠合框架梁的梁端箍筋加密区宜采用整体封闭箍筋；当叠合梁受扭时宜采用整体封闭箍筋，且整体封闭箍筋的搭接部分宜设置在预制部分。

2）当采用组合封闭箍筋的形式时，开口箍筋上方两端应做成135°弯钩，对框架梁弯钩平直段长度不应小于10d（d为箍筋直径），次梁弯钩平直段长度不应小于5d。现场应采用箍筋帽封闭开口箍，箍筋帽宜两端做成135°弯钩，也可做成一端135°另一端90°弯钩，但135°弯钩和90°弯钩应沿纵向受力钢筋方向交错设置，框架梁弯钩平直段长度不应小于10d（d为箍筋直径），次梁135°弯钩平直段长度不应小于5d，90°弯钩平直段长度不应小于10d。

3）框架梁箍筋加密区长度内的箍筋肢距：一级抗震等级，不宜大于200mm和20倍箍筋直径的较大值，且不应大于300mm；二、三级抗震等级，不宜大于250mm和20倍箍筋直径的较大值，且不应大于350mm；四级抗震等级，不宜大于300mm，且不应大于400mm。

### （3）叠合板

根据《装配式混凝土结构技术规程》JGJ 1—2014第6.6.2条，叠合楼板应按现行国家标准《混凝土结构设计标准》GB/T 50010进行设计，并应符合以下规定：

1）叠合板的预制板厚度不宜小于60mm，后浇混凝土叠合层厚度不应小于60mm；

2）当叠合板的预制板采用空心板时，板端空腔应封堵；

3）跨度大于3m的叠合板，宜采用桁架钢筋混凝土叠合板；

4）跨度大于6m的叠合板，宜采用预应力混凝土预制板；

5）板厚大于180mm的叠合板，宜采用混凝土空心板。

根据《装配式混凝土结构技术规程》JGJ 1—2014第6.6.7条，桁架钢筋叠合板应满足下列要求：

1）桁架钢筋应沿主要受力方向布置；

2）桁架钢筋距板边不应大于300mm，间距不应大于600mm；

3）桁架钢筋弦杆钢筋直径不宜小于8mm，腹杆钢筋直径不应小于4mm；

4）桁架钢筋弦杆混凝土保护层厚度不应小于15mm。

根据《装配式混凝土结构技术规程》JGJ 1—2014第6.6.8条，当未设置桁架钢筋时，在下列情况下，叠合板的预制板与后浇混凝土叠合层之间应设置抗剪构造钢筋：

1）单向叠合板跨度大于4.0m时，距支座1/4跨范围内；

2）双向叠合板短向跨度大于4.0m时，距四边支座1/4短跨范围内；

3）悬挑叠合板；

4）悬挑板的上部纵向受力钢筋在相邻叠合板的后浇混凝土锚固范围内。

根据《装配式混凝土结构技术规程》JGJ 1—2014第6.6.9条，叠合板的预制板与后浇混凝土叠合层之间设置的抗剪构造钢筋应符合下列规定：

1）抗剪构造钢筋宜采用马镫形状，间距不宜大于400mm，钢筋直径d不应小于6mm；

2）马镫钢筋宜伸到叠合板上、下部纵向钢筋处，预埋在预制板内的总长度不应小于15d，水平段长度不应小于50mm。

### （4）预制构件在生产、运输、吊装状况下的验算

根据《装配式混凝土结构技术规程》JGJ 1—2014第6.2.2条，预制构件在翻转、运输、

吊运、安装等短暂设计状况下的施工验算，应将构件自重标准值乘以动力系数后作为等效静力荷载标准值。构件运输、吊运时，动力系数宜取1.5；构件翻转及安装过程中就位、临时固定时，动力系数可取1.2。

根据《装配式混凝土结构技术规程》JGJ 1—2014第6.2.3条，预制构件进行脱模验算时，等效静力荷载标准值应取构件自重标准值乘以动力系数后与脱模吸附力之和，且不宜小于构件自重标准值的1.5倍，动力系数与脱模吸附力应符合下列规定：

1）动力系数不宜小于1.2；

2）脱模吸附力应根据构件和模具的实际状况取用，且不宜小于1.5kN/m²。

预制构件短暂设计状况下的设计验算，应考虑以下内容：

1）脱模、翻转、吊装吊点设计与结构验算；

2）堆放、运输支承点设计与结构验算；

3）安装过程临时支撑设计及结构验算。

## 6.3.4　围护系统和非结构构件

### 1．基本要求

装配式围护系统和非结构构件应满足防水、保温、强度、刚度等多方面的性能要求。

### 2．外挂混凝土墙板

#### （1）承载力与变形要求

根据《装配式混凝土建筑技术标准》GB/T 51231—2016第5.9.1条，在正常使用状态下，外挂墙板应具有良好的工作性能。外挂墙板在多遇地震作用下应能正常使用；在设防烈度地震作用下经修理后应仍可使用；在预估的罕遇地震作用下不应整体脱落。

根据《装配式混凝土建筑技术标准》GB/T 51231—2016第5.9.2条，外挂墙板与主体结构的连接节点应具有足够的承载力和适应主体结构变形的能力。外挂墙板和连接节点的结构分析、承载力计算和构造要求应符合国家现行标准《混凝土结构设计标准》GB/T 50010和《装配式混凝土结构技术规程》JGJ 1的有关规定。

根据《装配式混凝土建筑技术标准》GB/T 51231—2016第5.9.3条，抗震设计时，外挂墙板与主体结构的连接节点在墙板平面内应具有不小于主体结构在设防烈度地震作用下弹性层间位移角3倍的变形能力。

#### （2）防水、保温、耐火要求

根据《装配式混凝土建筑技术标准》GB/T 51231—2016第6.1.9条，外墙板接缝应符合下列规定：

1）接缝处应根据当地气候条件合理选用构造防水、材料方式相结合的防排水设计；

2）接缝宽度及接缝材料应根据外墙板材料、立面分格、结构层间位移、温度变形等因素综合确定；所选用的接缝材料及构造应满足防水、防渗、抗裂、耐久等要求；接缝材料应与外墙板具有相容性；外墙板在正常使用下，接缝处的弹性密封材料不应破坏；

3）接缝处以及与主体结构的连接处应设置防止形成热桥的构造措施。

根据《装配式混凝土建筑技术标准》GB/T 51231—2016第6.2.5条，预制外墙接缝应符合下列规定：

1）接缝位置宜与建筑立面分格相对应；

2）竖缝宜采用平口或槽口构造，水平缝宜采用企口构造；

3）当板缝空腔需设置导水管排水时，板缝内侧应增设密封构造；

4）宜避免接缝跨越防火分区；当接缝跨越防火分区时，接缝室内侧应采用耐火材料封堵。

（3）与主体结构的连接

根据《装配式混凝土建筑技术标准》GB/T 51231—2016第5.9.7条，外挂墙板与主体结构采用点支承连接时，节点构造应符合下列规定：

1）连接点数量和位置应根据外挂墙板形状、尺寸确定，连接点不应少于4个，承重连接点不应多于2个。

2）在外力作用下，外挂墙板相对主体结构在墙板平面内应能水平滑动或转动。

3）连接件的滑动孔尺寸应根据穿孔螺栓直径、变形能力需求和施工允许误差等因素确定。

根据《装配式混凝土建筑技术标准》GB/T 51231—2016第5.9.8条，外挂墙板与主体结构采用线支承连接时，节点构造应符合下列规定：

1）外挂墙板顶部与梁连接，且固定连接区段应避开梁端1.5倍梁高长度范围。

2）外挂墙板与梁的结合面应采用粗糙面并设置键槽；接缝处应设置连接钢筋，连接钢筋数量应经过计算确定且钢筋直径不宜小于10mm，间距不宜大于200mm；连接钢筋在外挂墙板和楼面梁后浇混凝土中的锚固应符合现行国家标准《混凝土结构设计标准》GB/T 50010的有关规定。

3）外挂墙板的底端应设置不少于2个仅对墙板有平面外约束的连接节点。

4）外挂墙板的侧边不应与主体结构连接。

（4）计算

根据《装配式混凝土结构技术规程》JGJ 1—2014第10.2.1条，结合《建筑结构可靠性设计统一标准》GB 50068—2018及《抗标》的相关规定，计算外挂墙板及连接节点的承载力时，荷载组合效应设计值应符合下列规定。

1）持久设计状况：

当风荷载效应起控制作用时：

$$S = \gamma_G S_{Gk} + \gamma_w S_{wk} \tag{6.3-2}$$

当永久荷载效应起控制作用时：

$$S = \gamma_G S_{Gk} + \psi_w \gamma_w S_{wk} \tag{6.3-3}$$

2）地震设计状况：

在水平地震作用下：

$$S_{Eh} = \gamma_G S_{Gk} + \gamma_{Eh} S_{Ehk} + \psi_w \gamma_w S_{wk} \tag{6.3-4}$$

在竖向地震作用下：

$$S_{Ev} = \gamma_G S_{Gk} + \gamma_{Ev} S_{Evk} \tag{6.3-5}$$

式中：$S$ ——基本组合的效应设计值；

$S_{Eh}$ ——水平地震作用组合的效应设计值；

　　$S_{Ev}$——竖向地震作用组合的效应设计值；

　　$S_{Gk}$——永久荷载的效应标准值；

　　$S_{wk}$——风荷载的效应标准值；

　　$S_{Ehk}$——水平地震作用组合的效应标准值；

　　$S_{Evk}$——竖向地震作用组合的效应标准值；

　　$\gamma_G$——永久荷载分项系数（具体取值见下文）；

　　$\gamma_w$——风荷载分项系数，取1.5；

　　$\gamma_{Eh}$——水平地震作用分项系数，具体取值见表6.3-6；

　　$\gamma_{Ev}$——竖向地震作用分项系数，具体取值见表6.3-6；

　　$\psi_w$——风荷载组合系数，在持久设计状况下取0.6，地震设计状况下取0.2。

　　根据《装配式混凝土结构技术规程》JGJ 1—2014第10.2.2条，结合《建筑结构可靠性设计统一标准》GB 50068—2018及《抗标》的相关规定，在持久设计状况、地震设计状况下，进行外挂墙板的连接节点的承载力设计时，永久荷载分项系数$\gamma_G$应按下列规定取值：

　　1）进行外挂墙板平面外承载力设计时，$\gamma_G$应取为0；进行外挂墙板平面内承载力设计时，$\gamma_G$应取为1.3；

　　2）进行连接节点承载力设计时，在持久设计状况和地震设计状况下，当永久荷载效应对连接节点承载力不利时，$\gamma_G$应取为1.3；当永久荷载效应对连接节点承载力有利时，$\gamma_G$应取为1.0。

　　根据《抗标》第5.4.1条，水平地震作用分项系数$\gamma_{Eh}$和竖向地震作用分项系数$\gamma_{Ev}$取值见表6.3-6：

**外挂墙板及连接节点的竖向地震作用分项系数**　　　　　　　表6.3-6

| 地震作用 | $\gamma_{Eh}$ | $\gamma_{Ev}$ |
|---|---|---|
| 仅计算水平地震作用 | 1.4 | 0.0 |
| 仅计算竖向地震作用 | 0.0 | 1.4 |
| 同时计算水平与竖向地震作用（水平地震为主） | 1.4 | 0.5 |
| 同时计算水平与竖向地震作用（竖向地震为主） | 0.5 | 1.4 |

　　根据《装配式混凝土结构技术规程》JGJ 1—2014第10.2.3条，风荷载标准值应按现行国家标准《建筑结构荷载规范》GB 50009有关围护结构的规定确定。

　　根据《装配式混凝土结构技术规程》JGJ 1—2014第10.2.4条，并结合《抗标》，计算水平地震作用标准值时，可采用等效侧力法，并应按下式计算：

$$F_{Ehk} = \beta_E \alpha_{max} G_k \tag{6.3-6}$$

式中：$F_{Ehk}$——施加于外挂墙板重心处的水平地震作用标准值；

　　　　$\beta_E$——动力放大系数，可取5.0；

　　　　$\alpha_{max}$——水平地震影响系数最大值，应按现行国家标准《建筑抗震设计标准》GB/T 50011的规定确定；

$G_k$ ——外挂墙板的重力荷载标准值。

根据《装配式混凝土结构技术规程》JGJ 1—2014第10.2.5条，竖向地震作用标准值可取水平地震作用标准值的0.65倍。

### 3. 轻质墙板

#### （1）蒸压轻质加气混凝土墙板（ALC墙板）

ALC轻质混凝土隔墙板自重相对较轻，隔声性能和防火性能好，无须砌筑、抹灰，安装快捷。ALC墙板可用作内隔墙，也可用于外围护墙体。

#### （2）陶粒轻质墙板

陶粒轻质墙板重量较轻，防潮、防火、隔声和保温性能优良，施工简便。目前广泛用于各类建筑的内隔墙。

#### （3）轻钢龙骨隔墙

轻钢龙骨隔墙施工速度快、机械化程度较高，防火、隔声性能好，因此应用较为广泛。与ALC墙板、陶粒轻质墙板相比，轻钢龙骨隔墙重量更轻，对结构整体刚度影响更小，可以自由布置在楼板上而不会明显影响楼板配筋，对于需要保留改造可能性的建筑尤为方便灵活，值得进一步推广应用。

### 4. 预制楼梯

现行国家建筑标准设计图集《装配式混凝土结构连接节点构造（楼盖和楼梯）》15G310-1的预制混凝土楼梯连接构造共有三种：高端支承为固定铰支座，低端支承为滑动铰支座；高端支承为固定支座，低端支承为滑动支座；高端支承和低端支承均为固定支座。如采用第3种支承方式，需考虑楼梯对主体结构的支撑作用。

根据《装配式混凝土结构技术规程》JGJ 1—2014第6.5.8条，预制楼梯与支承构件之间宜采用简支连接。采用简支连接时，应符合下列规定：

1）预制楼梯宜一端设置固定铰，另一端设置滑动铰，其转动及滑动变形能力应满足结构层间位移的要求，且预制楼梯端部在支承构件上的最小搁置长度应符合表6.3-5的规定；

2）预制楼梯设置滑动铰的端部应采取防止滑落的构造措施。

### 5. 预制阳台板、空调板

根据《装配式混凝土结构技术规程》JGJ 1—2014第6.6.10条，阳台板、空调板宜采用叠合构件或预制构件。预制构件应与主体结构可靠连接；叠合构件的负弯矩钢筋应在相邻叠合板的后浇混凝土中可靠锚固，叠合构件中预制板底钢筋的锚固应符合下列规定：

1）当板底为构造钢筋时，其钢筋锚固应符合《装配式混凝土结构技术规程》JGJ 1—2014第6.6.4条第1款的规定：

2）当板底为计算要求配筋时，钢筋应满足受拉钢筋的锚固要求。

《装配式混凝土结构技术规程》JGJ 1—2014第6.6.4条第1款：板端支座处，预制板内的纵向受力钢筋宜从板端伸出并锚入支承梁或墙的后浇混凝土中，锚固长度不应小于5d（d为纵向受力钢筋直径），且宜伸过支座中心线。

# 6.3.5　连接节点

## 1．基本要求

### （1）预制构件的拼接

根据《装配式混凝土建筑技术标准》GB/T 51231—2016第5.4.3条，预制构件的拼接应符合下列规定：

1）预制构件拼接部位的混凝土强度等级不应低于预制构件的混凝土强度等级；

2）预制构件的拼接位置宜设置在受力较小的部位；

3）预制构件的拼接应考虑温度作用和混凝土收缩徐变的不利影响，宜适当增加构造配筋。

### （2）钢筋的连接

现阶段装配整体式框架常用的钢筋连接方式为套筒灌浆连接、机械连接、焊接。其中套筒灌浆连接为装配式特有的连接方式。

根据《装配式混凝土建筑技术标准》GB/T 51231—2016第5.4.4条，装配式混凝土结构中，节点及接缝处的纵向钢筋连接宜根据接头受力、施工工艺等要求选用套筒灌浆连接、机械连接、浆锚搭接连接、焊接连接、绑扎搭接连接等连接方式。直径大于20mm的钢筋不宜采用浆锚搭接连接，直接承受动力荷载的构件纵向钢筋不应采用浆锚搭接连接。当采用套筒灌浆连接时，应符合现行行业标准《钢筋套筒灌浆连接应用技术规程》JGJ 355的规定；当采用机械连接时，应符合现行行业标准《钢筋机械连接技术规程》JGJ 107的规定；当采用焊接连接时，应符合现行行业标准《钢筋焊接及验收规程》JGJ 18的规定。

根据《装配式混凝土建筑技术标准》GB/T 51231—2016第5.4.5条，纵向钢筋采用挤压套筒连接时应符合下列规定：

1）连接框架柱、框架梁、剪力墙边缘构件纵向钢筋的挤压套筒接头应满足Ⅰ级接头的要求，连接剪力墙竖向分布钢筋、楼板分布钢筋的挤压套筒接头应满足Ⅰ级接头抗拉的要求；

2）被连接的预制构件之间应预留后浇段，后浇段的高度或长度应根据挤压套筒接头安装工艺确定，应采取措施保证后浇段的混凝土浇筑密实。

3）预制柱底、预制剪力墙底宜设置支腿，支腿应能承受不小于2倍被支承预制构件的自重。

### （3）混凝土连接界面要求

预制构件与后浇混凝土、灌浆料、坐浆材料的结合面应设置粗糙面或键槽，具体做法详见下文各类预制构件构造要求。

## 2．构造要求

### （1）预制柱的连接

根据《装配式混凝土结构技术规程》JGJ 1—2014第6.5.5条第4款，预制柱的底部应设置键槽且宜设置粗糙面，键槽应均匀布置，键槽深度不宜小于30mm，键槽端部斜面倾角不宜大于30°。柱顶应设置粗糙面。

根据《装配式混凝土结构技术规程》JGJ 1—2014第6.5.5条第5款，粗糙面的面积不宜小于结合面的80%，预制柱端的粗糙面凹凸深度不应小于6mm。

预制柱目前常用的纵向钢筋连接方式是套管灌浆连接。相对于其他连接技术，套管灌浆连接技术较为成熟，连接性能较为可靠。应用套管灌浆连接时应注意：

根据《钢筋套筒灌浆连接应用技术规程》JGJ 355—2015（2023年版）第4.0.3条，当装配式混凝土结构采用符合本规程规定的套筒灌浆连接接头时，全部构件纵向受力钢筋可在同一截面上连接。

根据《钢筋套筒灌浆连接应用技术规程》JGJ 355—2015（2023年版）第4.0.4条，多遇地震组合下，全截面受拉钢筋混凝土构件的纵向受力钢筋不宜在同一截面全部采用钢筋套筒灌浆连接。

根据《钢筋套筒灌浆连接应用技术规程》JGJ 355—2015（2023年版）第4.0.5条，采用套筒灌浆连接的混凝土构件设计应符合下列规定：

1）接头连接钢筋的强度等级不应高于灌浆套筒规定的连接钢筋强度等级；

2）全灌浆套筒两端及半灌浆套筒灌浆端连接钢筋的直径不应大于灌浆套筒直径规格，且不宜小于灌浆套筒直径规格一级以上，不应小于灌浆套筒直径规格二级以上；

2A）半灌浆套筒机械连接端连接钢筋的直径应与灌浆套筒直径规格一致；

3）构件配筋方案应根据灌浆套筒外径、长度、净距及安装施工要求确定；

4）连接钢筋插入灌浆套筒的长度应符合灌浆套筒参数要求，构件连接钢筋外露长度应根据其插入灌浆套筒的长度、构件底部接缝宽度、构件连接节点构造做法与施工允许偏差等要求确定；

5）竖向构件配筋设计应与灌浆孔、出浆孔位置协调；

6）底部设置键槽的预制柱，应在键槽处设置排气孔，且排气孔位置应高于最高位出浆孔，高度差不宜小于100mm。

**（2）梁与柱的连接**

根据《装配式混凝土建筑技术标准》GB/T 51231—2016第5.6.5条，采用预制柱及叠合梁的框架节点，梁纵向受力钢筋应伸入后浇节点区内锚固或连接，并应符合下列规定：

1）框架梁预制部分的腰筋不承受扭矩时，可不伸入梁柱节点核心区。

2）对框架中间层中节点，节点两侧的梁下部纵向受力钢筋宜锚固在后浇节点核心区内，也可采用机械连接或焊接的方式连接；梁的上部纵向受力钢筋应贯穿后浇节点核心区。

3）对框架中间层的端节点，当柱截面尺寸不满足梁纵向受力钢筋的直线锚固要求时，宜采用锚固板锚固，也可以采用90°弯折锚固。

4）对框架顶层中节点，梁纵向受力钢筋的构造应符合本条第2款规定。柱纵向受力钢筋宜采用直线锚固；当梁截面尺寸不满足直线锚固要求时，宜采用锚固板锚固。

5）对框架顶层端节点，柱宜伸出屋面并将柱纵向受力钢筋锚固在伸出段内，柱纵向受力钢筋宜采用锚固板的锚固方式，此时锚固长度不应小于$0.6l_{abE}$。伸出段内箍筋直径不应小于$d/4$（$d$为柱纵向受力钢筋的最大直径），伸出段内箍筋间距不应大于$5d$（$d$为柱纵向受力钢筋的最小直径）且不应大于100mm；梁纵向受力钢筋应锚固在后浇节点区内，且宜采用锚固板的锚固方式，此时锚固长度不应小于$0.6l_{abE}$。

根据《装配式混凝土建筑技术标准》GB/T 51231—2016第5.6.6条，采用预制柱及叠合梁的装配整体式框架结构节点，两侧叠合梁底部水平钢筋挤压套筒连接时，可在核心区外一侧梁端后浇段内连接，也可在核心区外两侧梁端后浇段内连接，连接接头距柱边不小于 $0.5h_b$（$h_b$ 为叠合梁截面高度）且不小于300mm，叠合梁后浇叠合层顶部的水平钢筋应贯穿后浇核心区。梁端后浇段的箍筋尚应满足下列要求：

1）箍筋间距不宜大于75mm；

2）抗震等级为一、二级时，箍筋直径不应小于10mm，抗震等级为三、四级时，箍筋直径不应小于8mm。

根据《装配式混凝土结构技术规程》JGJ 1—2014第7.3.9条，采用预制柱及叠合梁的装配整体式框架结构节点，梁下部纵向受力钢筋也可伸至节点区外的后浇段内连接，连接接头与节点区的距离不应小于 $1.5h_0$（$h_0$ 为梁截面有效高度）。

**（3）次梁与主梁的连接**

根据《装配式混凝土建筑技术标准》GB/T 51231—2016第5.5.5条，次梁与主梁宜采用铰接连接，也可采用刚接连接。当采用刚接连接并采用后浇段连接的形式时，应符合现行行业标准《装配式混凝土结构技术规程》JGJ 1的有关规定。当采用铰接连接时，可采用企口连接或钢企口连接形式；采用企口连接时，应符合国家现行标准的有关规定；当次梁不直接承受动力荷载且跨度不大于9m时，可采用钢企口连接［图6.3-2（a）］，并应符合下列规定：

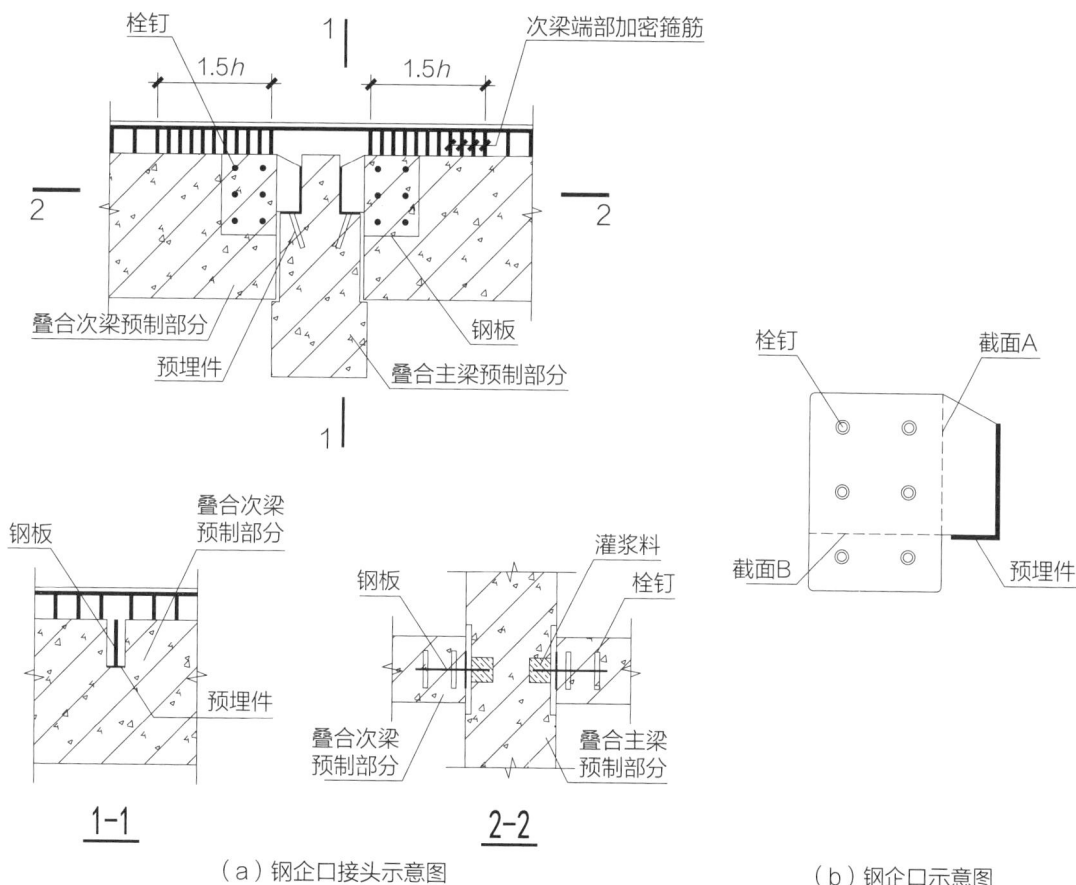

（a）钢企口接头示意图　　　　　　　　　　　（b）钢企口示意图

图6.3-2　钢企口连接示意图

　　1）钢企口两侧应对称布置抗剪栓钉，钢板厚度不应小于栓钉直径的0.6倍；预制主梁与钢企口连接处应设置预埋件；次梁端部1.5倍梁高范围内，箍筋间距不应大于100mm；

　　2）钢企口接头的承载力验算［图6.3-2（b）］，除应符合现行国家标准《混凝土结构设计标准》GB/T 50010、《钢结构设计标准》GB 50017的有关规定外，尚应符合下列规定：

　　①钢企口接头应能承受施工及使用阶段的荷载；

　　②应验算钢企口截面A处在施工及使用阶段的抗弯、抗剪强度；

　　③应验算钢企口截面B处在施工及使用阶段的抗弯强度；

　　④凹槽内灌浆料未达到设计强度前，应验算钢企口外挑部分的稳定性；

　　⑤应验算栓钉的抗剪强度；

　　⑥应验算钢企口搁置处的局部受压承载力。

　　3）抗剪栓钉的布置，应符合下列规定：

　　①栓钉杆直径不宜大于19mm，单侧抗剪栓钉排数及列数均不应小于2；

　　②栓钉间距不应小于杆径的6倍且不宜大于300mm；

　　③栓钉至钢板边缘的距离不宜小于50mm，至混凝土构件边缘的距离不应小于200mm；

　　④栓钉钉头内表面至连接钢板的净距不宜小于30mm；

　　⑤栓钉顶面的保护层厚度不应小于25mm。

　　4）主梁与钢企口连接处应设置附加横向钢筋，相关计算及构造要求应符合现行国家标准《混凝土结构设计标准》GB/T 50010的有关规定。

　　根据《装配式混凝土结构技术规程》JGJ 1—2014第7.3.4条，主梁与次梁采用后浇段连接时，应符合下列规定：

　　1）在端部节点处，次梁下部纵向钢筋伸入主梁后浇段内的长度不应小于12$d$。次梁上部纵向钢筋应在主梁后浇段内锚固。当采用弯折锚固或锚固板时，锚固直段长度不应小于$0.6l_{ab}$；当钢筋应力不大于钢筋强度设计值的50%时，锚固直段长度不应小于$0.35l_{ab}$；弯折锚固的弯折后直段长度不应小于12$d$（$d$为纵向钢筋直径）。

　　2）在中间节点处，两侧次梁的下部纵向钢筋伸入主梁后浇段内长度不应小于12$d$（$d$为纵向钢筋直径）；次梁上部纵向钢筋应在现浇层内贯通。

　　**（4）预制板与梁的连接**

　　根据《装配式混凝土建筑技术标准》GB/T 51231—2016第5.5.3条，当桁架钢筋混凝土叠合板的后浇混凝土叠合层厚度不小于100mm且不小于预制板厚度的1.5倍时，支承端预制板内纵向受力钢筋可采用间接搭接方式锚入支承梁或墙的后浇混凝土中，并应符合下列规定：

　　1）附加钢筋的面积应通过计算确定，且不应少于受力方向跨中板底钢筋面积的1/3；

　　2）附加钢筋直径不宜小于8mm，间距不宜大于250mm；

　　3）当附加钢筋为构造钢筋时，伸入楼板的长度不应小于与板底钢筋的受压搭接长度，伸入支座的长度不应小于15$d$（$d$为附加钢筋直径）且宜伸过支座中心线；当附加钢筋承受拉力时，伸入楼板的长度不应小于与板底钢筋的受拉搭接长度，伸入支座的长度不应小于受拉钢筋锚固长度。

　　4）垂直于附加钢筋的方向应布置横向分布钢筋，在搭接范围内不宜少于3根，且钢筋直径不宜小于6mm，间距不宜大于250mm。

根据《装配式混凝土结构技术规程》JGJ 1—2014第6.6.4条，叠合板支座处的纵向钢筋应符合下列规定：

1）板端支座处，预制板的受力钢筋宜从板端伸出并锚入支承梁或墙的后浇混凝土中，锚固长度不应小于5d（d为纵向受力钢筋直径），且宜伸过支座中心线；

2）单向叠合板的板侧支座处，当预制板的板底分布钢筋伸入支承梁或墙的后浇混凝土中时，应符合本条第1款的要求；当板底分布钢筋不伸入支座时，宜在紧邻预制板顶面的后浇混凝土叠合层中设置附加钢筋，附加钢筋截面面积不宜小于预制板内的同向分布钢筋截面面积，间距不宜大于600mm，在板的后浇混凝土叠合层内锚固长度不应小于15d，在支座内锚固长度不应小于15d（d为附加钢筋直径）且宜伸过支座中心线。

**（5）预制板与预制板的拼接**

根据《装配式混凝土结构技术规程》JGJ 1—2014第6.6.5条，单向叠合板板侧的分离式接缝宜配置附加钢筋，并应符合下列规定：

1）接缝处紧邻预制板顶面宜设置垂直于板缝的附加钢筋，附加钢筋伸入两侧后浇混凝土叠合层的锚固长度不应小于15d（d为附加钢筋直径）；

2）附加钢筋截面面积不宜小于预制板中该方向分布钢筋截面面积，钢筋直径不宜小于6mm，间距不宜大于250mm。

根据《装配式混凝土结构技术规程》JGJ 1—2014第6.6.6条，双向叠合板板侧的整体式接缝宜设置在叠合板的次要受力方向上且宜避开最大弯矩截面。接缝可采用后浇带形式，并应符合下列规定：

1）后浇带宽度不宜小于200mm；

2）后浇带两侧板底纵向受力钢筋可在后浇带中焊接、搭接连接、弯折锚固；

3）当后浇带两侧板底纵向受力钢筋在后浇带中弯折锚固时，应符合下列规定：

①叠合板厚度不应小于10d，且不应小于120mm（d为弯折钢筋直径的较大值）；

②接缝处预制板侧伸出的纵向受力钢筋应在后浇混凝土叠合层内锚固，且锚固长度不应小于$l_a$；两侧钢筋在接缝处重叠的长度不应小于10d，钢筋弯折角度不应大于30°，弯折处沿接缝方向应配置不少于2根通长构造钢筋，且直径不应小于该方向预制板内钢筋直径。

## 3．结构接缝部位及节点计算

**（1）基本规定**

根据《装配式混凝土结构技术规程》JGJ 1—2014第6.5.1条，装配整体式结构中，接缝的正截面承载力应符合现行国家标准《混凝土结构设计标准》GB/T 50010的规定。接缝的受剪承载力应符合下列规定：

1）持久设计状况：

$$\gamma_0 V_{jd} \leqslant V_u \qquad (6.3-7)$$

2）地震设计状况：

$$V_{jdE} \leqslant V_{uE}/\gamma_{RE} \qquad (6.3-8)$$

在梁、柱端部箍筋加密区及剪力墙底部加强部位，尚应符合下列规定：

$$\eta_j V_{mua} \leqslant V_{uE} \qquad (6.3\text{-}9)$$

式中：$\gamma_0$ ——结构重要性系数，安全等级为一级时不应小于1.1，安全等级为二级时不应小于1.0；

　　　$V_{jd}$ ——持久设计状况下接缝剪力设计值；

　　　$V_{jdE}$ ——地震设计状况下接缝剪力设计值；

　　　$V_u$ ——持久设计状况下梁端、柱端、剪力墙底部接缝受剪承载力设计值；

　　　$V_{uE}$ ——地震设计状况下梁端、柱端、剪力墙底部接缝受剪承载力设计值；

　　　$V_{mua}$ ——被连接构件端部按实配钢筋面积计算的斜截面受剪承载力设计值；

　　　$\eta_j$ ——接缝受剪承载力增大系数，抗震等级为一、二级取1.2，抗震等级为三、四级取1.1。

**（2）柱底接缝**

根据《装配式混凝土结构技术规程》JGJ 1—2014第7.2.3条，在地震设计状况下，预制柱底水平接缝的受剪承载力设计值应按下列公式计算。

当预制柱受压时：

$$V_{uE} = 0.8N + 1.65A_{sd}\sqrt{f_c f_y} \qquad (6.3\text{-}10)$$

当预制柱受拉时：

$$V_{uE} = 1.65A_{sd}\sqrt{f_c f_y \left[1 - \left(\frac{N}{A_{sd} f_y}\right)^2\right]} \qquad (6.3\text{-}11)$$

式中：$f_c$ ——预制构件混凝土轴心抗压强度设计值；

　　　$f_y$ ——垂直穿过结合面钢筋抗拉强度设计值；

　　　$N$ ——与剪力设计值$V$相应的垂直于结合面的轴向力设计值，取绝对值进行计算；

　　　$V_{uE}$ ——地震设计状况下接缝的受剪承载力设计值。

**（3）梁端接缝**

根据《装配式混凝土结构技术规程》JGJ 1—2014第7.2.2条，叠合梁端竖向接缝的受剪承载力设计值应按下列公式计算：

1）持久设计状况

$$V_u = 0.07f_c A_{c1} + 0.10f_c A_k + 1.65A_{sd}\sqrt{f_c f_y} \qquad (6.3\text{-}12)$$

2）地震设计状况

$$V_{uE} = 0.04f_c A_{c1} + 0.06f_c A_k + 1.65A_{sd}\sqrt{f_c f_y} \qquad (6.3\text{-}13)$$

式中：$A_{c1}$ ——叠合梁端截面后浇混凝土叠合层截面面积；

　　　$f_c$ ——预制构件混凝土轴心抗压强度设计值；

　　　$f_y$ ——垂直穿过结合面钢筋抗拉强度设计值；

　　　$A_k$ ——各键槽的根部截面面积之和，按后浇键槽根部截面和预制键槽根部截面分别计算，并取二者的较小值；

　　　$A_{sd}$ ——垂直穿过结合面所有钢筋的面积，包括叠合层内的纵向钢筋。

**（4）叠合板水平叠合面**

根据《混标》第H.0.4条，对不配箍筋的叠合板，当符合本标准叠合截面粗糙度的构造规定时，其叠合面的受剪强度应符合式（6.3-14）的要求。

$$\frac{V}{bh_0} \le 0.4(\text{N} / \text{mm}^2) \qquad (6.3\text{-}14)$$

式中：$V$ ——叠合板验算截面处剪力；

$b$ ——叠合板宽度；

$h_0$ ——叠合板有效高度。

**（5）梁柱节点核心区**

梁柱节点核心区的计算和构造应符合现行国家标准《混凝土结构设计标准》GB/T 50010及《建筑抗震设计标准》GB/T 50011的有关规定。对抗震等级一、二、三级的装配整体式框架，应进行梁柱节点核心区抗震受剪承载力验算；对四级框架可不进行验算。由于装配整体式框架的梁柱节点核心区为现浇混凝土，其计算与一般现浇结构相同。

## 4. 非结构构件节点设计

**（1）外挂墙板连接**

根据《装配式混凝土建筑技术标准》GB/T 51231—2016第5.9.7条，外挂墙板与主体结构采用点支承连接时，节点构造应符合下列规定：

1）连接点数量和位置应根据外挂墙板形状、尺寸确定，连接点不应少于4个，承重连接点不应多于2个；

2）在外力作用下，外挂墙板相对于主体结构在墙板平面内应能水平滑动或转动；

3）连接件的滑动孔尺寸应根据穿孔螺栓直径、变形能力需求和施工允许偏差等因素确定。

根据《装配式混凝土建筑技术标准》GB/T 51231—2016第5.9.8条，外挂墙板与主体结构采用线支承连接时，节点构造应符合下列规定：

1）外挂墙板顶部与梁连接，且固定连接区段应避开梁端1.5倍梁高长度范围；

2）外挂墙板与梁的结合面应采用粗糙面并设置键槽；接缝处应设置连接钢筋，连接钢筋数量应经过计算确定且钢筋直径不宜小于10mm，间距不宜大于200mm；连接钢筋在外挂墙板和楼面梁后浇混凝土中的锚固应符合现行国家标准《混凝土设计标准》GB/T 50010的有关规定；

3）外挂墙板的底端应设置不少于2个仅对墙板有平面外约束的连接节点；

4）外挂墙板的侧边不应与主体结构连接。

根据《装配式混凝土建筑技术标准》GB/T 51231—2016第5.9.9条，外挂墙板不应跨越主体结构的变形缝。主体结构变形缝两侧的外挂墙板的构造缝应能适应主体结构的变形要求，宜采用柔性连接设计或滑动型连接设计，并采取易于修复的构造措施。

**（2）预制轻质墙板连接**

预制轻质墙板一般通过金属连接件与主体结构连接。ALC外墙板常用的连接方式包括钩头螺栓法、滑动螺栓法、内置锚法、金属锚栓法，内隔墙常用的连接方式包括U形卡法、直角钢件法、钩头螺栓法、管卡法，详见国家建筑标准设计图集《蒸压加气混凝土砌块、板材构造》13J104。轻钢龙骨墙板与主体结构之间的连接件及构造详见国家建筑标准设计图集《预制轻钢龙骨内隔墙》03J111-2。

# 6.4 工程应用

## 6.4.1 泰州市第二人民医院开发区医院一期工程

### 1. 工程概况及设计条件

#### （1）工程概况

泰州市第二人民医院开发区医院一期工程住院综合楼位于泰州市姜堰区双登大道东侧、陈庄路南侧，总用地面积约1887.76m²。建筑效果图见图6.4-1。

（a）鸟瞰图　　　　　　　　　　　　　　（b）前视图

图6.4-1　建筑效果图

住院综合楼及地下室总建筑面积33782.17m²，其中地上30141.76m²，地下3640.41m²。地上16层，地下1层，房屋高度66.80m，建筑总高71.00m。建筑设计标高±0.000相当于1985年国家高程基准5.50m，室内外高差0.20m。

（2）主要设计条件见表6.4-1、表6.4-2。

基本设计参数　　　　　　　　　　　　　　表6.4-1

| 设计参数 | 参数值 | 设计参数 | 参数值 |
|---|---|---|---|
| 结构设计工作年限 | 50年 | 地基基础设计等级 | 甲级 |
| 建筑结构安全等级 | 一级 | 建筑桩基设计等级 | 甲级 |
| 结构重要性系数 | 1.1 | 建筑耐火等级 | 一级 |

<table>
抗震设计参数　　　　　　　　　　　　　　　　表6.4-2
</table>

| 设计参数 | 参数值 | 设计参数 | 参数值 |
|---|---|---|---|
| 抗震设防烈度 | 7度 | 抗震设防类别 | 重点设防类 |
| 设计基本地震加速度 | 0.10g | 建筑抗震地段 | 一般地段 |
| 水平小震地震影响系数最大值 | 0.08 | 建筑场地类别 | Ⅲ类 |
| 设计地震分组 | 第二组 | 场地特征周期 | 0.55s |

## 2. 结构体系

### （1）结构单元

不设结构缝，为1个抗震结构单元，以地下室顶板为嵌固端。

### （2）主体结构体系

采用装配整体式框架-现浇剪力墙结构体系。房屋高度66.80m，属于A级高度钢筋混凝土高层建筑。抗震等级为框架一级、剪力墙一级，剪力墙底部加强部位高度9.55m（三层楼面）。

### （3）楼盖结构体系

三层楼面及以下各层和屋面采用现浇钢筋混凝土梁板式结构；其余各层除个别部位之外，采用钢筋混凝土叠合板和叠合梁。叠合梁后浇叠合层厚度150mm；叠合板板厚130mm（60mm厚预制板+70mm厚现浇层）。

## 3. 结构布置

四～十六层为建筑标准层，开间方向典型柱距为8.0m。进深方向3跨，从南向北柱距依次为6.8m、8.7m、8.4m，第1跨为病房床位区（每开间2套），第2跨为病房卫生间、走廊、护士站及配套用房，第3跨为医护人员工作区、楼电梯间及配套用房。标准层建筑平面图见图6.4-2。

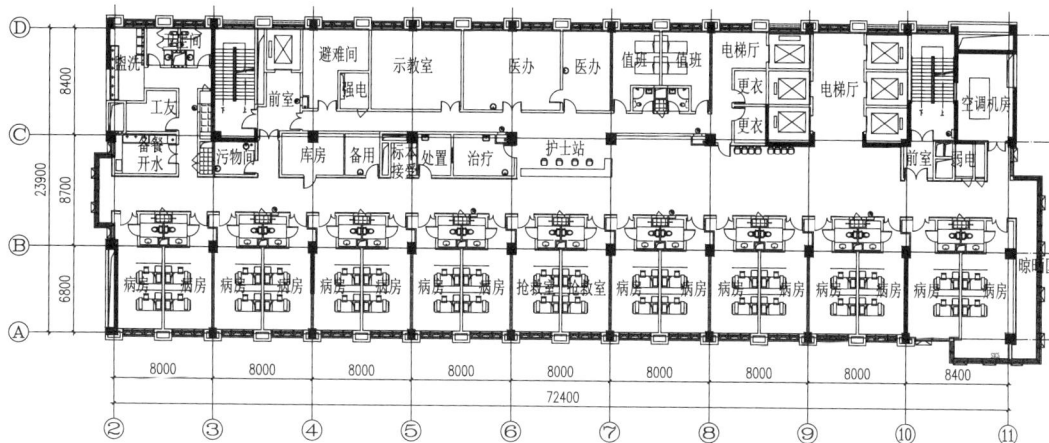

图6.4-2　标准层建筑平面图

结构与建筑房间分隔紧密结合，在第1跨布置$Y$向单次梁，第2跨布置$X$向双次梁，第3跨布置$X$、$Y$双向次梁，平面布置规整，并尽可能形成重复模块。为减少预制构件品种，从四~十六层，楼面梁截面及楼板厚度保持一致，墙柱截面仅变化1次。

标准层结构布置图见图6.4-3。

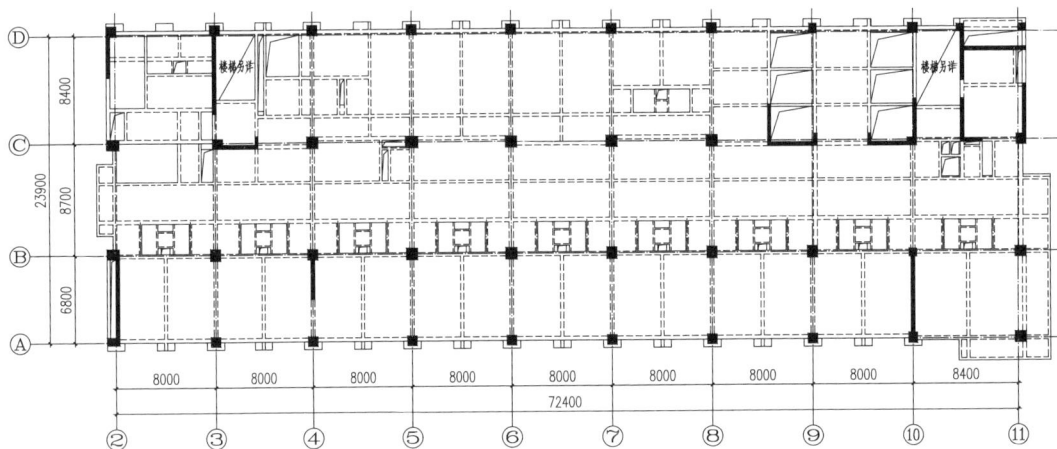

图6.4-3　标准层结构布置图

## 4.装配式应用概况

### （1）装配式目标

按规划指导原则，本项目预制装配率不小于50%，属于高预制率项目。为满足预制装配率要求，需将大部分楼梯、楼板、梁、柱设计成预制构件。

### （2）可行性分析

本工程标准层结构平面、建筑布局及立面基本一致，便于实现标准化。同时在结构设计过程中注意适当归并以减少构件规格，以利于采用装配式结构。本工程标准层大量的建筑结构预制构件（楼板、内外墙板、空调板、楼梯、梁、柱）可由车间生产加工完成。

### （3）预制构件应用范围

#### 1）主体结构

为提高标准化程度，同时保证结构受力性能，对预制构件的合理应用范围进行分析。

二层及以下为门诊医技区域，建筑功能复杂，各部位结构构件差异较大；同时一~二层为剪力墙底部加强区，一~三层为约束边缘构件范围，竖向构件截面与上部不同。因此三层以下（含地下室）竖向构件、三层楼面及以下楼盖均采用现浇。

三层以上为病房区，结构布置规则性较强，但电梯厅周边为大洞口，为保证传递地震作用，楼板需适当加强，宜采用现浇；剪力墙及端柱按照规范要求应采用现浇；此外，水电管道井需在设备管线安装后封堵，也适合现浇；屋面层屋盖由于防水要求，也不宜采用预制构件。

最终确定主体结构预制构件应用范围如下：三层楼面以上框架柱（不含剪力墙端柱）采用预制柱；四~十六层楼面板（水电管道井封堵板及局部楼板加强部位除外）采用叠合板；四~十六层楼面梁（局部加强部位除外）采用叠合梁；楼梯采用预制梯段板，四层及以上楼面的楼梯梁采用叠合梁。标准层叠合楼板及预制梯段板布置图见图6.4-4，标准层叠合梁及预制柱布置图见图6.4-5。

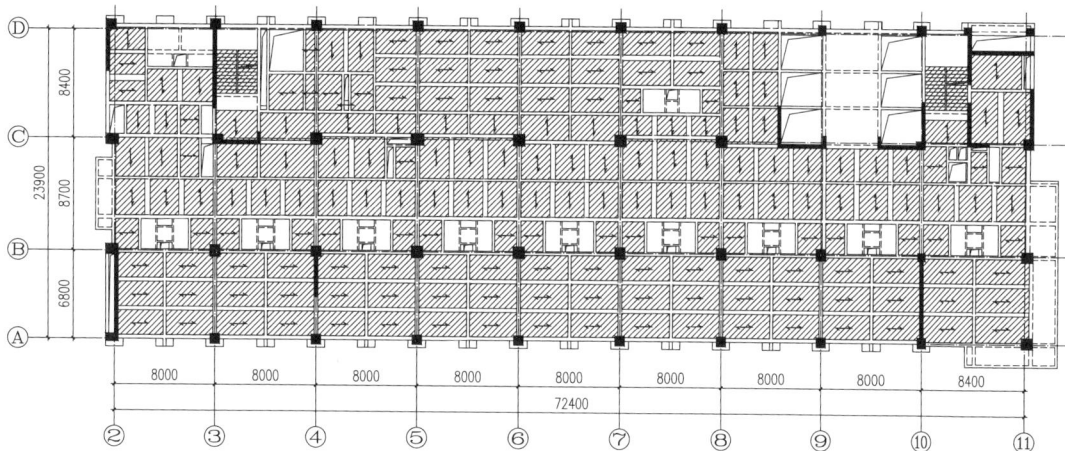

图6.4-4 标准层叠合楼板及预制梯段板布置图

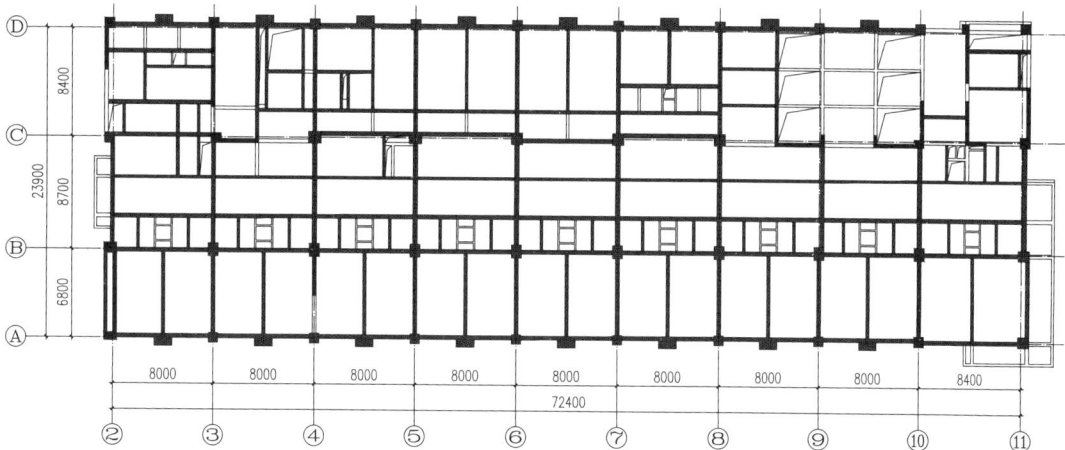

图6.4-5 标准层叠合梁及预制柱布置图

**2）围护结构及其他非结构构件**

各层外围护墙、内隔墙（部分设备管井隔墙和防辐射房间隔墙除外）采用ALC板材，标准层空调板、屋面层女儿墙采用预制混凝土板。标准层装配式外围护墙及内隔墙布置图详见图6.4-6。

**（4）预制装配式构件类型**

1）主体结构和外围护结构预制构件：预制楼梯板、预制叠合板、预制叠合梁、预制柱、预制空调板、预制女儿墙；

2）装配式内外围护构件：蒸压轻质加气混凝土墙板（外围护墙及内隔墙）；

3）内装建筑部品：装配式吊顶、装配式栏杆。

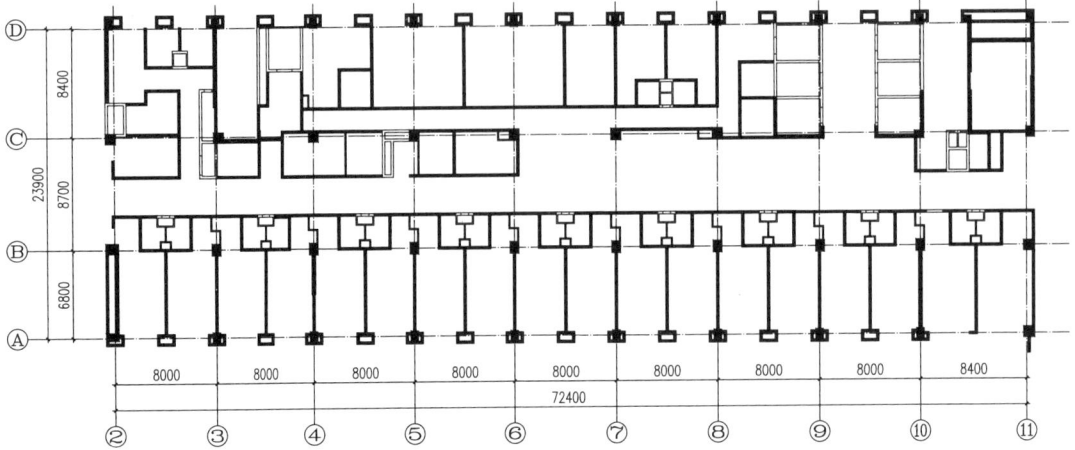

图6.4-6 标准层装配式外围护墙及内隔墙布置图

**（5）预制装配率**

依据江苏省住房和城乡建设厅文件《江苏省装配式建筑预制装配率计算细则（试行）》（苏建科〔2017〕39号）附表进行计算，详见表6.4-3。预制装配率为54.29%＞50%，满足规划指导原则。

装配整体式框架-现浇剪力墙预制装配率计算统计表 表6.4-3

| 技术配置选项 | | 项目实施情况 | 体积（m³）或面积（m²） | 对应部分总体积（m³）或面积（m²） | 权重 | 比值 |
|---|---|---|---|---|---|---|
| 主体结构和外围护结构预制构件 $Z_1$ | 预制柱 | 是 | 1016 | 1642 | 0.5 | $Z_1=$ $X_1/Y_1 \times 0.5=$ 3699/7965 $\times 0.5=$ 23.22% |
| | 预制梁 | 是 | 1278 | 2555 | | |
| | 预制叠合板 | 是 | 894 | 3184 | | |
| | 预制密肋空腔楼板 | 否 | — | — | | |
| | 预制阳台板 | 否 | — | — | | |
| | 预制空调板 | 是 | 354 | 354 | | |
| | 预制楼梯板 | 是 | 102 | 164 | | |
| | 混凝土外挂墙板 | 否 | — | — | | |
| | 预制女儿墙 | 是 | 55 | 66 | | |
| | 合计 | | $X_1=3699$ | $Y_1=7965$ | | |
| 装配式内外围护构件 $Z_2$ | 单元式幕墙 | 否 | — | — | 0.3 | $Z_2=$ $X_2/Y_2 \times 0.3=$ 29575/41843 $\times 0.3=$ 21.20% |
| | 蒸压轻质加气混凝土墙板（外） | 是 | 8700 | 12813 | | |
| | GRC墙板 | 否 | — | — | | |
| | 玻璃隔断 | 否 | — | — | | |
| | 木隔断墙 | 否 | — | — | | |

续表

| 技术配置选项 | | 项目实施情况 | 体积（m³）或面积（m²） | 对应部分总体积（m³）或面积（m²） | 权重 | 比值 |
|---|---|---|---|---|---|---|
| 装配式内外围护构件 $Z_2$ | 轻钢龙骨石膏板隔墙 | 否 | — | — | 0.3 | $Z_2=$ $X_2/Y_2 \times 0.3=$ 29575/41843 $\times 0.3=$ 21.20% |
| | 蒸压轻质加气混凝土墙板（内） | 是 | 20875 | 29030 | | |
| | 钢筋陶粒混凝土轻质墙板 | 否 | — | — | | |
| | 合计 | | $X_2$=29575 | $Y_2$=41843 | | |
| 内装建筑部品 $Z_3$ | 集成式厨房 | 否 | — | — | 0.2 | $Z_3=$ $X_3/Y_3 \times 0.2=$ 7004/23880 $\times 0.2=$ 5.87% |
| | 集成式卫生间 | 否 | — | — | | |
| | 装配式吊顶 | 是 | 6544 | 23420 | | |
| | 楼地面干式铺装 | 否 | — | — | | |
| | 装配式墙板（带饰面） | 否 | — | — | | |
| | 装配式栏杆 | 是 | 460 | 460 | | |
| | 合计 | | $X_3$=7004 | $Y_3$=23880 | | |
| 创新加分项 $S_w$ | 标准化、模块化、集约化设计 | 标准化的居住户型单元和公共建筑基本功能单元 | 是 | — | 1% | 总计不超过5%，$S$=4.00% |
| | | 标准化门窗 | 是 | — | 0.5% | |
| | | 设备管线与结构相分离 | 否 | — | 0.5% | |
| | 绿色建筑技术集成应用 | 绿色建筑二星 | 是 | — | 0.5% | |
| | | 绿色建筑三星 | 否 | — | 1% | |
| | 被动式超低能耗技术集成应用 | | 否 | — | 0.5% | |
| | 隔震减震技术集成应用 | | 否 | — | 0.5% | |
| | 以BIM为核心的信息化技术集成应用 | | 是 | — | 1% | |
| | 工业化施工技术集成应用 | 装配式铝合金组合模板 | 否 | — | 0.5% | |
| | | 组合成型钢筋制品 | 是 | — | 0.5% | |
| | | 工地预制围墙（道路板） | 是 | — | 0.5% | |
| 预制装配率 | | | | | | $Z_1+Z_2+Z_3+S=$ 54.29% |

## 5．预制装配式结构设计

### （1）主体结构计算分析

1）在各种设计状况下，装配整体式结构可采用与现浇混凝土结构相同的方法进行主体结构分析，但由于框架柱预制，现浇剪力墙地震内力放大1.1倍。

2）在持久设计状况下，对预制构件进行承载力、变形、裂缝控制验算。

3）在地震设计状况下，对预制构件进行承载力验算。

4）在制作、运输和堆放、安装等短暂设计状况下的预制构件验算应符合国家现行标准《装配式混凝土结构技术规程》JGJ 1和《混凝土结构工程施工规范》GB 50666的相关规定。

5）承载能力极限状态及正常使用极限状态的作用效应分析采用弹性方法。

### （2）预制构件专项计算

1）预制构件在翻转、运输、吊运、安装等短暂设计状况下的施工验算，将构件自重标准值乘以动力系数后作为等效静力荷载标准值。构件运输、吊运时，动力系数取1.5；构件翻转及安装过程中就位、临时固定时，动力系数取1.2。

2）预制构件脱模验算，等效静力荷载标准值取构件自重标准值乘以动力系数（不小于1.2）后与脱模吸附力（不小于1.5kN/m²）之和，且不小于构件自重标准值1.5倍。

3）对预制构件关键部位补充验算，如叠合梁端竖向接缝的受剪承载力验算、预制柱底水平接缝的受剪承载力验算等。接缝的正截面承载力应符合现行国家标准《混凝土结构设计标准》GB/T 50010的规定；接缝的受剪承载力按照现行行业标准《装配式混凝土结构技术规程》JGJ 1的规定进行相应验算。

### （3）预制装配式混凝土构件材料

1）预制构件混凝土强度等级：叠合梁、叠合板（包括预制梁板及叠合层）、叠合梁板现浇连接节点、预制楼梯板C30；预制柱、梁柱现浇节点：三～四层楼面C60，四～七层楼面C50，七～十一层楼面C40，十一层楼面以上C30；预制空调板、预制女儿墙C30。

2）预制构件钢筋：HRB400级钢筋。

3）预制建筑围护墙及隔墙：A5.0蒸压轻质加气混凝土板。

4）预制构件材料方面的其他要求：

①预制构件的吊环采用未经冷加工的HPB300钢筋制作。

②预制构件节点及接缝处后浇混凝土强度等级不应低于预制构件的混凝土强度等级。

③钢筋套筒灌浆连接接头采用的套筒符合现行行业标准《钢筋连接用灌浆套筒》JG/T 398的规定。

④灌浆料符合现行行业标准《钢筋连接用套筒灌浆料》JG/T 408的规定，灌浆料性能及试验方法应符合现行行业标准《钢筋连接用套筒灌浆料》JG/T 408的规定以及《钢筋套筒灌浆连接应用技术规程》JGJ 355—2015（2023年版）第3.1.3条和第3.2节的规定。

⑤当需要采用焊接时，应根据焊接方法和焊接接头形式，选用与母材相匹配的焊条。

**（4）预制装配式结构技术措施**

1）剪力墙及边缘构件（含端柱）均采用现浇，通过放大其地震内力加强主体结构的第一道防线。

2）电梯厅等平面开大洞口形成的联系薄弱部位楼板采用现浇板加强。

3）采用叠合梁板，加强楼盖结构整体性。板的预制层厚度均为60mm，叠合层厚度一般为70mm；次梁的叠合层厚度一般与板厚相同，以方便生产制作和叠合板安装；框架梁的叠合层厚度不小于150mm。

4）采用桁架钢筋混凝土叠合板，提高其整体刚度和水平界面抗剪性能。采用整体式接缝，按双向受力设计，接缝设置在板的次要受力方向上。

5）框架节点采用现浇，加强主体结构整体性。

6）预制柱的底部设置键槽和粗糙面；叠合梁预制部分与后浇混凝土叠合层之间的结合面设置粗糙面，预制梁端面设置键槽和粗糙面；预制底板与后浇混凝土叠合层之间的结合面设置粗糙面。键槽和粗糙面的构造满足现行行业标准《装配式混凝土结构技术规程》JGJ 1的要求。

7）重要构件的钢筋采用灌浆套筒连接，确保连接的可靠性。根据接头受力、施工工艺等要求，预制柱与主梁连接方式为柱头现浇，上下柱钢筋的连接方式为灌浆套筒连接。梁的水平钢筋连接根据实际情况选择机械连接、焊接连接或者套筒灌浆连接。框架节点区钢筋直段锚固长度不足时，采用锚固板的锚固方式，确保锚固的可靠性。

8）预制楼梯板采用下端滑动铰、上端固定铰构造，避免产生斜撑效应。预制楼梯板端部支承当采用滑动铰支座时，预制楼梯板与支承构件之间留缝应保证设计宽度，不得填充材料；当采用固定铰支座时，楼梯板预留孔应采用强度不小于40MPa的灌浆料灌实。

9）预制构件钢筋保护层符合现行国家标准《混凝土结构设计标准》GB/T 50010第8.2.1条的规定：叠合板为15mm，梁、柱为20mm。

10）预制构件的各项基本构造，均严格执行国家现行标准《装配式混凝土建筑技术标准》GB/T 51231、《装配式混凝土结构技术规程》JGJ 1的要求。

## 6. 预制结构构件及节点设计

（1）典型叠合板模板及配筋见图6.4-7。

（2）典型叠合框架梁模板及配筋见图6.4-8。

（3）典型预制柱模板及配筋见图6.4-9。

（4）叠合板与叠合梁典型连接节点见图6.4-10。

（5）叠合板与现浇剪力墙典型连接节点见图6.4-11。

（6）叠合梁典型中部连接节点见图6.4-12。

（7）叠合主次梁典型连接节点见图6.4-13。

（8）框架中间层典型梁柱节点见图6.4-14。

（9）预制柱与现浇柱典型连接节点见图6.4-15。

（a）模板示意图

钢筋桁架剖面　　　　　钢筋桁架立面

叠合板剖面

（b）配筋示意图

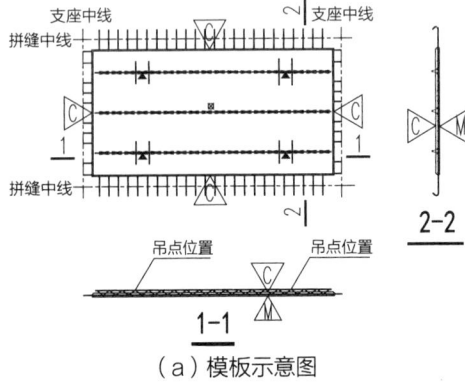

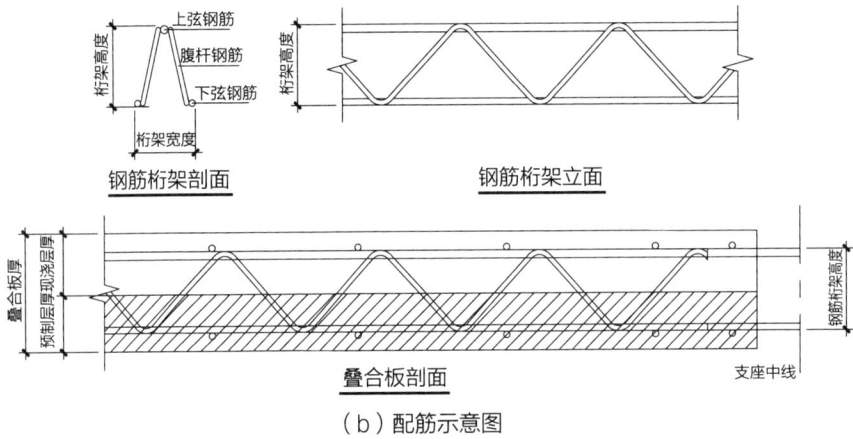

图6.4-7　典型叠合板模板及配筋示意图

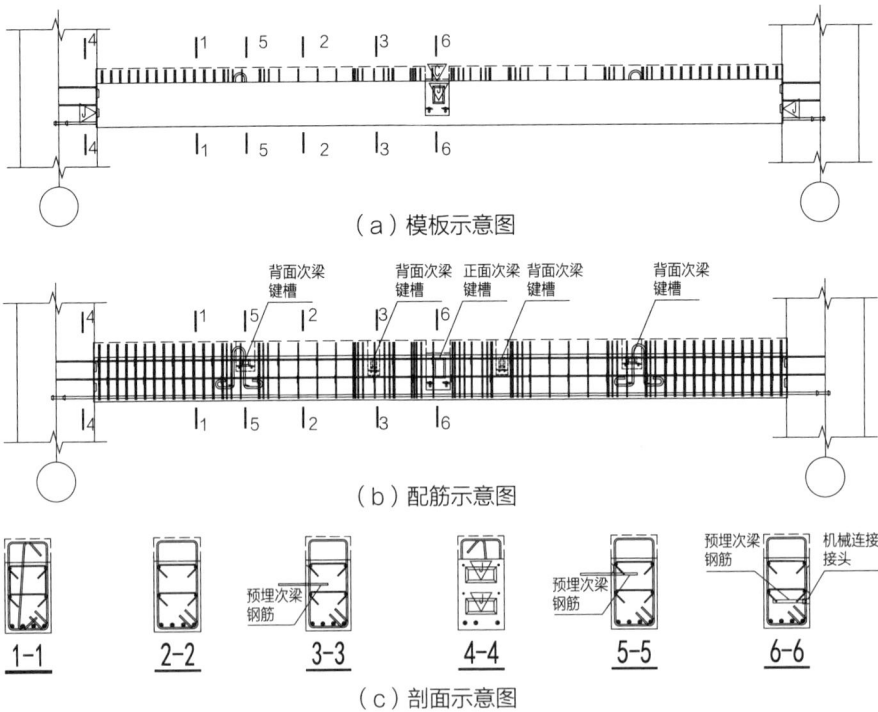

（a）模板示意图

（b）配筋示意图

（c）剖面示意图

图6.4-8　典型叠合框架梁模板及配筋示意图

（a）模板示意图　　　　（b）配筋示意图　　　　（c）剖面示意图

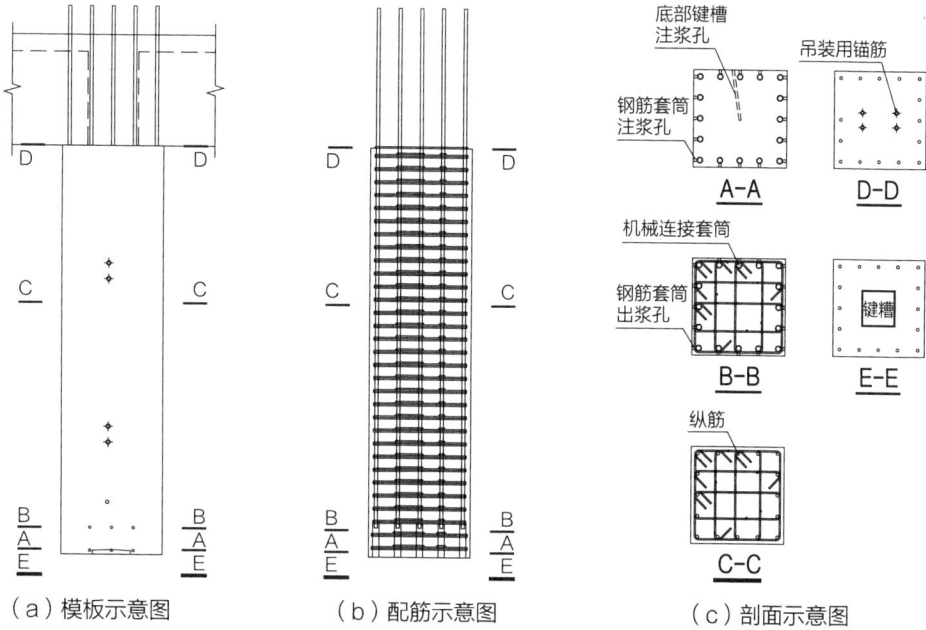

图6.4-9　典型预制柱模板及配筋示意图

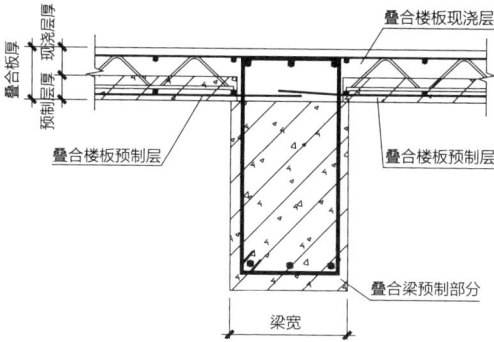

图6.4-10　叠合板与叠合梁典型连接节点示意图　　图6.4-11　叠合板与现浇剪力墙典型连接节点示意图

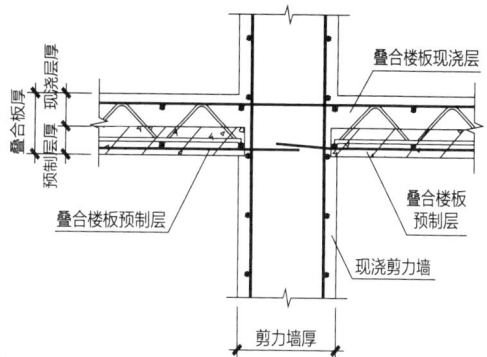

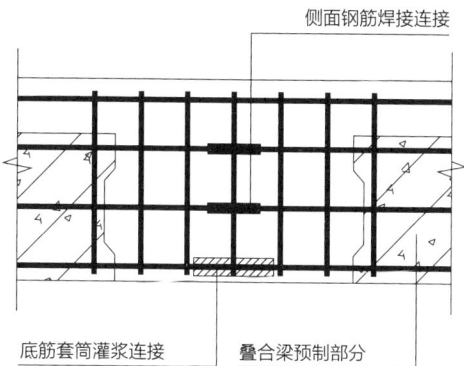

图6.4-12　叠合梁典型中部连接节点示意图　　　　图6.4-13　叠合主次梁典型连接节点示意图

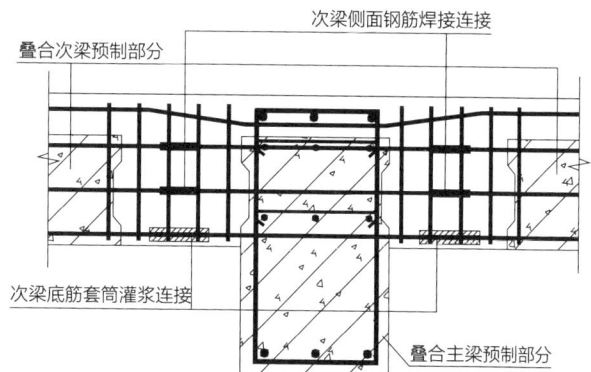

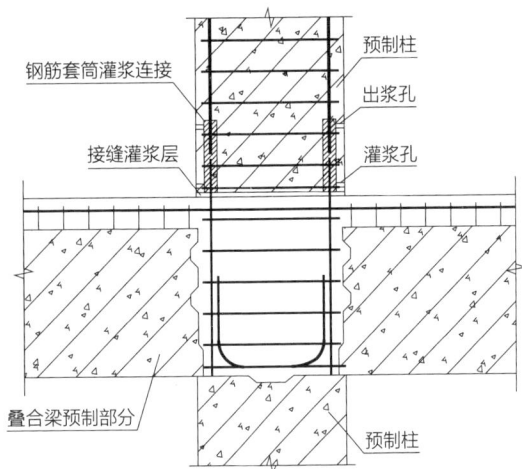

图6.4-14　框架中间层典型梁柱节点示意图　　图6.4-15　预制柱与现浇柱典型连接节点示意图

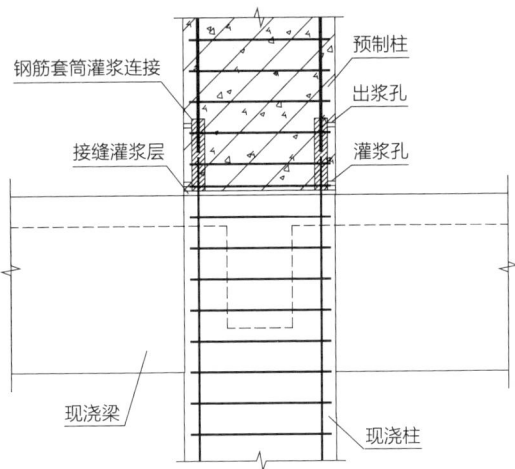

## 7．预制围护构件及部品设计

本工程大量采用技术成熟的ALC板材装配式墙体，但考虑到以下部位的特殊性能要求和施工便利性，采用非装配式墙体：1）电梯井道隔墙（需要在墙中设置固定电梯导轨并承受导轨侧向力的圈梁）；2）楼梯间隔墙（需要在墙中设置楼梯平台柱）；3）部分设备管井隔墙（有较多机电设备管线及医用管线穿墙，或需要待机电设备及医用管线安装后方可施工）；4）部分影像科等放射性房间隔墙（有防辐射要求）。其中放射性房间隔墙采用混凝土实心砖砌筑，其他均采用ALC砌块砌筑。

对于板材外墙，结合本工程建筑立面线条和窗洞布置，采用竖板排布方式，并采用滑动螺栓与主体结构连接。对于板材内墙，考虑到本工程机电管线在墙上大多为竖直走向，也采用竖板排布方式，尽可能使板材沿长向开槽，避免破坏板材受力钢筋。内墙采用U形卡与主体结构连接。

板材及其节点的做法参照国家标准建筑设计图集《蒸压加气混凝土砌块、板材构造》13J104，但由于该图集中外墙板仅适用于24m以下建筑高度，因此与负责预制构件深化设计的生产厂家配合，对24m高度以上的板材、洞口加强角钢以及板材与主体结构连接件的抗风和抗震承载力进行了验算，按照验算结果指导板材的生产和安装。

本工程空调板和屋面女儿墙也应用了预制装配技术。为简化施工工艺和节点构造，与建筑专业协商，将各层空调板标高设定为板底与楼面封边梁底齐平，从而可与叠合封边梁的预制部分一体预制。预制空调板见图6.4-16。屋面女儿墙采用预制混凝土板，通过预留竖向外露钢筋锚入现浇屋面梁、剪力墙或框架柱内。为减小女儿墙板尺寸和重量，以及适应设置诱导缝的需要，结合现浇屋面次梁的布置，将女儿墙板拆分为长度不大于4m的板块，板块之间以后浇板带连接。典型女儿墙板及连接节点见图6.4-17。

## 8．工程总结

1）本工程结构与建筑、机电、医疗专项设计等各专业以及预制构件深化设计密切配合，

（a）平面示意图

（b）纵剖面示意图

（c）横剖面示意图

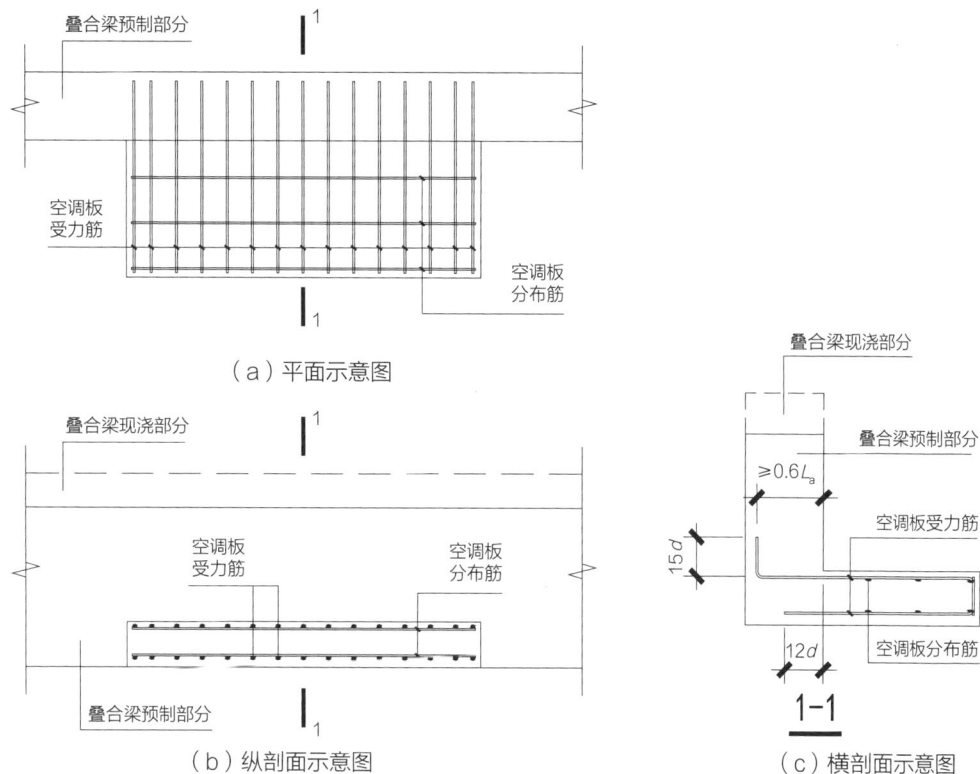

图6.4-16　预制空调板示意图

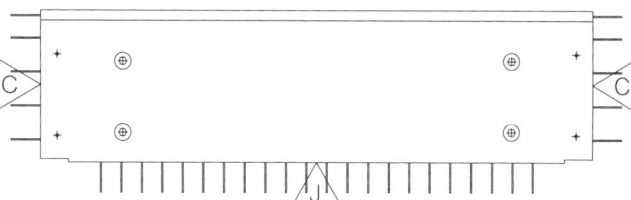

（a）典型女儿墙板模板示意图

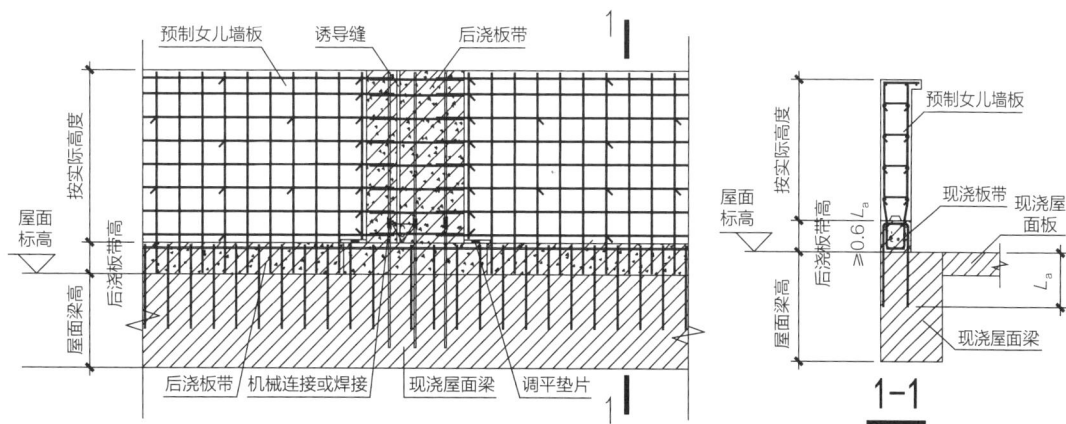

（b）典型女儿墙板配筋及连接节点示意图

图6.4-17　典型女儿墙板及连接节点示意图

结合结构抗震需求、建筑外观和功能、医疗工艺流程、机电管线排布，合理选择预制构件分布范围以及主体结构与内外围护结构的预制构件分配，达到了50%以上的预制装配率。

2）按照等同现浇的设计原则，选取以现浇剪力墙作为第一道防线的预制框架-现浇剪力墙结构体系，采用灌浆套筒的钢筋连接方式等成熟的预制装配技术，板材墙体与主体结构之间采用柔性连接，有利于提高结构抗震性能，充分保证了结构安全性；应用叠合板、叠合梁、预制柱、ALC板材围护墙等常见的预制构件类型，可以在工程所在地附近找到生产厂家，降低了运输成本，同时适当归并预制构件种类，兼顾施工便利性和经济性，取得了较好的社会效益和经济效益。

3）本工程在装配式的具体实施中也存在若干不足之处。例如，由于内装设计和医疗工艺深化设计由第三方进行，介入时间大大滞后于建筑、结构设计，使得集成墙面、地面及集成式卫生间等一般内装部品和装配式屏蔽防护用房等医疗专业部品未能充分应用，后期尚有较多工程量采用传统施工方式完成。装配整体式框架和现浇剪力墙并存，也增加了施工的复杂性，尽管剪力墙数量并不太多，但现浇剪力墙和预制柱、叠合梁的施工仍存在一定程度相互干扰。此外，由于工人不熟悉装配式施工，加之现场检验也存在困难，在验收过程中发现少量钢筋套筒连接存在灌浆不饱满等质量问题；由于灌浆套筒工艺不可逆，不得不局部凿除钢筋混凝土，重新浇筑修复。

4）从本工程的实践经验可以看到，在提倡建筑工业化，对绿色环保要求日益提高的背景下，装配式医疗建筑有着广阔的发展前景；但同时，设计、生产、施工、检验各环节都还需要进一步提高。以下是值得关注的几个方面：

①发展非等同现浇混凝土结构体系，研发混凝土构件干式连接等连接技术，简化施工工艺。

②探索新的装配式混凝土结构设计原则和方法，使框架-剪力墙结构中也能应用预制剪力墙，尽量减少现浇作业。

③推广应用钢结构和装配式混凝土框架-钢支撑结构。钢结构灵活性较高，对于标准化程度较低的部位也能方便地实施预制装配。混凝土框架-钢支撑结构可在竖向构件中实现全预制装配，避免预制构件安装和现浇混凝土施工的相互干扰。

④开发新的检验手段，提高装配式施工质量。

⑤优化设计流程，内装和医疗工艺尽可能早期介入，提高设计的协同程度。

⑥加强内装和医疗工艺部品的产业化，提高建筑部品的集成度。

## 6.4.2 苏州工业园区星塘医院

### 1. 工程概况及设计条件

（1）工程概况

苏州工业园区星塘医院位于苏州工业园区联丰广场以北、松江路以南、高扬安泰国际广场以东、莲葑路以西。本工程包括综合楼和地下室，总建筑面积约36345m²，其中地上为26304m²，地下为10041m²。建筑总图见图6.4-18，建筑效果图见图6.4-19。

综合楼地上塔楼11层，房屋高度为52.050m，裙房3层，房屋高度为15.150m；地

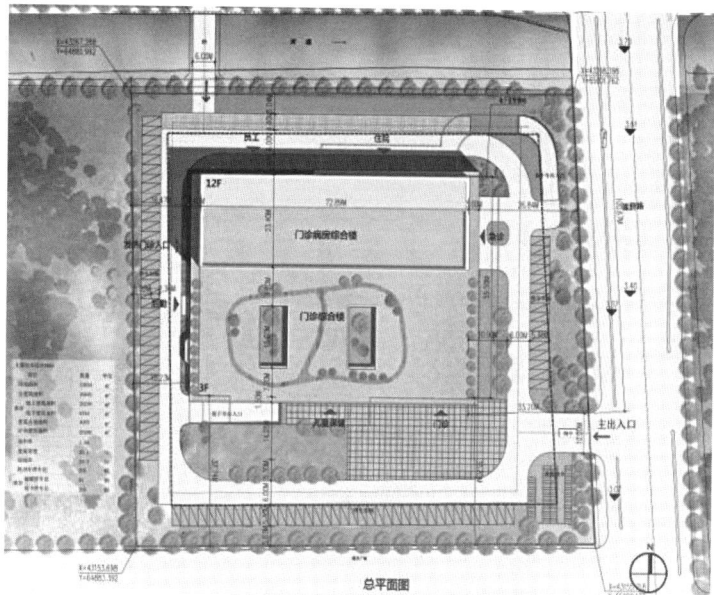

图6.4-18　建筑总图

下2层，底板建筑标高为-9.000m，局部-9.600m，东西向长76.900m，南北长55.400m。地下一层为汽车库和辅助用房，地下二层平时为汽车库和辅助用房，战时为二等人员掩蔽所和医疗救护站。其中裙房及塔楼一~三层为门诊医技范围，这部分主体结构采用现浇混凝土结构，塔楼四~十一层采用装配整体式混凝土结构。以下主要介绍塔楼的情况，塔楼标准层建筑平面图见图6.4-20。

图6.4-19　建筑效果图

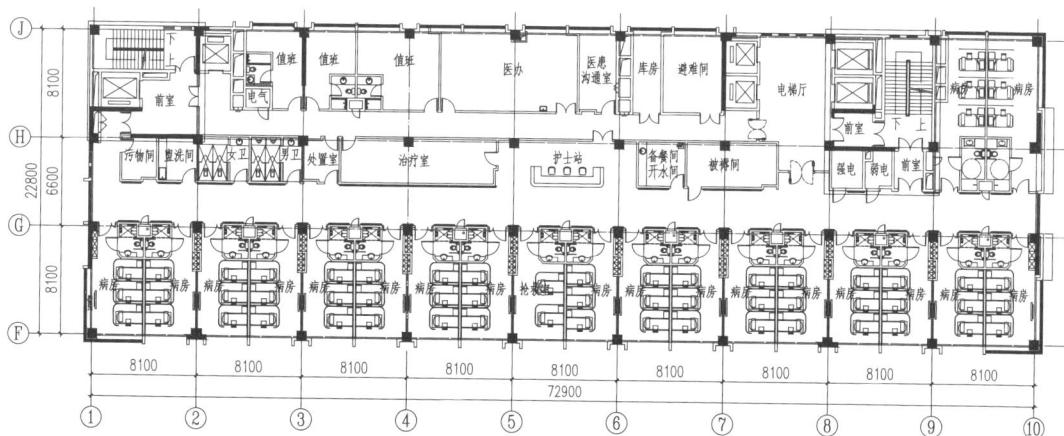

图6.4-20　塔楼标准层建筑平面图

（2）主要设计条件见表6.4-4、表6.4-5。

基本设计参数　　　　　　　　　　　　　表6.4-4

| 设计参数 | 参数值 | 设计参数 | 参数值 |
|---|---|---|---|
| 结构设计工作年限 | 50年 | 地基基础设计等级 | 甲级 |
| 建筑结构安全等级 | 一级 | 建筑桩基设计等级 | 甲级 |
| 结构重要性系数 | 1.1 | 建筑耐火等级 | 一级 |

抗震设计参数　　　　　　　　　　　　　表6.4-5

| 设计参数 | 参数值 | 设计参数 | 参数值 |
|---|---|---|---|
| 抗震设防烈度 | 7度 | 抗震设防类别 | 重点设防类 |
| 设计基本地震加速度 | 0.10g | 建筑抗震地段 | 一般地段 |
| 水平小震地震影响系数最大值 | 0.08 | 建筑场地类别 | Ⅲ类 |
| 设计地震分组 | 第一组 | 场地特征周期 | 0.45s |

## 2．结构体系

### （1）结构单元

为避免塔楼偏置，塔楼与裙房设缝宽200mm，为2个抗震结构单元，以地下室顶板为嵌固端。地下室不设置结构缝，为1个抗震结构单元。

### （2）主体结构体系

塔楼结构单元采用装配整体式框架-现浇剪力墙结构体系。塔楼房屋高度52.05m，属于A级高度钢筋混凝土高层建筑，抗震等级为框架二级、剪力墙一级，剪力墙底部加强部位为底部两层。

### （3）楼盖结构体系

塔楼四～十一层楼主要采用叠合楼板，部分采用现浇钢筋混凝土梁板式结构，叠合楼板预制板厚60mm，现浇层厚70mm。屋面采用现浇钢筋混凝土梁板式结构。

## 3．结构布置

建筑标准层开间方向典型柱距为8.1m。进深方向3跨，从南向北柱距依次为8.1m、6.6m、8.1m，病房的床位区和卫生间均位于进深方向第1跨，第2跨为走廊、治疗室及其他附属用房，第3跨为医生和护士办公室、值班室及楼梯间、电梯间。因此，第1跨楼面梁采用X向一级次梁、Y向二级次梁的布置方式，病房套内卫生间采用现浇楼板；第2跨楼面梁采用十字梁；第3跨楼面梁采用X向双次梁、Y向单次梁的布置方式。标准层结构平面布置图见图6.4-21。

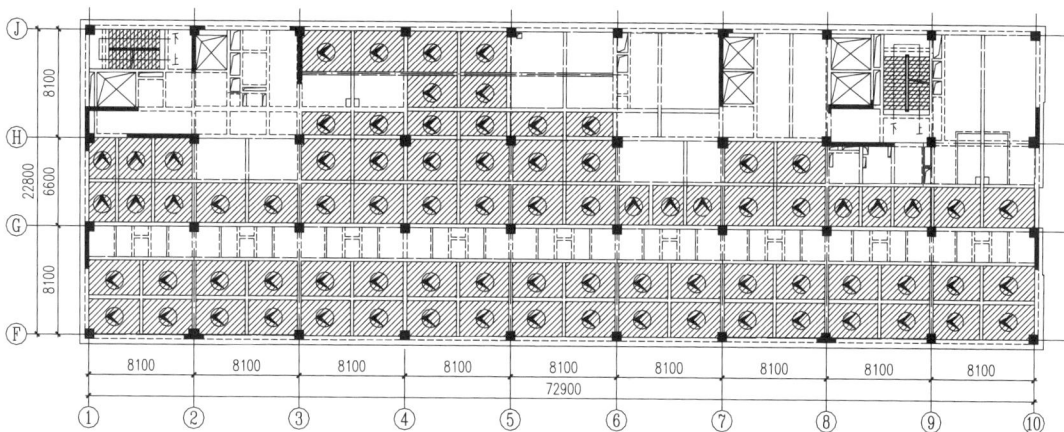

图6.4-21　标准层叠合板及预制楼梯平面布置图

## 4．装配式应用概况

### （1）装配式目标

1）根据江苏省《省住房和城乡建设厅关于进一步明确新建建筑应用预制内外墙板预制楼梯板预制楼板　相关要求的通知》（苏建函科〔2017〕1198号），本工程符合单体建筑强制采用预制内外墙板、预制楼梯板、预制楼板的条件，"三板"应用比例不得低于60%。

2）按规划用地条件，应采用装配式建筑，预制装配率不低于30%。

3）根据苏州市《市政府办公室印发关于推进装配式建筑发展加强建设监管的实施细则（试行）的通知》（苏府办〔2017〕230号），采用装配整体式混凝土结构体系的医院建筑，其整栋建筑中主体结构和外围护结构预制构件的预制率不低于20%。

### （2）预制构件应用范围

1）采用预制叠合板，但以下范围除外：首层至三层楼面、屋面、较大洞口周边楼板、卫生间、楼电梯等公共区域。

2）采用预制楼梯，室内地面以上范围楼梯采用预制梯板。

3）采用预制叠合梁，考虑到本工程主体结构和外围护结构预制构件预制率20%的要求较容易满足，为简化节点构造，框架梁采用现浇，叠合梁主要应用部位为楼盖次梁。

4）采用预制柱，但下列范围除外：底部加强区及上一层柱（即四层楼面以下柱），顶层柱、与楼梯层间平台相连柱。

5）剪力墙均采用现浇。

预制构件具体应用范围见标准层叠合板及预制楼梯平面布置图（图6.4-21）、标准层叠合梁及预制柱平面布置图（图6.4-22）。

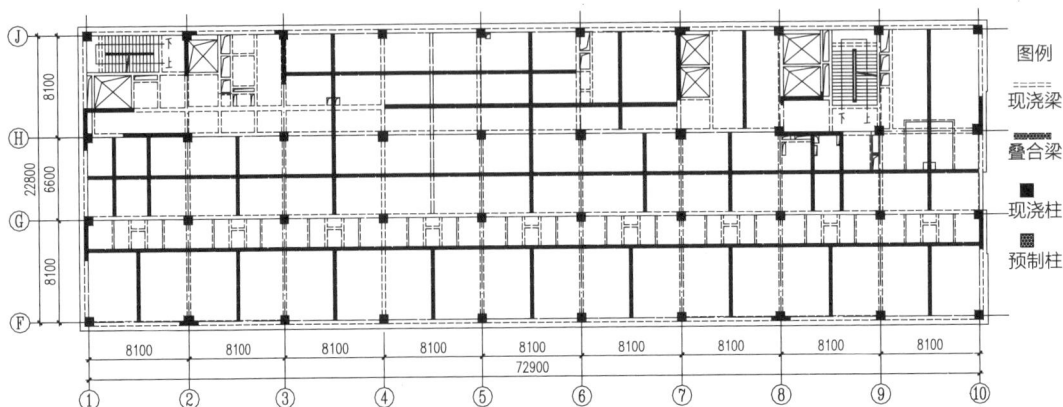

图6.4-22　标准层叠合梁及预制柱平面布置图

### （3）"三板"应用比例

根据江苏省《省住房和城乡建设厅关于进一步明确新建建筑应用预制内外墙板预制楼梯板预制楼板 相关要求的通知》（苏建函科〔2017〕1198号）附件进行计算。对于混凝土结构，单体建筑中"三板"应用总比例计算公式见式（6.4-1）：

$$\frac{a+b+c}{A+B+C}+\gamma \times \frac{e}{E} \geqslant 60\% \qquad (6.4-1)$$

式中：$A$——楼板总面积；

$\quad\quad\ B$——楼梯总面积；

$\quad\quad\ C$——内隔墙总面积；

$\quad\quad\ E$——鼓励应用部分总面积，包括外墙板、阳台板、遮阳板、空调板；

$\quad\quad\ a$——预制楼板总面积；

$\quad\quad\ b$——预制楼梯总面积；

$\quad\quad\ c$——预制内隔墙总面积；

$\quad\quad\ e$——鼓励应用部分预制总面积，包括预制外墙板、预制阳台板、预制遮阳板、预制空调板；

$\quad\quad\ \gamma$——鼓励应用部分折减系数，取0.25。

计算结果见表6.4-6，"三板"应用比例为$\frac{a+b+c}{A+B+C}+\gamma \times \frac{e}{E}=68.02\%>60\%$，满足相关政策要求。

"三板"应用比例计算表　　　　　　　　　　　表6.4-6

| 项目 | 面积（m²） |
| --- | --- |
| 预制楼板总面积$a$ | 8482 |
| 预制楼梯总面积$b$ | 265 |
| 预制内隔墙总面积$c$ | 32498 |

续表

| 项目 | 面积（m²） |
|---|---|
| 鼓励应用部分预制总面积e | 0 |
| a+b+c | 41245 |
| 楼板及楼梯总面积A+B | 16136 |
| 内墙板总面积C | 44497 |
| 鼓励应用部分总面积E | — |
| A+B+C | 60633 |

**（4）预制装配率**

依据江苏省住房和城乡建设厅文件《江苏省装配式建筑预制装配率计算细则（试行）》（苏建科〔2017〕39号）附表进行计算。此处不再列出细目，仅给出结果：主体结构和外围护结构预制构件$Z_1$=10.24%，装配式内外围护构件$Z_2$=17.28%，内装建筑部品$Z_3$=0，创新加分项$S$=3.00%，预制装配率$Z_1+Z_2+Z_3+S$=30.52%＞30%，满足规划条件。

**（5）混凝土预制构件预制率**

混凝土预制构件预制率为$X_2/Y_2$=20.43%＞20%，满足相关政策要求。

## 5．预制装配结构技术措施

**（1）结构计算与分析**

1）在各种设计状态下，装配整体式结构采用与现浇混凝土结构相同的方法进行结构分析。当同一层内既有预制又有现浇抗侧力构件时，地震设计状况下对现浇抗侧力构件在地震作用下的弯矩和剪力进行1.1倍放大。

2）装配整体式结构承载能力极限状态及正常使用极限状态的作用效应分析采用弹性方法。

3）在结构内力与位移计算时，对叠合楼盖假定在其自身平面内为无限刚性。楼面梁的刚度计入翼缘作用予以增大，梁刚度增大系数根据翼缘情况取值，一般情况边梁取1.3，中梁取1.8。

4）层间位移控制1/800。

**（2）结构材料**

1）混凝土：预制构件的混凝土强度等级不低于C30。

2）钢筋：预制构件普通钢筋采用HRB400级热轧带肋钢筋，套筒灌浆连接，吊环采用未经冷加工的HPB300级钢筋制作。

3）连接材料：钢筋套筒灌浆连接接头采用的套筒符合现行行业标准《钢筋连接用灌浆套筒》JG/T 398的规定；钢筋套筒灌浆连接接头采用的灌浆料符合现行行业标准《钢筋连接用套筒灌浆料》JG/T 408的规定；钢筋锚固板的材料符合现行行业标准《钢筋锚固板应用技术规程》JGJ 256的规定。

**（3）预制构件技术措施**

1）预制柱采用套筒灌浆连接。

2）控制预制柱水平接缝处不出现拉力。

3）预制构件运输、吊装时动力系数取1.5，翻转、安装就位、临时固定时动力系数取1.2。

4）预制构件行进脱模验算时，等效静力荷载标准值应取构件自重标准值乘以动力系数后与脱模吸附力之和，且不宜小于构件自重标准值的1.5倍，脱模吸附力应根据构件和模具的实际情况取用，且不宜小于1.5kN/m²。

5）施工阶段考虑增加临时支撑，使预制构件在施工第一阶段不受力，可不考虑预制构件第一阶段的验算。施工阶段的结构稳定通过施工临时措施解决。

6）预制楼梯采用高端与平台梁固定铰支连接，低端采用滑动支座支承在平台梁上。

## 6．工程总结

1）本工程塔楼主体结构采用预制柱、叠合梁、叠合板、预制楼梯，围护结构采用蒸压轻质加气混凝土墙板内隔墙，同时达到了"三板"（预制楼板、预制楼梯、预制内隔墙）应用比例大于60%、混凝土构件预制率大于20%、预制装配率大于30%的三项装配式目标。

2）在应用预制混凝土柱的同时布置了多片现浇剪力墙，形成装配整体式框架-剪力墙结构，提高了结构的整体抗震性能。在结构预制构件和连接节点设计中，充分考虑装配式结构的受力特点，采取了多项计算和构造措施，有效地保证了结构的安全性。

3）预制装配式建筑必须进行精细化设计，构件尺寸、钢筋定位等需要精确可靠，如未能在批量生产前发现错漏碰缺问题，将会造成重大损失。本工程应用BIM技术，对结构布置与建筑平面、立面以及机电管线排布进行严格复核和碰撞检查，较好地完成了各专业之间的协同设计。

# 第 7 章

## 应急医疗建筑结构
## 设计研究

# 7.1 应急医疗建筑特点和建造要求

自古以来，传染病一直伴随着人类社会的发展，极大地影响人们的健康和生活。传染病能够通过传播介质在人与人、人与动物以及动物之间传播，病原从传染源排出，通过传播介质入侵新的宿主，造成病毒的感染。随着现代医学的不断发展与进步，人类所患疾病谱也随之发生改变，人类与传染病的斗争从未停止。2003年SARS烈性传染病爆发，其极高的致死率和传播性给人民健康及社会稳定带来极大的影响，同时也给我国传染病医院建设体系带来严重的冲击；之后的禽流感、甲型H1N1流感等的爆发，使人们更加重视传染病的治疗与预防；2019年11月的鼠疫，同样以极高的死亡率引起社会恐慌；2020年初全球公共卫生事件爆发，严重影响了社会稳定和人民健康，疫情下暴露出的种种问题，也为应急医院的建设工作敲响警钟。当新型传染病爆发时，面对大规模的受感人群，传染病专科医院规模不足、综合医院传染病科室床位有限、酒店等临时隔离点不能满足传染病防疫需求，如何快速建造应急医疗建筑成为亟需解决的难题。

## 7.1.1 建筑定义及特点

### 1. 应急医疗建筑定义

应急医疗建筑是指在战争、重大灾害或重大疫情发生时，在现有医疗机构无法应对数量激增的患者实施及时有效治疗或周边缺乏医疗机构的情况下，通过新建或原有建筑改建的方式建成的具备及时接诊、医疗救治和分级隔离的医疗建筑。这些建筑的主要用途是战争时的伤员救治及后送任务、重大灾害伤员救治、疾病预防控制、应急保障及相应配套功能。特别是重大疫情爆发时，可及时收治隔离病人，避免疫情传播，同时还可以提供流行病学调查、监测预警、风险评估、现场快速检测和实验室检测、卫生学处置、科学研究、培训演练等应急响应和预防所需要的用地和设施。应急医疗建筑的设计和建造旨在为患者提供安全的医疗用地和设施，确保在紧急情况下能够有效地收治患者，同时为医护人员提供一个安全可靠的工作环境，以满足疫情救治的需要。

在设计上，应急医疗建筑应遵循快速、简便、适用和易恢复的原则，按建造方式可分为新建应急医疗建筑和既有建筑改造成应急医疗建筑两类项目，由于需快速设计、建造并投入使用，大部分新建应急医疗建筑设计工作年限达不到50年的要求，一般按临时建筑设计，除为地震灾害救援建造的应急医院外，一般可不考虑地震作用。

### 2. 应急医疗建筑特点

应急医疗建筑是公共卫生体系的重要组成部分，这类建筑主要针对公共卫生突发事件，比起常规医疗设施，要求建筑更快建成、功能更具针对性。而防控传染病的应急医疗设施要求更高，此类快速组建的临时医疗机构在接收大批病人和遏制传染病传播方面发挥着重要的作用。应急医疗建筑主要有如下特点：

1）新建应急医疗建筑设计、建设周期较短，后期须易于拆除。其设计和建造通常采用模块化和装配式的方法，这种方法的优势在于工厂化快速生产，通过快速组合拼装建设，能够极大地缩短施工周期，提高建造效率，同时减少施工和装修垃圾的产生，例如，火神山、雷神山医院的建造就采用了模块化和装配式的快速建造方式，这种方式更易控制质量、减少缺陷，同时也可减少施工和装修垃圾。

2）改建应急医疗建筑一般选用新近建成或使用维护状况良好的建筑，优先选用使用年限不超过十年的重点设防类建筑、大空间建筑，尽量避免加固，例如常选用学校、体育馆、展览馆、会展中心等。

3）应急医疗建筑功能多且医疗工艺流程相对复杂，特别是救治传染病人的负压病房，需考虑平面布局、机电、消防设施及疏散、污水处理设施、人员物资进出运输通道、卫生防疫、生物安全、安全防护等。由于项目工期紧迫，这就要求设计和施工必须考虑周全，充分协作，避免返工或施工工序冲突影响现场作业效率。

## 7.1.2　建造要求

应急医疗建筑要求在最短时间内完成设计、施工并投入使用，以确保其能够满足紧急情况下的医疗需求，保障患者和医务人员的安全。其建造一般遵循以下原则。

### 1．选址

应急医疗建筑一般应建设在主导风向的下风向，人口密度较低的区域，降低感染风险。选址要利于救护车便捷到达，同时在建筑周围可以设立安全隔离区，与环境敏感地要设有安全间隔。既有建筑改造为应急医疗设施时，应选择院区内相对独立的建筑或区域，或选择建筑的底层、低层或建筑内的尽端，并应具备改造医疗流程的条件，包括满足结构安全及改造机电系统的要求。

### 2．建筑功能需求

应急医疗建筑首要的需求是安全，因此在功能布局上需满足医护人员与患者分区分流，洁污分区分流，人与物品分区分流，传染病、疑似传染病与非传染病分区分流，不同传染病分区分流等基本要求，而诊疗空间功能则必须严格划分出污染区、半污染区、清洁区，这样有利于防控应急情况下各区域展开有效的隔离工作，从而遏制疫情扩散蔓延。在气流组织上，传染病医院必须考虑空气压力梯度，要求气流从洁净区、半洁净区、污染区单向流动，其目的是清晰组织传染病医院的各种人流、物流，使其各行其道，避免发生交叉感染。

### 3．结构形式与材料

应急医疗建筑是与生命赛跑的项目，为保障患者尽快入住治疗，其结构形式应因地制宜，方便加工、运输及安装，应优先考虑装配式、轻型结构，轻型结构应采取抗风措施，构件连接应安全可靠。房屋层数宜为单层，当场地受限时不宜超过二层。围护结构及隔墙应采用轻质材料，其燃烧性能等级应为A级，以确保建筑物的防火性能。应急医疗建筑主体应满足防渗、防漏及密闭要求。

### 4．配套设施

应急医疗建筑须保证不间断供电，因此重要部位应有UPS应急电源系统；同时需配备有线通信系统、无线集群系统、计算机系统等；另外需建设变电所、医疗气体站、医疗垃圾站、库房等设备配套用房。

# 7.2　结构设计研究

## 7.2.1　结构设计标准

一般建筑的结构设计是基于50年基准期确定各项荷载与作用，然后通过不同的系数组合，确保结构在预定的设计工作年限内实现预定的功能。应急医疗建筑应根据改建、新建和使用年限、使用要求的不同确定结构可靠性标准和抗震设防标准。

### 1．结构设计工作年限

应急医疗建筑应根据实际需要，合理确定结构设计工作年限，以确保建筑在预期的使用期限内的正常使用。

#### （1）新建的应急医疗建筑

因新建的应急医疗建筑为短期应急使用，大部分在应急过后需拆除，同时还需快速建造。为满足上述要求，一般按临时建筑考虑，其设计工作年限可按5年确定，当建设方有更高的要求时，设计工作年限可按50年或按建设方要求确定。当按临时建筑设计时，为满足快速搭建的要求，可采用以单个集装箱体为单位拼装而成的箱式钢结构用房，也可采用轻钢结构或门式刚架结构。

#### （2）改建的应急医疗建筑

改建后需长期使用的医疗建筑，其设计工作年限一般按延续原建筑的剩余工作年限，不延长设计工作年限、不提高设防类别，避免产生过多的加固和改造；对于改建的临时医疗建筑，作为应急需要，后期拆除，可按临时建筑功能复核。

### 2．结构安全等级

按照《建筑结构可靠性设计统一标准》GB 50068—2018，结构安全等级的划分，应根据建筑结构的破坏后果，即危及人的生命，造成经济损失、对社会或环境产生影响等的严重程度确定。

#### （1）新建的应急医疗建筑

新建的应急医疗建筑，按临时建筑考虑时，设计工作年限为5年，结构安全等级可按三级确定，若按"破坏后果及影响"考虑，按《建筑工程抗震设防分类标准》GB 50223—2008，大部分医疗建筑应按重点设防类考虑，结构安全等级宜为一级，综合考虑应急医疗建筑高度和实际情况，如为应急传染病医院或地震后应急医院，结构安全等级可按二级确定，其结构重要性系数不宜小于1.0。如新建应急医疗建筑设计工作年限高于5年，可按设计工作年限和重要性综合确定其抗震设防标准和安全等级。

**（2）改建的应急医疗建筑**

对于改建的应急医疗建筑，如需长期使用，宜选用近期建成原设计为重点设防类的建筑，其设计工作年限一般延续原建筑的剩余工作年限，结构安全等级为一级，结构重要性系数为1.1；如改建应急医疗建筑作为临时建筑使用，宜选用近期建成的不低于标准设防类的建筑，结构重要性系数不低于1.0。

### 3. 结构作用及楼面使用荷载取值

应执行现行国家标准《工程结构通用规范》GB 55001及《建筑结构荷载规范》GB 50009（以下简称《荷载规范》）的规定，确保建筑在设计时考虑到各种可能的荷载情况。

**（1）楼面使用荷载**

可按本书第2章采用。当结构采用多层轻质房屋时，大型医疗设备、库房等宜布置在首层，可降低应急设施结构设计及施工难度。当轻质房屋首层地面为架空结构时，尚应根据实际荷载对其进行承载力及变形验算。

**（2）地震作用**

临时应急医疗建筑应根据建设地点、建设周期、使用时间等综合考虑是否进行抗震设计。临时应急医疗建筑如用于地震灾后收治伤员的，须考虑地震作用；如为其他自然灾害、战争伤员救治、重大疫情伤员救治等，可不考虑地震作用。改建应急医疗建筑可按建筑功能、使用时间等综合考虑是否进行抗震复核。

**（3）风荷载**

应急医疗建筑的风荷载可根据设计工作年限按现行国家标准《工程结构通用规范》GB 55001及《荷载规范》的规定取值。如设计工作年限为5年，建筑作为临时设施使用，抗风设计时，一般可按10年重现期的基本风压考虑。对于有台风地区（如沿海地区）或者空旷地带，基本风压宜适当提高，可取50年重现期的基本风压，且不小于0.3kN/m²。

对于风荷载比较敏感的结构，如自重较轻的钢木主体结构，按《荷载规范》第8.1.2条，其风荷载取值很重要，而计算风荷载的各种因素和方法还不十分确定，基本风压取值应适当提高。按《门式刚架轻型房屋钢结构技术规范》GB 51022—2015第4.2.1条，计算主钢架时，对基本风压适当提高，放大系数$\beta$取1.1；计算檩条、墙梁和屋面板及其连接时，考虑阵风作用的要求，放大系数$\beta$取1.5。场地粗糙度类别及其他系数应按《荷载规范》要求取值。

**（4）雪荷载**

雪荷载可根据设计工作年限按现行国家标准《工程结构通用规范》GB 55001及《荷载规范》的规定取值。对于临时应急医疗建筑，一般可按10年重现期的雪荷载考虑。根据《工程结构通用规范》GB 55001—2021第4.5.2条规定，对雪荷载敏感的结构，如大跨度、轻质屋盖结构，此类结构的雪荷载通常是控制荷载，极端雪荷载作用下容易造成结构整体破坏，后果特别严重，基本雪压要适当提高；应急医疗建筑如采用钢结构箱式房屋，无论屋面是否设置轻钢坡屋面，都属于对雪荷载敏感的结构，需适当提高雪荷载，可按50年重现期的基本雪压取值。

## 7.2.2 结构形式选择

应急医疗建筑需要在比较短的时间内建成并投入使用，结构形式应综合考虑材料可得性、施工便捷性，方便加工、运输及安装，以建设周期为主要考量因素做选择。一般而言，新建应急医疗建筑应优先采用装配式钢结构，如轻型模块化钢结构、钢框架和夹心彩钢板墙体钢结构等。其中箱式钢结构（集装箱）采用模数化、标准化、装配式建造，大部分应急医疗建筑采用的是这种结构形式，同时这种箱式钢结构也适合标准负压病房的搭建。对于医护工作区和医技区以及其他局部不规则的柱网区域，如箱式结构不能满足使用要求，在无负压病房或传染性疾病的情况下，可采用轻钢框架结构。

改建应急医疗建筑一般选择结构状况良好的既有建筑进行改造，并对房屋结构进行安全评估。一般应选择抗震设防烈度为8度及以下地区的建筑实施改造，优先选用使用年限不超过10年的重点设防类、大空间建筑。经受过地震、台风、洪灾等灾害的建筑原则上不应选用，当必须选用时应按照相关现行国家标准进行抗震和承载能力鉴定，并根据现行国家标准《建筑抗震鉴定标准》确定其适用性，防止二次灾害。

### 1. 装配式钢结构箱式房屋

新建应急医疗建筑隔离医疗区分为两种典型区域，分别是病区护理单元和医技单元。其中病区护理单元分为病房单元与医护办公单元，其单元空间尺寸统一，最适合采用高集成度的装配式体系，具体而言，可采用现场拼装或工厂集成的轻型模块化钢结构组合房屋（集装箱式房屋）。该体系采用工厂预制的集成模块，是由主体结构（冷弯薄壁型钢为骨架）、楼板、墙板、吊顶、设备管线、内装部品组合而成的具有集成功能的三维空间体。集装箱式房屋以单个集装箱体为基本单元自由拼接，通过组合、叠加等方式快速搭建具备人员集中隔离观察功能的临时设施，也可按照空间要求进行改造，满足各项建筑功能要求。建造时可对集装箱整体吊装，安装速度快。同时该体系具有整体刚度好，遇台风、地震或地陷等灾害时仍能继续使用等优点。集装箱箱体构造及现场安装如图7.2-1所示。

集装箱顶板不应直接作为承重屋面使用，其上可采用有檩压型钢板轻型钢屋面，也可采用瓦屋面、金属瓦屋面、卷材（不上人）平屋面，其防水、隔声、抗风等要求应符合国

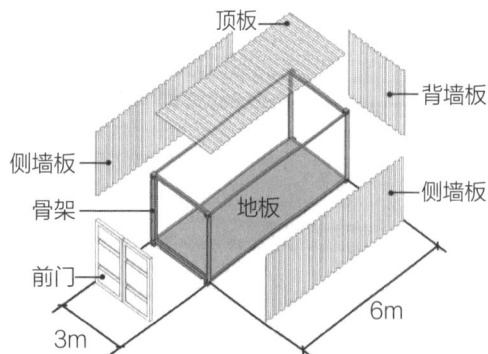

图7.2-1 集装箱箱体构造及现场安装图

家现行有关标准的规定和要求（《集装箱模块化组合房屋技术规程》CECS 334：2013 ）。屋盖结构应考虑制作简单、安装快速、结构稳定、防水效果好等因素（《临时应急呼吸道传染病医院装配式钢结构建筑技术标准》T/ZSQX 009—2021 ）。为更好地满足建筑屋面防水要求及屋面机电设备的安全，同时减轻荷载，箱式钢结构屋面宜采用轻钢坡屋面。

### 2．篷房

篷房（图7.2-2）按材料可分为钢结构篷房与铝合金篷房；按外形可分为人字形篷房、弧形篷房、尖顶篷房等多种形式。篷房一般由主体结构与围护结构组成，具有标准化、轻型化、可移动、易安装、可重复等特性。主体结构一般采用门式刚架结构体系，主要由梁柱刚架、柱间支撑、屋面纵向系杆、屋面横向水平支撑、山墙柱及必要的缆风绳（索）组成。围护结构多采用篷布等高强度柔性材料连接，并采用有效措施紧固绷紧，以避免出现积水、积雪等不利情况。篷房具有重量轻、施工速度快、可重复利用等优点，适用于应急医疗建筑的快速建设。但是，轻型钢结构的抗风性能相对较弱，需要采取加强措施。

图7.2-2  篷房式临时集中隔离收治点设施现场照片

## 7.2.3  上部结构设计

### 1．装配式钢结构箱式房屋

新建应急医疗建筑采用箱式钢结构模块，是建造方式的改变，更是设计理念的升级。设计时充分发挥装配式建筑标准化、工业化、模块化、装配化、绿色环保的独特优势，通过工业化生产的优势提升效率和质量，注重使用空间的可变性和持续更新的可能性。目前，装配式钢结构箱式房屋设计已经比较成熟，与其设计施工相关的技术标准见表7.2-1。

装配式钢结构箱式房屋相关的技术标准

表7.2-1

| 标准编号 | 标准名称 | 备注 |
|---|---|---|
| 17CJ74-1 | 钢结构箱式模块化房屋建筑构造（一） | 图集 |
| 20J910-3 | 模块化钢结构房屋建筑构造 | 图集 |
| 20Z001-1 | 应急发热门诊设计示例（一） | 图集 |
| JGJ/T 466—2019 | 轻型模块化钢结构组合房屋技术标准 | 行业标准 |
| T/ZSQX 009—2021 | 临时应急呼吸道传染病医院装配式钢结构建筑技术标准 | 团体标准 |
| T/CECS 661—2020 | 新型冠状病毒肺炎传染病应急医疗设施设计标准 | 团体标准 |

| 标准编号 | 标准名称 | 备注 |
|---|---|---|
| T/CECS 641—2019 | 箱式钢结构集成模块建筑技术规程 | 团体标准 |
| CECS 334：2013 | 集装箱模块化组合房屋技术规程 | 团体标准 |
| DBJ/T 15—112—2016 | 集装箱式房屋技术规程 | 广东地方标准 |
| DGJ 08—114—2016 | 临时性建（构）筑物应用技术规程 | 上海地方标准 |

**（1）承载力设计**

箱式钢结构标准模块生产厂家一般会将整个箱体作为一个产品供应，其构件型号选用图集各箱体的相关构件型号。对于使用荷载超出箱体产品规定或箱体尺寸大于图集要求的（如CT、DR等特殊防护房间），可根据规范和图集对产品进行承载力、变形等结构设计和验算。箱式钢结构建筑整体一般采用空间结构模型进行结构计算分析，计算模型根据结构的实际情况确定。箱式钢结构模块建筑楼盖通常采用轻型楼盖，计算结构位移时，可采用分块刚性楼板假定；计算结构内力时，应采用弹性楼板假定。箱式模块层间竖向连接模拟高度应不小于箱式模块结构间竖向净距，可采用铰接模型，如图7.2-3所示，当采用螺栓连接时如图7.2-4所示。

对于坡屋面轻钢桁架，其主要荷载为自带防水的轻质屋面，以及屋面上的风荷载和雪荷载，可按现行相关标准对构件和整体进行结构设计和验算。

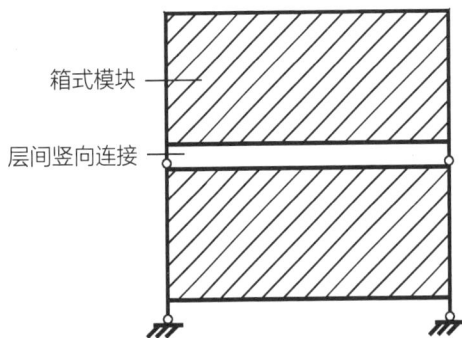

图7.2-3　箱式模块层间竖向连接铰接模型　　　图7.2-4　箱体螺栓连接

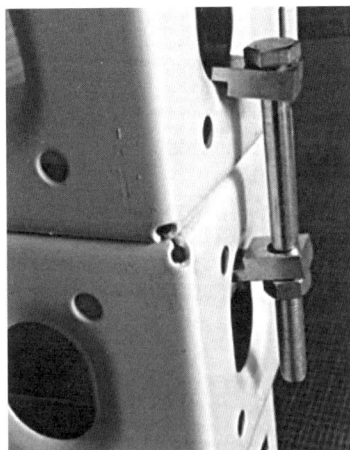

**（2）抗震设计**

对于非地震时救治伤员的临时箱体应急医疗建筑，可不考虑地震作用。

对于建成后需长期使用的应急医疗建筑，需考虑在使用期间可能会遭受的地震等自然灾害影响，因此抗震设计是结构设计的重要环节。在抗震设计中，应遵循加强空间整体性、强节点区域、强锚固、防止脆性破坏、加强模块间连接的抗震概念设计基本原则。应根据当地的地震设防烈度确定结构的抗震等级，并采取相应的抗震措施，如增加结构的刚度、设置抗震缝等。在进行多遇地震作用下的抗震计算时，阻尼比可取0.04。应重视非结构构件和设备的抗震措施，并考虑围护结构对结构抗震的不利影响。多层箱体结构层间最大水平位移和层高之比，在多遇地震作用下不应超过1/300。

#### （3）抗风设计

装配式钢结构箱式房屋屋面可采用瓦屋面、卷材平屋面、轻型钢屋面。应急医疗建筑屋顶一般有放置机电设备及防水需求，因此宜采用轻钢坡屋面，利用坡屋面下面的空腔放置机电设备。

轻钢坡屋面的屋面板宜采用轻质材料并自带保温防水性能，如彩钢板、压型钢板等，其恒荷载、活荷载均较小，因此风荷载在轻质坡屋面设计中起控制作用。

1）钢架抗风设计。坡屋面体系的主要受力构件为刚架（钢柱、钢梁），在《荷载规范》第8章、《门式刚架轻型房屋钢结构技术规范》GB 51022—2015（以下简称《门规》）第4章中，均对轻质坡屋面的风荷载进行了规定。根据建筑不同区域及建筑物是否封闭等条件进行风荷载计算，风荷载与恒荷载、活荷载进行组合，在该组合工况下，刚架需满足变形及应力的要求，多层箱体结构层间最大水平位移和层高之比，在风荷载作用下不应超过1/400。

2）檩条的抗风设计。檩条设计参考《门规》第9章的计算方法。《门规》第4章规定了屋面檩条使用阶段的风荷载，分为中间区、边区、角部3个分区取值，不同区域风荷载差异较大。檩条也可根据线荷载、跨度、屋面坡度、有无支撑等参数查国家建筑标准设计图集《钢檩条》11G521-1选用。

3）屋面板和墙面板的设计。《门规》第11章规定了屋面板和墙面板的材料性能和设计方法。屋面板可根据风荷载，结合屋面板恒荷载、活荷载进行最不利荷载组合，根据厂家提供的屋面板及螺钉参数复核其受力要求。

#### （4）医疗设备支撑设计

应急医疗建筑内需要安装大量的医疗设备，如监护仪、呼吸机等。这些设备对结构的稳定性和承载能力有一定的要求，当荷载超出箱体底板的设计荷载（一般为2kN/m²）时，须单独进行复核。箱体顶板为非承重板，当有其他荷载如机电设备时，须进行验算，应根据设备的重量和结构的承载能力，合理确定安装位置，并采取相应的加强措施。

#### （5）连接设计

连接可分为三种：模块单元内部构件间的连接、模块单元间的结构连接、模块单元与外部支撑结构的连接。箱式钢结构模块单元间的连接可分为竖直方向上相邻模块间的连接和水平方向上相邻模块间的连接。模块单元间的连接应做到强度高、可靠性好、便于安装和检测。常用的连接方式有螺栓连接、焊接连接、焊接与螺栓混合连接、外部桥锁式连接、自锁式连接或自锚式连接等，一般建议优先选用螺栓连接（图7.2-4）或卡扣连接。节点设计和构造可参照《轻型模块化钢结构组合房屋技术标准》JGJ/T 466—2019第4章相关要求。

#### （6）钢结构防腐、防火设计

箱式钢结构应急医院应根据环境条件、材质、结构形式、使用要求、施工条件和维护管理条件等进行防腐蚀设计，且应符合现行行业标准《建筑钢结构防腐蚀技术规程》JGJ/T

251的规定。螺栓、垫圈、节点板等连接构件的耐腐蚀性能，不应低于主材材料；螺栓直径不应小于12mm。钢结构的防腐设计年限不宜低于5年。

箱式钢结构应急医院防火与消防设计应符合现行国家标准《建筑设计防火规范》GB 50016的规定。钢结构的防火涂层宜采用膨胀型防火涂料，防火涂层的形式、性能、厚度应根据钢结构构件的耐火极限等要求确定。防腐和防火涂层应在钢结构构件或产品出厂之前完成。此外，建筑材料的选择和构造设计应满足耐擦洗、防腐蚀、防渗漏、便于清洁和维护的要求，以适应医疗环境的特殊需求。连接节点处的防火措施及其构造不应低于相邻构件所采用的防火措施。对长期使用的箱式钢结构及对防火和防腐有特殊要求的，须进行专项设计。

### 2．篷房结构

在紧急救灾场景中，作为应急临时设施使用的篷房结构，通常使用年限不会超过2年，设计中可不考虑地震作用，但应注重概念设计，确保结构具有足够冗余度抵抗偶然荷载作用。篷房分析及验算主要内容应包括：水平荷载作用下层间位移角验算、竖向及水平荷载共同作用下内力分析及设计验算、屋面刚架梁竖向挠度变形验算、抗风吸验算、节点承载力验算以及结构整体稳定性验算等。篷房对风荷载十分敏感，应注重结合项目使用年限确定其基本风压取值，风荷载系数应按《门规》的相关要求取值，沿横向和纵向的风荷载体型系数应分别考虑，并同时考虑内、外风压最大值的组合。选择篷房产品时，应结合当地的气候条件、使用场景，选择抗风、抗雪承载力满足要求的产品，并请厂家提供产品的抗风性能测试报告。

篷房建成后，设计方应结合设计荷载及现场施工情况，提供安全性能验算和使用要求报告，并明确在遭遇大风、大雨、大雪等极端天气时的应急预防安全措施。在篷房使用期间，当遭遇强风天气，应进行承重加固、增设斜拉缆风绳等方式以提高篷房的安全性。如遇暴雨，维护人员须及时将篷房顶部的雨水排除，确保篷房屋面不积水、不漏水。一旦遭遇强台风等灾害性天气时，篷房应停止使用，并及时疏散篷房内部以及周边所有人员。应采取紧急措施，将山墙面所有篷布和篷房顶布迅速拆除以保证安全。

### 3．改建应急医疗建筑

既有建筑改造成应急医疗建筑前应收集该建筑的相关建筑和结构资料，包括建筑、结构竣工图和使用过程的有关情况等。

用于改建成临时应急医疗建筑的既有建筑改造本着安全可靠、便捷转换、易于恢复的原则，可采取以下措施：

1）材料：应在满足建筑功能要求的前提下，尽量采用质量轻、安装便捷的材料，如钢材、成品板材等；需采用现浇混凝土时，宜采用早强型品种。

2）结构方案：选用钢结构、装配式结构等。

3）连接方式：选用螺栓连接、焊接、卡扣连接、结构胶等。

4）加固方案：当某些构件改造后使用荷载较大，超过构件承载能力时，可对该区域采取减少恒荷载、增加荷载支撑点、控制活荷载峰值等措施，以满足承载力的要求，避免采取工程量大、施工周期长的加固方式；当确需加固时，宜选用施工方便快捷、质量容易保证的加固方案。

5）既有建筑改造应保证原结构的安全性、可恢复性，尽量不改变原结构受力体系和构件受力状态，应选用设计荷载较大的建筑，尽量避免结构加固。

6）对原结构中因用途改变引起使用荷载变化的区域应进行上部结构构件承载力、基础承载力、地基承载力及变形等复核验算，不满足要求时应采取加固措施。结构荷载取值应按现行《荷载规范》的规定执行，并应特别重视机房、大型医疗设备的活荷载取值，当按规范荷载较大时，可按设备实际重量复核，避免产生较多加固。

## 7.2.4　地基基础设计

应急医疗建筑在应对突发公共卫生事件中起着至关重要的作用。其建设速度要求快，而地基基础作为建筑的根基，直接关系到应急医疗建筑的安全性和稳定性。在场地的选择上，除了需满足本书第7.1.2节第1部分所述的原则外，宜选择地势平坦、工程地质水文地质条件较好、地下水与周边水域无水力联系或水力联系较弱、上部土层工程力学性质较好的场地，宜避开湖塘软土地段、填土较厚地段、山坡沟坎起伏地段，以及其他需要较复杂地基处理的地段，应避开地质灾害发育区域。

在时间允许的情况下，地基基础设计之前，须进行详细的地质勘察，了解场地的地质条件、土层分布、地下水情况等，将地质勘察的结果作为地基基础设计的依据。紧急状态下的应急医疗建筑，原则上可参考本场区已经建成的建筑及有关工程的既有地质勘察报告，既有的地质勘察报告如不满足设计要求，应进行补勘。对于缺少地质资料的场地，可采用现场原位测试、槽（坑、井）探与基础（槽）开挖验证相结合的方式进行；对于重大设备基础、单柱荷载较大或地基承载力要求高，或者变形要求严格的建（构）物应布置勘探孔。

### 1．基础选型

应急医疗建筑地基一般优先采用天然基础，避免打桩，地基土承载力不宜小于60kPa，《轻型模块化钢结构组合房屋技术标准》JGJ/T466—2019第5.5.3条规定：当3层及其以下房屋结构地基土承载力小于60kPa时，应进行地基处理。除桩基外，一般民用建筑常用的基础形式有独立基础、条形基础、筏板基础、箱形基础等。因建设使用周期较短，要求建成速度快，灾后宜拆除，适合应急医疗建筑的主要有独立基础、条形基础和筏板基础三种，选择时需对比分析，从施工的工序、精度以及便利性，还要结合成本来综合考虑。考虑到冬季施工的环境因素，混凝土强度等级可适当提高，并可加入早强剂等外加剂。三种基础特点如下：

（1）独立基础

当地质条件较好，预估基础变形较小，且工期允许的情况下，可采用独立基础，基础大小应根据具体的上部荷载、地基承载力确定，独立基础混凝土用量少，施工快。基础尺寸不宜小于800mm×800mm，厚度不宜小于300mm，基础短柱截面不宜小于350mm×350mm，周边的基础短柱上设预埋板，与上部结构连接。

（2）条形基础

当地质条件略差或地层变化较大，可能产生不均匀沉降时，独立基础不能满足要求，可采用条形基础。条形基础整体性相对较好，该基础形式将建筑底面架空，混凝土用量相对较少，同时解决了管线敷设问题，但是支模量较大，绑扎钢筋周期相对较长。

（3）筏板基础

当地质条件较差或地层变化较大，可能产生不均匀沉降时，建议采用整体性较好、钢筋绑扎周期相对较短的筏板基础。该基础形式具有较好的整体性，且便于施工。

当应急医疗建筑主要用于收治传染病患者时，底板需要采取严格的隔离措施。这对地基基础的密封性提出了更高的要求，此时应选用筏板基础，同时在筏板基础下铺设防渗膜，以防止病毒泄漏和交叉感染。

对于应急医院而言，预制结构需要通过垫块进行架空，解决管线通道问题。垫块可以是混凝土块或型钢，施工时可以布置在任意位置，灵活性较大。

## 2．地基处理

在紧急情况下，应急医疗建筑的选址可能受到限制，可能会面临各种复杂的地质条件，如软土地基、不均匀地基等。这就需要根据具体地质情况进行针对性的地基基础处理。地基处理的主要目的是提高地基的承载力和稳定性，减小地基的沉降和不均匀沉降。常见的简单快速地基处理方法有表层原位压实法和换填法。

（1）表层原位压实法

地基浅层处理的最简易的做法是表层加固。当要处理的地基软弱土位于表层，厚度不大，或上部荷载较小时，可采用表层原位压实法。表层原位压实法一般常用于道路、堆场等，也适用于轻型建筑物的地基处理。表层原位压实法根据不同的施工机械设备和工艺，一般可分为碾压法、振动压实法及重锤夯实法。

（2）换填法

换填法就是将基础底面以下不太深的一定范围内的软弱土层挖去，然后以质地坚硬、强度较高、性能稳定、具有抗侵蚀性的砂、碎石、卵石、素土、灰土、粉煤灰、矿渣等材料以及土工合成材料分层填充，并同时以人工或机械方法分层压、夯、振动，使之达到要求的密实度，成为良好的人工地基。当软弱土层较薄，而且上部荷载不大时，也可直接以人工或机械方法（填料或不填料）进行表层压、夯、振动等密实处理，同样可取得换填加固地基的效果。

## 3．基础计算

应急医疗建筑基础设计计算包括基础的尺寸确定、承载力计算、沉降计算等。设计计算应符合相关的规范和标准，确保基础的安全可靠。

当采用装配式钢结构箱式房屋时，单个空箱自重约为0.15t/m²；当进行基础设计初步估算时，对于常规功能的单层箱式钢结构模块可按0.8~1t/m²考虑。一般浅层土体在经过一定的地基处理措施后，通常能够满足相应的地基承载力需求。

# 7.3 工程应用

## 7.3.1 临时应急医疗建筑：苏州市第五人民医院抗疫应急医院

2020年1月底，随着全球公共卫生事件的发展，苏州出现疑似病例和确诊患者，为避免疫情扩散，快速解决患者收治，苏州市疫情防控指挥部于2020年1月30日决定新建临时应急医院收治疑似患者和确诊患者，建设地点选在苏州市第五人民医院院区内部。本工程在选址上利用现有医疗设施的空地，用地条件良好，市政配套设施齐备，交通便利条件。第五人民医院为苏州市专门的传染病医院，位于苏州市相城区北部郊区，其选址已经考虑了远离人口密集场所和环境敏感地带；布局上，周边有条件设置不小于20m的安全隔离区。

启迪设计集团设计团队在接到任务后，以小时为节点，奋斗在现场勘查、图纸设计、快速建造协调、医疗功能复核等工作中。24小时完成初步施工图设计，48小时提交最终经过医院方和代建方确定的全套施工图，并派驻建筑、结构、机电专业到现场配合施工，确保了该应急医院一期（100床位）14天完成建设并交付使用，为疫情防控打下了坚实的基础。设计施工时间表如图7.3-1所示。

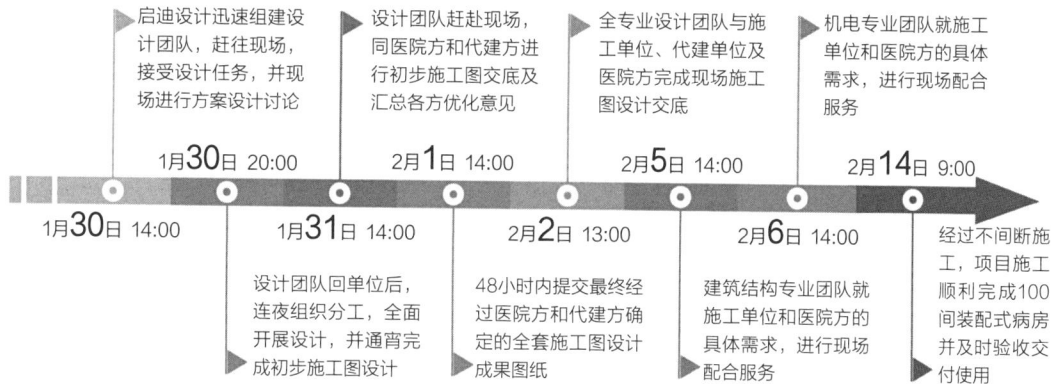

图7.3-1 设计施工时间表

### 1. 工程概况

苏州第五人民医院临时应急医疗隔离病区（苏州五院应急医院）一、二期规划总体建设面积约19090m²，规划总床位500床，其中一期建设100床病房楼1栋，建筑面积4590m²（其中病房楼4464m²，物资库房126m²），二期规划400床病房楼2栋，建筑面积约14500m²。本项目以武汉火神山医院设计为参考，结合苏州五院东侧空地的实际现状进行针对性设计，经与医院院感、医务、护理等职能部门充分沟通并及时调整，该区域相对空旷独立，便于管控，可确保医院院感安全。

一期病房楼地上2层，为疑似病例隔离病房楼及配套物资库房，包括2个护理单元病区，每个病区50床位，合计100床位。功能布局严格按照清洁区、半污染区、污染区分区要求。病区均为单间病房，满足病人治疗要求，物资库房地上1层。二期规划建设两栋病房楼及相关配套用房。其中两栋病房楼均设计床位200床，每栋建筑面积约7000m²，为地上2层建筑，每层床位100床（2个护理单元各50床）。相关配套用房面积500m²，为地上1层建筑。一期投入使用后，苏州疫情得到控制，二期暂未实施。下面介绍一期设计建造情况。建筑一层平面布置图如图7.3-2所示、建成实景图如图7.3-3所示。

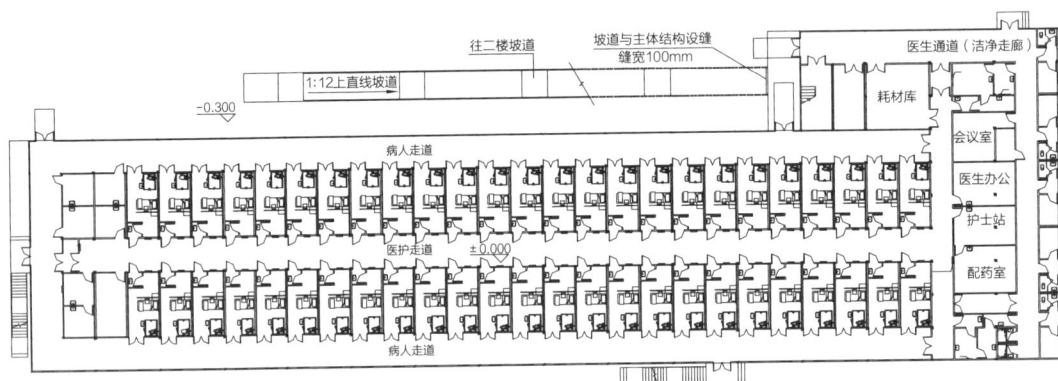

图7.3-2　建筑一层平面布置图

图7.3-3　建成实景图

## 2. 结构选型与布置

建筑为L形平面，按工期进度要求，从设计和建造到交付使用需在两周内完成，常规混凝土结构及钢结构均难以满足此工期要求。结合本工程建筑平面房间重复率高的特点，采用模块化装配式钢结构，运用成品型钢及成品连接件进行标准化拼装，实现快速设计、快速建造的目标。

结合项目情况及常用活动板房市场供货的调研，采用苏州中恒达彩钢板有限公司生产的6m×3m×2.8m标准模块单元，该规格标准模块箱体有足够的库存，其角柱及外框梁均采用普遍用于活动板房且标准化程度较高的异形薄壁截面钢材，截面如图7.3-4所示。

模块底面及顶面的次梁均采用常用薄壁矩形钢管，结构钢材均采用Q235；底板采用方钢管80mm×2mm和矩形钢管40mm×80mm×2mm间隔短向布置，间距600mm；顶板短向布置主受力次梁，采用矩形钢管40mm×60mm×2mm，间距1500mm；长向布置次受力次梁，采用方钢管50mm×2mm，间距750mm，截面如表7.3-1所示。

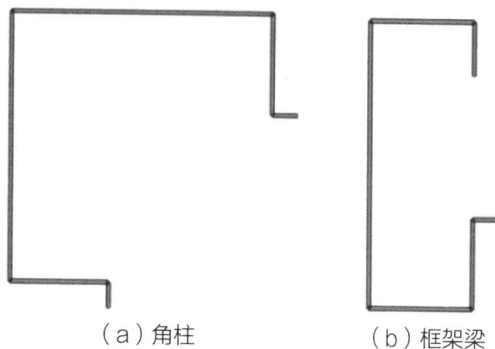

（a）角柱　　　　（b）框架梁

图7.3-4　角柱及框架梁截面示意

模块单元构件截面　　　　表7.3-1

| 构件 | 截面（mm） |
| --- | --- |
| 框架柱 | 异形截面 |
| 框架梁 | 异形截面 |
| 底板次梁 | 方钢管80×2，矩形钢管40×80×2 |
| 顶板次梁 | 方钢管50×2，矩形钢管40×60×2 |

地板采用防火玻镁板，具有较高的抗弯强度和耐磨性，以及良好的防腐和防潮性能，燃烧性能符合A级规定要求，密度约1200kg/m³；墙面和顶棚采用50系列岩棉彩钢夹芯板，密度为100kg/m³，燃烧性能符合A级规定要求。

### 3．基础设计

苏州五院应急医院建设场地较为平坦，根据院区相邻建筑物地勘报告，场地表层土为人工填土层，平均厚度1m，回填时间约3年，2层土为黏土层，平均厚度3m，地基承载力特征值为200kPa，3层土为粉质黏土，平均厚度1m，地基承载力特征值为160kPa，以下土层无软弱土层，场地内无不良地质情况。

为保证在最短时间内抢建完成，避免大开挖以及换填回填，选择人工填土为基础持力层。将人工填土层表层虚土清除后，用大型机械进行反复碾压处理。

基础形式可采用混凝土独立基础、混凝土条形基础或整体浇筑筏板基础，考虑到本项目工期紧张，且上部箱体自重较轻，基底土层为经碾压处理的人工填土，同时考虑传染病医院基础有防渗的要求，考虑上部建筑有密闭要求需减少基础不均匀沉降，并与建设方沟通，最终采用筏板基础方案，加强上部箱体的整体性。现场基础施工照片如图7.3-5所示。

图7.3-5　现场基础施工照片

　　箱体结构与基础之间宜有可靠的锚固连接。筏板基础与集装箱之间可设置架空型钢或预制混凝土块连接，本工程为加快施工速度，在房屋周边外墙下设置钢筋混凝土翻边，在房屋内部下方设置型钢基础垫块连接箱体和筏板基础，架空型钢基础垫块高度根据排水管道安装空间的需要确定为400mm。在集装箱四角和长边中部布置架空型钢基础垫块，混凝土翻边和架空型钢基础垫块典型布置示意如图7.3-6所示，混凝土翻边及架空型钢基础垫块与基础连接如图7.3-7所示。

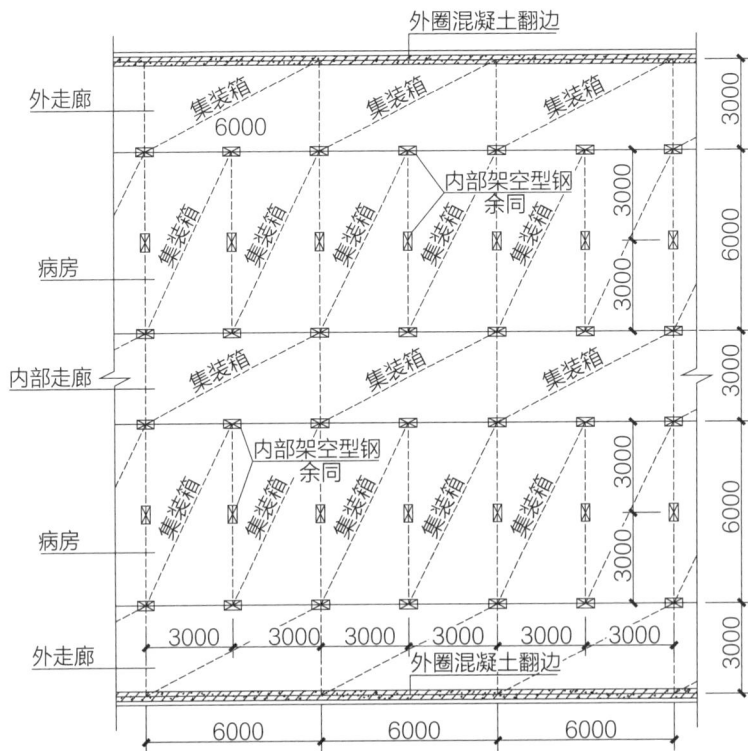

图7.3-6　架空基础布置图

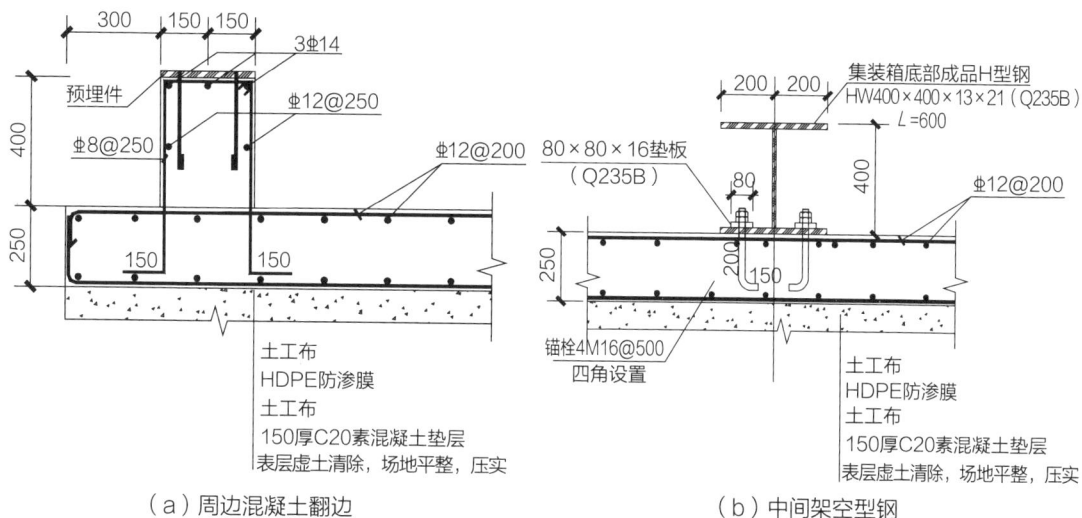

（a）周边混凝土翻边　　　　　　　　（b）中间架空型钢

图7.3-7　架空基础做法

## 4．上部结构设计

经设计调研和对市场供货的调研，综合考虑工期，苏州五院应急医院上部结构采用模块化集装箱式房屋。对建筑中的隔离病房、走道，采用标准模块单元；对建筑中医生办公、会议室、更衣室、休息室、库房等房间，标准模块单元难以满足建筑平面布置，采用框架单元加隔断的方式灵活搭建，满足各功能需求。

### （1）结构设计荷载

集装箱箱体顶面、底面恒荷载分别按0.3kN/m²和0.8kN/m²取值，活荷载按《荷载规范》取值，主要活荷载取值如表7.3-2所示。

活荷载取值　　　　　　　　　　　　　表7.3-2

| 功能 | 活荷载（kN/m²） | 功能 | 活荷载（kN/m²） |
|---|---|---|---|
| 病房 | 2.0 | 办公室 | 2.0 |
| 卫生间 | 2.5 | 库房 | 5.0 |
| 走廊门厅 | 2.0 | 屋面 | 0.5 |
| 楼梯坡道 | 3.5 | | |

### （2）箱体单元结构分析

箱式钢结构模块为厂家用作普通活动板房的成熟产品。尽管如此，针对医院的功能和局部特殊荷载要求，设计采用SAP2000软件建立结构模型进行分析复核，模块单元边界条件按铰支座布置于架空型钢基础垫块和周边混凝土翻边上，标准模块单元结构模型如图7.3-8所示。模块单元1.3恒荷载+1.5活荷载基本组合工况应力如图7.3-9所示，由此结果可

（a）标准模块三维视图

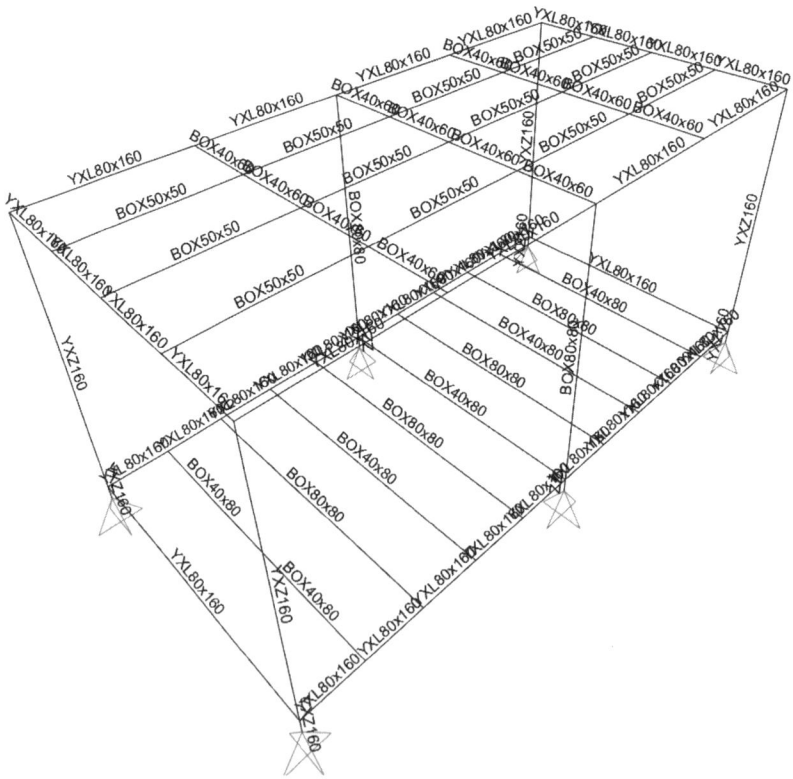

（b）标准模块构件截面

图7.3-8　标准模块单元模型

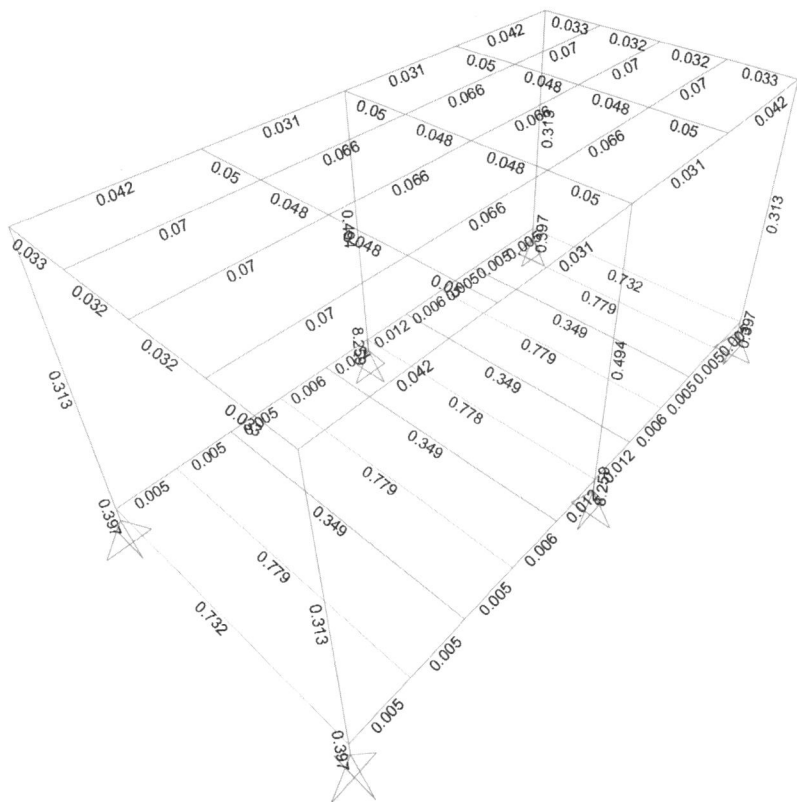

图7.3-9 标准模块单元应力比

以看出，标准模块单元各构件应力小于材料强度设计值，箱体四周框架主梁及框架柱的应力比较低，有一定余量，顶框次梁最大应力比为0.05，底框次梁方钢管80mm×2mm应力比较低，约为0.35，底框次梁矩形钢管40mm×80mm×2mm应力比较高，约为0.78。对于库房等重载房间，按活荷载5.0kN/m²复核，复核结果如图7.3-10所示，底框次梁矩形钢管40mm×80mm应力比为0.936，接近1，需全部采用方钢管80mm×2mm。对于屋面设置设备的箱体，模块单元长向两侧中间各设置两根80mm×2mm方钢管柱，以减小框架构件应力。

（3）**模块整体结构分析**

本工程所采用薄壁杆件组成的模块，其整体刚度较普通钢结构有较大减弱。当建造两层建筑时，一层柱子受力较大；因此对双层模块的情况建立模型，上下层模块按铰接模拟，模型按两个病房单元加一个走廊单元建立，模块考虑风荷载作用以及上部坡屋面刚架荷载。构件计算应力比如图7.3-11所示。

计算结果显示，框架柱最大应力比为0.93，框架梁最大应力比为0.53，楼面次梁的最大应力比为0.78，承载力满足要求。整体模型在风荷载作用下，两个水平方向的最大层间位移角分别约为1/1700，满足规范对结构刚度的要求，框架柱在风荷载作用下无拉力。

（4）**坡屋面刚架结构分析**

根据建筑屋面防水要求并考虑屋面机电设备的安全，在二层屋面设置坡屋架。受工期、材料供货限制，同时考虑减小屋架荷载对主体结构影响，坡屋架采用轻钢桁架，桁架

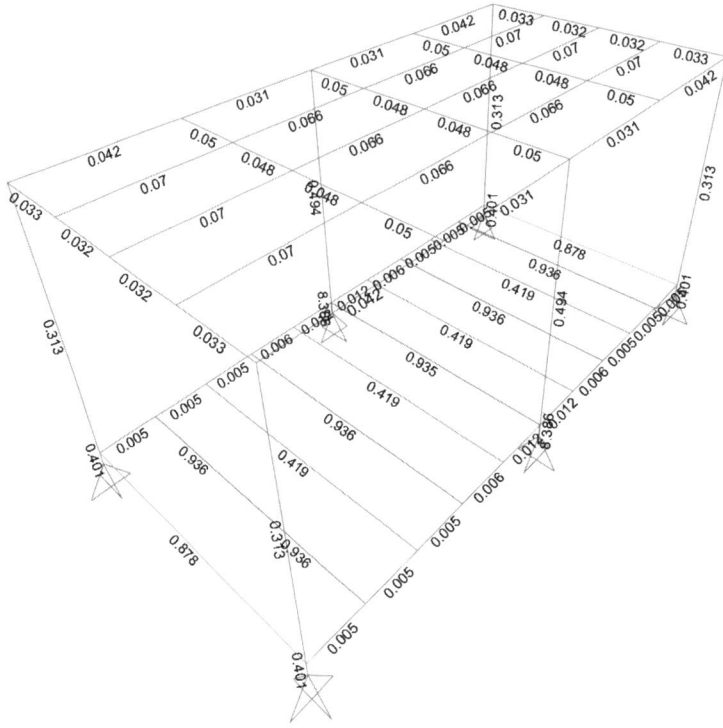

图7.3-10 库房模块单元应力比

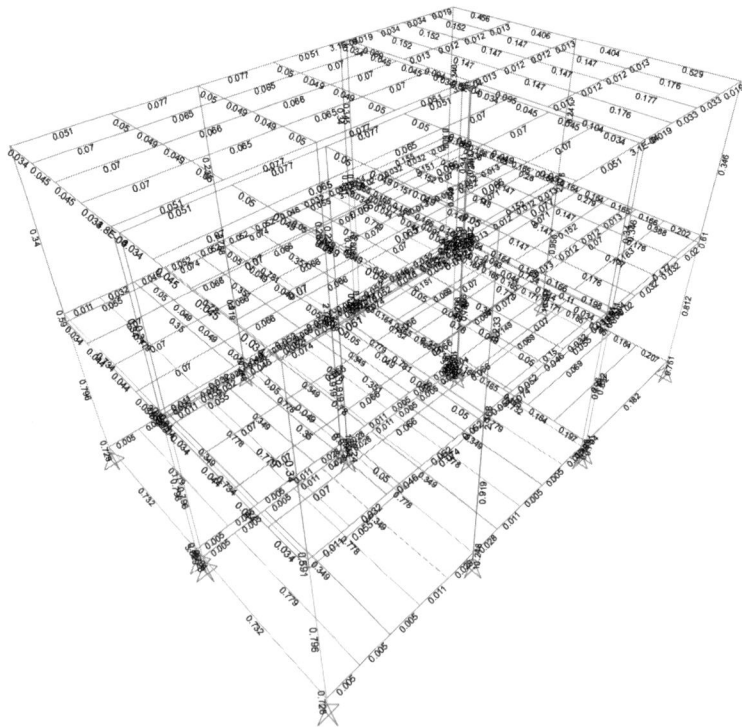

图7.3-11 2层模块单元应力比

主要构件均采用双拼角钢2∟40×3，桁架支座设置于下部模块柱顶，与模块角件铰接。屋面檩条采用矩形方钢管□60×40×3，屋面板采用0.5mm厚WA820版型单层彩钢板，上做1.5mm厚高分子自粘防水卷材，卷材上平行屋脊设通长镀锌方钢管□60×40×3（间距2m），上做钢质缆风绳固定（间距3m），缆风绳在檐口部位与箱体固定。

桁架跨度与模块横向柱距一致，即3m+6m+3m+6m+3m，各榀桁架间距即模块宽度3m，因边跨走道模块长向布置，在模块中部设立柱，保证屋面桁架支撑荷载传递至基础。在坡屋架中间纵向，腹杆间设置竖向支撑，以加强屋架整体性。屋面桁架立面如图7.3-12所示。

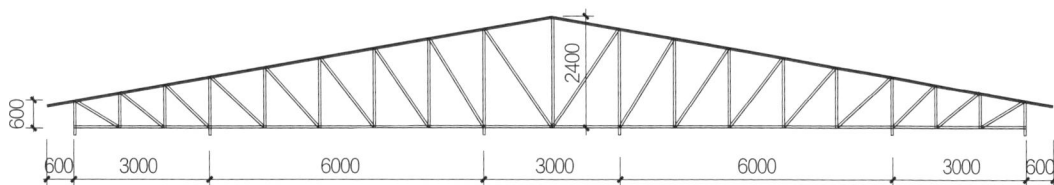

图7.3-12　屋面桁架立面图

采用SAP2000软件对屋面桁架进行结构分析，模型中主要分析桁架主要构件的受力情况，檩条、屋面彩钢板、防水卷材及抗风做法作为荷载计入，恒荷载取0.2kN/m²，活荷载取0.5kN/m²（和雪荷载取大值），基本风压取0.45kN/m²，屋面桁架应力比结果如图7.3-13所示。由计算结果可以看出，腹杆最大应力比约为0.4～0.5，桁架弦杆应力水平较低，桁架应力控制荷载为竖向荷载，风吸作用不起控制作用，桁架受力满足规范要求。

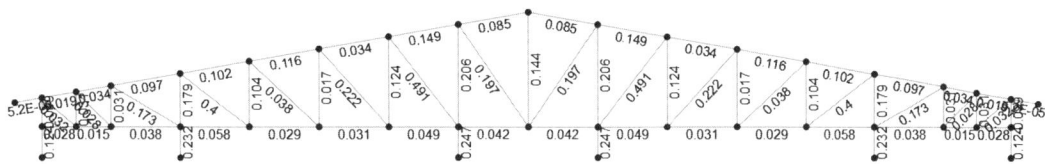

图7.3-13　屋面桁架应力比

## 5. 施工配合注意事项

应急医院建设周期短，施工质量控制难度大，但重点部位、重点环节应加强质量控制。

1）地基处理工程：回填土的压实系数需要严格控制，如果回填土压实不密实，后期会产生基础沉降不均匀，导致集装箱倾斜、密封位置开裂等质量事故。

2）混凝土工程的强度控制：施工过程中应严格控制混凝土配合比，以保证混凝土的强度，同时加入早强剂，缩短混凝土硬化时间。

3）连接节点控制：装配式集装箱建筑主要连接节点有基础与架空型钢基础垫块的连接、架空型钢基础垫块与集装箱体的连接、箱体间的连接3种，施工过程中应严格控制各种连接节点，以保证集装箱体结构受力、变形、抗风、抗倾覆的能力。

箱体现场拼装及吊装见图7.3-14。

图7.3-14　箱体现场拼装及吊装图

### 6．工程小结

（1）本工程采用模块化轻钢结构，对模块单元及整体的结构分析计算结果表明，模块的应力水平满足材料设计值限值，模块整体位移满足规范限值要求。

（2）坡屋面轻钢桁架的设计可满足屋面防水及设备安放要求，通过对钢屋架结构的分析，屋架结构应力水平较低，满足受力要求。

（3）对此类应急医疗建筑的结构设计尚无国标规定，本文参考相关规范对结构设计的主要方面进行分析，结果表明，采取合理措施后，此类轻钢模块结构可用于2层应急医疗病房建筑的建设。

## 7.3.2　改建应急医疗建筑：苏州市第五人民医院负压病房改造项目

### 1．工程概况

为满足长期收治传染病患者的需求，根据苏州市第五人民医院院方需求，对既有的传染病房楼B楼的7层（顶层）进行负压隔离病房改造，床位规模20床，建筑面积1138m²，设计建设周期为30天。原传染病房楼房屋高度32.15m，结构设计使用年限为50年，抗震设防烈度为6度（根据地震安评报告：地震影响系数最大值$\alpha_{max}$=0.083），设计基本地震加速度0.05$g$，设计地震分组为第一组，建筑场地类别为Ⅲ类（场地特征周期根据场地等效剪切波速、地覆盖层厚度，按内插确定设计特征周期为$T_g$=0.51s），建筑抗震设防类别为重点设防类，建筑于2014年设计建造，2017年建成。此次负压病房改造选择了院区内相对独立的建筑区域，为病房楼顶楼，并具备改造医疗流程的条件，同时满足结构安全和机电系统改造要求。

### 2．结构改造设计原则

本次负压病房改造仅对改造部分的构件进行承载力加固，不涉及整体结构体系改造，延续原结构剩余设计使用年限，抗震设防烈度仍为6度（地震影响系数最大值

$\alpha_{max}$=0.083），设计基本地震加速度0.05g，设计地震分组为第一组，建筑抗震设防类别仍为重点设防类。

为避免大面积加固改造，在方案初期与建筑及设备专业充分沟通，对于新增隔墙，尽可能采用轻钢龙骨等轻质隔墙，新增设备缩短传力路径，同时按采购的设备重量复核原结构。

## 3. 结构改造复核

改造前后结构刚度及质量变化如表7.3-3所示。屋面增加设备和设备基础后，相对于改造前质量增加2.59%，对于整个建筑而言，总质量增加0.21%，结构刚度没有变化。经复核，原结构构件配筋均能满足计算要求，基础满足改造后的承载力要求。

**改造前后结构质量刚度对比**　　表7.3-3

| 结构指标 | | 改造前 | 改造后 | 变化值 |
|---|---|---|---|---|
| 质量（t） | 结构总质量 | 40026.039 | 40110.074 | +0.21% |
| | 屋面总质量 | 3241.7 | 3325.8 | +2.59% |
| 结构刚度（顶层）（kN/m） | $X$向 | $1.7608 \times 10^7$ | $1.7608 \times 10^7$ | 0 |
| | $Y$向 | $2.2507 \times 10^7$ | $2.2507 \times 10^7$ | 0 |

经过前期方案沟通，经计算复核，7层因原病房分隔没有变化，原结构构件配筋均满足复核计算结果。屋顶新增开洞及设备基础布置如图7.3-15所示。屋面新增较多设备和屋面开洞，设备基础采用轻骨料混凝土（LC20，重度不大于12kN/m³）。根据设备荷载复核，当构件原配筋不满足计算结果需加固时，调整设备位置重新复核。经多轮调整和复核，屋面结构构件无须加固。对于屋面新增较大设备洞口（洞口长边大于800mm），洞口边增设钢梁加强，对于较小洞口（洞口长边不大于800mm），采用粘贴碳纤维布进行补强，做法如图7.3-16所示。

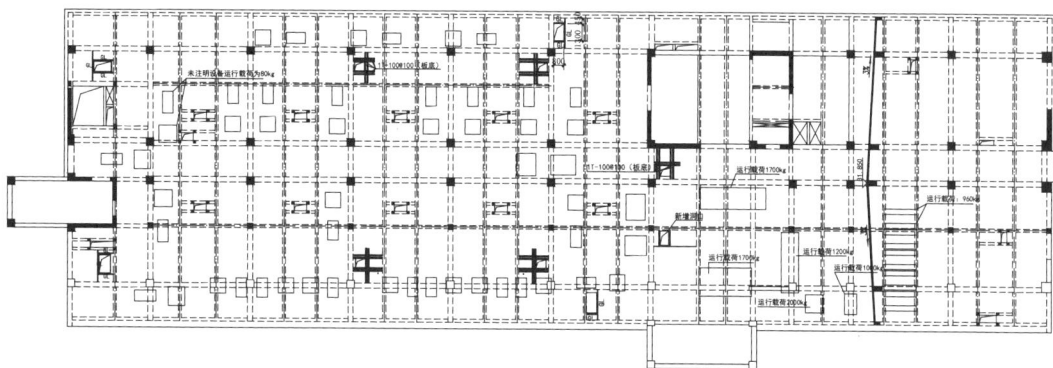

图7.3-15　屋顶新增开洞及设备基础布置图

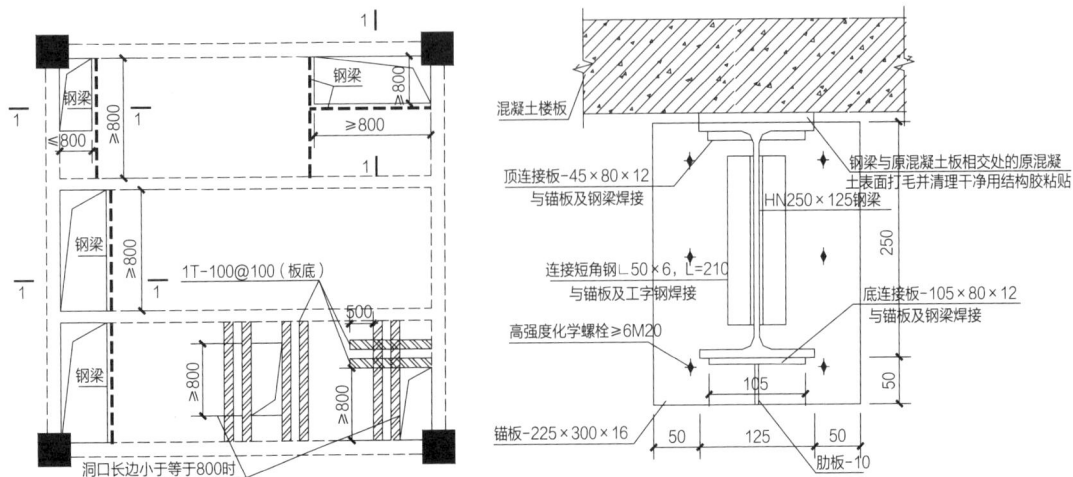

图7.3-16 屋顶新增开洞做法

## 4．工程小结

1）本次改造将住院楼顶层原有的普通传染病房改为负压病房，通过和建筑、设备专业充分沟通，在功能改变需要对原结构加固时，通过减轻荷载、改变荷载传递路径、调整设备位置等方式，避免对原结构进行加固。

2）在新增设备管井需在屋面楼板开洞时，适当调整洞口位置，避开跨度较大楼板及受力较大位置，对不同大小的后开洞口采用不同的补强方案，节约改造成本，加快了施工进度，也为后续机电改造争取了时间。

# 参考文献

[1] 戴雅萍，蔡爽，查金荣. 一座立体园林：启迪设计大厦[M]. 北京：中国建筑工业出版社，2025.

[2] 启迪设计集团股份有限公司. 经典回眸：启迪设计集团股份有限公司篇[M]. 北京：中国建筑工业出版社，2023.

[3] 戴雅萍，张敏，朱怡，等. 轨道交通车辆基地上盖结构关键技术[M]. 北京：中国建筑工业出版社，2023.

[4] 张敏，金彦，朱怡，等. 城市地下空间关键技术集成应用[M]. 北京：中国建筑工业出版社，2024.

[5] 中华人民共和国卫生部. 卫生机构（组织）分类与代码：WS 218—2002[S]. 北京：中国标准出版社，2004.

[6] 中华人民共和国卫生部. 医院分级管理办法[A]. 1989.

[7] 中华人民共和国住房和城乡建设部. 综合医院建筑设计标准：GB 51039—2014[S]. 2024年版. 北京：中国计划出版社，2015.

[8] 沈崇德，朱希. 医院建筑医疗工艺设计[M]. 北京：研究出版社，2018.

[9] 张洛先，徐更，谭劲松，等. 新时代综合医院建筑设计导则[M]. 北京：中国建筑工业出版社，2019.

[10] 张福泉，张远平. 质子治疗中心建设指南[M]. 北京：中国建筑工业出版社，2023.

[11] 中华人民共和国国务院. 建设工程抗震管理条例：国务院令第744号[A]. 2021.

[12] 中华人民共和国住房和城乡建设部. 建筑工程抗震设防分类标准：GB 50223—2008[S]. 北京：中国建筑工业出版社，2008.

[13] 中华人民共和国住房和城乡建设部. 建筑抗震设计标准：GB/T 50011—2010[S]. 2024年版. 北京：中国建筑工业出版社，2016.

[14] 中华人民共和国住房和城乡建设部. 工程结构通用规范：GB 55001—2021[S]. 北京：中国建筑工业出版社，2021.

[15] 中华人民共和国住房和城乡建设部. 建筑结构荷载规范：GB 50009—2012[S]. 北京：中国建筑工业出版社，2012.

[16] 中华人民共和国住房和城乡建设部. 高层建筑混凝土结构技术规程：JGJ 3—2010[S]. 北京：中国建筑工业出版社，2011.

[17] 中华人民共和国住房和城乡建设部. 超限高层建筑工程抗震设防专项审查技术要点：建质〔2015〕67号[A]. 2015.

[18] 江苏省住房和城乡建设厅. 高层建筑工程抗震设防超限界定标准：DB32/T 4399—2022[S]. 南京：东南大学出版社，2023.

[19] 中国建筑西南设计研究院有限公司. 结构设计统一技术措施[M]. 北京：中国建筑工业出版社，2020.

[20] 汪凯, 江韩. 超限高层建筑工程抗震设计可行性论证指南及实例[M]. 南京: 东南大学出版社, 2019.

[21] 海南省住房和城乡建设厅. 海南省超限高层建筑结构抗震设计要点（2021年版）[A]. 2021.

[22] 四川省住房和城乡建设厅. 四川省超限高层民用建筑工程抗震设计导则[A]. 2023.

[23] 山西省住房和城乡建设厅. 山西省超限高层建筑工程抗震设防界定规定: 晋建质字〔2018〕272号 [A]. 2018.

[24] 中国勘察设计协会. 建筑结构抗震性能化设计标准: T/CECA 20024—2022 [S]. 北京: 中国建材工业出版社, 2022.

[25] 魏琏, 王森. 转换梁上部墙体受力特点及设计计算方法的研究[J]. 建筑结构, 2001, 31（11）: 3-6.

[26] 魏琏, 王森, 韦承基. 高层建筑转换梁结构类型及计算方法的研究[J]. 建筑结构, 2001, 31（11）: 7-14.

[27] 北京市建筑设计研究院有限公司. 建筑结构专业技术措施[M]. 北京: 中国建筑工业出版社, 2019.

[28] 中华人民共和国住房和城乡建设部. 建筑结构荷载规范: GB 50009—2012[S]. 北京: 中国建筑工业出版社, 2012.

[29] 金新阳. 建筑结构荷载规范理解与应用: 按GB 50009—2012[M]. 北京: 中国建筑工业出版社, 2013.

[30] 中华人民共和国住房和城乡建设部. 超大面积混凝土地面无缝施工技术规范: GB/T 51025—2016[S]. 北京: 中国计划出版社, 2017.

[31] 上海现代建筑设计（集团）有限公司技术中心. 动力弹塑性时程分析技术在建筑结构抗震设计中的应用[M]. 上海: 上海科学技术出版社, 2013.

[32] 刘伟庆, 王曙光, 林勇. 宿迁市人防指挥大楼隔震设计方法研究[J]. 建筑结构学报, 2005,（2）: 81-86.

[33] 戴雅萍, 袁雪芬, 刘伟庆, 等. 宿迁市苏商大厦消能减震设计[J]. 建筑结构, 2013（20）: 107-114.

[34] 南京工业大学工程抗震研究中心. 阿图什市人民医院分院建筑隔震分析报告[R]. 2015.

[35] 南京工业大学工程抗震研究中心. 阿图什市人民医院分院传染病楼&门诊医技楼减震专项分析[R]. 2015.

[36] 中华人民共和国住房和城乡建设部. 建筑消能减震技术规程: JGJ 297—2013[S]. 北京: 中国建筑工业出版社, 2013.

[37] 中华人民共和国住房和城乡建设部. 建筑隔震设计标准: GB/T 51408—2021[S]. 北京: 中国计划出版社, 2021.

[38] 住房和城乡建设部标准定额研究所. 基于保持建筑正常使用功能的抗震技术导则: RISN-TG046-2023[S]. 北京: 中国建筑工业出版社, 2023.

[39] 丁洁民, 吴宏磊. 黏滞阻尼技术工程设计与应用[M]. 北京: 中国建筑工业出版社, 2017.

[40] 丁洁民, 吴宏磊. 减隔震建筑结构设计指南与工程应用[M]. 北京: 中国建筑工业出版社, 2018.

[41] 张岩寿, 魏强, 刘燕茹, 等.《建筑工程抗震管理条例》第十六条理解及应用探讨[J]. 天津建设科技, 2022, 32（4）: 57-59+62.

[42] 周京京. 落实建设工程抗震管理条例保障建筑正常使用功能[J]. 工程建设标准化, 2023, 12（S1）: 66-68.

[43] 李爱群, 陈敏, 曾德民, 等. 基于减隔震技术的某既有RC框架学校建筑抗震性能提升[J]. 北京建筑大学学报, 2019, 35（1）: 1-7.

[44] 谭平, 陈洋洋, 周福霖, 等. 国家标准《建筑隔震设计标准》编制与说明[J]. 工程建设标准化, 2021,（5）: 22-26.

[45] 程煜, 李雪, 刘鹏, 等. 震后正常使用建筑结构设计策略研究[J]. 建筑结构, 2023, 53（23）: 30-38.

[46] 杨小强, 刘新国. 某医院建筑基于设防烈度地震正常使用要求的消能减震分析[J]. 建筑结构, 2023, 53（S1）: 1040-1044.

[47] 黄治蓉. 西双版纳傣医院隔震结构设计与分析[J]. 居舍, 2023,（23）: 114-117.

[48] 王启文, 周斌, 唐熙, 等. 嘉峪关第一人民医院隔震结构设计与分析[J]. 建筑结构, 2019, 49（24）: 67-71.

[49] 中国工程建设标准化协会. 装配式医院建筑设计标准: T/CECS 920—2021[S]. 北京: 中国计划出版社, 2022.

[50] 中华人民共和国住房和城乡建设部. 装配式混凝土建筑技术标准: GB/T 51231—2016[S]. 北京: 中国建筑工业出版社, 2017.

[51] 中华人民共和国住房和城乡建设部. 装配式混凝土结构技术规程: JGJ 1—2014[S]. 北京: 中国建筑工业出版社, 2014.

[52] 中国建筑标准设计研究院. 装配式建筑系列标准应用实施指南（装配式混凝土结构建筑）[M]. 北京: 中国计划出版社, 2016.

[53] 中国建筑标准设计研究院. 装配式建筑系列标准应用实施指南（钢结构建筑）[M]. 北京: 中国计划出版社, 2016.

[54] 中国有色工程有限公司. 混凝土结构构造手册[M]. 5版. 北京: 中国建筑工业出版社, 2014.

[55] 中国建筑标准设计研究院. 装配式混凝土结构连接节点构造: 15G310-1~2[S]. 2015年合订本. 北京: 中国计划出版社, 2015.

[56] 中国建筑标准设计研究院. 蒸压加气混凝土砌块、板材构造: 13J104[S]. 北京: 中国计划出版社, 2013.

[57] 中国建筑标准设计研究院. 预制轻钢龙骨内隔墙: 03J111-2[S]. 北京: 2003.

[58] 中国工程建设标准化协会. 集装箱模块化组合房屋技术规程: CECS 334: 2013[S]. 北京: 中国计划出版社, 2013.

[59] 中国施工企业管理协会. 临时应急呼吸道传染病医院装配式钢结构建筑技术标准: T/ZSQX 009—2021[S]. 北京: 中国建筑工业出版社, 2021.

[60] 中国建筑标准设计研究院. 钢结构箱式模块化房屋建筑构造（一）: 17CJ74-1[S]. 北京: 中国计划出版社, 2017.

[61] 中国建筑标准设计研究院. 模块化钢结构房屋建筑构造: 20J910-3[S]. 北京: 中国标准出版社, 2022.

[62] 中国建筑标准设计研究院. 应急发热门诊设计示例（一）：20Z001-1[S]. 北京：中国计划出版社，2020.

[63] 中华人民共和国住房和城乡建设部. 轻型模块化钢结构组合房屋技术标准：JGJ/T 466—2019 [S]. 北京：中国建筑工业出版社，2019.

[64] 中国工程建设标准化协会. 新型冠状病毒肺炎传染病应急医疗设施设计标准：T/CECS 661—2020[S]. 北京：中国建筑工业出版社，2020.

[65] 中国工程建设标准化协会. 箱式钢结构集成模块建筑技术规程：T/CECS 641—2019[S]. 北京：中国计划出版社，2019.

[66] 广东省住房和城乡建设厅. 集装箱式房屋技术规程：DBJ/T 15—112—2016[S]. 北京：中国城市出版社，2016.

[67] 上海市住房和城乡建设管理委员会. 临时性建（构）筑物应用技术规程：DGJ 08—114—2016[S]. 上海：同济大学出版社，2016.

[68] 中华人民共和国住房和城乡建设部. 门式刚架轻型房屋钢结构技术规范：GB 51022—2015[S]. 北京：中国建筑工业出版社，2015.

[69] 中国建筑标准设计研究院. 钢檩条（冷弯薄壁卷边槽钢、冷弯薄壁斜卷边Z形钢、高频焊接薄壁H型钢）：15G521-1[S]. 2011.

[70] 中华人民共和国住房和城乡建设部. 建筑钢结构防腐蚀技术规程：JGJ/T 251—2011 [S]. 北京：中国建筑工业出版社，2011.

[71] 中华人民共和国住房和城乡建设部. 建筑设计防火规范：GB 50016—2014 [S]. 2018年版. 北京：中国建筑工业出版社，2018.

[72] 侯国求，袁理明，武永光，等. 雷神山应急临时医院结构设计体会[J]. 华中建筑，2020，38（4）：32-38.

[73] 刘鋆. 呼吸道传染病应急医院标准化设计研究[D]. 武汉：湖北工业大学，2021.

[74] 罗丽娟，张海滨. 对应急医院建设项目的思考[J]. 中国医院建筑与装备，2020，21（9）：118-119.

[75] 姜文伟，张坚，程熙，等. 抗疫应急医疗项目结构实践[J]. 建筑结构，2023，53（1）：89-94.

[76] 中国施工企业管理协会. 临时应急呼吸道传染病医院装配式钢结构建筑技术标准：T/ZSQX 009—2021 [S]. 北京：中国建筑工业出版社，2021.

[77] 张强. "模块化建筑"在应急医疗中的应用：记深圳市妇幼保健院"发热门诊"的建设[J]. 建筑技艺，2020，（S2）：14-17.

[78] 董泽荣，潘峰，徐大为，等. 应急传染病医疗设施建造综述[J]. 建筑施工，2021，43（5）：741-743+746.

[79] 张夏雷. 应急医疗模块化建筑的结构设计[J]. 建筑结构，2023，53（S1）：1136-1140.